“十三五”国家重点出版物出版规划项目

卓越工程能力培养与工程教育专业认证系列规划教材

（电气工程及其自动化、自动化专业）

工业控制网络技术

秦元庆　周纯杰　王　芳　编著

机 械 工 业 出 版 社

本书着眼于帮助读者理解工业控制网络的基本概念、典型技术及应用场景。通过给出大量操作性较强的应用案例，读者能够根据自己的实际需要选择相应的网络技术。本书首先以工业控制网络技术发展历程为线索，详细讲解了典型的现场总线技术，如 CAN 总线技术和 PROFIBUS 总线技术；工业以太网技术，如 PROFINET、EtherCAT；工业无线通信技术，如 WirelessHART、ISA 100、WIA-PA 通信协议；然后介绍了工业网络的集成技术，以实现各种工业通信网络与企业信息网络之间的无缝连接；最后介绍了工业控制系统随着网络技术的大量使用所面临的信息安全威胁以及相应的安全防护技术。

本书可作为普通高等院校自动化类专业、仪器类专业、计算机类专业等的教材，也可作为从事网络控制工程工作的技术人员的参考书。

本书配有教学课件，请选用本书作教材的老师登录 www.cmpedu.com 注册下载，或发邮件至 jinacmp@163.com 索取（注明学校名+姓名）。

图书在版编目（CIP）数据

工业控制网络技术/秦元庆，周纯杰，王芳编著. —北京：机械工业出版社，2021.6（2025.2 重印）
“十三五”国家重点出版物出版规划项目　卓越工程能力培养与工程教育专业认证系列规划教材. 电气工程及其自动化、自动化专业
ISBN 978-7-111-68348-3

Ⅰ.①工…　Ⅱ.①秦…②周…③王…　Ⅲ.①工业控制计算机-计算机网络-高等学校-教材　Ⅳ.①TP273

中国版本图书馆 CIP 数据核字（2021）第 102415 号

机械工业出版社（北京市百万庄大街 22 号　邮政编码 100037）
策划编辑：吉　玲　责任编辑：吉　玲　张翠翠
责任校对：陈　越　责任印制：单爱军
北京虎彩文化传播有限公司印刷
2025 年 2 月第 1 版第 4 次印刷
184mm×260mm · 21 印张 · 534 千字
标准书号：ISBN 978-7-111-68348-3
定价：65.00 元

电话服务　　　　　　　　　　　网络服务
客服电话：010-88361066　　机　工　官　网：www.cmpbook.com
　　　　　010-88379833　　机　工　官　博：weibo.com/cmp1952
　　　　　010-68326294　　金　书　网：www.golden-book.com
封底无防伪标均为盗版　　　　机工教育服务网：www.cmpedu.com

“十三五”国家重点出版物出版规划项目

卓越工程能力培养与工程教育专业认证系列规划教材

（电气工程及其自动化、自动化专业）

编审委员会

序

工程教育在我国高等教育中占有重要地位，高素质工程科技人才是支撑产业转型升级、实施国家重大发展战略的重要保障。当前，世界范围内新一轮科技革命和产业变革加速进行，以新技术、新业态、新产业、新模式为特点的新经济蓬勃发展，迫切需要培养、造就一大批多样化、创新型卓越工程科技人才。目前，我国高等工程教育规模世界第一。我国工科本科在校生约占我国本科在校生总数的1/3。近年来我国每年工科本科毕业生占世界总数的1/3以上。如何保证和提高高等工程教育质量，如何适应国家战略需求和企业需要，一直受到教育界、工程界和社会各方面的关注。多年以来，我国一直致力于提高高等教育的质量，组织并实施了多项重大工程，包括卓越工程师教育培养计划（以下简称卓越计划）、工程教育专业认证和新工科建设等。

卓越计划的主要任务是探索建立高校与行业企业联合培养人才的新机制，创新工程教育人才培养模式，建设高水平工程教育教师队伍，扩大工程教育的对外开放。计划实施以来，各相关部门建立了协同育人机制。卓越计划要求试点专业要大力改革课程体系和教学形式，依据卓越计划培养标准，遵循工程的集成与创新特征，以强化工程实践能力、工程设计能力与工程创新能力为核心，重构课程体系和教学内容；加强跨专业、跨学科的复合型人才培养；着力推动基于问题的学习、基于项目的学习、基于案例的学习等多种研究性学习方法，加强学生创新能力训练，“真刀真枪”做毕业设计。卓越计划实施以来，培养了一批获得行业认可、具备很好的国际视野和创新能力、适应经济社会发展需要的各类型高质量人才，教育培养模式改革创新取得突破，教师队伍建设初见成效，为卓越计划的后续实施和最终目标的达成奠定了坚实基础。各高校以卓越计划为突破口，逐渐形成各具特色的人才培养模式。

2016年6月2日，我国正式成为工程教育“华盛顿协议”第18个成员，标志着我国工程教育真正融入世界工程教育，人才培养质量开始与其他成员达到了实质等效，同时，也为以后我国参加国际工程师认证奠定了基础，为我国工程师走向世界创造了条件。专业认证把以学生为中心、以产出为导向和持续改进作为三大基本理念，与传统的内容驱动、重视投入的教育形成了鲜明对比，是一种教育范式的革新。通过专业认证，把先进的教育理念引入我国工程教育，有力地推动了我国工程教育专业教学改革，逐步引导我国高等工程教育实现从课程导向向产出导向转变、从以教师为中心向以学生为中心转变、从质量监控向持续改进转变。

在实施卓越计划和开展工程教育专业认证的过程中，许多高校的电气工程及其自动化、自动化专业结合自身的办学特色，引入先进的教育理念，在专业建设、人才培养模式、教学内容、教学方法、课程建设等方面积极开展教学改革，取得了较好的效果，建设了一大批优质课程。为了将这些优秀的教学改革经验和教学内容推广给广大高校，中国工程教育专业认证协会电子信息与电气工程类专业认证分委员会、教育部高等学校电气类专业教学指导委员会、教育部高等学校自动化类专业教学指导委员会、中国机械工业教育协会自动化学科教学委员会、中国机械工业教育协会电气工程及其自动化学科教学委员会联合组织规划了“卓越工程能力培养与工程教育专业认证系列规划教材（电气工程及其自动化、自动化专业）”。本套教材通过国家新闻出版广电总局的评审，入选了“十三五”国家重点图书。本套教材密切联系行业和市场需求，以学生工程能力培养为主线，以教育培养优秀工程师为目标，突出学生工程理念、工程思维和工程能力的培养。本套教材在广泛吸纳相关学校在“卓越工程师教育培养计划”实施和工程教育专业认证过程中的经验和成果的基础上，针对目前同类教材存在的内容滞后、与工程脱节等问题，紧密结合工程应用和行业企业需求，突出实际工程案例，强化学生工程能力的教育培养，积极进行教材内容、结构、体系和展现形式的改革。

经过全体教材编审委员会委员和编者的努力，本套教材陆续跟读者见面了。由于时间紧迫，各校相关专业教学改革推进的程度不同，本套教材还存在许多问题。希望各位老师对本套教材多提宝贵意见，以使教材内容不断完善提高。也希望通过本套教材在高校的推广使用，促进我国高等工程教育教学质量的提高，为实现高等教育的内涵式发展贡献一份力量。

卓越工程能力培养与工程教育专业认证系列规划教材

（电气工程及其自动化、自动化专业）

编审委员会

前　言

20 世纪 90 年代以来，随着工业控制系统的数字化、网络化，工业控制网络技术快速发展起来，从最初的 RS 232/RS 422 点对点通信，到现场总线网络，再到将以太网技术引入控制网络，形成工业以太网标准，目前已发展到工业无线通信网络阶段，逐步形成多种工业控制网络技术竞争并存的局面，为工业企业各生产要素的互连、互操作提供了丰富的选择。

本书以工业控制系统对通信的可靠性、实时性、确定性和适应性需求为引导，结合编者及团队近 20 年的教学实践经验，系统介绍了工业控制网络的基本概念、典型的现场总线技术、工业以太网技术、工业无线通信技术，以及融合各类工业通信技术的工业网络集成技术。本书最后一章讨论了工业控制系统网络化所面临的信息安全威胁和相应的安全防护技术。全书紧跟工业通信技术发展前沿，内容鲜活；规避冗长的协议规范介绍，注重应用实践，力争使读者能够在较短的时间内对工业控制网络技术及其实际应用有一个全面深入的认识。

本书的章节安排如下：

第 1 章　工业控制网络技术概述，从信号与通信角度对工业自动化技术及控制系统的发展历程进行总结和回顾，引出工业控制网络的基本概念和特点，并简单介绍现场总线和工业以太网的基本概念、发展历程以及主流技术。

第 2 章　CAN 总线技术及其应用，包括 CAN 技术规范、CAN 控制器及收发器、CAN 总线技术应用实例以及基于 CAN 网络的高层协议等内容。

第 3 章　PROFIBUS 总线技术及其应用，包括 PROFIBUS-DP/PA/FSM 协议简介及相应的工程应用安全。

第 4 章　PROFINET 技术及其应用，详细介绍了 PROFINET 实时通信技术、PROFINET I/O 和 PROFINET CBA 的通信模型以及 PROFINET 组态案例。

第 5 章　EtherCAT 技术及其应用，详细介绍了 EtherCAT 协议、EtherCAT 从站硬件设计以及 EtherCAT 软件设计，并介绍了伺服驱动器控制应用协议 CoE 和 SoE。

第 6 章　工业无线通信标准及典型应用，介绍了典型的短距离无线通信标准，讲解了 3 种主流的工业无线通信协议 WirelessHART、ISA 100. 11a 以及我国主导制定的工业无线通信协议标准 WIA-PA/FA，并分别给出了 WIA-PA 和 WIA-FA 的典型应用案例。

第 7 章　工业网络集成技术，首先介绍了典型工业控制系统层次化网络体系结构，引出了工厂内部网络的集成需求；然后分别介绍了现场设备与控制网络以及控制网络与信息网络集成所采用的典型技术；最后介绍了工业网络发展趋势及典型技术。

第 8 章　工业控制系统信息安全防护技术，首先对工业控制系统信息安全问题进行了概述，包括工业控制系统信息安全问题的由来、工业控制系统信息安全问题的特殊性，列举了近年来工业控制系统典型信息安全事件及造成的严重破坏；其次介绍了工业控制系统信息安全防护标准；最后介绍了工业控制系统信息安全防护技术。

本书第1章和第8章由华中科技大学人工智能与自动化学院周纯杰教授编写，第2~5章由华中科技大学人工智能与自动化学院秦元庆博士编写，第6章和第7章由江汉大学人工智能学院王芳博士编写，研究生刘蕴韬、费力、宋子文、赵梦蝶参与了部分章节的素材整理、绘图以及文字校对工作。全书由周纯杰统稿。

在本书的撰写过程中，力求体系合理，文理清楚，概念准确，用词规范，但由于编者水平有限，书中疏漏之处在所难免，欢迎广大读者予以批评指正。

编者

于华中科技大学

目　录

序
前言
第 1 章　工业控制网络技术概述 ………… 1
1.1　工业控制系统的发展历程和趋势 ……… 1
1.1.1　传统标准信号控制系统 ………… 1
1.1.2　直接数字控制系统 ………………… 1
1.1.3　集散控制系统 ……………………… 2
1.1.4　现场总线控制系统 ………………… 3
1.1.5　工业以太网控制系统 ……………… 4
1.2　工业控制网络的基本概念、简单分类与技术特点 ………………………………… 6
1.2.1　工业控制网络的基本概念 ……… 6
1.2.2　工业控制网络的简单分类 ……… 7
1.2.3　工业控制网络的特点 …………… 7
1.3　现场总线概述 ……………………………… 9
1.3.1　现场总线的产生与发展 ………… 9
1.3.2　现场总线的基本概念与特点 ……… 10
1.3.3　现场总线的发展现状 ……………… 14
1.3.4　主流现场总线介绍 ………………… 15
1.4　工业以太网概述 ……………………………… 21
1.4.1　工业以太网的产生和发展 ………… 21
1.4.2　工业以太网的定义与特点 ………… 22
1.4.3　实时以太网技术 …………………… 23
1.4.4　主流工业以太网介绍 ……………… 25
1.5　工业控制系统的信息安全 ………………… 30
本章小结 ……………………………………… 31
习题 …………………………………………… 31
第 2 章　CAN 总线技术及其应用 ……… 32
2.1　CAN 总线发展与特点 ……………………… 32
2.2　CAN 技术规范 ……………………………… 33
2.2.1　CAN 技术规范中的基本概念 ……… 34
2.2.2　报文传输 …………………………… 36
2.2.3　报文滤波 …………………………… 43
2.2.4　报文校验 …………………………… 43
2.2.5　编码 ………………………………… 43
2.2.6　错误处理 …………………………… 44
2.2.7　故障界定 …………………………… 44
2.2.8　振荡器容差 ………………………… 46
2.2.9　位定时要求 ………………………… 46
2.3　CAN 控制器及收发器 ……………………… 48
2.3.1　独立 CAN 控制器 SJA1000 ……… 49
2.3.2　带 SPI 接口的独立 CAN 控制器 MCP2515 ………………………………… 61
2.3.3　CAN 总线收发器 PCA82C250 …… 65
2.3.4　CAN 总线收发器 TJA1050 ………… 69
2.4　CAN 总线技术应用实例 …………………… 71
2.4.1　CAN 总线技术应用综述 …………… 71
2.4.2　CAN 总线节点硬件设计 …………… 74
2.4.3　CAN 总线节点的软件设计 ………… 76
2.4.4　嵌入式 PLC 的 CAN 网络通信实例 ……………………………………… 77
2.5　基于 CAN 网络的高层协议 ……………… 87
2.5.1　CAN 网络高层协议概述 …………… 87
2.5.2　CANopen …………………………… 88
本章小结 ……………………………………… 112
习题 …………………………………………… 112
第 3 章　PROFIBUS 总线技术及其应用 ………………………………………… 113
3.1　PROFIBUS 概述 …………………………… 113
3.2　PROFIBUS-DP 通信协议 ………………… 116
3.2.1　PROFIBUS-DP 的物理层 ………… 116
3.2.2　PROFIBUS-DP 的数据链路层 …… 119
3.2.3　PROFIBUS-DP 的用户层 ………… 124
3.3　PROFIBUS-DP 设备简介 ………………… 126
3.3.1　西门子 S7-300 PLC ……………… 126
3.3.2　远程 I/O …………………………… 129

3.3.3　西门子触摸屏 TP 177B ············ 131
3.4　PROFIBUS-DP 系统 ························ 131
3.4.1　STEP7 软件介绍 ······················ 131
3.4.2　PROFIBUS-DP 系统组态 ············ 135
3.5　PROFIBUS-PA ······························ 138
3.5.1　PROFIBUS-PA 简介 ················· 138
3.5.2　PROFIBUS-PA 总线的优势 ········· 139
3.5.3　PROFIBUS-PA 在工程设计中的应用 ································ 140
3.6　PROFIBUS-FMS 应用案例 ··············· 142
3.6.1　PROFIBUS-FMS 简介 ··············· 142
3.6.2　系统分析 ······························ 142
3.6.3　系统组态 ······························ 142
本章小结 ·· 144
习题 ·· 144
第 4 章　PROFINET 技术及其应用 ······ 145
4.1　PROFINET 基础 ··························· 145
4.1.1　PROFINET 概述 ····················· 145
4.1.2　PROFINET 和 PROFIBUS 的主要区别 ································ 146
4.1.3　PROFINET 的组成 ··················· 147
4.1.4　PROFINET 的通信协议模型 ······ 147
4.2　PROFINET 实时通信技术 ················ 148
4.2.1　通信等级 ······························ 148
4.2.2　通信通道 ······························ 149
4.2.3　等时同步实时通信 ·················· 151
4.3　PROFINET I/O ····························· 154
4.3.1　PROFINET I/O 设备模型 ··········· 154
4.3.2　数据元素 ······························ 157
4.3.3　应用关系 ······························ 157
4.3.4　通信关系 ······························ 157
4.3.5　通信路径及使用的协议 ············ 162
4.3.6　主要报文的帧结构 ·················· 164
4.3.7　网络诊断和管理 ····················· 167
4.4　PROFINET CBA ··························· 169
4.4.1　PROFINET CBA 概述 ··············· 169
4.4.2　工艺技术模块和组件模型 ········· 170
4.4.3　现场设备结构 ························ 170
4.4.4　PROFINET CBA 的通信 ············ 171
4.4.5　PROFINET CBA 的使用过程 ······ 173
4.5　组态一个简单的 PROFINET ············ 173
4.5.1　系统组成及架构 ····················· 173
4.5.2　组态过程 ······························ 173
4.5.3　系统运行 ······························ 178
本章小结 ·· 180
习题 ·· 180
第 5 章　EtherCAT 技术及其应用 ········ 181
5.1　EtherCAT 概述 ···························· 181
5.2　EtherCAT 协议 ···························· 182
5.2.1　EtherCAT 系统组成 ················· 182
5.2.2　EtherCAT 数据帧结构 ·············· 185
5.2.3　EtherCAT 报文寻址和通信服务 ··· 187
5.2.4　分布时钟 ······························ 193
5.2.5　通信模式 ······························ 196
5.2.6　状态机和通信初始化 ··············· 199
5.2.7　应用层协议 ··························· 200
5.3　EtherCAT 从站硬件设计 ················ 201
5.3.1　EtherCAT 从站控制芯片 ··········· 201
5.3.2　微处理器操作的 EtherCAT 从站硬件设计实例 ························ 206
5.3.3　直接 I/O 控制 EtherCAT 从站硬件设计实例 ························ 212
5.4　EtherCAT 软件设计 ······················ 215
5.4.1　EtherCAT 主站软件设计 ··········· 215
5.4.2　EtherCAT 从站软件设计 ··········· 217
5.5　EtherCAT 伺服驱动器控制应用协议 ··· 218
5.5.1　CoE（CANopen over EtherCAT） ························ 218
5.5.2　SoE（SERCOS over EtherCAT） ························ 222
本章小结 ·· 230
习题 ·· 231
第 6 章　工业无线通信标准及典型应用 ······································ 232
6.1　短距离无线通信标准 ····················· 232
6.1.1　IEEE 802.11 ·························· 232
6.1.2　IEEE 802.15.1 ······················· 234
6.1.3　IEEE 802.15.4 ······················· 235
6.1.4　ISO/IEC 有关射频识别（RFID）技术的标准 ························ 236
6.2　WirelessHART 标准及典型应用 ········ 238
6.2.1　WirelessHART 标准简介 ··········· 238
6.2.2　典型应用案例 ························ 240
6.3　ISA 100.11a 标准及典型应用 ··········· 243
6.3.1　ISA 100.11a 标准简介 ·············· 243
6.3.2　典型应用案例 ························ 243
6.4　面向工业过程自动化的 WIA-PA 标准及应用 ······································ 247

6.4.1 WIA-PA 标准简介 …… 247
6.4.2 典型应用案例 …… 249
6.5 面向工厂自动化的 WIA-FA 标准及应用 …… 251
6.5.1 WIA-FA 标准简介 …… 251
6.5.2 典型应用案例 …… 253
6.6 基于 WIA-PA 的隧道施工安全监控系统研发实例 …… 254
本章小结 …… 257
习题 …… 257
第 7 章 工业网络集成技术 …… 258
7.1 工业控制系统网络集成需求分析 …… 258
7.2 现场设备与控制网络集成——EPON 技术 …… 260
7.2.1 EPON 技术简介 …… 260
7.2.2 协议转换器设计及实现 …… 261
7.3 控制网络与信息网络的集成——OPC 技术 …… 265
7.3.1 OPC 技术简介 …… 265
7.3.2 OPC DA 技术应用 …… 270
7.3.3 基于 OPC UA 的数字化车间互联网络架构 …… 271
7.4 工业网络发展趋势及典型技术 …… 277
7.4.1 工业网络发展趋势 …… 277
7.4.2 典型技术 …… 280
本章小结 …… 287
习题 …… 287
第 8 章 工业控制系统信息安全防护技术 …… 288
8.1 工业控制系统信息安全概述 …… 288
8.1.1 工业控制系统信息安全的脆弱性和威胁 …… 288
8.1.2 工业控制系统信息安全所面临威胁的特点 …… 291
8.2 工业控制系统信息安全防护标准 …… 291
8.2.1 IEC 62443 系列标准 …… 291
8.2.2 工业控制系统安全指南 …… 296
8.2.3 集散控制系统（DCS）网络安全防护要求 …… 300
8.3 工业控制系统信息安全防护技术 …… 306
8.3.1 传统信息安全防护技术 …… 307
8.3.2 工业控制系统信息安全防护新技术 …… 311
本章小结 …… 317
习题 …… 317
附录 缩略语对照表 …… 318
参考文献 …… 324

第1章 工业控制网络技术概述

本章首先从信号与通信角度对工业自动化技术及控制系统的发展历程进行总结和回顾，引出工业控制网络的基本概念及特点。然后简单介绍现场总线和工业以太网的基本概念、发展历程以及主流技术。最后阐述由于网络技术在工业控制系统中的广泛应用所引发的信息安全问题。

1.1 工业控制系统的发展历程和趋势

从信号及通信方式角度来划分，工业控制系统的发展经历了以下5个阶段。

1.1.1 传统标准信号控制系统

20世纪50年代以前，出现了0.02~0.1Mp的标准气动信号体制。当时的生产规模不大，检测控制仪表尚处于发展的初级阶段，所采用的仅仅是安装在生产现场的只具备简单测控功能的基地式气动仪表，其信号仅在本仪表内起作用，一般不能传送给别的仪表或系统。各测控点为封闭状态，不能与外界进行信息通信。操作人员只能通过对现场的巡视了解生产过程的状况。基于基地式气动仪表的控制系统称为基地式气动仪表控制系统。

20世纪60年代，随着生产规模的日益扩大，操作人员需要综合掌握多点的运行参数和信息，并需要同时按多点的信息对生产过程进行操作控制。这个时期出现了4~20mA的标准电流信号、1~5V的标准直流电压信号体制，于是出现了模拟式电子仪表与电动单元相结合的自动控制系统，即电动单元组合式模拟仪表控制系统。生产现场的所有标准信号送往集中控制室，在大型的控制盘上连接。操作人员可以在控制室观测生产流程的状况，并可以把各单元仪表信号按需要组合，连接成不同的控制系统。

1.1.2 直接数字控制系统

由于模拟信号的传递需要一对一的物理连接，信号传递速度缓慢，提高计算速度和精度的花费及难度均较大，信号传输的抗干扰能力也较差。随着计算机价格的降低，其应用于工业控制系统成为可能，人们开始寻求用数字信号取代模拟信号，让计算机成为工业控制系统的控制器，适用于工业环境的工业控制计算机就应运而生了。由于当时计算机的价格仍比较昂贵，人们希望用一台计算机取代尽可能多的控制室仪表，于是出现了直接数字控制系统（Direct Digital Control，DDC）。此类系统中，计算机除经过输入通道对多个过程参数进行巡回检测、采集外，还代替模拟控制系统中的模拟调节器，按预定的控制规律进行控制运算，然后将运算结果通过过程输出通道提供给执行机构，以实现多回路调节控制的目的，其硬件组成原理框图如图 1-1 所示。由于计算机只能识别及处理二进制数字信号，因此 DDC 中的检测信号进入工业 PC 时需要进行模/数（A/D）转换，而工业 PC 输出的控制信号需要进行数/模（D/A）转换才能传送到执行机构上，工业 PC 中需要插入相应的信号转换板卡。图 1-2 所示为工业控制计算机的输入/输出信号转换示意图。

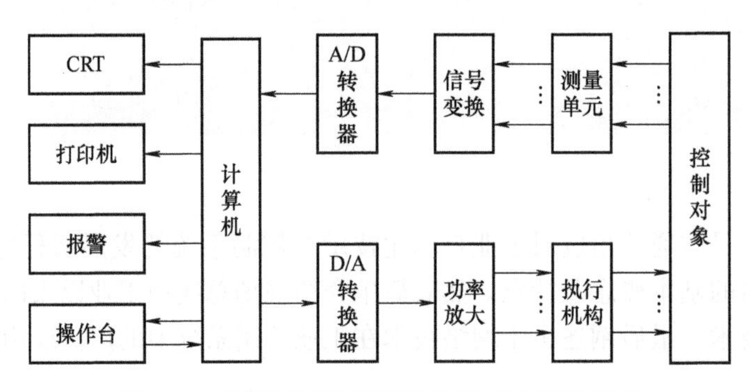

图 1-1　直接数字控制系统的硬件组成原理框图

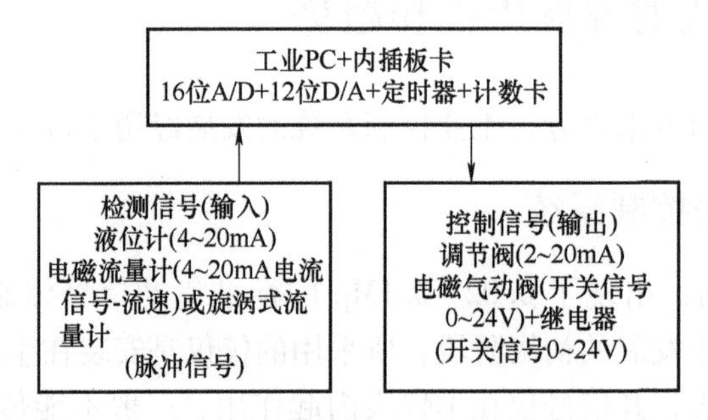

图 1-2　工业控制计算机的输入/输出信号转换示意图

DDC 系统的优点是易于根据全局情况进行控制、计算和判断，在控制方式和控制时机的选择上可以统一调度和安排。但是它也有自身不能克服的缺点，控制的集中带来了风险的集中，该类系统对控制计算机本身的可靠性和处理能力要求很高，一旦计算机出现故障，就会造成所有相关回路瘫痪，给企业带来巨大的损失。此外，当控制回路多时，接线复杂，维护困难。

1.1.3　集散控制系统

20 世纪 70 年代中后期，随着计算机价格的大幅度下降和可靠性的提高，出现了由多台计算机构成的集散控制系统（Distributed Control System，DCS）。DCS 在 20 世纪 80 年代和 90 年代占据着数字控制系统的主导地位，其核心思想是集中管理、分散控制，即管理与控制相分离。上位机用于集中监视管理功能，若干台下位机（现场控制站）分散到现场实现分布式控制，上位机、下位机之间用控制网络互联以实现相互之间的信息传递。DCS 的控制系统体系结构有力地克服了集中式数字控制系统中对控制器处理能力和可靠性要求高的缺陷，既实现了地理上和功能上分散的控制，又通过高速数据通道把各个分散点的信息集中监视和操作，并能实现高级复杂规律的控制。图 1-3 所示为 DCS 网络结构示意图，图 1-4 所示为 DCS 分级管控的典型硬件结构示意图。

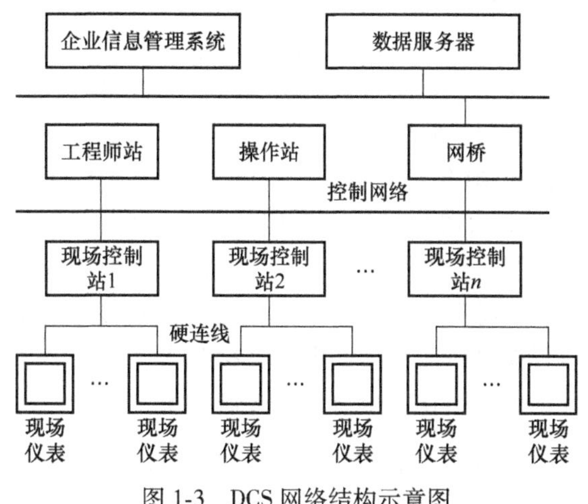

图 1-3　DCS 网络结构示意图

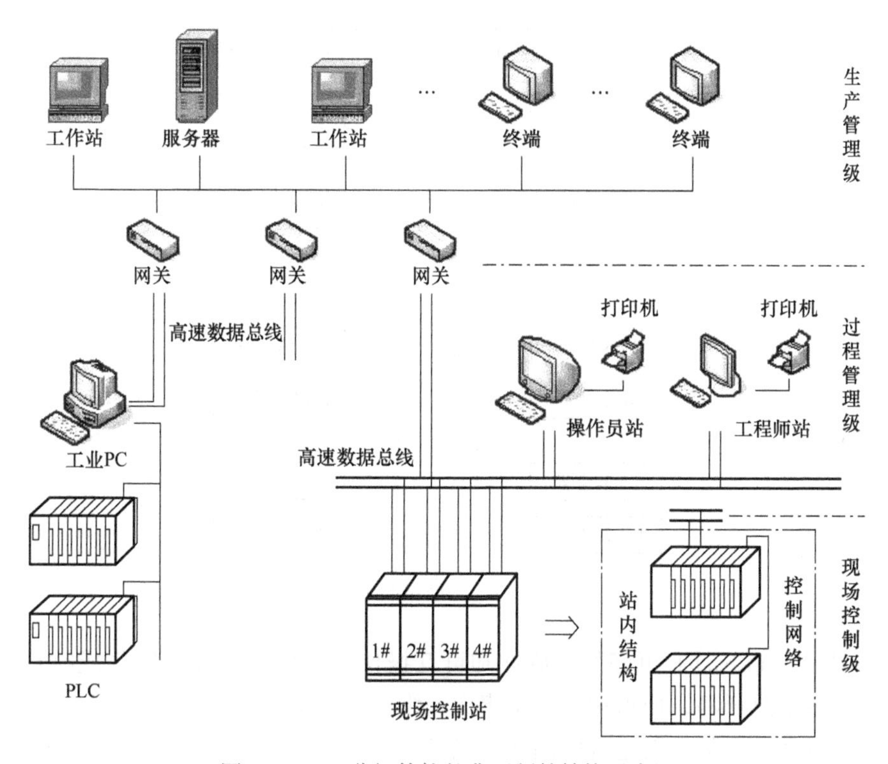

图 1-4　DCS 分级管控的典型硬件结构示意图

在 DCS 中，网络技术的发展和应用得到了很好的体现，但是在 DCS 形成和发展的过程中受到利益的驱动及计算机系统早期存在的系统封闭性缺陷的影响，不同的 DCS 厂家采用各自专用的通信控制网络，各厂家的产品自成系统，不同厂家的设备不能互联，不具备互操作性和互换性，从而造成自动化过程中信息孤岛的出现。所以用户对网络控制系统提出了开放性、标准统一和降低成本的迫切要求。

1.1.4　现场总线控制系统

3C（Computer、Control、Communication）技术的迅猛发展，使得解决自动化信息孤岛的问题成为可能。采用开放的、标准化的解决方案，把不同厂家遵守同一协议规范的自动化设备连接成控制网络并组成系统，成为网络集成式控制系统的必由之路。20 世纪 80 年代后期，出现了兼容数字与模拟通信的可寻址远程传感器数据公路（Highway Addressable Remote Transducer，HART）。同期的现场总线控制系统（Fieldbus Control System，FCS）的开发及研究也如火如荼地进行着，到了 90 年代，FCS 已经在工业自动化的许多场合得到了成功的应用。FCS 突破了 DCS 从上而下的树状结构，采用总线通信的拓扑结构，整个系统处在全开放、全数字化、全分散的体制平台上。图 1-5 所示为 FCS 网络结构示意图。与图 1-3 相比较可以看出，FCS 在工业控制现场实现彻底的分散控制，把现场遵守同一协议规范的传感器、执行器、控制器以及其他智能设备以总线的形式连接起来，形成一个现场总线控制系统。它是属于最低层的网络系统，是网络化的全分布式控制系统。

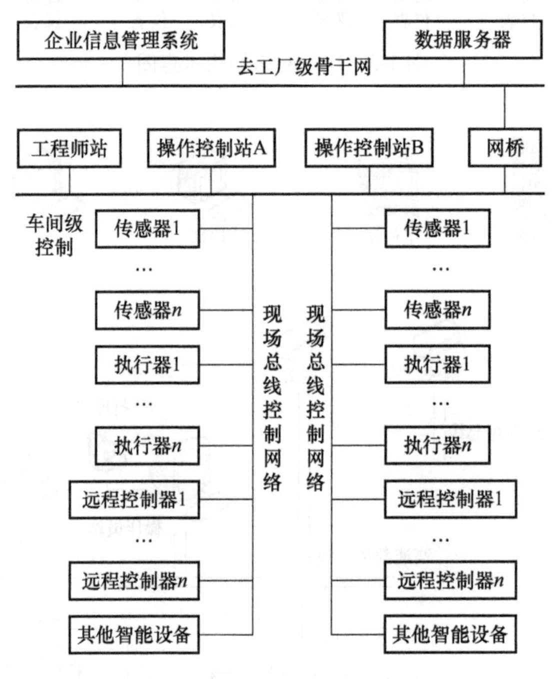

图 1-5　FCS 网络结构示意图

与 DCS 相比，FCS 具有更好的开放性和可互操作性，使用户在系统集成时具有更多的选择，不易形成信息孤岛，使得用户系统集成、维护的成本大大降低。

但是，在现场总线的发展过程中同样形成了多种现场总线标准，并且各类现场总线之间不能兼容，这在一定程度上损害了现场总线网络的开放性和互操作性。此外，现场总线技术大多是在通用串行通信技术的基础上发展起来的，通信速率较低，且需要专用的实时通信网络，需要网关等协议转换设备才能够与企业的上层管理网络进行数据交换。这些缺陷都推动着人们去寻找对于工业控制网络的更先进的解决方案。工业以太网技术正是在这种背景下迅速发展起来的。

1.1.5　工业以太网控制系统

20 世纪 90 年代以来，以以太网（Ethernet）为代表的 COTS（Commercial Off-the-Shelf）通信技术发展迅速，得到全球的技术和产品支持。由于具有成本低、稳定性好、可靠性高、应用广泛、共享资源丰富等优点，Ethernet 已经成为最受欢迎的通信网络之一，它不仅垄断了办公自动化领域的网络通信，而且在工业控制领域的管理层和控制层等中上层的网络通信中也得到了广泛的应用，并有直接向下延伸应用于工业现场设备间通信的趋势。

从技术方面看，与现场总线相比，以太网具有以下优势。

1）开放性：采用公开的标准和协议。

2）平台无关性：可以选择不同厂家、不同类型的设备和服务。

3）提供多种信息服务：提供 E-mail、WWW、FTP 等多种信息服务。

4）图形用户界面：统一、友好、规范化的图形界面，操作简单，易学易用。

5）通信速率高：目前以太网通信速率为 100Mbit/s、1000Mbit/s，10Gbit/s 以太网也正在研究之中。高的通信速率使以太网比现场总线更能够满足控制系统对带宽的要求。

6）易于实现多现场总线的集成：相互包容，多种现场总线集成起来协同完成测控任务。

7）易于实现多系统集成：以太控制网络容易与信息网络集成，组成统一的企业网络。

8）易于实现多技术集成：易于实现 Ethernet 技术、TCP/IP 技术、现场总线设备管理技术和无线通信技术的集成。

随着通信实时性和确定性问题的解决，工业以太网已经成功进入现场设备层，成为现场总线标准体系中最具生命力的成员，并成为现场总线主要的发展方向。图 1-6 给出了以工业以太网为现场控制网络的控制系统硬件结构图，可以看出工业以太网既能与企业上层的通用以太网无缝衔接，也能与传统的 DCS、FCS 进行数据交互，使企业能够以渐进方式实现现场网络的升级改造，最终能够实现“E 网到底”的网络结构，达到信息系统与物理系统的高度融合，形成新型的工业控制系统，即信息物理融合系统（Cyber-Physical System，CPS）。

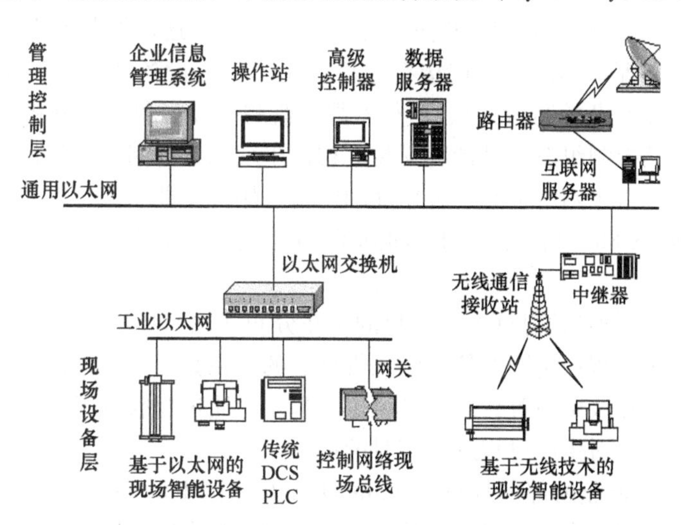

图 1-6　以工业以太网为现场控制网络的控制系统硬件结构图

此外，工业无线通信技术是 21 世纪初迅速发展起来的新型控制网络技术。无线通信的诸多优势推动了无线通信技术在工业自动化领域的应用。无线通信技术超越地域和空间的限制，在某些复杂的工业应用场合不宜或无法架设有线网络，无线网络将依靠其无比的灵活性、可移动性和极强的可扩容性给出理想的解决方案。

1.2 工业控制网络的基本概念、简单分类与技术特点

1.2.1 工业控制网络的基本概念

工业网络和计算机网络相似，它是指应用于工业领域的计算机网络。具体而言，工业网络是在一个企业范围内将信号检测、数据传输、处理、存储、计算、控制等设备或系统连接在一起，以实现企业内部的资源共享、信息管理、过程控制、经营决策，并能够访问企业外部资源和提供有限的外部访问，使企业的生产、管理和经营能够高效协调运作，从而实行企业集成管理和控制的一种网络环境。工业网络是一种应用，也是一种技术，它涉及局域网、广域网、现场总线以及网络互联等技术，是计算机技术、信息技术和控制技术在工业企业管理和控制中的有机统一。

从企业综合自动化控制系统的角度看，工业网络从底向上依次为现场设备网、过程控制网、管理信息网等几个层次。

1）现场设备网。对于集散控制系统（DCS）、可编程逻辑控制器（Programmable Logic Controller，PLC）、现场总线控制系统（FCS）等而言，现场设备网就是现场控制器、执行器、传感器等设备之间的信息交换通道。这些设备作为网络节点以总线的形式挂接在网络上，因此现场设备网又称作现场总线。为满足控制系统的通信需求，现场设备网必须具有可靠性高、时延确定性好、容错性好、安全性高等特点。

为具备这些特性，现场总线对开放系统互联（Open System Interconnection，OSI）参考模型进行了简化，只采用其物理层、数据链路层和应用层，有的现场总线在应用层之上还增加了第八层（用户层），以实现特定用户信息的交换和传递。

2）过程控制网。过程控制网又称过程监控网，是用于连接控制室设备（如控制器、监视计算机、记录仪表等）的网络。连接在过程控制网上的设备从现场设备中获取数据，完成各种运算（特别是复杂控制运算）、运行参数的监测、报警和趋势分析、历史记录、过程报表等，另外还包括控制组态的设计和安装。相比于现场设备网，过程控制网对数据传输的实时性要求不高，但对于网络带宽、可靠性和网络可用性的要求高。20 世纪 80 年代，过程控制网一般采用 IEEE 802.4 的令牌网，而到了 90 年代末，主流控制系统一般都采用工业以太网。

3）管理信息网。管理信息网的主要目的是在分布式网络环境下构建一个安全的网络系统。首先要将来自于过程控制网的信息转入管理层的关系数据库中，这样既可以供企业管理层进行计划、排产、在线贸易等管理，又可供远程用户通过互联网了解控制系统的运行状态以及现场设备的工况，对生产过程进行实时的远程监控。

管理信息网包括企业内部的局域网 Intranet 和互联网 Internet，由于涉及实际的生产过程，因此必须保证网络安全，可以采用的安全技术包括防火墙、用户身份认证以及密钥管理等。在这方面，工业以太网具有较大的优势，兼容 TCP/IP，可以无缝连接 Internet，同时又不影响实时数据的传送，因此，整个控制网络可以采用统一的协议标准。

在整个工业通信模型中，现场设备层是整个网络模型的基础和核心，只有确保总线设备之间可靠、准确、完整地进行数据传输，上层网络才能获取信息以及实现监控功能。当前对现场总线的讨论多停留在底层的现场智能设备网段，但从完整的工业通信网络模型出发，在

保证信息安全的前提下，应更多地考虑现场控制层与中间监控层、管理层，甚至与 Internet 层之间的数据传输与交互问题，以及实现控制网络与信息网络的紧密集成。

在以上几个层次的网络中，管理信息网一般采用的是互联网等公共网络资源，本书不再详细介绍。本书所指的工业控制网络仅包括现场设备网和过程控制网。

1.2.2　工业控制网络的简单分类

从技术角度，工业控制网络大致可以分为以下 4 类：

1）传统的控制网络。在传统的控制网络集散控制系统和基于 PLC 的控制系统发展初期，现场控制网络多采用简单的低速串行通信技术，采用的通信协议多为 RS 485 以及各公司自己制定的非开放性协议。这类控制网络是现场总线技术发展的基础，其开放性差，组网能力弱，已经逐渐被淘汰。

2）现场总线网络。现场总线网络是一种开放、分布式、全数字网络，目前在工业控制网络中占有最大比重，已经成为工业控制网络的代名词。其主要包括 IEC 61158 第二版和 IEC 62026 等标准中的 PROFIBUS DP/PA、FF、CC-Link、CAN、ControlNET、AS-i、DeviceNET、Interbus 等。

3）工业以太网。它是通用以太网技术向工业现场通信延伸的产物。随着实时性和确定性问题的解决，工业以太网已经成功进入现场设备层，成为现场总线标准体系中最具生命力的成员，并成为现场总线主要的发展方向。常见的实时工业以太网包括浙大工控的 EPA（Ethernet for Plant Automation）、德国西门子公司的 PROFInet IO、美国 Rockwell 公司的 Ethernet/IP、德国 Beckhoff 公司的 EtherCAT、德国 Hilscher 自动化公司的 SERCOS-Ⅲ、奥地利 B&R 公司的 PowerLink、日本横河公司的 Vnet 等。

4）工业无线网络。工业无线网络是应用于工业控制网络的无线通信技术，可分为远程无线通信技术和短程无线通信技术。其中，远程无线通信技术包括无线电台远传技术、GSM（Global System for Mobile Communications，全球移动通信系统）远传技术、GPRS（General Packet Radio Service，通用无线分组服务）远传技术、3G/4G 远传技术等；而短程无线通信技术包括 IEEE 802.11、IEEE 802.15、IEEE 802.15.4 等。基于 IEEE 802.15.4 的短程无线通信技术由于其低功耗、自组织、部署灵活等特点受到自动化领域的广泛关注，特别是由美国仪器仪表、系统与自动化协会（Instrumentation，System and Automation，ISA）制定的 ISA-100 和美国 HART 基金会制定的 WirelessHART 最具代表性和竞争性。我国由中科院沈阳自动化所牵头、国内十余家单位组成的“测量、控制用无线通信技术”国家标准起草工作组制定了应用于过程/工厂自动化的工业无线通信标准（Wireless Networks for Industrial Automation-Process Automation/Factory Automation，WIA-PA/FA），已经得到 IEC 承认，成为国际标准。此外，由浙江大学、中控科技集团联合牵头的 EPA 标准工作组也制定了 WirelessEPA 工业无线通信协议，实现了 EPA 有线和无线网络的无缝连接。

1.2.3　工业控制网络的特点

工业控制网络技术源于计算机网络技术，与一般的信息网络有很多共同点，但又有不同之处和独特的地方。它直接面向生产过程控制，肩负着工业生产运行一线测量与控制信息传输的特殊任务，并产生或引发物质或能量的运动和转换。

由于工业控制系统特别强调可靠性和实时性，所以，应用于测量与控制的数据通信的工业控制网络不同于一般的电信网络，也不同于信息技术中一般的计算机网络，具有其自身的特点。

1. 系统响应的实时性

工业控制网络是与工业现场测量控制设备相连接的一类特殊通信网络，控制网络中数据传输的及时性与系统响应的实时性是系统最基本的要求。

工业控制系统的基本任务是实现测量控制，需要通过控制网络及时地传输现场过程信息和操作指令。控制系统中，有相当多的测控任务是有严格的时序和实时性要求的。若数据传输达不到实时性要求或因时间同步等问题影响了网络节点的动作时序，就可能会造成灾难性的后果。因此不仅要求工业控制网络的传输速度快，而且还要响应快，即响应实时性要好。

所谓实时性，是指控制系统能在较短并且可以预测的确定的时间内，完成过程参数的采集、加工处理、控制运算、反馈执行等完整过程，并且执行时序满足过程控制对时间限制的要求。实时性表现在对内部和外部事件能及时地响应并做出相应的处理，不丢失信息，不延误操作。对于控制网络，处理的事件一般分为两类：一类是定时事件，如数据的定时采集、运算控制等；另一类是随机事件，如事故、报警等。对于定时事件，系统设置时钟，保证定时处理；对于随机事件，系统设置中断，并根据故障的轻重缓急预先分配中断级别，一旦事故发生，保证先处理紧急故障。

控制网络通信中的媒体访问控制机制、通信模式、网络管理方式等都会影响通信的实时性和有效性。

2. 开放性

这里的“开放”是指通信协议公开，不同厂商的设备可以互联为系统，并实现信息交换；也指相关标准的一致性、公开性，强调对标准的共识和遵守。作为开放系统的控制网络，应该能够与世界上任何地方的遵守相同标准的其他设备或系统连接。

遵守同一网络协议的测量控制设备应能够“互操作”与“互用”。“互操作”是指互联设备间可进行信息传送与沟通。“互用”则意味着不同生产厂家的性能相似的设备可实现相互替换，对于同一类型协议的不同制造商产品可以混合组态，构建成一个开放系统。

3. 极高的可靠性

工业控制网络必须连续运行，它的任何中断和故障都可能造成停产，甚至引起设备和人身事故，带来极大的经济损失。因此工业控制网络必须具有极高的可靠性，对于过程信息和操作指令等关键数据的传输实现“零”丢包率。

工业控制网络的高可靠性通常包括 3 个方面的内容。

其一，可使用性好，网络自身不易发生故障。这要求网络设备质量高，平均故障间隔时间长，能尽量防止故障发生。提高网络传输质量的一个重要的技术是差错控制技术。

其二，容错能力强，网络系统局部单元出现故障，不影响整个系统的正常运行。如在现场设备或网络局部链路出现故障的情况下，能在很短的时间内重新建立新的网络链路。

在网络的可靠性设计中，主要强调的思想是尽量防止出现故障，但无论采取多少措施，要保证网络 100%无故障是不可能的，也是不现实的。容错设计则是从全系统出发，以另一个角度考虑问题，其出发点是承认各单元发生故障的可能，即使某单元发生故障，也应能设法保证系统仍能完全正确的工作，也就是说给系统增加了容忍故障的能力。

提高网络容错能力的一个常用措施是在网络中增加适当的冗余单元，以保证当某个单元发生故障时能由冗余单元接替其工作，原单元恢复后再恢复出错前的状态。

其三，可维护性强，故障发生后能够及时发现和处理，通过维修使网络及时恢复。应考虑当网络系统失效时系统能够采取安全性措施，如及时报警、输出锁定、工作模式切换等，同时具备极强的自诊断和故障定位能力，且能迅速排除故障。

4. 良好的恶劣环境适应能力

控制网络还应具有对现场恶劣环境的适应性。在这一点上，控制网络明显区别于办公室环境的各种网络。控制网络的工作环境往往比较恶劣，温度与湿度变化范围大，空气污浊、粉尘污染大，振动、电磁干扰大，并常常伴随有腐蚀性、有毒气体等。因此，要求工业控制网络必须具有机械环境适应性、气候环境适应性、电磁环境适应性或电磁兼容性，并满足耐腐蚀、防尘、防水等要求。不同的工作环境对控制网络的环境适应性有不同的要求，工业控制网络设备需要经过严格的设计和测试，例如能在高温、严寒、粉尘环境下保持正常工作，能抗振动、抗电磁干扰，在易燃易爆炸环境下能够保证本质安全，有能力支持总线供电等。

5. 安全性

工业自动化网络的安全性包括生产安全和信息安全两方面。在工业过程控制中，当涉及容易燃烧和爆炸的原料时，因容器破损或泄漏，空气中含有挥发的爆炸性气体、粉尘等，这些区域称为危险区域。例如，石油及其衍生物、氢气、瓦斯、面粉等物质，一旦条件合适，就会引起爆炸。这就需要工业自动化网络中的控制设备具有本质安全的性能，利用安全栅技术，将提供给现场仪表的电能量限制在既不能产生足以引爆的火花，也不能产生足以引爆的仪表表面温升的安全范围内。

信息安全也是工业控制网络中非常重要的一个方面。在各种大中型企业的生产和管理过程中，哪怕是一点信息的失密或者遭到病毒破坏都有可能导致巨大的经济损失。因此，信息本身的保密性、完整性以及信息来源和去向的可靠性是整个工业控制网络系统必不可少的重要组成部分。在信息安全方面，网关是整个系统的有效屏障，它可以对经过它的数据包进行过滤。同时，随着加密/解密技术与网络技术的进一步融合，工业自动化网络的信息安全性也得到了进一步的保障。

1.3　现场总线概述

1.3.1　现场总线的产生与发展

现场总线（Fieldbus）是20世纪80年代中后期随着计算机、通信、控制和模块化集成等技术发展而出现的一门新兴技术，代表自动化领域发展的最新阶段。现场总线的概念最早由欧洲人提出，随后北美洲和南美洲也都投入巨大的人力、物力开展研究工作，目前流行的现场总线已达40多种，在不同的领域各自发挥重要的作用。关于现场总线的定义有多种。国际电工委员会（IEC）对现场总线的定义为：现场总线是一种应用于生产现场，在现场设备之间、现场设备与控制装置之间实行双向、串行、多节点数字通信的技术。现场总线是当今自动化领域发展的热点之一，被誉为自动化领域的计算机局域网。它作为工业数据通信网络的基础，加强了生产过程现场级控制设备之间及其与更高控制管理层之间的联系。它不仅是一个基层网络，而且还是一种开放式、新型全分布式的控制系统。这项以智能传感、控制、计算机、数据通信为主要内容的综合技术，因受到世界范围的关注而成为自动化技术发展的热点，并引发自动化系统结构与设备的深刻变革。

随着微处理器的发展和广泛应用，产生了以 IC（集成电路）代替常规电子线路，以微处理器为核心，具有信息采集、显示、处理、传输及优化控制等功能的智能设备。一些具有专家辅助推断分析与决策能力的数字式智能化仪表产品，其本身具备了诸如自动量程转换、自动调零、自校正、自诊断等功能，还能提供故障诊断、历史信息报告、状态报告、趋势图等功能。通信技术的发展，促使传送数字化信息的网络技术开始得到广泛应用。与此同时，基于质量分析的维护管理、与安全相关的系统测试记录、环境监视需求的增加，都要求仪表能在当地处理信息，并在必要时允许被管理和访问，这些也使现场仪表与上级控制系统的通信量大增。另外，从实际应用的角度出发，控制界也不断在控制精度、可操作性、可维护性、可移植性等方面提出新需求。由此导致了现场总线的产生。

现场总线就是用于现场智能化装置与控制室自动化系统之间的一个标准化的数字式通信链路，可进行全数字化、双向、多站总线式的信息数字通信，实现相互操作以及数据共享。现场总线的主要功能是进行控制、报警和事件报告等工作。现场总线通信协议的基本要求是响应速度和操作的可预测性的最优化。现场总线是一个低层次的网络协议，在其之上还允许有上级的监控和管理网络，负责文件传送等工作。现场总线为引入智能现场仪表提供了一个开放平台，基于现场总线的分布式控制系统——现场总线控制系统（FCS）是继 DCS 后的又一代控制系统。

1.3.2 现场总线的基本概念与特点

1. 总线的基本术语

(1) 总线与总线段

从广义来说，总线就是传输信号或信息的公共路径，是遵循同一技术规范的连接与操作方式。一组设备通过总线连在一起称为总线段（Bus Segment）。可以把多个总线段连接成一个网络系统。

(2) 总线主设备

可在总线上发起信息传输的设备称为总线主设备（Bus Master）。也就是说，主设备具备在总线上主动发起通信的能力，又称命令者。

(3) 总线从设备

不能在总线上主动发起通信，只能挂接在总线上，对总线信息进行接收查询的设备称为总线从设备（Bus Slaver），也称基本设备。

在总线上可能有多个主设备，这些主设备都可主动发起信息传输。某一设备既可以是主设备，也可以是从设备，但不能同时既是主设备又是从设备。被总线主设备连上的从设备称为响应者（Responder），它参与命令者发起的数据传送。

(4) 控制信号

总线上的控制信号通常有 3 种类型：一类用于控制连在总线上的设备，让它进行所规定的操作，如设备清零、初始化、启动和停止等；另一类用于改变总线操作的方式，如改变数据流的方向、选择数据字段的宽度和字节等；还有一类是控制信号，表明地址和数据的含义。例如，对于地址，可用于指定某一地址空间，或表示出现了广播操作；对于数据，可用于指定它能否转译成辅助地址或命令。

(5) 总线协议

管理主、从设备时使用的有关总线的一套规则称为总线协议（Bus Protocol）。这是一套事先规定的、必须共同遵守的规约。

2. 总线操作的基本内容

（1）总线操作

总线上命令者与响应者之间的“连接—数据传送—脱开”这一操作序列称为一次总线交易（Transaction），或者称为一次总线操作。连接（Connection）指相同或不同设备内，通信对象之间的逻辑绑定；数据传送（Transmission）指连接完之后通信报文的发送与接收过程，或者数据的读写操作过程；脱开（Disconnect）是指完成数据传送操作以后，命令者断开与响应者的连接。命令者可以在做完一次或多次总线操作后放弃总线占有权。

（2）总线传送

一旦某一命令者与一个或多个响应者连接上以后，就可以开始数据的读写操作规程。“读”（Read）数据操作是读取来自响应者的数据；“写”（Write）数据操作是向响应者写数据。读写数据都需要在命令者和响应者之间传递数据。为了提高数据传送操作的速度，有些总线系统采用了块传送和管线方式。

（3）通信请求

通信请求是由总线上的某一设备向另一设备发出的请求信号，要求后者给予注意并进行某种服务。它们有可能要求传送数据，也有可能要求完成某种动作。

（4）寻址

寻址过程是命令者与一个或多个从设备建立联系的一种总线操作。通常有以下 3 种寻址方式。

1）物理寻址：用于选择某一总线段上某一特定位置的从设备作为响应者。由于大多数从设备都包含多个寄存器，因此物理寻址常常有辅助寻址，以选择响应者的特定寄存器或某一功能。

2）逻辑寻址：用于指定存储单元的某一个通用区，而并不顾及这些存储单位在设备中的物理分布。某一设备监测到总线上的地址信号后，看其是否与分配给它的逻辑地址相符，如果相符，它就成为响应者。物理寻址与逻辑寻址的区别在于：前者是选择与位置有关的设备，而后者是选择与位置无关的设备。

3）广播寻址：用于选择多个响应者。命令者把地址信息放在总线上，从设备将总线上的地址信息与其内部的有效地址进行比较，如果相符，则该从设备被“连上”（Connect）。能使多个从设备连上的地址称为广播地址（Broadcast Addresses）。命令者为了确保所选的全部从设备都能响应，系统需要有适应这种操作的定时机构。

每一种寻址方法都有其优点和使用范围。逻辑寻址一般用于系统总线，而现场总线则较多采用物理寻址和广播寻址。不过，现在有一些新的系统总线常常具备上述两种寻址方式，甚至具备 3 种寻址方式。

（5）总线仲裁

总线在传送信息的操作过程中有可能会发生“冲突”（Contention）。为解决这种冲突，就需进行总线占有权的“仲裁”（Arbitration）。总线仲裁用于裁决哪一个主设备是下一个占有总线的设备。某一时刻只允许某一主设备占有总线，直到它完成总线操作、释放总线占有权后才允许其他总线主设备使用总线。当前的总线主设备称为命令者（Commander）。总线主设备为获得总线占有权而等待仲裁的时间称为访问等待时间（Access Latency），而命令者占有总线的时间称为总线占有期（Bus Tenancy）。命令者发起的数据传送操作，可以在称为

“听者”（Listener）和“说者”（Talker）的设备之间进行，而更常见的是在命令者和一个或多个从设备之间进行。

（6）总线定时

总线操作用定时（Timing）信号进行同步。大多数总线标准都规定命令者可发起控制信号，用来指定操作的类型；还规定响应者要回送从设备状态响应（Slave Status Response）信号。主设备获得总线控制权以后就进入总线操作，即进行命令者和响应者之间的信息交换。这种信息可以是地址和数据，定时信号就用于指明这些信息何时有效。定时信号有异步和同步两种。

（7）出错检测

在总线上传送信息时会因噪声和串扰而出错，因此在高性能的总线中一般设有出错码产生和校验机构，以实现传送过程的出错检测。传送地址时的奇偶错会使要连接的从设备连不上；传送数据时如果有奇偶错，通常是再发送一次。也有一些总线由于出错率很低而不设检错机构。

（8）容错

设备在总线上传送信息出错时，如何减少故障对系统的影响，提高系统的重配置能力是十分重要的。故障对分布式仲裁的影响比菊花链式仲裁的小。后者会直接在设备出故障时影响其后面设备的工作。总线系统应能支持软件利用一些新技术（如动态重新分配地址）把故障隔离，关闭或更换故障单元。

3. 现场总线的特点和优点

（1）现场总线的结构特点

现场总线打破了传统控制系统的结构形式。

传统模拟控制系统采用一对一的设备连线，按控制回路分别进行连接。位于现场的测量变送器与位于控制室的控制器之间，控制器与位于现场的执行器、开关、电动机之间均为一对一的物理连接。

现场总线控制系统由于采用了智能现场设备，能够把原先 DCS 系统中处于控制室的控制模块、各输入/输出模块置入现场设备中，加上现场设备具有通信能力，现场的测量变送仪表可以与阀门等执行机构直接传送信号，因而控制系统的功能能够不依赖控制室的计算机或控制仪表，直接在现场完成，实现了彻底的分散控制。

由于采用数字信号替代模拟信号，因而可实现一对电线上传输多个信号，如运行参数值、多个设备状态、故障信息等，同时又为多个设备提供电源，现场设备以外不再需要模/数（A/D）、数/模（D/A）转换器件。这样就为简化系统结构、节约硬件设备、节约连接电缆与各种安装、维护费用创造了条件。

（2）现场总线的技术特点

1）系统的开放性。

开放系统是指通信协议公开，各不同厂家的设备之间可进行互联并实现信息交换的系统。现场总线开发者就是要致力于建立统一的工厂底层网络的开放系统。这里的“开放”针对相关标准的一致性、公开性，强调对标准的共识与遵从。一个开放系统，它可以与任何遵守相同标准的其他设备或系统相接。一个具有总线功能的现场总线网络系统必须是开放的，开放系统把系统集成的权利交给了用户，用户可按自己的需要和对象把来自不同供应商的产品组成大小随意的系统。

2）互操作性与互用性。

这里的互操作性，是指实现互联设备间、系统间的信息传送与沟通，可实行点对点、一点对多点的数字通信。而互用性则意味着不同生产厂家的性能类似的设备可进行互换而实现互用。

3）现场设备的智能化与功能自治性。

现场总线将传感测量、补偿计算、工程量处理与控制等功能分散到现场设备中完成，仅靠现场设备即可完成自动控制的基本功能，并可随时诊断设备的运行状态。

4）系统结构的高度分散性。

现场设备本身已可完成自动控制的基本功能，使得现场总线构成一种新的全分布式控制系统的体系结构，这从根本上改变了现有 DCS 集中与分散相结合的集散控制系统体系，简化了系统结构，提高了可靠性。

5）对现场环境的适应性。

工作在现场设备前端，作为工厂网络底层的现场总线，是专为在现场环境工作而设计的。它可支持双绞线、同轴电缆、光缆、射频、红外线、电力线等，具有较强的抗干扰能力，能采用两线制实现送电与通信，并可满足安全防爆要求等。

（3）现场总线的优点

由于现场总线的特点，特别是现场总线系统结构的简化，使控制系统从设计、安装、投运到正常生产运行及检修维护都体现出优越性。

1）节省硬件数量与投资。

由于现场总线系统中分散在设备前端的智能设备能直接执行多种传感、控制、报警和计算功能，因而可减少变送器的数量，不再需要单独的控制器、计算单元等，也不再需要 DC 系统的信号调理、转换、隔离技术等功能单元及其复杂接线。还可以用工控 PC 作为操作站，从而节省了一大笔硬件投资。由于控制设备的减少，还可减少控制室的占地面积。

2）节省安装费用。

现场总线系统的接线十分简单。由于一对双绞线或一条电缆上通常可挂接多个设备，因而电缆、端子、槽盒、桥架的用量大大减少，连线设计与接头校对的工作量也大大减少。当需要增加现场控制设备时，无须增设新的电缆，可就近连接在原有的电缆上，既节省了投资，也减少了设计、安装的工作量。据有关典型试验工程的测算资料，可节约安装费用 60%以上。

3）节约维护开销。

由于现场控制设备具有自诊断与简单故障处理的能力，并通过数字通信将相关的诊断维护信息送往控制室，用户可以查询所有设备的运行和诊断维护信息，以便及时分析故障原因并快速排除，缩短了维护停工时间。同时由于系统结构简化、连线简单，从而减少了维护工作量。

4）用户具有高度的系统集成主动权。

用户可以自由选择不同厂商提供的设备来集成系统，从而避免因选择了某一品牌的产品而被“框死”了设备的选择范围，不会为系统集成中不兼容的协议、接口而一筹莫展，使系统集成过程中的主动权完全掌握在自己手中。

5）提高了系统的准确性与可靠性。

现场总线设备具有智能化、数字化，与模拟信号相比，它从根本上提高了测量与控制的准确度，减少了传送误差。同时，由于系统的结构简化，设备与连线减少，现场仪表内部功能加强，减少了信号的往返传输，提高了系统的工作可靠性。

此外，由于设备标准化和功能模块化，因而还具有设计简单、易于重构等优点。

1.3.3 现场总线的发展现状

国际电工技术委员会/国际标准化协会（IEC/ISA）于1984年起着手现场总线标准工作，但统一的标准至今仍未完成。同时，世界上的许多公司也推出了自己的现场总线技术。但存在差异的标准和协议，给实践带来很多复杂性和不便性，影响了开放性和可互操作性。因而IEC/ISA在最近几年里开始标准统一工作，减少现场总线协议的数量，以达到单一标准协议的目标。各种协议标准合并是为了达到国际上统一的总线标准，以实现各家产品的互操作性。

IEC TC65（负责工业测量和控制的第65标准化技术委员会）以1999年年底通过的8种类型的现场总线作为IEC 61158最早的国际标准。最新的IEC 61158（第四版）标准于2007年7月发布。

IEC 61158（第四版）由多个部分组成，主要包括以下内容：

① IEC 61158-1 总论与导则。

② IEC 61158-2 物理层服务定义与协议规范。

③ IEC 61158-3 数据链路层服务定义。

④ IEC 61158-4 数据链路层协议规范。

⑤ IEC 61158-5 应用层服务定义。

⑥ IEC 61158-6 应用层协议规范。

IEC 61158（第四版）标准包括的现场总线类型如下：

① Type 1 IEC 61158（FF的H1）现场总线。

② Type 2 CIP 现场总线。

③ Type 3 PROFIBUS 现场总线。

④ Type 4 P-Net 现场总线。

⑤ Type 5 FF HSE 现场总线。

⑥ Type 6 SwiftNet 被撤销。

⑦ Type 7 WorldFIP 现场总线。

⑧ Type 8 INTERBUS 现场总线。

⑨ Type 9 FF H1 以太网。

⑩ Type 10 PROFINET 实时以太网。

⑪ Type 11 TCnet 实时以太网。

⑫ Type 12 EtherCAT 实时以太网。

⑬ Type 13 Ethernet Powerlink 实时以太网。

⑭ Type 14 EPA 实时以太网。

⑮ Type 15 Modbus-RTPS 实时以太网。

⑯ Type 16 SERCOS Ⅰ、Ⅱ现场总线。

⑰ Type 17 VNET/IP 实时以太网。

⑱ Type 18 CC-Link 现场总线。

⑲ Type 19 SERCOS Ⅲ现场总线。

⑳ Type 20 HART 现场总线。

每种总线都有其产生的背景和应用领域。总线是为了满足自动化发展的需求而产生的，由于不同领域的自动化需求各有其特点，因此在某个领域中产生的总线技术一般对这一特定领域的满足度高一些，应用多一些，适用性好一些。

1.3.4　主流现场总线介绍

目前，国际上影响较大的现场总线有 40 多种，比较流行的主要有 FF、PROFIBUS、CAN、DeviceNet、LonWorks、ControlNet、CC-Link 等现场总线。

1. 基金会现场总线

基金会现场总线（Foundation Fieldbus，FF）是在过程自动化领域得到广泛支持和具有良好发展前景的技术。其前身是以美国 Fisher-Rousemount 公司为首的联合 Foxboro、横河、ABB、Siemens 等 80 家公司制定的 ISP，以及以 Honeywell 公司为首的联合欧洲等地的 150 家公司制定的 worldFIP。屈于用户的压力，这两大集团于 1994 年 9 月合并，成立了现场总线基金会，致力于开发国际上统一的现场总线协议。它以开放系统互联模型为基础，取其物理层、数据链路层、应用层作为 FF 通信模型的相应层次，并在应用层上增加了用户层。

基金会现场总线分低速 H1 和高速 H2 两种通信速率。H1 的传输速率为 31. 25kbit/s，通信距离可达 1900m（可加中继器延长），可支持总线供电，支持本质安全防爆环境。H2 的传输速率为 1Mbit/s 和 2. 5Mbit/s 两种，其通信距离为 750m 和 500m。物理传输介质可支持双绞线、光缆和无线发射，协议符合 IEC 1158-2 标准。

基金会现场总线物理媒介的传输信号采用曼彻斯特编码，每位发送数据的中心位置或是正跳变，或是负跳变。正跳变代表 0，负跳变代表 1，从而使串行数据位流中具有足够的定位信息，以保持发送双方的时间同步。接收方既可根据跳变的极性来判断数据的 1、0 状态，也可根据数据的中心位置精确定位。

为满足用户需要，Honeywell、Ronan 等公司已开发出可完成物理层和部分数据链路层协议的专用芯片，许多仪表公司也已开发出符合 FF 协议的产品。H1 总线已通过 α 测试和 β 测试，完成了由 13 个不同厂商提供设备而组成的 FF 现场总线工厂试验系统。H2 总线标准也已形成。1996 年 10 月，在芝加哥举行的 ISA96 展览会上，由现场总线基金会组织实施，向世界展示了来自 40 多家厂商的 70 多种符合 FF 协议的产品，并将这些分布在不同楼层展览大厅的不同展台上的 FF 展品用醒目的橙红色电缆互连为七段现场总线演示系统，各展台现场设备之间可实地进行现场互操作，展现了基金会现场总线的成就与技术实力。

2. PROFIBUS

PROFIBUS 是作为德国国家标准 DIN1924. 5 和欧洲标准 EN50170 的现场总线，ISO/OSI 模型也是它的参考模型。由 PROFIBUS-DP、PROFIBUS-FMS、PROFIBUS-PA 组成了 PROFIBUS 系列。

PROFIBUS-DP 型用于分散外设间的高速传输，适合于加工自动化领域的应用；PROFIBUS-FMS 型为现场信息规范，适用于纺织、楼宇自动化、可编程控制器、低压开关等一般自动化；而 PROFIBUS-PA 型则是用于过程自动化的总线类型，它遵从 IEC 1158-2 标准。该项技术是由以 Siemens 公司为主的十几家德国公司、研究所共同推出的。它采用了 OSI 模型的物理层、数据链路层，由这两部分形成了其标准第一部分的子集，PROFIBUS-DP 型隐去了第3~7层，而增加了直接数据连接拟合作为用户接口；PROFIBUS-FMS型只隐去第3~6层，采用了应用层，作为标准的第二部分；PROFIBUS-PA型的标准目前还处于制定过程之中，其传输技术遵从IEC 1158-2（H1）标准，可实现总线供电与本质安全防爆。

PROFIBUS支持主—从系统、纯主站系统、多主多从混合系统等几种传输方式。主站具有对总线的控制权，可主动发送信息。对多主站系统来说，主站之间采用令牌方式传递信息，得到令牌的站点可在一个事先规定的时间内拥有总线控制权，并事先规定好令牌在各主站中循环一周的最长时间。按PROFIBUS的通信规范，令牌在主站之间按地址编号顺序沿上行方向进行传递。主站在得到控制权时，可以按主—从方式向从站发送或索取信息，实现点对点通信。主站可对所有站点广播（不要求应答），或有选择地向一组站点广播。

PROFIBUS的传输速率为9.6kbit/s~12Mbit/s，最大传输距离在9.6kbit/s时为1200m，1.5Mbit/s时为200m，可用中继器延长至10km。其传输介质可以是双绞线，也可以是光缆，最多可挂接127个站点。

PROFIBUS与以太网相结合，产生了PROFINET技术，取代了PROFIBUS-FMS的位置。1997年7月，在北京成立了我国的PROFIBUS专业委员会（CPO），挂靠在中国机电一体化技术和应用协会。我国现在采用的PROFIBUS现场总线标准为GB/T 20540.5—2006《测量和控制数字数据通信　工业控制系统用现场总线　类型3：PROFIBUS规范　第5部分：应用层服务定义》。

3. CAN

CAN是控制器局域网（Controller Area Network）的简称，最早由德国BOSCH公司提出，用于汽车内部测量与执行部件之间的数据通信。其总线规范现已被ISO国际标准化组织制定为国际标准，得到了摩托罗拉（Motorola）、英特尔（Intel）、飞利浦（Philips）、Siemens、NEC等公司的支持，已广泛应用在离散控制领域。

CAN协议也是建立在国际标准化组织的开放系统互联模型基础上的，不过其模型结构只有3层，只取OSI的物理层、数据链路层和应用层。CAN的信号传输介质为双绞线，传输速率最高可达1Mbit/s（传输距离在40m内）；直接传输距离最远可达10km（传输速率需低于5kbit/s），挂接设备最多可达110个。

CAN的信号传输采用短帧结构，每一帧的有效字节为8B，因而传输时间短，受干扰的概率低。当节点严重错误时，其具有的自动关闭功能可以自动切断该节点与总线的联系，使总线上的其他节点及其通信不受影响，因此具有较强的抗干扰能力。

CAN支持多主站工作方式，网络上的任何节点均可在任意时刻主动向其他节点发送信息，支持点对点、一点对多点和全局广播方式接收/发送数据。它采用总线仲裁技术，当几个节点同时在网络上传输信息时，优先级高的节点可继续传输数据，而优先级低的节点则主动停止发送，从而避免了总线冲突。

已有多家公司开发并生产了符合CAN协议的通信芯片，如Intel公司的82527、Motorola公司的MC68HC908AZ60Z、Philips公司的SJA1000等。还有插在PC上的CAN总线适配器，其具有接口简单、编程方便、开发系统价格便宜等优点。本书第2章将对CAN技术规范、接口芯片以及其工程应用展开详细论述。

4. DeviceNet

DeviceNet是一种低成本的通信连接，它将工业设备连接到网络，从而免去了昂贵的硬接线。DeviceNet又是一种简单的网络解决方案，在提供多供货商同类部件间的可互换性的同时，减少了配线和安装工业自动化设备的成本和时间。DeviceNet 的直接互联性不仅改善了设备间的通信，而且同时提供了相当重要的设备级诊断功能，这是通过硬接线——I/O 接口很难实现的。

DeviceNet 是一个开放式网络标准，其规范和协议都是开放的，厂商将设备连接到系统时，无须购买硬件、软件或许可权。任何人都能以少量的复制成本从开放式 DeviceNet 供货商协会（Open DeviceNet Vendor Associaton，ODVA）获得 DeviceNet 规范。任何制造 DeviceNet 产品的公司都可以加入 ODVA，并参与对 DeviceNet 规范进行增补的技术工作。

DeviceNet 规范的购买者将得到不受限制的、真正免费的开发 DeviceNet 产品的许可。寻求开发帮助的公司可以通过任何渠道购买使其工作简易化的样本源代码、开发工具包和各种开发服务。关键的硬件可以从世界上最大的半导体供货商那里获得。

在当前的控制系统中，不仅要求现场设备完成本地的控制、监视、诊断等任务，还要能通过网络与其他控制设备及 PLC 进行对等通信，因此现场设备多设计成内置智能式。基于这样的现状，美国 Rockwell Automation 公司于 1994 年推出了 DeviceNet 网络，实现了低成本、高性能的工业设备的网络互联。DeviceNet 具有如下特点：

1）DeviceNet 基于 CAN 总线技术，它可连接开关、光电传感器、阀组、电动机起动器、过程传感器、变频调速设备、固态过载保护装置、条形码阅读器、I/O 和人机界面等。其传输速率为 125~500kbit/s，每个网络的最大节点数是 64 个，干线长度为 100~500m。

2）DeviceNet 使用的通信模式是生产者/客户（Producer/Consumer）。该模式允许网络上的所有节点同时存取同一源数据，网络通信效率更高；采用多信道广播信息发送方式，各个客户可在同一时间接收到生产者所发送的数据，网络利用率更高。“生产者/客户”模式与传统的“源/目的”通信模式相比，前者采用多信道广播式，网络节点同步化，网络效率高；后者采用应答式，如果要向多个设备传送信息，则需要对这些设备分别进行“呼”“应”通信，即使是同一信息，也需要制造多个信息包，这样不仅增加了网络的通信量，而且网络响应速度也受到了限制，难以满足高速的、对时间苛求的实时控制。

3）设备可互换性。各个销售商所生产的符合 DeviceNet 网络和行规标准的简单装置（如按钮、电动机起动器、光电传感器、限位开关等）都可以互换，增加了灵活性和可选择性。

4）DeviceNet 网络上的设备可以随时连接或断开，但不会影响网上其他设备的运行，方便维护和减少维修费用，也便于系统的扩充和改造。

5）DeviceNet 网络上的设备安装比传统的 I/O 布线更加节省费用，尤其是当设备分布在几百米范围内时，更有利于降低布线安装成本。

6）利用 RS Network for DeviceNet 软件可方便地对网络上的设备进行配置、测试和管理。网络上的设备以图形方式显示工作状态，一目了然。

DeviceNet 是一个比较年轻的现场总线，也是较晚进入我国的现场总线。但 DeviceNet 价格低、效率高，特别适合于制造业、工业控制、电力系统等行业的自动化，适合于制造系统的信息化。

2000 年 2 月，上海电器科学研究所与 ODVA 签署合作协议，共同筹建 ODVA China，目的是把 DeviceNet 这一先进技术引入中国，促进我国自动化和现场总线技术的发展。

2002 年 10 月 8 日，DeviceNet 现场总线被批准为国家标准。DeviceNet 中国国家标准编号为 GB/T 18858.3—2012，名称为《低压开关设备和控制设备　控制器　设备接口（CDI）第 3 部分：DeviceNet》。该标准于 2003 年 4 月 1 日开始实施。

5. LonWorks

LonWorks 是又一种具有强劲实力的现场总线技术，它是由美国 Echelon 公司推出并与 Motorola、Toshiba（东芝）公司共同倡导，于 1990 年正式公布而形成的。它采用了 ISO/OSI 模型的全部 7 层通信协议，采用了面向对象的设计方法，通过网络变量把网络通信设计简化为参数设置，其通信速率范围为 300bit/s～1.5Mbit/s，直接通信距离可达到 2700m（78kbit/s，双绞线），支持双绞线、同轴电缆、光纤、射频、红外线、电源线等多种通信介质，被誉为通用控制网络。

LonWorks 技术所采用的 LonTalk 协议被封装在称为 Neuron 的芯片中并得以实现。集成芯片中有 3 个 8 位 CPU，第一个用于完成开放互联模型中第 1、2 层的功能，称为媒体访问控制处理器，实现介质访问的控制与处理；第二个用于完成第 3～6 层的功能，称为网络处理器，进行网络变量的寻址、处理、背景诊断、函数路径选择、软件计量、网络管理，并负责网络通信控制、收发数据包等；第三个是应用处理器，执行操作系统服务与用户代码。芯片中还具有存储信息缓冲区，以实现 CPU 之间的信息传递，并作为网络缓冲区和应用缓冲区。例如，Motorola 公司生产的神经元集成芯片 MC143120E2 就包含了 2KB RAM 和 2KB E^2PROM。LonWorks 技术的不断推广促成了神经元芯片的低成本，而芯片的低成本又反过来促进了 LonWorks 技术的推广应用，两者形成了良性循环。另外，在开发智能通信接口、智能传感器方面，LonWorks 神经元芯片也具有独特的优势。

LonWorks 技术已经被美国暖通工程师协会（ASHRE）定为建筑自动化协议 BACnet 的一个标准。美国消费电子制造商协会已经通过决议，以 LonWorks 技术为基础制定了 EIA-709 标准。这样，LonWorks 已经建立了一套从协议开发、芯片设计、芯片制造、控制模块开发制造、OEM 控制产品、最终控制产品、分销、系统集成等一系列完整的开发、制造、推广、应用体系结构，吸引了数万家企业参与到这项工作中来，这对于技术的推广、应用有很大的促进作用。

6. ControlNet

工业现场控制网络的许多应用不仅要求控制器和工业器件之间的紧耦合，还应有确定性和可重复性。在 ControlNet 出现以前，没有一个网络在设备或信息层能有效地实现这样的功能要求。

ControlNet 是由在北美（包括美国、加拿大等国家）地区的工业自动化领域中技术和市场占有率稳居第一位的美国罗克韦尔自动化（Rockwell Automation）公司于 1997 年推出的一种新的面向控制层的实时性现场总线网络。

ControlNet 是一种最现代化的开放网络，它提供如下功能：

1）在同一链路上同时支持 I/O 信息，控制器实时互锁以及对等通信报文传送和编程操作。

2）对于离散和连续的过程控制应用场合，均具有确定性和可重复性。

ControlNet 采用了一种全新的开放网络技术解决方案——生产者/消费者模型，它具有精确同步化的功能。ControlNet 是目前世界上增长最快的工业控制网络之一（网络节点数年均以 180%的速度增长）。

ControlNet 是一个高速的工业控制网络，在同一电缆上同时支持 I/O 信息和报文信息（包括程序、组态、诊断等信息），集中体现了控制网络对控制（Control）、组态（Configuration）、采集（Collect）等信息的完全支持。ControlNet 基于生产者/消费者这一先进的网络模型，提供了更高的有效性、一致性和柔韧性。

从专用网络到公用标准网络，工业网络开发商给用户带来了许多好处，但同时也带来了许多互不相容的网络。如果对网络的扁平体系和高性能的需要加以考虑，就会发现，为了增强网络的性能，有必要在自动化和控制网络这一层引进一种包含市场上所有网络优良性能的全新的网络。另外，还应考虑到数据的传输时间是可预测的，以及保证传输时间不受设备加入或离开网络的影响。这些现实问题推动了 ControlNet 的开发和发展，它正是满足不同需要的一种实时的控制层的网络。

ControlNet 协议的制定参照了 OSI 的 7 层协议模型，并参照了其中的第 1、2、3、4、7 层。它既考虑了网络的效率和实现的复杂程度，没有像 LonWorks 一样采用完整的 7 层；又兼顾到协议技术的向前兼容性和功能完整性，与一般现场总线相比，增加了网络层和传输层。这对异种网络的互联和网络的桥接功能提供了支持，更有利于大范围的组网。

ControlNet 中，网络层和传输层的任务是建立和维护连接。这一部分协议主要定义了未连接报文管理（Unconnected Message Manager，UCMM）、报文路由（Message Router）对象和连接管理（Connection Management）对象及相应的连接管理服务。

ControlNet 有较强的连接能力，可连接工业现场的各类设备、控制器等。

ControlNet 上可连接的典型设备如下：

1）逻辑控制器（如可编程逻辑控制器、软控制器等）。

2）I/O 机架和其他 I/O 设备。

3）人机界面设备。

4）操作员界面设备。

5）电动机控制设备。

6）变频器。

7）机器人。

8）气动阀门。

9）过程控制设备。

10）网桥/网关等。

近年来，ControlNet 广泛应用于交通运输、汽车制造、冶金、矿山、电力、食品、造纸、石油、化工、娱乐及很多其他领域的工厂自动化和过程自动化中。世界上许多知名的大公司，包括福特汽车公司、通用汽车公司、巴斯夫公司、柯达公司、现代集团公司等，以及美国宇航局等政府机关都是 ControlNet 的用户。

7. CC-Link

1996 年 11 月，以三菱电机为主导的多家公司以“多厂家设备环境、高性能、省配线”的理念，开发、公布和开放了现场总线 CC-Link，第一次正式向市场推出了 CC-Link 这一全新的多厂商、高性能、省配线的现场网络，并于 1997 年获得日本电机工业会（JE-MA）颁发的杰出技术成就奖。

CC-Link 是 Control & Communication Link（控制与通信链路系统）的简称，即在工控系统中可以将控制和信息数据同时以 10Mbit/s 高速传输的现场网络。CC-Link 具有性能卓越、应用广泛、使用简单、节省成本等突出优点。作为开放式现场总线，CC-Link 是唯一起源于亚洲地区的总线系统，CC-Link 的技术特点尤其适合亚洲人的思维习惯。

1998 年，汽车行业的马自达、五十铃、雅马哈、通用、铃木等也成了 CC-Link 的用户，而且 CC-Link 迅速进入我国市场。1999 年，销售业绩为 17 万个节点；2001 年达到了 72 万个节点，累计量达到了 150 万个节点，其增长势头迅猛，在亚洲市场占有份额超过 15%（美国工控专用调查机构 ABC 调查的结果）。

一般工业控制领域的网络分为 3 或 4 个层次，分别是管理层、控制层和部件层。部件层也可以再细分为设备层和传感器层。CC-Link 是一个以设备层为主的网络，同时也可以覆盖较高层次的控制层和较低层次的传感器层。

一般情况下，CC-Link 整个的一层网络可由 1 个主站和 64 个子站组成，它采用总线方式通过屏蔽双绞线进行连接。网络中的主站由三菱电机 FX 系列以上的 PLC 或计算机担当，子站可以是远程 I/O 模块、特殊功能模块、带有 CPU 的 PLC 本地站、人机界面、变频器、伺服系统、机器人，以及各种测量仪表、阀门、数控系统等现场仪表设备。如果需要增强系统的可靠性，可以采用主站和备用主站冗余备份的网络系统构成方式。

CC-Link 具有高速的数据传输速率，最高可以达到 10Mbit/s，其数据传输速率随距离的增加而逐渐减慢。

CC-Link 兼容的产品如下：

1）PLC、PCI 总线接口、cPCI 总线接口、VME 总线接口（主站/本地站）。CC-Link 拥有作为主站/本地站的总线类型，CC-Link 系统可采用多种类型的控制器。

2）输入/输出模块。CC-Link 有多种类型的开关量输入/输出模块、模拟量输入/输出模块，以及多种输入类型和输出类型。用户可以根据传感器等的类型选择模块。

3）人机界面（HMI）。HMI 可以监视 CC-Link 的工作状态以及通过 CC-Link 传送的数据，因此，用户可以很容易地知道系统的工作状态。

4）电磁阀。许多厂家都提供能兼容 CC-Link 的电磁阀产品，用户可以选择适合系统的、性价比最优的电磁阀产品。

5）传感器和变送器。有多种类型的传感器、变送器可以接入 CC-Link，用户可以方便地用 CC-Link 构造不同的系统。

6）指示器。称重控制器可通过 CC-Link 测量重量。

7）温度控制器。温度控制设备或室内温度等可以通过 CC-Link 来进行设定和监视。

8）传输装置。光耦合变送模块通过 CC-Link 用红外线建立控制器和移动工作台之间的通信。

9）条形码和 ID。在生产过程中，需要产品携带数据进行加工，通过条形码或 ID 的方式可以在每个处理工位读取产品数据。CC-Link 具有高速的条形码和 ID 数据的传送速率，因此，在制造业中应用 CC-Link 是非常有效率的。

10）网间连接器。CC-Link 的网间连接器产品可以将 CC-Link 与其他的网络连接起来。

11）驱动产品。类似于变频器、伺服器等的驱动产品，可以方便地用 CC-Link 连接，通过 CC-Link 高速传送命令数据和监视数据。因此，CC-Link 在需要高速传送数据的控制系统中是非常有用的。

12）机器人。在汽车制造生产线上，半导体生产线应用了大量的机器人。CC-Link 可以连接 64 个子站，机器人可以用 CC-Link 来控制。在这样的系统中，CC-Link 是最合适的网络。

13）电缆和终端电阻。可选用多种型号的 CC-Link 电缆，如一般电缆、机器人用电缆、光缆、带电源电缆、红外线射线类等。因此，用户可以为系统选择适合的电缆。

14）软件。配置组态软件可以对 CC-Link 进行编程和诊断，用户可以非常方便地建立系统。

15）其他。许多其他种类的 CC-Link 产品可以为用户设置、编程、安装、接线等提供方便，而且 CC-Link 的兼容产品数量和种类也在不断扩大。

鉴于 CC-Link 的实际特点和功能，它适用于许多控制系统，同时其自身的功能也在不断完善和改进，可挂接现场设备的合作厂商也在不断增加，从而更有利于实际的生产现场。

总之，CC-Link 是一种技术先进、性能卓越、应用广泛、使用简单、成本较低的开放式现场总线，其技术发展和应用有着广阔的前景。

1.4　工业以太网概述

1.4.1　工业以太网的产生和发展

工业以太网技术是普通以太网技术在工业控制网络延伸的产物。前者源于后者，又不同于后者。以太网技术经过多年的发展，特别是它在 Internet 和 Intranet 中的广泛应用，其技术更为成熟，并得到了广大开发商与用户的认同。因此无论从技术上还是从产品价格上，以太网较其他类型的网络都有明显的优势。另外，随着技术的发展，控制网络与普通计算机网络、Internet 的联系变得越来越密切。

以太网技术和应用的发展，使其从办公自动化走向工业自动化。首先是通信速率的提高，以太网从 10Mbit/s、100Mbit/s 到现在的 1000Mbit/s、10Gbit/s，速率提高意味着网络负荷减轻和传输延时减小，网络碰撞概率下降；其次是采用双工星形网络拓扑结构和以太网交换技术，使以太网交换机的各端口之间数据帧的输入和输出不再受 CSMA/CD 机制的制约，缩小了冲突域；最后全双工通信方式使端口间的两对双绞线（或两根光纤）上分别同时接收和发送数据，而不发生冲突。这样，全双工交换式以太网能避免因碰撞而引起的通信响应不确定性，保障通信的实时性。同时，由于工业自动化系统向分布式、智能化的实时控制方面发展，因此通信成为关键，用户对统一的通信协议和网络的要求日益迫切。这样，技术和应用的发展使以太网进入工业自动化领域成为必然。

工业以太网技术以普通以太网技术为基础，根据工业控制网络的特殊需求进行了某些特性和协议的改良，因此工业以太网技术是普通以太网技术在工业控制网络延伸的产物。国际上，工业以太网协议发展迅速，出现了多个协议组织和标准，如 HSE、PROFInet、Ethernet/IP 等。

与此同时，世界上的不同公司根据自己的发展需要制定各种实时工业以太网标准。2003 年，IEC/SC65C 正式决定制定工业以太网国际标准；经过几年的努力，2007 年 12 月，IEC 发布了现场总线国际标准 IEC 61158（第二版），收录了包括我国的 EPA（Ethernet for Plant Automation）、德国 BECKHOFF 公司的 EtherCAT、日本横河公司的 Vnet、日本东芝公司的 TCnet、德国赫优讯的 SERCOS-Ⅲ、奥地利 B&R 公司的 PowerLink.、法国施耐德的 Modbus/TCP（RTPS）等在内的工业实时以太网协议。

1.4.2 工业以太网的定义与特点

通常，人们习惯将用于工业控制系统的以太网统称为工业以太网。但是如果仔细划分，按照国际电工委员会 SC65C 的定义，工业以太网是用于工业自动化环境、符合 IEEE 802.3 标准、按照 IEEE 802.1D“媒体访问控制（MAC）网桥”规范和 IEEE 802.1Q“局域网虚拟网桥”规范、没有进行任何实时扩展（Extension）而实现的以太网。通过采用减轻以太网负荷、提高网络速度、采用交换式以太网和全双工通信、采用信息优先级和流量控制以及虚拟局域网等技术，到目前为止可以将工业以太网的实时响应时间做到 5~10ms，相当于现有的现场总线。工业以太网在技术上与商用以太网是兼容的。

工业以太网协议在本质上仍基于以太网技术，在物理层和数据链路层均采用了 IEEE 802.3 标准，在网络层和传输层则采用被称为以太网“事实上的标准”的 TCP/IP 协议族（包括 UDP、TCP、IP、ARP、ICMP、IGMP 等协议），它们构成了工业以太网的低 4 层。在高层协议上，工业以太网协议通常省略了会话层、表示层，而定义了应用层，有的工业以太网协议还定义了用户层（如 HSE）。

图 1-7 给出了 OSI 互联参考模型与工业以太网分层对照。

图 1-7　OSI 互联参考模型与工业以太网分层对照

与商用以太网相比，工业以太网在以下几方面具有明显的特征。

（1）通信确定性和实时性

所谓实时性，是指在网络通信过程中能在线实时采集过程的参数，实时对系统信息进行加工处理，并迅速反馈给系统完成过程控制，满足过程控制对时间限制的要求。所谓确定性，就是要求网络通信任务的行为在时间上可以预测确定。实时性表现在对内部和外部事件能及时地响应，并做出相应处理，不丢失信息，不延误操作。控制网络处理的事件一般分为两类：一类是定时事件，如数据的定时采集、运算控制等；另一类是随机事件，如事故、报警等。对于定时事件，系统设置时钟，保证定时处理。对于随机事件，系统设置中断，并根据故障的轻重缓急预先分配中断级别，一旦事故发生，保证优先处理紧急故障。

工业控制网络是与工业现场测量控制设备相连接的一类特殊通信网络，控制网络中数据传输的及时性与系统响应的实时性是控制系统最基本的要求。在工业自动化控制中需要及时地传输现场过程信息和操作指令，工业控制网络不但要完成非实时信息的通信，而且还要求支持实时信息的通信。这不仅要求工业控制网络传输速率快，而且还要求响应快，即响应实时性要好。

在工业以太网中，提高通信实时性的措施主要包括采用交换式集线器、使用全双工（Full-Duplex）通信模式、采用虚拟局域网（VLAN）技术、提高服务品质（QoS）、调度有效的应用任务等。

（2）环境适应性和安全性

首先，针对工业现场的振动、粉尘、高温和低温、高湿度等恶劣环境，对设备的环境适应性和安全性提出了更高的要求。在基于以太网的控制系统中，网络设备是相关设备的核心，从I/O功能块到控制器中的任何一部分都是网络的一部分。网络硬件把内部系统总线和外部世界联系到一体，任一工业以太网设备在这种性能稳定指标上都应高于普通商业以太网。为此，工业以太网产品针对机械环境、气候环境、电磁环境等需求对线缆、接口、屏蔽等方面做出专门的设计，符合工业环境的要求。

在易燃易爆的场合，工业以太网产品通过隔爆和本质安全两种方式来提高设备的生产安全性。在信息安全方面，利用网关构建系统的有效屏障，对经过其的数据包进行过滤。同时随着加密/解密技术与工业以太网的进一步融合，工业以太网的信息安全性也得到了进一步的保障。

（3）产品可靠性高

工业控制网络的高可靠性通常包含3个方面的内容。

1）可使用性好，网络自身不易发生故障。这要求网络设备质量高，平均故障间隔时间长，能尽量防止故障发生。提高网络传输质量的一个重要技术是差错控制技术。

2）容错能力强，网络系统局部单元出现故障，不影响整个系统的正常工作。如在现场设备或网络局部链路出现故障的情况下，能在很短的时间内重新建立新的网络链路。

在网络的可靠性设计中，主要强调的思想是尽量防止出现故障。但是无论采取多少措施，要保证网络100%无故障是不可能的，也是不现实的。容错设计则是从全系统出发，以另一个角度考虑问题，其出发点是承认各单元发生故障的可能，进而设法保证即使某单元发生故障系统仍能完全正确地工作，也就是说给系统增加了容忍故障的能力。

提高网络容错能力的一个常用措施是在网络中增加适当的冗余单元，以保证当某个单元发生故障时能由冗余单元接替其工作，原单元恢复后再切换回错前的状态。常用冗余技术包括端口冗余、链路冗余、设备冗余以及环网冗余等。

3）可维护性高，故障发生后能及时发现和及时处理，通过维修使网络及时恢复。这是考虑当网络系统万一出现失误时，系统一是要能采取安全性措施，如及时报警、输出锁定、工作模式切换等，二是要具有极强的自诊断和故障定位能力，且能迅速排除故障。

1.4.3 实时以太网技术

工业以太网仅仅是针对工业应用环境的要求，采用信息领域现有技术而设计的一种工业自动化网络。从本质上讲，工业以太网仍然是以太网，并没有进行任何针对实时通信的扩展或修改。

工业以太网一般应用于通信实时性要求不高的场合。对于响应时间小于5ms的应用，工业以太网已不能胜任。为了满足高实时性能应用的需要，各大公司和标准组织纷纷提出提升工业以太网实时性的技术解决方案。这些方案建立在IEEE 802.3标准的基础上，通过对其相关标准的实时扩展提高实时性，并且做到与标准以太网的无缝连接，这就是实时以太网（Real Time Ethernet，RTE）。

根据IEC 61784-2标准定义，所谓实时以太网，就是根据工业数据通信的要求和特点，在ISO/IEC 8802-3协议基础上，通过增加一些必要的措施，使之具有实时通信能力。

1）网络通信在时间上的确定性，即在时间上任务的行为可以预测。

2）实时响应以适应外部环境的变化，包括任务的变化、网络节点的增/减、网络失效诊断等。

3）减少通信处理延迟，使现场设备间的信息交互在极小的通信延迟时间内完成。

2007 年出版的 IEC 61158 现场总线国际标准和 IEC 61784-2 实时以太网应用国际标准收录了 10 种工业实时以太网技术和协议（见表 1-1）。

表 1-1　IEC 国际标准收录的工业实时以太网技术和协议

技术和协议	技术和协议来源	应 用 领 域
Ethernet/IP	美国 Rockwell 公司	过程控制
PROFINET	德国 Siemens 公司	过程控制、运动控制
P-NET	丹麦 Proces-Data A/S 公司	过程控制
Vnet/IP	日本横河公司	过程控制
TCnet	日本东芝公司	过程控制
EtherCAT	德国 Beckhoff 公司	运动控制
Ethernet Powerlink	奥地利 B & R 公司	运动控制
EPA	中国浙江大学、中控科技公司等	过程控制、运动控制
Modbus TCP	法国 Schneider-Electric 公司	过程控制
SERCOS-Ⅲ	德国 Hilscher 公司	运动控制

图 1-8 给出了实时以太网技术的分类情况。

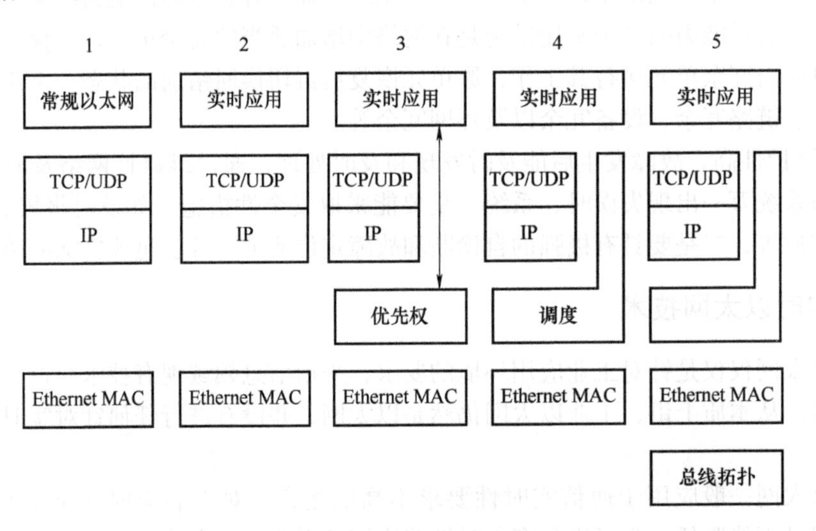

图 1-8　实时以太网技术分类

1）1 为一般工业以太网的通信协议模型，通过常规努力提高实时性。

2）2 是采用在 TCP/IP 之上进行实时数据交换的方案，包括 Modbus TCP、Ethernet/IP 等实时以太网协议。

3）3 是采用经优化处理和提供旁路实时通道的通信协议模型，包括 PROFINETv2、IDA 等。

4）4 是采用集中调度提高实时性的解决方案，包括 EPA、PROFINETv3、PowerLink 等。

5）5 是采用类似 Interbus 现场总线的“集总帧”通信方式和在物理层使用总线拓扑结构提升以太网实时性能，包括 EtherCAT 等。

1.4.4 主流工业以太网介绍

1. EPA

EPA（Ethernet for Plant Automation）是一种用于过程行业中确定性以太网的通信标准，是第一个由中国人自主制定的工业自动化国际标准，成功将以太网直接应用于现场总线，从而成功地将商用办公室网络——以太网进行了技术改造，使之完全适用于环境恶劣下的流程工业自动化仪表之间的通信，实现了从管理层、控制层到现场设备层等各层次网络的“E（Ethernet）网到底”。

EPA标准定义了确定性通信调度控制方法、网络安全导则、必要的通信规范与服务接口，以及基于EPA的分布式现场网络控制系统体系结构、模型与特征，同时制定了复杂工业环境下的应用导则及应用于复杂工业现场的环境适应性要求（包括机械环境适应性、气候环境适应性、电磁兼容性以及可靠性等要求），为建立基于EPA的控制系统及其应用提供指导。

EPA标准通过增加一些必要的改进措施改善了以太网的通信实时性，在以太网、TCP/IP之上定义工业控制应用层服务和协议规范，将在IT领域应用较为广泛的以太网（包括无线局域网、蓝牙）以及TCP/IP应用于工业控制网络，实现工业企业综合自动化系统中由信息管理层、过程监控层直至现场设备层的无缝信息集成。

EPA通信模型（见图1-9）的低4层采用IT领域的通用技术，其中物理层与数据链路层兼容IEEE 802.3、IEEE 802.11、IEEE 802.15，网络层以及传输层采用TCP（UDP）/IP，并在网络层和MAC层之间定义了一个EPA通信调度接口，完成实时信息和非实时信息的传输调度。会话层和表示层未使用。应用层定义了EPA应用层协议与服务、EPA套接字映射接口，以及EPA管理功能块及其服务，同时还支持IT领域现有的协议，包括HTTP、FTP、DHCP、SNTP、SNMP等。另外，增加了用户层，采用基于IEC 61499和IEC 61804定义的功能块及其应用进程。

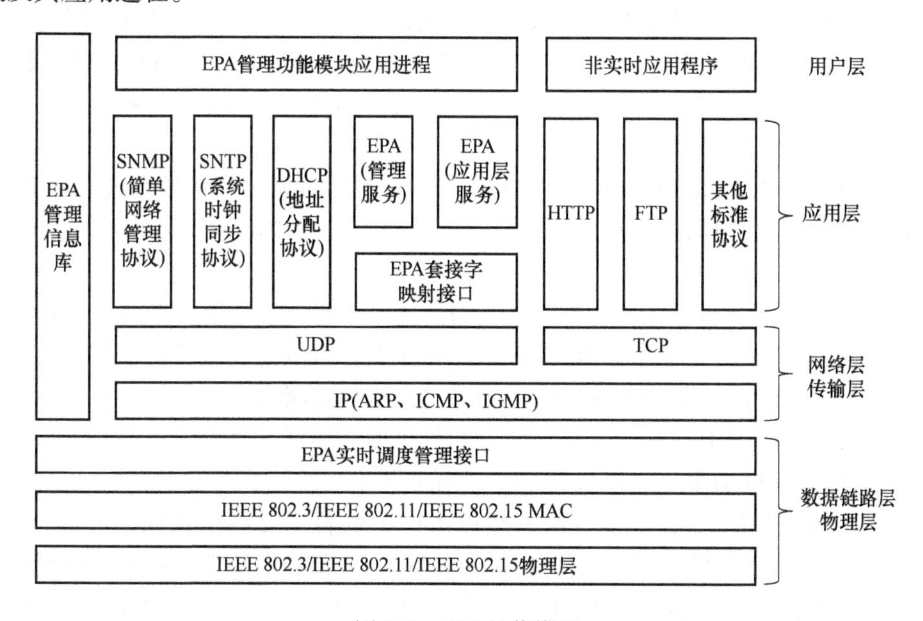

图1-9 EPA通信模型

2. EtherCAT

EtherCAT（Ethernet for Control Automation Technology）是由德国自动控制公司 Beckhoff 开发的。EtherCAT 是国际标准的工业以太网技术，并且由世界上规模最大的工业以太网组织——EtherCAT 技术协会（EtherCAT Technology Group，ETG）提供支持。

EtherCAT 协议直接以标准以太网的帧格式传输数据，并不修改其基本结构。当主控制器和从设备处于同一子网时，EtherCAT 协议仅替换以太网帧中的 Internet 协议（IP）。数据以过程数据对象（Process Data Object，PDO）的形式在主/从设备之间传输。每个 PDO 都包含单个或多个从设备的地址，这种数据加地址的结构（附带用于校验的传输计数位）组成了 EtherCAT 的报文。一个 EtherCAT 帧可能包含数个报文，而一个控制周期中可能需要多帧来传送所需的所有报文。

一般常规工业以太网的传输方法都是采用先接收通信帧，进行分析（解密）后作为数据送入网络中各个模块的通信方法进行的，而 EtherCAT 的以太网协议帧中已包含了网络的各个模块的数据，数据的传输采用移位同步的方法进行，即在网络的模块中得到其相应地址数据的同时，电报帧已传送到下个设备，相当于电报帧通过一个模块时输出相应的数据，马上转入下一个模块。由于这种电报帧的传送从一个设备到另一个设备的延迟时间仅为微秒级，所以与其他以太网解决方法相比性能得到了提高。在网络段的最后一个模块结束了整个数据传输的工作，形成了一个逻辑和物理环形结构。所有传输数据与以太网的协议相兼容，工作于双工传输，提高了传输的效率。每个装置又将这些以太网协议转换为内部的总线协议。

由于发送和接收的以太网帧压缩了大量的设备数据，所以可用数据率达 90%以上。100Mbit/s 的全双工特性完全得以利用。因此，有效数据率可以达到 100Mbit/s 以上（>2×100Mbit/s 的 90%）。

EtherCAT 采用双绞线或光缆，可以在 30μs 内刷新 1000 个分布式 I/O，仅 100μs 即可刷新 100 个轴数据，因此为实时性能树立了新的标准。

总之，通过该项技术，无须接收以太网数据包，将其解码之后再将过程数据复制到各个设备。EtherCAT 从站设备在报文经过其节点时读取相应的编址数据，同样，输入数据也是在报文经过时插入至报文中。整个过程中，报文只有几纳秒的时间延迟。

3. PROFINET

PROFINET 是 PROFIBUS 国际组织于 2001 年 8 月发表的新一代通信系统。在 2003 年 4 月 IEC 颁布的现场总线国际标准 IEC 61158（第三版）中，PROFINET 被正式列为国际标准 IEC 61158 Type10。

PROFINET 是一种工业以太网标准，它利用高速以太网的主要优点克服了 PROFIBUS 总线的传输速率限制，无须对原有的 PROFIBUS 系统或其他现场总线做任何改变就能完成与这些系统的集成，能够将现场控制层和企业信息管理层有机地融合为一体。

PROFINET 的网络拓扑可分为星形、树形、总线型、环形（冗余）、混合型等，以交换机支持下的星形以太网为主。交换机在 PROFINET 网络中扮演着重要的角色。在只传输非实时数据包的 PROFINET 中，交换机与一般以太网中的普通交换机相同，可以直接使用；但在需要传输实时数据的场合，如对具有 IRT 实时控制要求的运动控制来说，必须使用装备了专用 ASIC 的交换机设备，这种通信芯片能够对 IRT 应用提供“预定义时间槽”（Predefined Time Slots），用于传输实时数据。

PROFINET 通信协议模型如图 1-10 所示，提供 3 种不同类型的通信模式，以支持不同的应用需求。

（1）TCP/IP 标准通信

TCP/IP 标准通信主要用于对时间要求不高的数据的传输，如设备参数、诊断数据、装载数据等。

（2）实时（Real Time，RT）通信

为满足自动化系统的实时性要求，PROFINET 中规定了优化的实时通道（又称软实时通道）。在这一通道中，应用层与数据链路层直接建立联系，避开了传输层和网络层。这种解决方案极大地减少了通信所占用的时间，从而提高了自动化数据的刷新时间，数据的更新周期可在 1~10ms 之内。

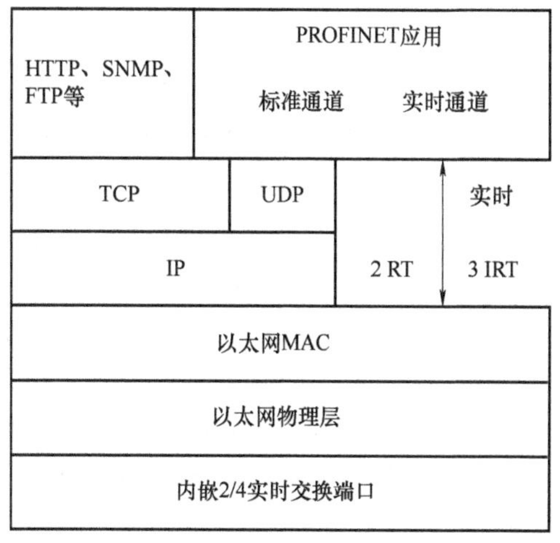

图 1-10　PROFINET 通信协议模型

PROFINET 不仅提供了优化的实时通道，而且还对传输的数据进行了优先级处理（符合 IEEE 802.1P 协议），按照数据的优先级控制数据流量，优先级 7 用于实时数据交换，保证实时数据比其他数据优先传送。

（3）同步实时（Isochronous Real Time，IRT）通信

PROFIBUS 定义了“同步实时”以满足时间要求苛刻的应用，如运动控制、过程数据的周期性传输等，允许数据的更新周期小于 1ms。为了实现这一功能，通信周期又分为强制部分和开放部分。周期性的实时数据在强制通道内执行，其他实时数据在开放通道内执行，两种数据类型交替执行，不存在相互干扰。

另外，PROFINET 也定义了用于 PROFINET 与现场设备连接的 I/O 标准，借助于该标准，来自现场设备的数据信号周期性地映射到控制单元，实现数据交换。PROFINET 支持的每个现场设备的最大传输速率为 1.44Mbit/s，超过限制时需要通过下层的现场总线传输。

4. HSE

HSE（High Speed Ethernet）是美国现场总线基金会 FF 对 H1 的高速网段基于以太网技术的解决方案，是现场总线基金会在摒弃了原有高速总线 H2 之后的新作。

现场总线基金会将 HSE 定位于将控制网络集成到以太网的技术。HSE 采用链接设备将远程 H1 网段的信息传送到以太网主干上，这些信息可以通过以太网送到主控室，并进一步送到企业的 ERP 和管理系统。操作人员在主控室可以直接使用网络浏览器等工具查看现场操作情况，也可以通过同样的网络途径将操作控制信息送到现场。

HSE 的物理层与数据链路层采用以太网规范，不过这里指明了是 100Mbit/s 以太网，网络层使用 IP，传输层采用 TCP/UDP，而应用层使用具有 HSE 特色的现场设备访问 FDA（Field Device Access）。HSE 也像 H1 那样在标准的 7 层模型之上增加了用户层，并按 H1 的惯例，把从数据链路层到应用层的相关软件功能集成为通信栈，称为 HSE stack。用户层则包括功能块、设备描述、网络与系统管理功能。HSE 可以看作工业以太网与 H1 技术的结合体。

HSE 的通信协议模型如图 1-11 所示。

5. Modbus TCP

Modbus是目前应用最广泛的现场总线协议之一，1999年又推出了在以太网运行的Modbus TCP（工业以太网协议）。Modbus TCP以一种比较简单的方式将Modbus帧嵌入TCP帧中。IANA（Internet Assigned Numbers Authority，互联网编号分配机构）给Modbus协议赋予TCP端口为502，这是其他工业以太网协议所没有的。

图1-12所示为Modbus TCP通信参考模型。从图中可以看到，Modbus是OSI通信模型第7层上的应用层报文传输协议，它在连接到不同类型总线或网络的设备之间提供客户机/服务器通信。Modbus是一个请求/应答协议，并且提供功能码规定的服务。目前，Modbus网络支持有线、无线类的多种传输介质。有线介质包括EIA/TIA-232、EIA-422、EIA/TIA-485、以太网和光纤等。图1-13所示为Modbus TCP的通信体系结构，每种设备都能使用Modbus协议来启动远程操作。在基于串行链路和以太网TCP/IP的Modbus上可以进行相同的通信，一些网关允许在几种使用Modbus协议的总线或网络之间进行通信。

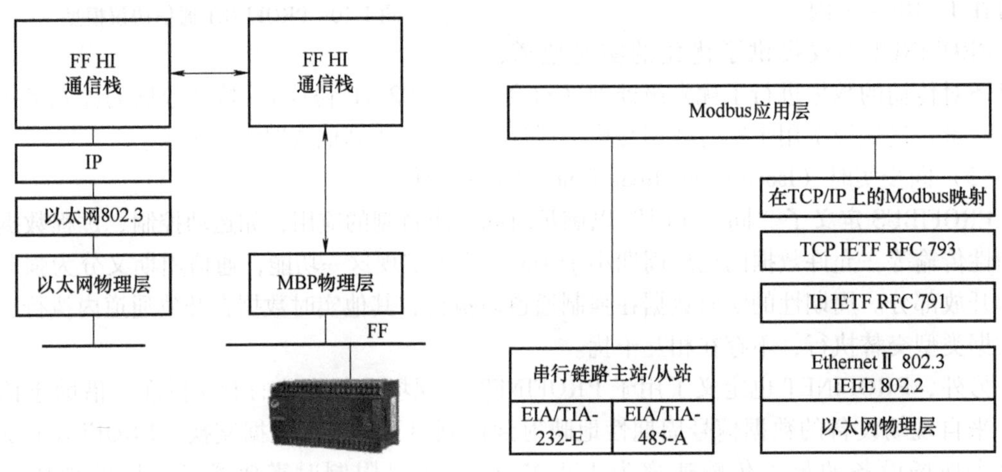

图1-11　HSE的通信协议模型　　图1-12　Modbus TCP的通信参考模型

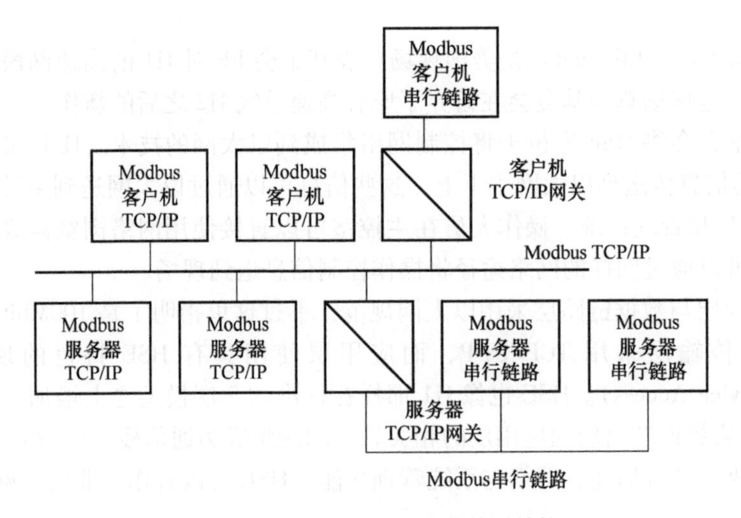

图1-13　Modbus TCP的通信体系结构

6. Ethernet Powerlink

Powerlink 于 2001 年由 Bernecker+Rainer（B&R）开发，并由 EPSG（EPL 标准化组织）支持。Powerlink 早期以运动控制产品的形式推向市场，并在这种市场中占有份额，已安装 60000 多个节点。

Powerlink 是一种可以在普通以太网上实现的方案，无需 ASIC 芯片，用户可以在各种平台上实现，如 FPGA、ARM、x86CPU 等。只要有以太网的地方，就可以实现 Powerlink。Powerlink 公开了所有的源码，任何人都可以下载和使用，其源码里包含了物理层（标准以太网）、数据链路层（DLL）、应用层（CANopen）这 3 层完整的代码，用户只需将 Powerlink 的程序在已有的硬件平台上编译运行，就可以在几分钟内实现 Powerlink。

Powerlink 的通信协议模型如图 1-14 所示，它定义了物理层、数据链路层和应用层，包含了 OSI 模型中规定的 7 层协议。

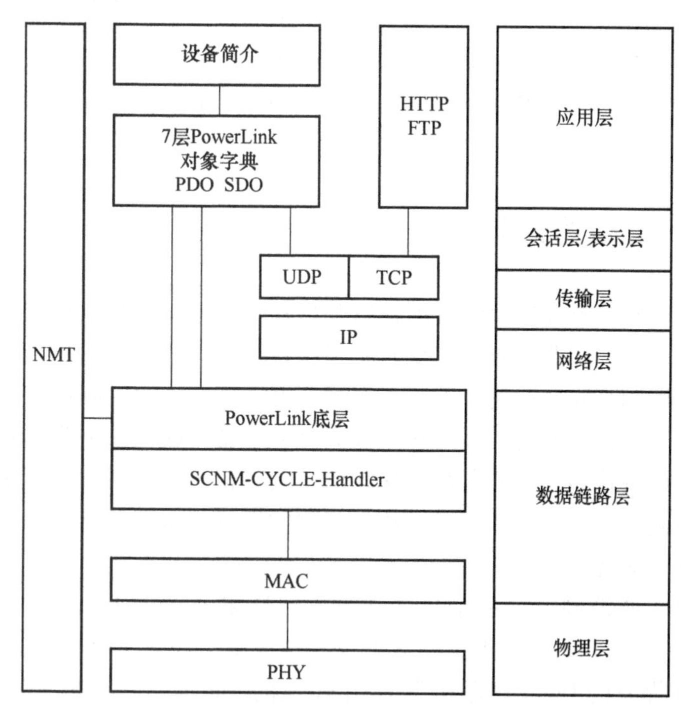

图 1-14　Powerlink 的通信协议模型

7. Ethernet/IP

Ethernet/IP 是主推 ControlNet 现场总线的 Rockwell 自动化公司对以太网进入自动化领域做出积极响应的成果。Ethernet/IP 网络采用商业以太网通信芯片和物理介质，采用星形拓扑结构，利用以太网交换机实现各设备间的点对点连接，能同时支持 10Mbit/s 和 100Mbit/s 以太网的商业产品。它的一个数据包最多可达 1500B，数据传输速率可达 10/100Mbit/s。

Ethernet/IP 基于 ControlNet 和 DeviceNet 的 CIP 协议标准（控制和信息协议），这个标准把联网的设备组织成对象（Object）集合，并对这些对象定义存取操作、对象特性和扩展，这使得分散的各种设备可以用一种公共的机制来进行存取访问。超过 300 个的设备供应商在他们的产品中支持 CIP 标准，所以这是一个广泛使用和已经被大量实现的标准，不需要更多新的技术；4 个独立的组织（ODVA、IAONA、CI、IEA）正在联合开发和推进 Ethernet/IP

作为工业自动化的 Ethernet 应用层。

Ethernet/IP 是一个面向工业自动化应用的工业应用层协议。它建立在标准 TCP/IP 之上，利用固定的以太网硬件和软件为配置、访问和控制工业自动化设备定义了一个应用层协议。Ethernet/IP 以特殊的方式将以太网节点分成预定义的设备类型。Ethernet/IP 应用层协议是基于控制和信息协议（CIP）层的，这个协议也曾用在 DeviceNet 和 ControlNet 中。建于这些协议之上的 Ethernet/IP 提供了从工业楼层到企业网络的一整套无缝整合系统。

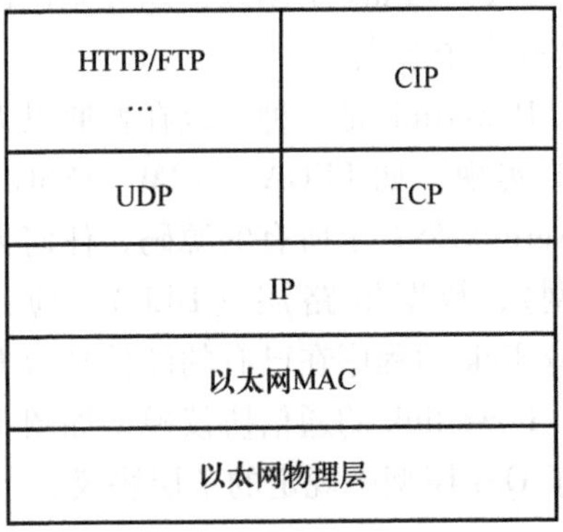

HTTP/FTP …	CIP
UDP	TCP
IP	
以太网MAC	
以太网物理层	

图 1-15　Ethernet/IP 的通信协议模型

Ethernet/IP 用了所有传统 Ethernet 所用的传输和控制协议，所以它透明地支持所有现有的标准以太网设备和 PC。在下层用 Ethernet 802.3 协议，三层用 IP，四层用 UDP 或 TCP，用户层用 CIP 规范，其通信协议模型如图 1-15 所示。ODVA 内的 Ethernet/IPSIG（Special Interest Group）负责制定和修改 Ethernet/IP 规范。

1.5　工业控制系统的信息安全

随着 ICT 的飞速发展及大规模的应用，以及物联网、工业 4.0、中国制造 2025、工业互联网等概念的不断涌现，工业控制系统也开始整合各种技术进而掀起一波“工业革命”。工业控制系统的开放性和互联性达到了前所未有的高度，使得工业控制系统更容易与其他各种业务系统实现协作，设备、人员、系统和数据通过 ICT 紧密联系。工业控制系统不可避免地向着系统一体化、设备智能化、业务协同化、信息共享化、决策需求全景化、全部过程网络化的方向发展。与此同时，工业控制系统相对封闭的运行环境不复存在，工业控制系统的信息安全问题开始逐步显现出来。

近年来，针对工业控制系统的信息事故频发，后果非常严重，并且呈快速增长态势。2010 年，“震网”病毒 Stuxnet 攻击伊朗纳坦兹的核设施，破坏了其 20% 的离心机，推迟伊朗核进程。2011 年爆发的 Duqu 病毒和 2012 年爆发的 Flame 病毒被发现用来窃取工业控制系统中的重要信息以及商业情报。2015 年，Killdisk 恶意软件攻击乌克兰多家电厂，导致大规模停电以及民众恐慌，此次“乌克兰电力门”事件更是将工业控制系统的信息安全问题再一次推向了风口浪尖。据 ICS-CERT 统计，2010 年全球发生了 39 起针对工业控制系统的信息安全事故，2011 年共发生 140 起，而 2015 年这一数字增长到了 295 起。工业控制系统的信息安全问题亟待解决。

在工业化与信息化的深度融合推动下，工业控制系统被广泛应用于电力系统、交通运输、石油开采、天然气输送等各种关系国家安危、涉及经济命脉的安全关键系统中，工业控制系统是国家关键基础设施的“大脑”和“中枢神经”。因而，工业控制系统一旦遭受入侵攻击，往往会导致非常严重的后果，轻则导致人员伤亡、财产损失或是环境污染，重则可能威胁社会稳定或是国家安全。随着经济的飞速发展以及社会文明程度的不断提高，国家的发展和人民的生活对工业的依赖程度也与日俱增，信息攻击所引发的工业事故已然成为难以承受之重。我国各级政府部门对工业控制系统的信息安全问题高度重视，工业控制系统的信息安全问题已经成为当前工业控制系统领域的研究热点和难点之一。工业控制系统信息安全问题的解决势在必行。

信息安全在IT领域中的传统研究方向有着很多成熟的解决方案，但是工业控制系统因为自身的风险特点、运行特点和结构特点，导致IT领域的很多信息安全解决方案无法直接用于工业控制系统的信息安全防护中。首先工业控制系统与IT系统的信息安全风险内容不同，当遭受入侵攻击时，IT系统关注的是IT系统中的数据安全，而工业控制系统关注的是人员、财产和环境的安全，这就导致工业控制系统的风险控制和IT系统的风险控制有着本质区别。其次工业控制系统是24h×365天的连续运行系统，这就导致很多适用于IT系统的信息安全防护方法，比如升级系统、更新补丁等，因为这些防护手段需要短暂关闭系统而无法应用于工业控制系统的信息安全防护。最后工业控制系统是一个多层次的异构网络，其中充斥着大量的专有设备，这些设备上运行着独有的系统和软件，设备之间的通信协议也是专用的协议，这也导致很多IT系统的信息安全防护手段难以直接用于工业控制系统。工业控制系统的信息安全防护还存在很多需要解决的问题。

综上所述，随着ICT技术的发展，工业控制系统向着智能化和网络化的方向发展，面临着信息安全问题。工业控制系统在我国经济建设和社会发展中发挥着重要作用，如果遭到入侵攻击，后果不堪设想。工业控制系统的信息安全受到国家政府各级部门的高度重视，亟待解决。目前工业控制系统的信息安全防护研究还处于起步阶段，缺乏一套行之有效的方法。总而言之，工业控制系统的信息安全防护的研究任重而道远。

本章小结

本章通过对工业控制系统的发展历程的讲解，引出目前工业上普遍使用的控制网络：现场总线网络和工业以太网。在对工业控制网络基本概念与技术特点介绍的基础之上，着重对现场总线网络和工业以太网的产生和发展、涉及的基本概念、发展现状以及主流的现场总线和工业以太网做了进一步的介绍。本章最后简单介绍了工业控制系统随着智能化、网络化的发展所面临的信息安全问题。

习　　题

1. 简述现场总线网络与工业以太网的概念，以及两者之间的区别与联系。
2. 现场总线的特点与优势有哪些？
3. 工业以太网的特点与优势有哪些？
4. 实时以太网与工业以太网相比，特点是什么？

第2章 CAN总线技术及其应用

2.1 CAN 总线发展与特点

CAN（Controller Area Network，控制器局域网）是 1983 年德国 Bosch（博世）公司为解决众多测量控制部件之间的数据交换问题而开发的一种串行数据通信总线。1986 年，德国 Bosch 公司在汽车工程人协会大会上提出了新总线系统，被称为汽车串行控制器局域网。1993 年，ISO 正式将 CAN 总线颁布为道路交通工具—数据报文交换—高速报文控制器局域网标准（ISO 11898），为 CAN 总线标准化和规范化铺平了道路。现今，CAN 总线已经成为工业通信网络中的主流技术之一，广泛应用于汽车电子、工业现场控制、机器人、医疗仪器及环境监控等众多领域。CAN 总线的发展历史如表 2-1 所示。

表 2-1　CAN 总线的发展历史

时间	事　件
1983	CAN 总线起始于德国 Bosch 公司开发的一种串行数据通信总线
1986	CAN 总线协议被公开发表
1987	第一枚 CAN 总线控制器由 Intel（英特尔）公司生产
1991	Bosch 公司发布 CAN 2.0 规范，Kvaser 定义了基于 CAN 总线的应用层协议 CAN kingdom
1992	CAN 用户和制造商集团协会（CAN in Automation，CiA）成立并发布 CAN 总线的应用层（CAN Application Layer，CAL）协议。奔驰公司生产第一辆使用 CAN 总线的轿车
1993	发布道路交通工具—数据报文交换—高速报文控制器局域网标准（ISO 11898）
1994	美国 AB 公司开发了基于 CAN 总线的 DeviceNet 现场总线
1995	CiA 发布基于 CAN 总线的 CANopen 现场总线
2000	开发了时间触发的 CAN 总线标准 TTCAN

CAN 作为数字串行通信协议，能够有效支持很高安全等级的分布实时控制，与其他同类技术相比，其在可靠性、实时性、灵活性等方面有着自己独特的技术优势。CAN 总线的主要技术特点如下：

1）多主控制。网络上的任一节点均可在任意时刻主动地向网络上的其他节点发送信息，而不分主从。在多个单元同时开始发送时，发送高优先级标识符（Identifier，ID）消息的单元可获得发送权。

2）报文的优先权，即每个报文都有自己的优先权。在CAN总线中，所有的消息都以固定的格式发送，当两个以上的单元同时开始发送消息时，根据ID决定优先级，从而可以满足不同级别的实时性要求。

3）非破坏性仲裁技术（Nondestructive Bus Arbitration，NBA）。当多个节点同时向总线发送信息并出现冲突时，优先级较低的节点会主动地退出发送，而最高优先级的节点可不受影响地继续传输数据，从而大大节省了总线冲突仲裁时间。尤其是在网络负载很重的情况下，也不会出现网络瘫痪情况（以太网则可能出现瘫痪情况）。

4）基于报文的通信。CAN不是基于节点地址的通信，所有报文都在总线上广播，接收节点只需通过对报文的标识符滤波即可实现点对点、一点对多点及全局广播等几种数据传送方式。由于节点没有类似“地址”的信息，当在总线上增减节点时，连接在总线上的其他节点的软硬件及应用层都不需要改变。

5）通信速率较高，通信距离长。CAN总线的直接通信距离可达1010km（速率在5kbit/s以下）；通信速率最高可达1Mbit/s（此时通信距离最长为40m）。根据整个网络的规模及需求，可设定适合的通信速率，但在同一网络中，所有单元必须以统一的通信速率通信。

6）可同时连接多个单元。可连接的单元总数理论上是没有限制的，但实际上可连接的单元数受总线上的时间延时及电气负载的限制，目前一条CAN总线上最多可以连接110个单元。标准帧报文标识符有11位，因此总线上的报文可达2048个；而扩展帧的报文标识符有29位，因此总线上允许的报文个数几乎不受限制。

7）远程数据请求功能。可通过发送“远程帧”来请求其他单元发送数据。

8）完善的错误检测、标定与自检功能。检测错误的措施包括位错误检测、循环冗余校验、位填充、报文格式检查以及应答错误检测，从而保证了很低的数据出错率。可以判断错误是总线上暂时的数据错误，如外部噪声等，还是持续的数据错误，如节点内部故障、驱动器故障、断线等。CAN节点在错误严重的情况下具有自动关闭输出功能，以使总线上其他节点的操作不受影响。

9）通信介质选择灵活。可采用双绞线、同轴电缆或光纤等传输介质，最常用的是双绞线。

10）CAN总线具有较高的性能价格比。它结构简单，器件容易购置，每个节点的价格较低，而且开发技术容易掌握，能充分利用现有的单片机开发工具。

CAN协议也是建立在国际标准化组织的开放系统互联（OSI）模型基础上的。不过，其模型结构只有3层，即只取OSI底层的物理层、数据链路层和应用层。由于CAN的数据结构简单，又是范围较小的局域网，因此不需要其他中间层，应用层数据直接取自数据链路层或直接向数据链路层写数据。结构层次少，有利于系统中实时控制信号的传送。

2.2　CAN技术规范

由于CAN技术应用的普遍推广，导致要求通信协议的标准化。为此，1991年9月，Bosch公司制定并发布了CAN技术规范（Version 2.0）。该技术规范包括A和B两部分。2.0A给出了曾在CAN技术规范版本1.2中定义的CAN报文格式，而2.0B则给出了标准的和扩展的两种报文格式。此后，1993年11月，ISO正式颁布了道路交通工具—数据报文交换—高速报文控制器局域网（CAN）国际标准（ISO 11898），为控制器局域网标准化、规范化的推广铺平了道路。

CAN 技术规范以及 CAN 国际标准是设计 CAN 应用系统的基本依据。规范的原文为英文，分 A、B 两部分，内容较多。对于大多数应用开发者来说，只要对其基本结构、概念、规则进行一般了解即可。规范要求主要是针对 CAN 控制器的设计者而言的，功能的实现基本上由硬件自动完成。对于应用开发者，在设计中往往需要知道一些基本参数和可供访问的硬件，以便及时了解和控制系统的工作状态。这里只择其主要内容进行介绍。需要更详细内容的读者可参考原英文文献。

由于现在各半导体公司生产的 CAN 控制器件几乎都完全支持 CAN 2.0B 规范，而 2.0B 完全兼容 2.0A。为了节约篇幅，这里主要介绍 CAN 2.0B，并对 A 部分的某些提法做必要说明。本节介绍的内容主要包括 CAN 技术规范中的基本概念、CAN 报文传输、报文滤波、报文校验、编码、错误处理及故障界定，以及振荡器容差、位定时要求等内容。

2.2.1 CAN 技术规范中的基本概念

CAN 技术规范的目的是在任何两个 CAN 器件之间建立兼容性。可是，兼容性有不同的方面，比如电气特性和数据转换的解释。本小节介绍 CAN 技术规范中的基本概念。

1. CAN 参考模型

CAN 的 ISO/OSI 参考模型的层结构如图 2-1 所示。

（1）物理层

物理层定义信号是如何实际地传输的，因此涉及位定时、位编码/解码、同步的解释。CAN 技术规范没有定义物理层的驱动器/接收器特性，以便允许根据它们的应用对发送媒体和信号电平进行优化。

（2）数据链路层

数据链路层包含以下两个子层：

1）逻辑链路控制子层（LLC）涉及接收滤波、过载通知和恢复管理。

2）介质访问控制子层（MAC）是 CAN 协议的核心。它把接收到的报文提供给 LLC 子层，并接收来自 LLC 子层的报文。MAC 子层负责报文分帧、仲裁、应答、错误检测和标定。MAC 子层也受一个名为“故障界定”的管理实体监管。此故障界定为自检机制，以便把永久故障和短时扰动区别开来。

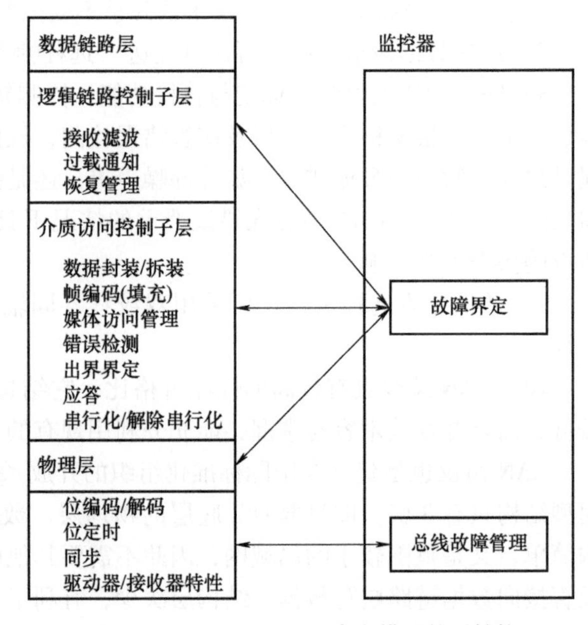

图 2-1　CAN 的 ISO/OSI 参考模型的层结构

2. 报文（Messages）

总线上的信息以几个不同的固定格式的报文发送，但长度受限。当总线空闲时，任何连接的单元都可以开始发送新的报文。

3. 信息路由（Information Routing）

在 CAN 系统里，CAN 的节点不使用任何关于系统结构的信息（如站地址）。以下是与此有关的几个重要的概念。

1）系统灵活性：不需要应用层以及节点软件和硬件的任何改变，可以在 CAN 网络中直接添加节点。

2）报文路由：报文的寻址内容由标识符指定。标识符不指出报文的目的地，但是这个数据的特定含义使得网络上所有的节点可以通过报文滤波来判断该数据是否与它们相符合。

3）多点传送（Multicast）：由于报文滤波的作用，任何数目的节点对同一条报文都可以接收并同时对此做出反应。

4）数据一致性（Consistency）：在 CAN 网络里确保报文同时被所有的节点接收（或无节点接收）。系统的这种数据一致性是靠多点传送和错误处理的功能来实现的。

4. 位速率（Bit Rate）

在一个给定的 CAN 系统里，位速率是唯一的，并且是固定的。

5. 优先权（Priorities）

报文中的数据帧和远程帧都有标识符段，在访问期间，标识符确定了一个静态的（固定的）报文优先权。当多个 CAN 单元同时传输报文并发生总线冲突时，标识符码值越小的报文优先级越高（详见“仲裁”“帧格式”等相关内容）。

6. 远程数据请求（Remote Data Request）

通过发送远程帧，需要数据的节点可以请求另一节点发送相应的数据帧。数据帧和相应的远程帧具有相同的标识。

7. 多主机（Multimaster）

总线空闲时，任何单元都可以开始传送报文。具有较高优先权报文的单元可以获得总线访问权。

8. 仲裁（Arbitration）

只要总线空闲，任何单元都可以开始发送报文。如果两个或两个以上的单元同时开始传送报文，那么就会有总线访问冲突。通过使用了标识符的逐位仲裁可以解决这个冲突。仲裁的机制确保了报文和时间均不损失。当具有相同标识符的数据帧和远程帧同时发送时，数据帧优先于远程帧。在仲裁期间，每一个发送器都对发送位的电平与被监控的总线电平进行比较。如果电平相同，则这个单元可以继续发送。如果发送的是一个“隐性”电平，而监视到的是一个“显性”电平（见总线值），那么这个单元就失去了仲裁，必须退出发送状态。

9. 安全性（Safety）

为了获得最安全的数据发送，CAN 的每一个节点均采取了强有力的措施来进行错误检测、错误标定及错误自检。

（1）错误检测（Error Detection）

要进行错误检测，必须采取以下措施：

1）监视（发送器对发送位的电平与被监控的总线电平进行比较）。

2）循环冗余检查。

3）位填充。

4）报文格式检查。

（2）错误检测的执行（Performance of Error Detection）

错误检测的机制具有以下属性：

1）检测到所有的全局错误。

2）检测到发送器所有的局部错误。

3）可以检测到报文里多达 5 个任意分布的错误。

4）检测到报文里长度低于 15（位）的突发性错误。

5）检测到报文里任一奇数个的错误。

对于未能检测到的错误报文，其遗漏错误的概率低于报文错误率$\times 4.7\times 10^{-11}$。

10. 错误标定和恢复时间（Error Signaling and Recovery Time）

任何检测到错误的节点都会标识出损坏的报文。此报文会失效并将自动重新传送。如果不再出现错误，那么从检测到错误到下一报文的传送开始为止，恢复时间最多为 31 个位的时间。

11. 故障界定（Fault Confinement）

CAN 节点能够把永久故障和短暂的干扰区别开来，故障的节点会被关闭。

12. 连接（Connections）

CAN 串行通信链路是可以连接许多单元的总线。理论上可连接无数个单元。但实际上由于受延迟时间以及总线线路上电气负载能力的影响，连接单元的数量是有限的。

13. 单一通道（Single Channel）

总线由单一通道组成，它传输位流。从传输的数据中可以获得再同步信息。CAN 技术规范没有规定通道实现通信的方法。例如，可以使用单芯线（加地线）、两条差分线、光缆等。

14. 总线值的表示（Bus Values）

总线上可以有两个互补的逻辑值中的一个："显性"（Dominant）或"隐性"（Recessive）。当显性位和隐性位同时传送时，总线的值为显性。例如，在总线上执行"线—与"时，显性电平代表逻辑 0，隐性电平代表逻辑 1。CAN 技术规范没有给出表示逻辑值的物理状态（如电压、发光强度）。

15. 应答（Acknowledgment）

所有的接收器对接收到的报文进行一致性检查。对于一致的报文，接收器给予应答；对于不一致的报文，接收器做出标识。

16. 休眠模式/唤醒（Sleep Mode/Wakeup）

为了减少系统电源的功率消耗，可以将 CAN 器件设为休眠模式来停止内部活动并断开与总线驱动器的连接。休眠模式可以由于任何总线的运作或系统内部条件而结束。唤醒时，在总线驱动器被重新设置为"接通总线"之前，内部运行就已重新开始。然而 MAC 子层要等待系统的振荡器工作稳定后，还要等待到与总线活动同步（通过检查 11 个连续的隐性位）。

17. 振荡器容错（Oscillator Tolerance）

位定时的精度要求在传输速率为 125kbit/s 以内的应用中使用陶瓷谐振器。为了满足 CAN 协议的整个总线速度范围，需要使用晶体振荡器。

2.2.2 报文传输

1. 帧格式

有两种不同的帧格式，其不同之处为标识符域的长度不同：含有 11 位标识符的帧称之为标准帧；含有 29 位标识符的帧称之为扩展帧。

2. 帧类型

报文传输有以下 4 个不同类型的帧：

- 数据帧（Data Frame）。数据帧将数据从发送器传输到接收器。
- 远程帧（Remote Frame）。总线单元发出远程帧，请求发送具有同一标识符的数据帧。
- 错误帧（Error Frame）。任何单元检测到总线错误就发出错误帧。
- 过载帧（Overload Frame）。过载帧在相邻数据帧或远程帧之间提供附加的延时。

数据帧和远程帧可以使用标准帧及扩展帧两种格式。它们用一个帧间间隔与前面的帧分开。

（1）数据帧

数据帧（Data Frame）由 7 个不同的位域（Bit Field）组成：帧起始（Start of Frame）、仲裁域（Arbitration Field）、控制域（Control Field）、数据域（Data Field）、CRC 域（CRC Field）、应答域（ACK Field）和帧结尾（End of Frame）。数据域的长度可以为 0。数据帧报文的结构如图 2-2 所示。

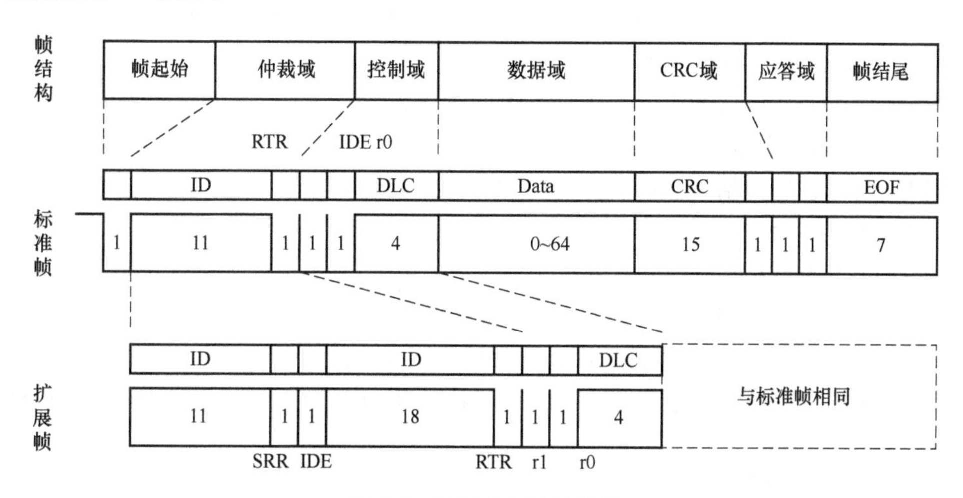

图 2-2　数据帧报文的结构

1）帧起始（标准格式和扩展格式）。

帧起始（SoF）标志数据帧和远程帧的起始，仅由一个显性位组成。

只在总线空闲时才允许站点发送信号。所有的站必须同步于首先开始发送报文的站的帧起始前沿。

2）仲裁域。

标准格式帧与扩展格式帧的仲裁域格式不同。

在标准格式里，仲裁域由 11 位标识符和 RTR 位组成。标识符位由 ID-28～ID-18 组成。数据帧标准格式中的仲裁域结构如图 2-3 所示。

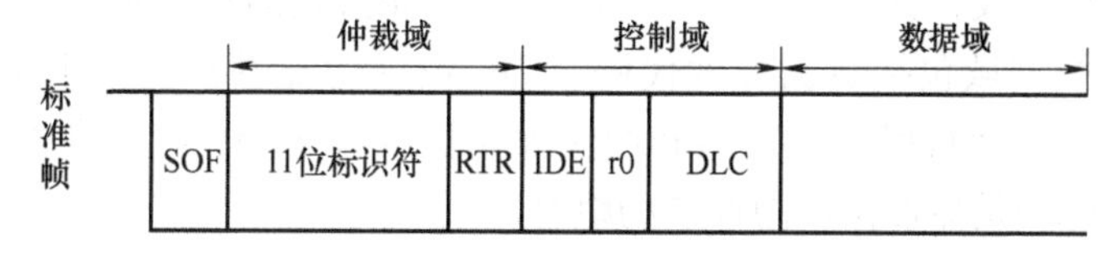

图 2-3　数据帧标准格式中的仲裁域结构

在扩展格式里，仲裁域包括 29 位标识符、SRR 位、IDE 位、RTR 位。其标识符由 ID-28～ID-0 组成。为了区别标准格式和扩展格式，在标准格式中，之前版本 CAN 1.0～CAN1.2 的保留位 r1 现在表示为 IDE 位。数据帧扩展格式中的仲裁域结构如图 2-4 所示。

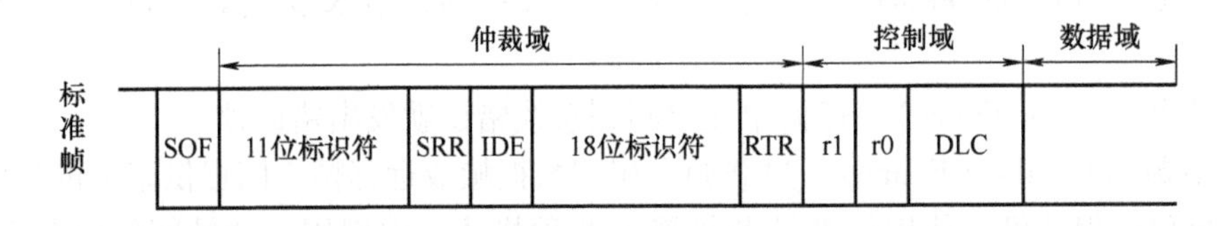

图 2-4　数据帧扩展格式中的仲裁域结构

① 标识符（Identifier）。

标准格式中的标识符：标识符的长度为 11 位，相当于扩展格式的基本 ID（Base ID）。这些位按 ID-28～ID-18 的顺序发送。最低位是 ID-18。7 个高位（ID-18～ID-22）必须不能全为隐性。

扩展格式中的标识符：和标准格式相比，扩展格式的标识符由 29 位组成。其结构包含两部分：11 位基本 ID、18 位扩展 ID。

基本 ID：基本 ID 包括 11 位。它按 ID-28～ID-18 的顺序发送。它相当于标准标识符的格式。基本 ID 定义了扩展帧的基本优先权。

扩展 ID：扩展 ID 包括 18 位。它按 ID-17～ID-0 的顺序发送。

在标准帧里，标识符其后是 RTR 位。

② RTR 位（在标准格式和扩展格式中）。

RTR 位为远程发送请求位（Remote Transmission Request Bit）。

RTR 位在数据帧里必须为显性，而在远程帧里必须为隐性。

在扩展帧里，基本 ID 首先发送，随后是 IDE 位和 SRR 位，扩展 ID 的发送位于 SRR 位之后。

③ SRR 位（属扩展格式）。

SRR 位是替代远程请求位（Substitute Remote Request Bit）。

SRR 位是一个隐性位。它替代标准帧的 RTR 位，在扩展帧中被发送（见图 2-3 和图 2-4）。当标准帧与扩展帧发生冲突，而扩展帧的基本 ID 同标准帧的标识符一样时，标准帧优先于扩展帧。

④ IDE 位（属扩展格式）。

IDE 位是标识符扩展位（Identifier Extension Bit）。

IDE 位属于扩展格式的仲裁域和标准格式的控制域。

标准格式里的 IDE 位为显性，而扩展格式里的 IDE 位为隐性。

3）控制域（标准格式以及扩展格式）。

控制域由 6 个位组成，其结构如图 2-5 所示。标准格式的控制域结构和扩展格式的不同。标准格式里的控制域包括数据长度代码、IDE 位（为显性位，见上文）及保留位 r0。扩展格式里的控制域包括数据长度代码和两个保留位（r1 和 r0）。其保留位必须发送为显性，但是接收器接收的是显性位和隐性位的组合。

数据长度代码（标准格式以及扩展格式）DLC 如表 2-2 所示。

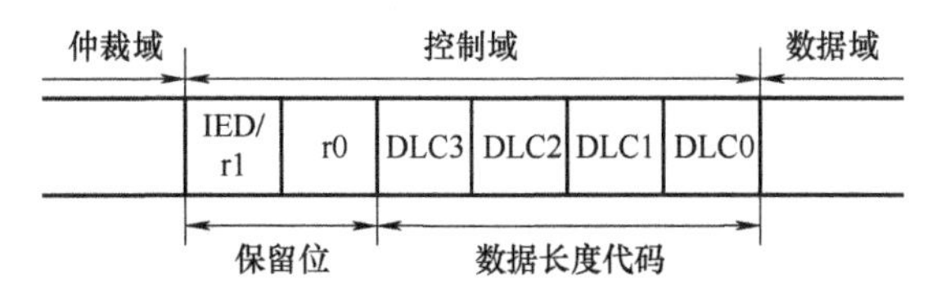

图 2-5　控制域结构

数据长度代码指示了数据域里的字节数目。数据长度代码为 4 个位，它在控制域里发送。

数据长度代码中数据字节数的编码：D——显性（逻辑 0）；R——隐性（逻辑 1）。

数据长度允许的数据字节数为 0~8。其他数值不允许使用。

表 2-2　数据长度代码 DLC

数据字节的数目	数据长度代码			
	DLC3	DLC2	DLC1	DLC0
0	D	D	D	D
1	D	D	D	R
2	D	D	R	D
3	D	D	R	R
4	D	R	D	D
5	D	R	D	R
6	D	R	R	D
7	D	R	R	R
8	R	D	D	D

4）数据域（标准格式和扩展格式）。

数据域由数据帧里的发送数据组成。它可以为 0~8B，每个字节包含 8 位，首先发送最高有效位 MSB。

5）CRC（循环冗余码）域（标准格式和扩展格式）。

CRC 域包括 CRC 序列（CRC Sequence）、CRC 界定符（CRC Delimiter），如图 2-6 所示。

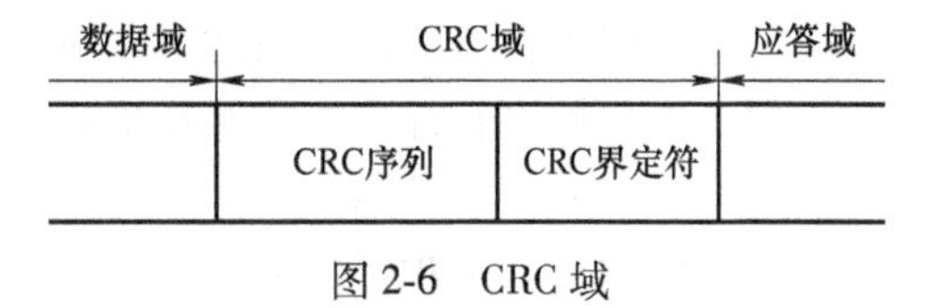

图 2-6　CRC 域

① CRC 序列（标准格式和扩展格式）。

由 CRC（循环冗余码）求得的帧检查序列最适用于位数低于 127 位<BCH 码>的帧。为进行 CRC 计算，被除的多项式系数由无填充位流给定。组成这些位流的成分是帧起始、仲裁域、控制域、数据域（假如有的话），而 15 个最低位的系数是 0。将此多项式除以下面的多项式发生器（其系数以模 2 计算出）：

$$X^{15}+X^{14}+X^{10}+X^{8}+X^{7}+X^{4}+X^{3}+1$$

这个多项式除法的余数就是发送到总线上的 CRC 序列。为了实现这个功能，可以使用 15 位的移位寄存器——CRC_RG（14:0）。如果 NXTBIT 指示位流的下一位，那么从帧的起始到数据域末尾都由没有填充的位顺序给定。CRC 序列的计算如下：

```
CRC_RG=0;                    //初始化移位寄存器
REPEAT
    CRCNXT=NXTBIT EXOR CRC_RG(14);
    CRC_RG(14:1)=CRC_RG(13:0);    //寄存器左移一位
    CRC_RG(0)=0;
    IF CRCNXT THEN
      CRC_RG(14:0)=CRC_RG(14:0)EXOR(4599hex)
    ENDIF
UNTIL(CRC 序列起始或有一错误条件)
```

在传送/接收数据域的最后一位以后，CRC_RG 包含 CRC 顺序。

② CRC 界定符（标准格式和扩展格式）。

CRC 序列之后是 CRC 界定符，它包含一个单独的隐性位。

6）应答域（ACK Field）（标准格式和扩展格式）。

应答域长度为两个位，包含应答间隙（ACK Slot）和应答界定符（ACK Delimiter），如图 2-7 所示。在应答域里，发送站发送两个隐性位。

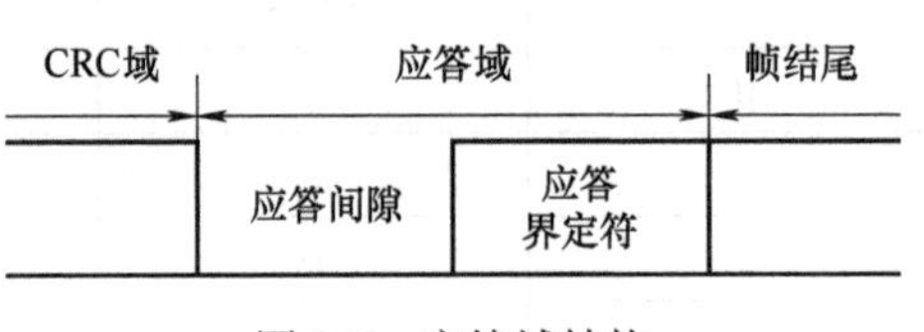

图 2-7　应答域结构

当接收器正确地接收到有效的报文时，接收器就会在应答间隙期间（发送 ACK 信号）向发送器发送一个显性位以示应答。

① 应答间隙。

所有接收到匹配 CRC 序列的站会在应答间隙期间用一个显性位写在发送器的隐性位置上来做出回应。

② 应答界定符。

应答界定符是应答域的第 2 个位，并且必须是一个隐性位。因此，应答间隙被两个隐性位所包围，也就是 CRC 界定符和应答界定符。

7）帧结尾（标准格式和扩展格式）。

每一个数据帧和远程帧均由一个标志序列界定，这个标志序列由 7 个隐性位组成。

（2）远程帧

作为某数据接收器的站，发送远程帧（Remote Frame）可以启动其资源节点传送它们各自的数据。远程帧也有标准格式和扩展格式，而且都由 6 个不同的位域组成：帧起始、仲裁域、控制域、CRC 域、应答域和帧结尾。

与数据帧相反，远程帧的 RTR 位是隐性的。它没有数据域，所以数据长度代码的数值没有意义（可以标注为 0~8 范围里的任何数值）。远程帧结构如图 2-8 所示。

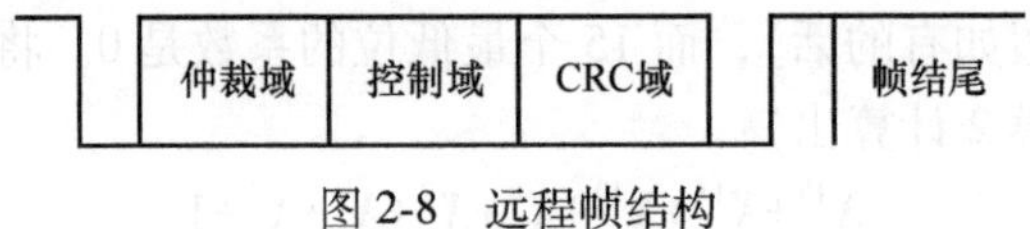

图 2-8　远程帧结构

RTR 位的极性表示了所发送的帧是数据帧（RTR 位显性）还是远程帧（RTR 位隐性）。

（3）错误帧

错误帧（Error Frame）由两个不同的域组成，如图 2-9 所示。第 1 个域是不同站提供的错误标志（Error Flag）的叠加（Superposition）；第 2 个域是错误界定符（Error Delimiter）。

为了能正确地中止错误帧，一个“错误认可”的节点要求总线至少有长度为 3 个位时间的总线空闲（当“错误认可”的接收器有局部错误时）。因此，总线的载荷不应为 100%。

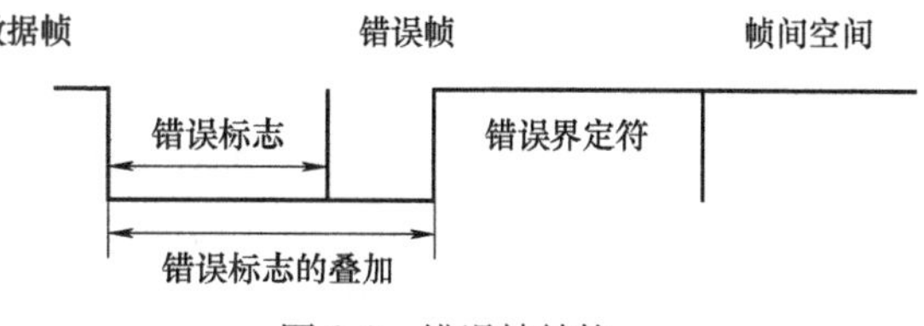

图 2-9 错误帧结构

1）错误标志。

有两种形式的错误标志：“激活（Active）错误”标志和“认可（Passivity）错误”标志（有的文献译为“主动”与“被动”）。

①“激活错误”标志由 6 个连续的显性位组成。

②“认可错误”标志由 6 个连续的隐性位组成，除非被其他节点的显性位覆盖。

检测到错误条件的“错误激活”的站通过发送“激活错误”标志来指示错误，因为这个错误标志的格式违背了从帧的起始到 CRC 界定符的位填充规则，也破坏了应答域（ACK 域）或帧结尾域的固定格式。这样一来，所有其他的站会检测到错误条件并且开始发送错误标志。因此，这个显性位的序列的形成就是各个站发送的不同的错误标志叠加在一起的结果。这个序列最小为 6 个位，最大为 12 个位，可以在总线上监视到。

检测到错误条件的“错误认可”的站试图通过发送“认可错误”标志来指示错误。“错误认可”的站从“认可错误”标志的开头起等待 6 个连续的相同极性的位。当这 6 个相同的位被检测到时，“认可错误”标志就完成了。

2）错误界定符。

错误界定符包括 8 个隐性位。

传送了错误标志以后，每一站就发送一个隐性位，并一直监视总线直到检测出一个隐性位为止，然后就开始发送其余 7 个隐性位。

（4）过载帧

过载帧（Overload Frame）包括两个位域：过载标志和过载界定符。其结构如图 2-10 所示。

有 3 种过载的情况，这 3 种情况都会引发过载标志的传送，即：

① 接收器的内部原因，它需要延迟下一个数据帧或远程帧。

② 在间歇（Intermission）的第 1 位和第 2 位检测到一个显性位。

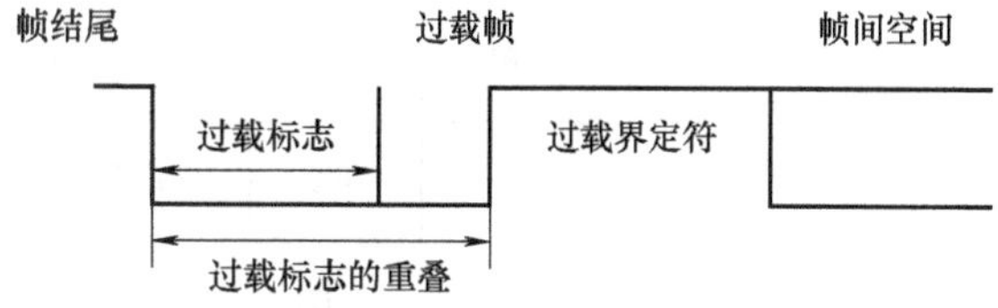

图 2-10 过载帧结构

③ 如果 CAN 节点在错误界定符或过载界定符的第 8 位（最后一位）采样到一个显性位，则节点会发送一个过载帧（不是错误帧）。错误计数器不会增加。

由于过载情况①而引发的过载帧只允许起始于所期望的间歇的第一个位时间，而由于情况②和情况③引发的过载帧应起始于所检测到显性位之后的一个位。通常为了延迟下一个数据帧或远程帧，两种过载帧均可产生。

1）过载标志。

过载标志（Overload Flag）由 6 个显性位组成。过载标志的所有形式和“激活错误”标志的一样。由于过载标志的格式破坏了间歇域的固定格式，因此，所有其他的站都检测到过载条件，并同时发出过载标志。如果在间歇的第 3 个位期间检测到显性位，则这个位将被解释为帧的起始。

基于 CAN 1.0 和 CAN 1.1 版本的控制器对第 3 个位有以下解释：

有的节点在间歇的第 3 个位期间检测到一个显性位，这时其他节点将不能正确地解释过载标志，而是将这 6 个显性位中的第一个位解释为帧的起始。这第 6 个显性位违背了位填充的规则而引发一个错误条件。

2）过载界定符。

过载界定符（Overload Delimiter）包括 8 个隐性位。

过载界定符的形式和错误界定符的形式一样。过载标志被传送后，站就一直监视总线，直到检测到一个从显性位到隐性位的跳变为止。在这一时刻，总线上的每一个站都完成了各自过载标志的发送，并开始同时发送其余 7 个隐性位。

3. 帧间空间

数据帧（或远程帧）与它前面帧的分隔是通过帧间空间（Interframe Space）来实现的，无论前面的帧是何种类型（如数据帧、远程帧、错误帧、过载帧）。而过载帧与错误帧之前没有帧间空间，多个过载帧之间也不是由帧间空间隔离的。

帧间空间包括“间歇”“总线空闲”的位域。如果是发送前一报文的“错误认可”站，则还包括称作“挂起传送”（Suspend Transmission，也称暂停发送）的位域。

对于不是“错误认可”的站，或作为前一报文接收器的站，其帧间空间如图 2-11 所示。

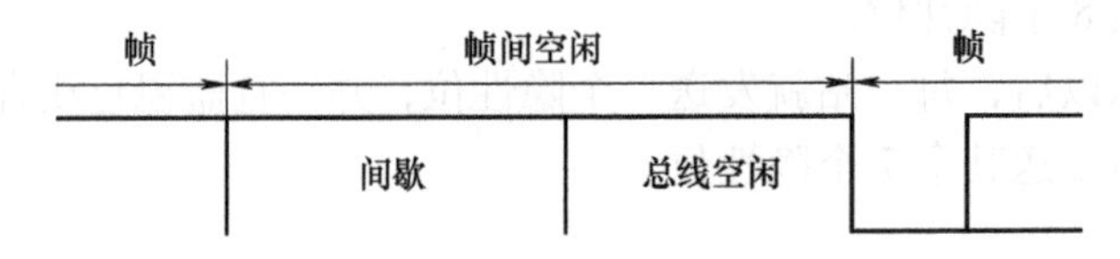

图 2-11　帧间空间结构（1）

对于已作为前一报文发送器的“错误认可”的站，其帧间空间如图 2-12 所示。

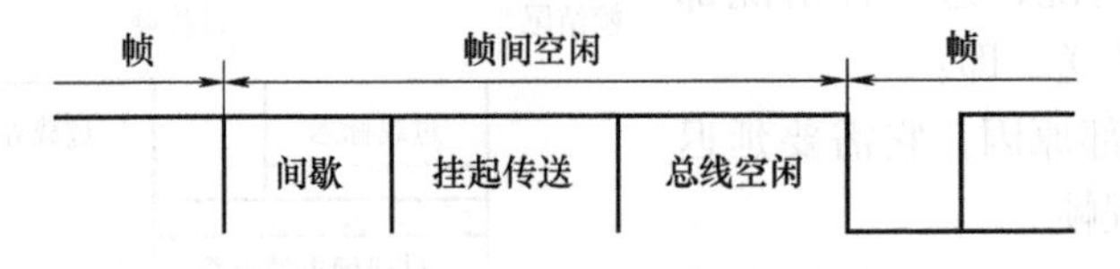

图 2-12　帧间空间结构（2）

（1）间歇

间歇（Intermission）由 3 个隐性位组成。

在间歇期间，所有的站均不允许传送数据帧或远程帧，唯一可做的是标识一个过载条件。注意：如果某 CAN 节点有报文等待发送并且节点在间歇的第 3 位采集到一个显性位，则此位被解释为一个帧的起始位，接着就从标识符的第 1 位开始发送它的报文，而不要首先发送帧的起始位，而且它也不会成为接收器。

（2）总线空闲

总线空闲（Bus Idle）的时间是任意的。只要总线被认定为空闲的，任何等待发送报文的站就会访问总线。在发送其他报文期间，对于一个等待发送的报文，其传送开始于间歇之后的第1个位。

总线上检测到的显性位可被解释为帧的起始。

（3）挂起传送

挂起传送（Suspend Transmission）是指“错误认可”的站发送报文后，在下一报文开始传送之前或确认总线空闲之前发出8个隐性位跟随在间歇的后面。如果与此同时一个报文由另一站开始发送，则此站就成为这个报文的接收器。

4. 关于帧格式的一致性

在CAN 1.2中，标准格式等效于数据帧/远程帧格式。然而，扩展格式是CAN协议的新特性。为了可以设计相对简单的控制器，扩展格式执行时不要求它完整地扩展（例如，以扩展格式发送报文或从报文中接收数据），但是必须没有限制地支持标准格式。

如果新的控制器至少具备在3.1版本和3.2版本中定义的下列有关帧格式的属性，它们就被认为与这个CAN规范一致：

1）每一个新的控制器支持标准格式。

2）每一个新的控制器能够接收扩展格式的报文。这要求扩展帧不会因为它们的格式而受破坏，虽然不要求新控制器必须支持扩展帧。

5. 发送器和接收器的定义

（1）发送器

产生报文的单元称作这个报文的“发送器”。当总线空闲或该单元失去仲裁时，这个单元就不是“发送器”。

（2）接收器

如果一个单元不是发送器，同时总线也不空闲，则这个单元就称作“接收器”。

2.2.3　报文滤波

报文滤波（Message Filtering）取决于整个标识符。为了报文滤波，允许把屏蔽寄存器中的任何标识符位设置为“不考虑”（Don't care）或“无关”。可以用这种寄存器选择多组标识符，使之与相关的接收缓冲器对应。

在使用屏蔽寄存器时，它的每一个位都是可编程的。也就是说，对于报文滤波，可将它们设置为允许或禁止。屏蔽寄存器可以包含整个标识符，也可以包含部分标识符。

2.2.4　报文校验

校验报文有效的时间点，对于发送器与接收器来说各不相同。

发送器：如果直到帧的末尾位仍没有错误，则此报文对于发送器有效。如果报文出错，则报文会根据优先权自动重发。为了能够和其他报文竞争总线，必须当总线一空闲时就开始重新传输。

接收器：如果直到最后的位（除了帧结尾位）仍没有错误，则报文对于接收器有效。帧结尾最后的位被置于“不考虑”状态，即使是一个显性电平也不会引起格式错误。

2.2.5　编码

编码即位流编码（Bit Stream Coding）。

帧的帧起始、仲裁域、控制域、数据域以及 CRC 序列，均通过位填充的方法编码。无论何时，发送器只要检测到位流里有 5 个连续相同值的位，便自动在位流里插入一个相反值的补充位。数据帧或远程帧的其余位域（CRC 界定符、应答域和帧结尾）格式固定，没有填充。错误帧和过载帧的格式也固定，它们不用位填充的方法编码。

报文的位流根据“不归零”（NRZ）方法来编码。这就是说，在整个位时间里，位的电平或者为显性，或者为隐性。

2.2.6　错误处理

1. 错误检测

有以下 5 种不同的错误类型（这 5 种错误不会相互排斥）。

（1）位错误（Bit Error）

单元在发送位的同时也对总线进行监视。如果所发送的位值与所监视的位值不相符，则在此位时间里检测到一个位错误。但是在仲裁域的填充位流期间或应答间隙发送一个隐性位的情况是例外的。此时，当监视到一个显性位时，不会发出位错误。当发送器发送一个“认可错误”标志但检测到显性位时，也不视为位错误。

（2）填充错误（Stuff Error）

在应当使用位填充法进行编码的报文域中，当出现了第 6 个连续相同的位电平时，将检测到一个填充错误。

（3）CRC 错误（CRC Error）

CRC 序列包括了发送器计算的 CRC 结果。接收器计算 CRC 的方法与发送器相同。如果计算结果与接收到 CRC 序列的结果不相符，则检测到一个 CRC 错误。

（4）格式错误（Form Error）

如果一个固定格式的位域含有一个或多个非法位，则检测到一个格式错误。注意，对于接收器，帧结尾最后一位期间的显性位不被当作帧错误。

（5）应答错误（Acknowledgment Error）

只要在应答间隙期间所监视的位不为显性，发送器就会检测到一个应答错误。

2. 出错时发出的信号

检测到错误条件的站通过发送“错误标志”（Error Flag）来表示错误。“错误激活”的节点是“激活错误”标志；“错误认可”的节点是“认可错误”标志。无论是位错误、填充错误、格式错误，还是应答错误，只要被任何站检测到，这个站就会在下一位开始发出“错误标志”。只要检测到错误的条件是 CRC 错误，那么“错误标志”的发送就开始于 ACK 界定符之后的位（除非其他错误条件引起的错误标志已经开始）。

2.2.7　故障界定

对于故障界定（Fault Confinement），一个单元的状态可能为以下 3 种之一：

1）错误激活（Error Active）。

2）错误认可（Error Pasitive）。

3）总线关闭（Bus Off）。

“错误激活”的单元可以正常地参与总线通信，并在检测到错误时发出“激活错误”标志。

“错误认可”的单元不允许发送“激活错误”标志。“错误认可”的单元参与总线通信，在检测到错误时只发出“认可错误”标志。而且，发送以后，“错误认可”单元将在启动下一个发送之前处于等待状态。

“总线关闭”的单元不允许在总线上有任何影响（如关闭输出驱动器）。在每一总线单元中使用以下两种计数来进行故障界定：

1）发送错误计数。

2）接收错误计数。

这些计数按以下规则改变（注意，在给定的报文发送期间，可能要用到的规则不止一个）：

1）当接收器检测到一个错误时，接收错误计数器值就加1。在发送“激活错误”标志或过载标志期间所检测到的错误为位错误时，接收错误计数器值不加1。

2）在错误标志发送以后，当接收器检测到的第一个位为显性时，接收错误计数器值加8。

3）当发送器发送一个错误标志时，发送错误计数器值加8。

例外情况1：如果发送器为“错误认可”，并检测到应答错误，其原因是检测不到显性ACK，以及当发送它的“认可错误”标志时检测不到显性位。

例外情况2：如果发送器因为在仲裁期间发生填充错误而发送错误标志，以及应当是隐性并且已作为隐性发送，但是却被监视为显性。

当例外情况1和例外情况2发生时，发送错误计数器值不改变。

4）当发送器发送“激活错误”标志或过载标志时，如果发送器检测到位错误，则发送错误计数器值加8。

5）当接收器发送“激活错误”标志或过载标志时，如果接收器检测到位错误，则接收错误计数器值加8。

6）在发送“激活错误”标志、“认可错误”标志或过载标志以后，任何节点最多允许7个连续的显性位。当检测到第14个连续的显性位后（在“激活错误”标志或过载标志的情况下），或在检测到第8个连续的显性位跟随在“认可错误”标志后，以及在每一个附加的8个连续显性位序列后，每一个发送器的发送错误计数器值加8，每一个接收器的接收错误计数值也加8。

7）报文成功地传送后（得到ACK及直到帧结尾结束也没有错误），发送错误计数器值减1，除非已经是0。

8）成功地接收到报文后（直到应答间隙接收没有错误，以及成功地发送了ACK位），如果接收错误计数器值为1~127，则接收错误计数器值减1；如果接收错误计数器值是0，则它保持0；如果大于127，则它会设置一个119~127的值。

9）当发送错误计数器值大于或等于128时，或当接收错误计数器值大于或等于128时，节点为“错误认可”。使节点成为“错误认可”的错误条件将导致该节点发出“激活错误”标志。

10）当发送错误计数器值大于或等于256时，该节点处于“总线关闭”状态。

11）当发送错误计数器值和接收错误计数器值都小于或等于127时，“错误认可”的节点重新变为“错误激活”。

12）在总线上监视到128次出现11个连续隐性位之后，“总线关闭”的节点可以变成

“错误激活”（不再是“总线关闭”），它的两个错误计数器值也被设置为0。

注意：

1）一般错误计数器值大于96表明总线被严重干扰。最好能够预先采取措施测试这个条件。

2）启动/休眠：如果启动期间内只有一个节点在线，而且这个节点发送报文，那么它将得不到应答，并检测到错误且重复发送报文。由此，节点会变为“错误认可”状态，但不会成为“总线关闭”状态。

在运行中，3类故障状态之间的相互转变过程如图2-13所示。

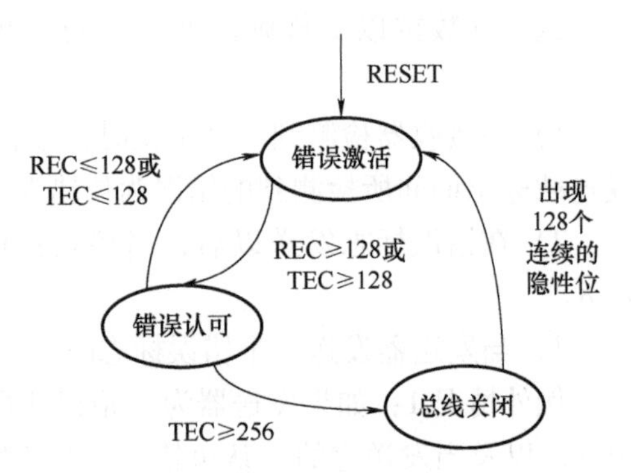

图2-13　故障状态之间的相互转变过程

2.2.8　振荡器容差

由于给定的最大振荡器容差为±1.58%，因此，一般在传输速率低于125kbit/s的应用中使用陶瓷谐振器。

为了满足CAN协议的整个总线速度范围，需要使用石英晶体振荡器。在一个系统中，具有最高振荡精确度要求的芯片决定了其他节点的振荡精度。

对于使用这个版本及以前版本CAN规范的控制器，当它们运行在一个网络中时，都必须配备石英晶体振荡器。

2.2.9　位定时要求

1. 标称位速率（Nominal Bit Rate）

标称位速率为一个理想的发送器在没有重新同步的情况下每秒发送的位数量。

2. 标称位时间（Nominal Bit Time）

$$标称位时间=1/标称位速率$$

可以把标称位时间划分为几个不重叠的时间片段，它们是同步段、传播段、相位缓冲段1和相位缓冲段2，如图2-14所示。

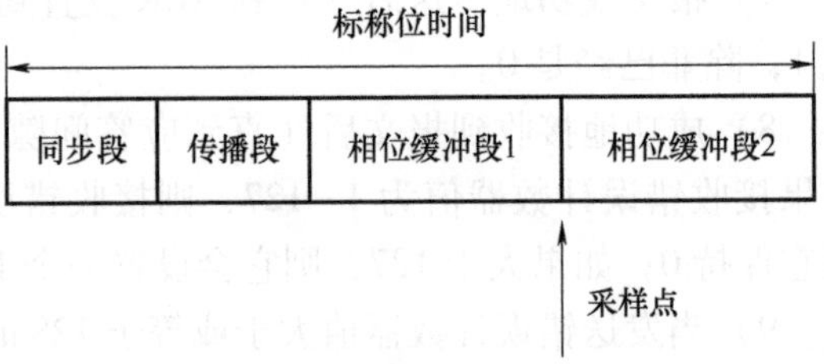

同步段	传播段	相位缓冲段1	相位缓冲段2

标称位时间

采样点

图2-14　标称位时间的划分

1）同步段（SYNC_SEG）。位时间的同步段用于同步总线上不同的节点。这一段内要有一个跳变沿。

2）传播段（PROP_SEG）。传播段用于补偿网络内的物理延时时间。它是信号在总线传播的时间、输入比较器延时和输出驱动器延时总和的两倍。

3）相位缓冲段1（PHASE_SEG1）、相位缓冲段2（PHASE_SEG2）。相位缓冲段用于补偿边沿阶段的误差。这两个段可以通过重新同步来加长或缩短。

4）采样点（Sample Point）。采样点是读取总线电平并转换为对应位值的一个时间点。采样点位于相位缓冲段1的结尾。

3. 信息处理时间（Information Processing Time）

信息处理时间是一个以采样点作为起始的时间段，它被保留用于计算后续位的位电平。

4. 时间额数（Time Quantum，TQ）

时间额数是从振荡器周期派生而来的一个固定时间单位。这里存在一个可编程的预比例因子，其数值为1~32之间的整数。以最小时间额数为起点，时间额数的长度为：

$$\text{时间额数} = m \times \text{最小时间额数}$$

式中，m为预比例因子。

5. 时间段的长度（Length of Time Segments）

1）同步段为一个时间额数（TQ）。

2）播段的长度可设置为1，2，…，8个时间额数（TQ）。

3）相位缓冲段1的长度可设置为1，2，…，8个时间额数（TQ）。

4）相位缓冲段2的长度为相位缓冲段1和信息处理时间的最大值。

5）信息处理时间小于或等于两个时间额数（TQ）。

一个位时间总的时间额数值的范围为8~25。

注意：

人们通常不想在控制单元的本地CPU和它的通信器件里使用不同的振荡器。因此，CAN器件的振荡频率趋向于取本地CPU的振荡频率，它的值取决于控制单元的需求。为了得到所需的比特率，位定时的可编程性是有必要的。在那些设计为没有本地CPU的CAN应用中，位定时没有可编程性。另外，由于这些器件允许选择外部的振荡器，以便于被调整到合适的比特率，因此，对于这些部件，可编程性没有必要。但是，应该为所有节点的采样点选择一个共同的位置。为此，没有本地CPU的CAN器件应当兼容以下的位时间定义，如图2-15所示。

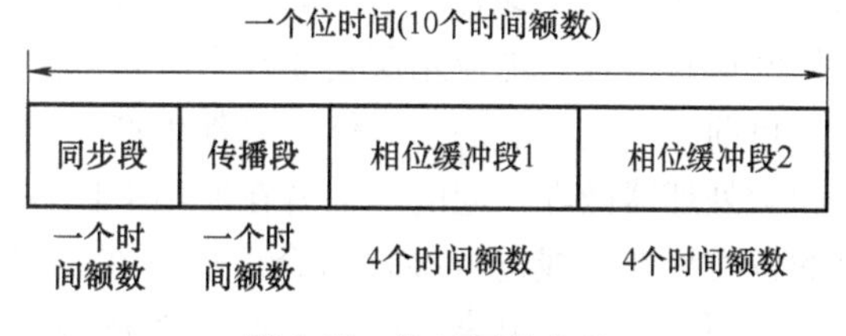

图2-15　位时间的定义

6. 硬同步（Hard Synchronization）

一个硬同步后，内部的位时间以同步段重新开始。因此，硬同步迫使引起硬同步的跳变沿位于重新开始的位时间同步段之内。

7. 重新同步跳转宽度（Re-synchronization Jump Width）

重新同步的结果使相位缓冲段1增长，或使相位缓冲段2缩短。相位缓冲段加长或缩短的数量有一个上限，此上限由重新同步跳转宽度给定。重新同步跳转宽度应设置为1和“4与PHASE_SEG1”的最小值之间。

可以从一位值到另一位值的转变中提取时钟信息。只有一个固定的最大数量的连续位具有相同的值，这个属性使总线单元在帧期间重新同步于位流成为可能。可用于重新同步的两个跳变之间的最大长度为29个位时间。

8. 边沿的相位误差（Phase Error of an Edge）

一个边沿的相位误差由相对于同步段边沿的位置给出，以时间额数度量。相位误差的符号定义如下：

1）e=0，如果边沿处于同步段中（SYNC_SEG）。

2）e>0，如果边沿位于采样点（Sample Point）之前。

3）e<0，如果边沿处于前一个位的采样点之后。

9. 重新同步（Re-synchronization）

当引起重新同步的边沿相位误差的值小于或等于重新同步跳转宽度的编程值时，重新同步和硬件同步的作用相同。当相位误差的值大于重新同步跳转宽度时，如果相位误差为正，则相位缓冲段 1 就增长一个重新同步跳转宽度的值；如果相位误差为负，则相位缓冲段 2 就缩短一个重新同步跳转宽度的值。

10. 同步的规则（Synchronization Rules）

硬同步和重新同步是同步的两种形式，应遵循以下同步的规则：

1）在一个位时间里只允许一个同步。

2）仅当采样点之前探测到的值与紧跟边沿之后的总线值不相符合时，才把边沿用于同步。

3）在总线空闲期间，无论何时有一个由隐性转变到显性的边沿，就会执行硬同步。

4）符合规则 1）和规则 2）的所有其他从隐性转变为显性的边沿都可用于重新同步。例外的情况是，如果只有隐性到显性的边沿用于重新同步，一个发送显性位的节点将不会执行如同具有正相位误差的由隐性转变为显性的边沿所引起的那种重新同步。

2.3 CAN 控制器及收发器

CAN 技术规范定义了 CAN 网络中的数据链路层和物理层，这两层是保证通信质量至关重要、不可缺少的部分，也是网络协议中最复杂的部分。CAN 控制器就是扮演这个角色，它以一块可编程芯片上的逻辑电路的组合来实现这些功能，对外提供与微处理器的物理线路的接口。通过对它编程，节点的 CPU 可以设置它的工作方式，控制它的工作状态，进行数据的发送和接收，把应用层建立在它的基础之上。

目前，一些知名的半导体厂家都生产 CAN 控制器芯片。其类型一种是独立的，另一种是和微处理器做在一起的。前者在使用上比较灵活，它可以与多种类型的单片机、微型计算机的各类标准总线进行接口组合。后者在许多特定情况下使电路设计简化和紧凑，效率提高。然而，不管是哪家产品，它们都严格遵照已制定的 CAN 规范和国际标准行事。因此，只要掌握了其中的一种，其余的就可以触类旁通，这也是 CAN 能够迅速推广的原因之一。

CAN 控制器的发送/接收引脚一般为标准 TTL 电平，需要 CAN 总线收发器作为其和物理总线的接口，用于对总线提供差动发送能力及对 CAN 控制器提供差动接收能力。CAN 收发器是影响网络系统安全性、可靠性和电磁兼容性的主要因素。

由上述可知，一个 CAN 模块，其基本结构应该包含模块处理器、CAN 控制器以及 CAN 收发器，如图 2-16 所示。图 2-16 中，SJA1000 和 PCA82C250 是 Philips（飞利浦）半导体公司生产的独立 CAN 控制器和 CAN 收发器。本节介绍几种典型的独立 CAN 控制器和 CAN 总线收发器。

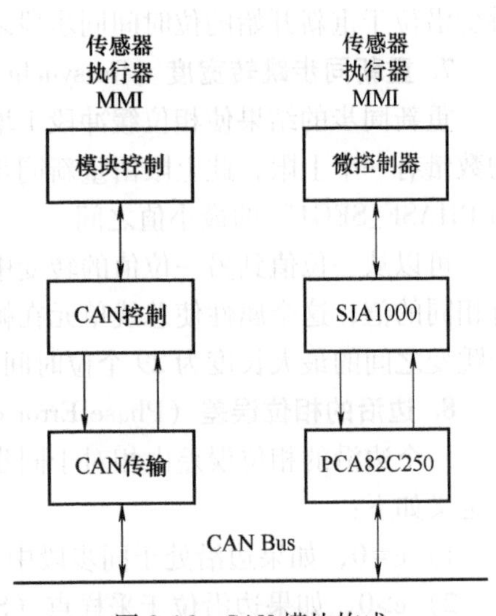

图 2-16　CAN 模块构成

2.3.1　独立 CAN 控制器 SJA1000

SJA1000 是一种独立的 CAN 控制器，主要用于移动目标和一般工业环境中的区域网络控制。它是 Philips 半导体公司 PCA82C200CAN 控制器（BasicCAN）的替代产品，而且还增加了一种新的操作模式——PeliCAN，这种模式支持具有很多新特性的 CAN 2.0B 协议。由于篇幅所限，这里只介绍 BasicCAN 模式，PeliCAN 模式相关内容可以查阅 SJA1000 技术手册。

SJA1000 的基本特性如下：

1）引脚与 PCA82C200 独立 CAN 控制器兼容。

2）电气参数与 PCA82C200 独立 CAN 控制器兼容。

3）具有 PCA82C200 模式（即默认的 BasicCAN 模式）。

4）有扩展的接收缓冲器 64B，先进先出（FIFO）。

5）支持 CAN 2.0A 和 CAN 2.0B 规范。

6）支持 11 位和 29 位标识码。

7）通信位速率可达 1Mbit/s。

8）PeliCAN 模式的扩展功能丰富，具体如下：

① 可读/写访问的错误计数寄存器。

② 可编程的错误报警限额寄存器。

③ 最近一次错误代码寄存器。

④ 对每一个 CAN 总线错误中断。

⑤ 有具体位表示的仲裁丢失中断。

⑥ 单次发送（无重发）。

⑦ 只听模式（无确认、无激活的错误标志）。

⑧ 支持热插拔（软件进行位速率检测）。

⑨ 验收滤波器的扩展（4B 的验收代码，4B 的屏蔽）。

⑩ 接收自身报文（自接收请求）。

9）24MHz 时钟频率。

10）可与不同的微处理器接口。

11）可编程的 CAN 输出驱动器配置。

12）温度适应范围大（-40～+125℃）。

1. SJA1000 的内部结构及 SJA1000 引脚定义

SJA1000 的内部结构如图 2-17 所示。

下面对几个控制模块的功能进行描述。

（1）接口管理逻辑（Interface Management Logic，IML）

接口管理逻辑（IML）用于解释来自 CPU 的命令，控制 CAN 寄存器的寻址，向主控制器（CPU）提供中断信息和状态信息。

（2）发送缓冲器（Transmit Buffer，TXB）

发送缓冲器（TXB）是 CPU 和 BSP（位流处理器）之间的接口。它能够存储要通过 CAN 网络发送的一条完整报文。缓冲器长 13B，由 CPU 写入，BSP 读出。

（3）接收缓冲器（Receive Buffer，RXB）

接收缓冲器（RXB）是接收滤波器和 CPU 之间的接口，用来存储从 CAN 总线上接收并

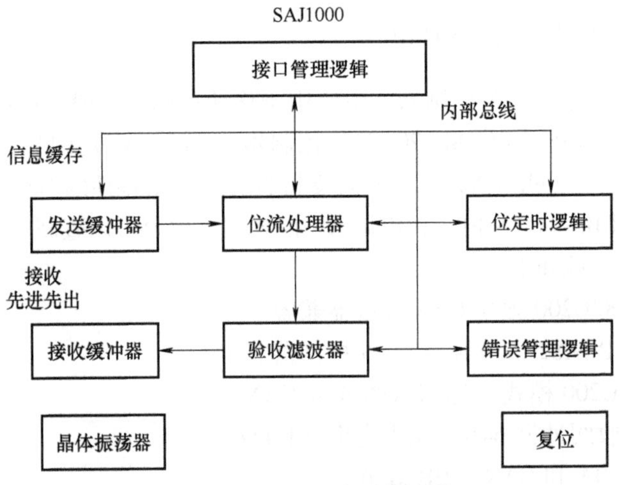

图 2-17　SJA1000 的内部结构

被确认的信息。接收缓冲器（RXB，13B）作为接收 FIFO（RXFIFO，长 64B）的一个窗口，可被 CPU 访问。

CPU 在此 FIFO 的支持下，可以在处理一条报文的同时接收其他报文。

（4）验收滤波器（Acceptance Filter，ACF）

验收滤波器（ACF）把它的内容与接收到的标识码相比较，以决定是否接收该条报文。在验收测试通过后，这条完整的报文就被保存在 RXFIFO 中。

（5）位流处理器（Bit Stream Processor，BSP）

位流处理器（BSP）是一个在发送缓冲器、RXFIFO 和 CAN 总线之间控制数据流的队列（序列）发生器。它还可进行总线上的错误检测、仲裁、填充和错误处理。

（6）位定时逻辑（Bit Timing Logic，BTL）

位定时逻辑（BTL）监视串行的 CAN 总线和位时序。它是在一条报文开头总线传输出现从隐性到显性时同步于 CAN 总线上的位流（硬同步），并且在其后接收一条报文的传输过程中再同步（软同步）。

BTL 还提供了可编程的时间段来补偿传播延时、相位偏移（如振荡器漂移），以及定义采样点和每一位的采样次数。

（7）错误管理逻辑（Error Management Logic，EML）

错误管理逻辑（EML）负责限制传输层模块的错误。它接收来自 BSP 的出错报告，然后把有关错误统计告诉 BSP（位流处理器）和 IML（接口管理逻辑）。

SJA1000 芯片引脚分布图如图 2-18 所示，引脚功能描述如表 2-3 所示。

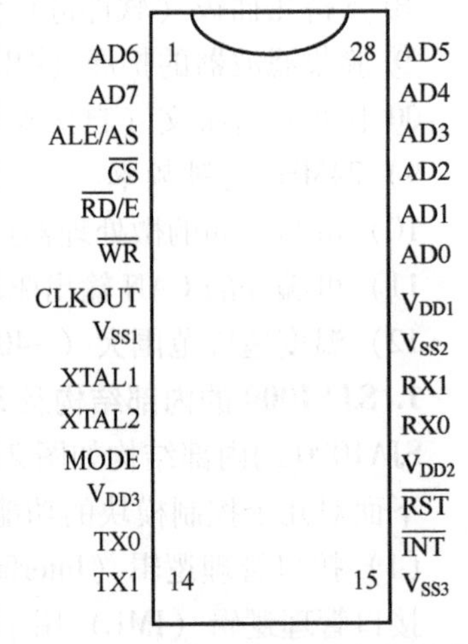

图 2-18　SJA1000 芯片引脚分布图

表 2-3　SJA1000 引脚功能描述

名称符号	引脚号	功 能 描 述
AD7～AD0	2、1、28～23	地址/数据复合总线
ALE/AS	3	ALE 输入信号（Intel 模式）或 AS 输入信号（Motorola 模式）

（续）

名称符号	引脚号	功 能 描 述
$\overline{CS}$	4	片选信号输入，低电平允许访问 SJA1000
$\overline{RD}$/E	5	微控制器的$\overline{RD}$信号（Intel 模式）或 E 使能信号（Motorola 模式）
$\overline{WR}$	6	微控制器的$\overline{WR}$信号（Intel 模式）或 RD/$\overline{WR}$信号（Motorola 模式）
CLKOUT	7	SJA1000 产生的提供给微控制器的时钟输出信号，它来自内部振荡器且通过编程分频；时钟分频寄存器的时钟关闭位可禁止该引脚输出
V_{SS1}	8	接地
XTAL1	9	输入到振荡器放大电路；外部振荡信号由此输入*
XTAL2	10	振荡放大电路输出；使用外部振荡信号时漏极开路输出*
MODE	11	模式选择输入：1=Intel 模式；0=Motorola 模式
V_{DD3}	12	输出驱动的 5V 电源
TX0	13	从 CAN 输出驱动器 0 输出到物理链路上
TX1	14	从 CAN 输出驱动器 1 输出到物理链路上
V_{SS3}	15	输出驱动器接地
$\overline{INT}$	16	中断输出，用于中断微控制器；在内部中断寄存器的任一位置 1 时，$\overline{INT}$低电平有效；开漏输出，且与系统中的其他$\overline{INT}$输出是线性关系。此引脚上的低电平可以把该控制器从休眠模式中激活
$\overline{RST}$	17	复位输入，用于复位 CAN 接口（低电平有效）；把$\overline{RST}$引脚通过电容连到 V_{SS}，通过电阻连到 V_{DD}，可自动上电复位（例如：$C=1\mu F$；$R=50k\Omega$）
V_{DD2}	18	输出比较器的 5V 电源
RX0、RX1	19、20	从物理的 CAN 总线输入到 SJA1000 输入比较器；显性电平将唤醒 SJA100 的休眠模式；如果 RX1 电平比 RX0 的高，就读显性电平，反之读隐性电平；如果时钟分频寄存器的 CBP 位被置 1，CAN 输入比较器被旁路，以减少内部延时；当 SJA1000 连有外部收发电路时，只有 RX0 被激活，隐性电平被认为是逻辑高而显性电平被认为是逻辑低
V_{SS2}	21	输入比较器的接地端
V_{DD1}	22	逻辑电路的 5V 电源

*：XTAL1 和 XTAL2 引脚必须通过 15pF 的电容连到 V_{SS}。

2. SJA1000 内部存储区分配

SJA1000 是一种基于内存编址的控制器，对 SJA1000 片内寄存器的操作就像读写 RAM 一样。

SJA1000 的内存区域包括控制段、发送缓冲区和接收缓冲区。微控制器和 SJA1000 之间的状态、控制和命令信号的交换都是在控制段完成的，例如在初始化时，可通过编程来配置通信参数（如位时序）。发送报文时，先将应发送的报文写入发送缓冲区，然后命令

SJA1000 把报文发送到 CAN 总线上。接收报文时，通过验收过滤而成功接收的报文被保存到接收缓冲区，SJA1000 通过中断信号通知微控制器从接收缓冲区中读取接收到的报文，然后释放空间以做下一步的应用。

为防止控制段的寄存器被任意修改，SJA1000 设置了两种不同的操作模式：工作模式和复位模式。只有在复位模式下，才可以对控制段的某些寄存器进行初始化操作；而只有在工作模式下，才可以进行正常的 CAN 通信。

BasicCAN 模式下 SJA1000 的内部存储区分配情况如表 2-4 所示。

表 2-4　BasicCAN 模式下 SJA1000 内部存储区的分配情况①

地址	功能段	操作模式中的寄存器功能		复位模式中的寄存器功能	
		读	写	读	写
0	控制段	控制	控制	控制	控制
1		(FFH)	命令	(FFH)	命令
2		状态	—	状态	—
3		中断	—	中断	—
4		(FFH)	—	验收代码	验收代码
5		(FFH)	—	验收屏蔽	验收屏蔽
6		(FFH)	—	总线时序 0	总线时序 0
7		(FFH)	—	总线时序 1	总线时序 1
8		(FFH)	—	输出控制	输出控制
9		测试	测试②	测试	测试②
10	发送缓冲区	ID10~3	ID10~3	(FFH)	—
11		ID2~0、RTR、DLC	ID2~0、RTR、DLC	(FFH)	—
12~19		数据字节 1~8	数据字节 1~8	(FFH)~(FFH)	—~—
20	接收缓冲器	ID10~3	ID10~3	ID10~3	ID10~3
21		ID2~0、RTR、DLC	ID2~0、RTR、DLC	ID2~0、RTR、DLC	ID2~0、RTR、DLC
22~29		数据字节 1~8	数据字节 1~8	数据字节 1~8	数据字节 1~8
30		(FFH)	—	(FFH)	—
31	时钟分频器	时钟分频器	时钟分频器	时钟分频器③	时钟分频器

① 应注意，寄存器在 CAN 高端地址区被重复（CPU 8 位地址的最高几位是不参与解码的：CAN 地址是以 CAN 地址 0 开始的）。

② 测试寄存器只用于产品测试，正常操作中使用这个寄存器会导致设备不可预料的结果。

③ 在时钟分频器中，有些位在复位模式中是只写的（如 CAN 模式位和 CBP 位）。

3. SJA1000 寄存器功能

（1）控制寄存器

控制寄存器（CR）的内容用于改变 CAN 控制器的行为。这些位可以被微控制器设置或复位，微控制器使用这些控制寄存器就像对存储器进行读/写操作一样。控制寄存器各位的功能说明如表 2-5 所示。

表 2-5　控制寄存器各位的功能说明（CAN 地址 0）

位	符号	名称	值	功能描述
CR.7~5	—	—	—	保留①②③
CR.4	OLE	溢出中断使能	1	使能：若数据溢出位置 1，则微控制器接收溢出中断信号
			0	禁能：微控制器从 SJA1000 接收不到溢出中断信号
CR.3	ELE	错误中断使能	1	使能：若出错或总线状态改变，则微控制器接收错误中断信号
			0	禁能：微控制器从 SJA1000 接收不到错误中断信号
CR.2	TIE	发送中断使能	1	使能：当报文被成功发送或发送缓冲器又被访问时（如在中止发送的命令后），SJA1000 发出一个发送中断信号给微控制器
			0	禁能：微控制器 SJA1000 接收不到发送中断信号
CR.1	RIE	接收中断使能	1	使能：报文被正确接收时，SJA1000 发出一个接收中断信号给微控制器
			0	禁能：微控制器从 SJA1000 接收不到接收中断信号
CR.0	RR	复位请求④	1	当前：SJA1000 检测到复位请求后，忽略当前发送/接收的报文，进入复位模式
			0	空缺：在复位请求位出现“1”到“0”的转变时，SJA1000 回到操作模式

① 任何对控制寄存器的写访问都必须设置 CR.7 位为逻辑 0（复位，值是逻辑 0）。

② 在 PCA82C200 中，CR.6 位是用来选择同步模式的。因为这种模式不再使用，所以这一位的设置不会影响微控制器。为了软件上的兼容，这一位是可以被设置的。硬件或软件复位后，这一位不改变，它只反映用户软件写入的值。

③ 读 CR.5 位的值总是逻辑 1。

④ 在硬件复位或总线状态位设置为 1（总线关闭）时，复位请求位被置为 1（当前）。如果这个位被软件访问，其值将发生变化，而且会影响内部时钟的下一个上升沿（内部时钟的频率是外部晶体振荡器的 1/2）。在外部复位期间，微控制器不能把复位请求位置为 0（空缺）。所以在把复位请求位置为 0 后，微控制器就必须检查这一位以保证外部复位引脚不保持为低。复位请求位的变化是同内部分频时钟同步的。读复位请求位能够反映出这种同步状态。

复位请求位被置为 0 后，SJA1000 将会等待：

- 如果前一次复位请求是由硬件复位或 CPU 初始化复位引起的，则等待一个总线空闲信号（11 个隐性位）。
- 如果前一次复位请求是在重新进入总线接通模式前初始化的 CAN 控制器总线关闭引起的，则等待 128 个总线空闲。必须说明的是，如果复位请求位被置 1，那么一些寄存器的值会被改变为复位值。

（2）命令寄存器

一个命令位启动 SJA1000 传输层上的一个动作。命令寄存器（CMR）对微控制器来说就像是只写存储器。如果去读这个地址，则返回值是“11111111”。两条命令之间至少要有一个内部时钟周期用作处理。内部时钟的频率是外部振荡频率的二分频。命令寄存器各位的功能说明如表 2-6 所示。

表 2-6　命令寄存器各位的功能说明（CAN 地址 1）

位	符号	名称	值	功能描述
CMR.7~5	—	—	—	保留
CMR.4	GTS	休眠①	1	休眠：若无 CAN 中断待解决，也无总线活动，SJA1000 进入休眠模式
			0	唤醒：SJA1000 进入正常操作模式

（续）

位	符号	名称	值	功能描述
CMR. 3	CDO	清除数据溢出②	1	清除：清除数据溢出状态位
			0	无动作
CMR. 2	RRB	释放接收缓冲器③	1	释放：接收缓冲器（RXFIFO）中存放报文的存储空间将被释放
			0	无动作
CMR. 1	AT	中止发送④	1	当前：若不是在处理过程中，则等待处理的发送请求将取消
			0	空缺：无动作
CMR. 0	TR	发送请求⑤	1	当前：报文被发送
			0	空缺：无动作

① 如果休眠位设置为 1，则 SJA1000 将进入休眠模式。这要求没有总线活动，也没有等待处理中断。当设置 GTS = 1 时，只要有总线活动或有中断处理这两种情况之一出现，就会引起一个唤醒中断。设置成休眠模式后，CLKOUT 信号持续至少 15 位的时间，这使得以这个信号为时钟的微控制器在 CLKOUT 信号变低之前进入待机模式。

如果 GTS 被置为低电平、总线转入活动或$\overline{INT}$有效（低电平）这 3 种条件之一被破坏，即 GTS 位被置为低电平后，总线转入活动或 INT 有效（低电平）时，SJA1000 将被唤醒。一旦唤醒，振荡器就将启动且产生一个唤醒中断。若是因为总线活动而唤醒的，那么 SJA1000 要检测到 11 个连续的隐性位（总线空闲序列位）才能够接收到这个报文。在复位模式中，GTS 位是不能被置位的。在清除复位请求后，并且再一次检测到总线空闲，GTS 位才可以被置位。

② 这个命令位用来清除由数据溢出状态位指出的数据溢出状态。如果数据溢出位被置 1，就不会再产生数据溢出中断了。在释放接收缓冲器命令的同时可以发出清除数据溢出命令。

③ 读接收缓冲器之后，微控制器可以通过设置释放接收缓冲器位为 1 来释放 RXFIFO 中的存储空间。这可能会导致接收缓冲器中的另一条报文立即有效，因而再产生一次接收中断（使能条件下）。如果没有其他有效报文，就不会再产生接收中断，同时接收缓冲器状态位被清 0。

④ 当 CPU 要求中止先前传送请求时使用中止传送位。例如，在要求传送一条紧急报文时，正在进行的传送是不会停止的，要查看原先的报文是否被成功发送，可以通过发送成功状态位来检测。不过，应当在发送缓冲器状态位为逻辑 1 之后（释放）或出现发送中断的情况下做这件事。

⑤ 如果在前面的命令中发送请求位被置逻辑 1，它就不可以通过设置该位为 0 来取消请求，但是可以通过设置中止发送位为 0 来取消。

（3）状态寄存器

状态寄存器（SR）的内容反映了 SJA1000 的状态。状态寄存器对微控制器来说是只读存储器。状态寄存器各位的功能说明如表 2-7 所示。

表 2-7　状态寄存器各位的功能说明（CAN 地址 2）

位	符号	名称	值	功能描述
CR. 7	BS	总线状态①	1	总线关闭：SJA1000 退出总线活动
			0	总线开通：SJA1000 加入总线活动
CR. 6	ES	出错状态②	1	出错：至少出现一个错误计数器满或超过 CPU 报警限额
			0	正常：两个错误计数器都在报警限额以下
CR. 5	TS	发送状态③	1	发送：SJA1000 正在传送报文
			0	空闲：没有要发送的报文
CR. 4	RS	接收状态③	1	接收：SJA1000 正在接收报文
			0	空闲：此时 SJA1000 没有在接收报文

（续）

位	符号	名称	值	功能描述
CR.3	TCS	发送完成状态④	1	完成：成功处理完最近一次发送请求
			0	未完成：先前的一次发送请求未处理完
CR.2	TBS	发送缓冲区状态⑤	1	释放：CPU 可以向发送缓冲器写报文
			0	锁定：CPU 不能访问发送缓冲器；有报文在等待发送或正在发送
CR.1	DOS	数据溢出状态⑥	1	溢出：报文丢失，因为 RXFIFO 中没有足够的空间来存储
			0	空缺：自从接收到最近一次清除数据溢出命令，无数据溢出发生
CR.0	RBS	接收缓冲器状态⑦	1	满：RXFIFO 中有一条或多条报文
			0	空：无有效报文

① 当传输错误计数器超过限制（255）（总线状态位置1——总线关闭）时，CAN 控制器就会将复位请求位置1（当前），在错误中断允许的情况下，会产生一个错误中断；这种状态会持续，直到 CPU 清除复位请求位。所有这些完成之后，CAN 控制器将会等待协议规定的最小时间（128 个总线空闲信号）。总线状态位被清除后（总线开通），错误状态位被置0（正常），错误计数器复位且产生一个错误中断（在中断允许的条件下）。

② 根据 CAN 2.0B 协议说明，在接收或发送时检测到错误会影响错误计数。当至少有一个错误计数器满或超出 CPU 警告限额（96）时，错误状态位被置1。在中断允许的情况下，会产生错误中断。

③ 如果接收状态位和发送状态位都是0，则 CAN 总线是空闲的。

④ 无论何时发送请求位被置为1，发送完成位都会被置为0（未完成）。发送完成位为0会一直维持到报文被成功发送。

⑤ 若在发送缓冲器状态位是0（锁定）时 CPU 试图写发送缓冲器，则写入的字节不被接收且会在无任何提示的情况下丢失。

⑥ 当要被接收的报文成功地通过验收滤波器后（也就是紧接在仲裁域之后），CAN 控制器需要使用 RXFIFO 中的一些空间来存储这条报文的描述符，因此必须有足够的空间来存储接收到的每一个数据字节。如果没有足够的空间存储报文，即使除了帧的最后一位这个报文的其余部分都被正确接收（报文是有效的），报文也会丢失且只向 CPU 提示数据溢出情况。

⑦ 在读 RXFIFO 中的报文且用释放接收缓冲器命令来释放内存空间之后，这一位被清0。如果 FIFO 中还有可用报文，那么此位将在下一个位时间量程内被重新设置。

（4）中断寄存器

中断寄存器（IR）用于中断源的识别。当寄存器的一位或多位被置1时，$\overline{\text{INT}}$（低电平有效）引脚就被激活了。这个寄存器被微控制器读过之后，所有的位被复位，致使$\overline{\text{INT}}$引脚上的电平浮动。中断寄存器对微控制器来说是只读存储器。中断寄存器各位的功能说明如表 2-8 所示。

表 2-8　中断寄存器各位的功能说明

位	符号	名称	值	功能描述
IR.7~5	—	—	—	保留①
IR.4	WUI	唤醒中断②	1	置位：退出休眠模式时，此位被置1
			0	复位：微控制器的任何读访问都将清除此位
IR.3	DOI	数据溢出中断③	1	置位：在数据溢出中断使能位为1时，或当数据溢出状态出现0到1的转变时，此位被置1
			0	复位：微控制器的任何读访问都将清除此位

（续）

位	符号	名称	值	功能描述
IR.2	EI	错误中断	1	置位：错误中断使能时，错误状态或总线状态位的变化使此位置1
			0	复位：微控制器的任何读访问都将清除此位
IR.1	TI	发送中断	1	置位：当发送缓冲器状态从0变为1且发送中断使能时，此位被置1
			0	复位：微控制器的任何读访问都将清除此位
IR.0	RI	接收中断④	1	置位：当接收FIFO不空且接收中断使能时，此位被置1
			0	复位：微控制器的任何读访问都将清除此位

① 读这一位得到的逻辑值总是1。

② 当CAN控制器参与总线活动或有CAN中断等待处理时，如果CPU试图进入休眠模式，那么也会产生唤醒中断。

③ 溢出中断位（中断允许情况下）和溢出状态位是同时被置1的。

④ 接收中断位（中断允许时）和接收缓冲器状态位是同时被置1的。

必须说明的是，即使FIFO中还有其他有效报文，在读访问时，接收中断位也被清除；在发出释放接收缓冲器命令时，如果接收缓冲器还有其他有效报文，接收中断（在中断允许时）会在下一个t_{SCL}被重新置1。

（5）验收代码寄存器

验收代码寄存器（ACR）是验收滤波器的一部分，用于存储8位验收代码（AC）。当验收代码AC.7~AC.0和报文标识符的高8位相等时，该报文可以通过验收过滤器写入接收缓冲器。验收代码寄存器的CAN地址为4，SJA1000处于复位模式时，微控制器可以对验收代码寄存器进行读/写操作。

（6）验收屏蔽寄存器

验收屏蔽寄存器（AMR）也是验收过滤器的一部分，用于存储8位验收屏蔽码（AMC）。验收屏蔽寄存器增强了SJA1000验收滤波器的灵活性，具有CAN总线废除传统站地址编码的特点。验收屏蔽寄存器的某位置为0时，报文标识符的对应位需要验收；某位置为1时，则对应的标识符位不需要验收。验收代码寄存器的CAN地址为5，SJA1000处于复位模式时，微控制器可以对验收屏蔽寄存器进行读/写操作。

验收滤波器可以接收的报文标识符需要满足式（2-1），即验收代码（AC.7~AC.0）和报文标识符的高8位（ID.10~ID.3）相等且与验收屏蔽位（AM.7~AM.0）的对应位相或为1时，该报文可通过验收过滤器被接收。

$$[(ID.10\sim ID.3)\wedge(AC.7\sim AC.0)]\vee(AM.7\sim AM.0)=11111111 \quad (2\text{-}1)$$

【例2-1】 若CAN总线节点采用SJA1000 CAN总线控制器，并且采用BasicCAN协议模式，设计只接收4种报文，报文ID分别为11001100001、11001101001、11001110001及1100111101，那么应如何设置SJA1000的验收代码寄存器和验收屏蔽寄存器？

分析：SJA1000采用BasicCAN协议模式时，只能对报文标识符的高8位ID进行过滤，而要接收的4种报文ID的高6位（ID.10~ID.5）相同，可以通过验收屏蔽寄存器设置为需要验收，验收代码寄存器的高6位（AC.7~AC.2）设置与（ID.10~ID.5）相同。而4种报文ID的ID.4和ID.3两位不同，可以通过验收屏蔽寄存器设置为不需要验收，验收代码寄存器的低2位（AC.1和AC.0）可任意设置。所以SJA1000的验收代码寄存器设置为110011xx；验收屏蔽寄存器设置为00000011。

（7）总线定时寄存器0

总线定时寄存器0（BTR0，见表2-9）定义了波特率预置器（BRP）和同步跳转宽度（SJW）的值。复位模式有效时，这个寄存器是可以被访问（读/写）的。

如果选择的是 PeliCAN 模式，则此寄存器在操作模式中是只读的。在 BasicCAN 模式中总是“FFH”。

表 2-9　总线定时寄存器 0 各位的说明（CAN 地址 6）

BIT 7	BIT 6	BIT 5	BIT 4	BIT 3	BIT 2	BIT 1	BIT 0
SJW. 1	SJW. 0	BRP. 5	BRP. 4	BRP. 3	BRP. 2	BRP. 1	BRP. 0

1）波特率预置值。

CAN 系统时钟的周期 t_{SCL}（即 TQ）是可编程的，而且决定了各自的位时序。CAN 系统时钟由式（2-2）计算：

$$t_{SCL}=2t_{CLK}\times(32\times BRP.5+16\times BRP.4+8\times BRP.3+4\times BRP.2+2\times BRP.1+BRP.0+1) \quad (2-2)$$

式中，$t_{CLK}=1/f_{XTAL}$。

2）重同步跳转宽度。

为了补偿不同总线控制器的时钟振荡器之间的相位漂移，任何总线控制器必须在当前传送的任一相关信号边沿重新同步。同步跳转宽度定义了一个位周期可以被一次重新同步缩短或延长的时钟周期的最大数目。t_{SJW}与f_{SCL}和 SJW 的关系如下：

$$t_{SJW}=f_{SCL}\times(2\times SJW.1+SJW.0+1) \quad (2-3)$$

【例 2-2】 若 CAN 总线控制器 SJA1000 使用的振荡器时钟频率为 20MHz，且总线定时寄存器 0 的值为 110000011，计算该 CAN 总线节点的重同步跳转宽度。

解： SJA1000 的时钟周期 $t_{CLK}=1/f_{OSC}=1/20MHz=0.05\mu s$。

CAN 系统时钟周期 $t_{SCL}=2t_{CLK}\times(32\times0+16\times0+8\times0+4\times0+2\times1+1+1)=0.4\mu s$。

重同步跳转宽度 $t_{SJW}=f_{SCL}\times(2\times1+1+1)=1.6\mu s$。

（8）总线定时寄存器 1

总线定时寄存器 1（BTR1）用于定义每个位周期的长度、采样点的位置和在每个采样点的采样次数，CAN 地址为 7。SJA1000 处于复位模式时，微控制器可以对总线定时寄存器 1 进行读/写操作。总线定时寄存器 1 各位的说明如表 2-10 所示。

表 2-10　总线定时寄存器 1 各位的说明（CAN 地址 7）

BIT 7	BIT 6	BIT 5	BIT 4	BIT 3	BIT 2	BIT 1	BIT 0
SAM	TESG2. 2	TESG2. 1	TESG2. 0	TESG1. 3	TESG1. 2	TESG1. 1	TESG1. 0

1）采样位。采样位（SAM）的功能说明如表 2-11 所示。

表 2-11　采样位的功能说明

位	值	功能说明
SAM	1	3 次：总线采样 3 次；建议在低/中速总线（A 和 B 级）上使用，这对过滤总线上的毛刺波是有效的
	0	单次：总线采样 1 次；建议使用在高速总线上（SAE C 级）

2）时间段 1 和时间段 2。时间段 1（TSEG1）和时间段 2（TSEG2）决定了每一位的时钟周期数目和采样点的位置，这里：

$$t_{\text{SYNCSEG}}=1\times t_{\text{SCL}} \tag{2-4}$$

$$t_{\text{TSEG1}}=t_{\text{SCL}}\times(8\times\text{TSEG1.3}+4\times\text{TSEG1.2}+2\times\text{TSEG1.1}+1) \tag{2-5}$$

$$t_{\text{TSEG2}}=t_{\text{SCL}}\times(4\times\text{TSEG2.2}+2\times\text{TSEG2.1}+\text{TSEG2.0}+1) \tag{2-6}$$

【例 2-3】 若 CAN 总线控制器 SJA1000 使用的振荡器时钟频率为 16MHz，且总线定时寄存器 0 的值为 00000000，总线定时寄存器 1 的值为 00011100，计算该节点的通信速率。若该节点持续接收包括 2B 数据的数据帧（不考虑填充位），由 SJA1000 产生接收中断的最短时间为多少？

解： SJA1000 的时钟周期 $t_{\text{CLK}}=1/f_{\text{OSC}}=1/16\text{MHz}=0.0625\mu\text{s}$

CAN 系统时钟周期 $t_{\text{SCL}}=2t_{\text{CLK}}\times(32\times0+16\times0+8\times0+4\times0+2\times0+0+1)=0.125\mu\text{s}$。

同步段 $t_{\text{SYNCSEG}}=t_{\text{SCL}}=0.125\mu\text{s}$。

时间段 1$t_{\text{TSEG1}}=t_{\text{SCL}}\times(8\times1+4\times1+2\times0+0+1)=1.625\mu\text{s}$。

时间段 2$t_{\text{TSEG2}}=t_{\text{SCL}}\times(4\times0+2\times0+1+1)=0.25\mu\text{s}$。

标称位时间 $t_{\text{bit}}=t_{\text{SYNCSEG}}+t_{\text{TSEG1}}+t_{\text{TSEG2}}=2\mu\text{s}$。

通信速率 $1/t_{\text{bit}}=500\text{kbit/s}$。

不考虑位填充的 2B 数据的数据帧位数 $n=1+12+6+8\times2+16+2+7=60$。

SJA1000 接收的两个数据帧之间只有 3 位间歇时接收中断时间最短，故最短接收中断时间为 $t_{\text{int}}=t_{\text{bit}}\times(n+3)=126\mu\text{s}$。

【例 2-4】 若 CAN 总线控制器 SJA1000 使用的振荡器频率为 16MHz，需要设计其通信速率为 1Mbit/s，那么如何设置 SJA1000 的总线定时寄存器 BTR0 和 BTR1？

解： 标称位时间 $t_{\text{bit}}=1/1\text{MHz}=1\mu\text{s}$。

SJA1000 的时钟周期 $t_{\text{SCL}}=1/f_{\text{OSC}}=1/16\text{MHz}=0.0625\mu\text{s}$。

由于通信速率为 1Mbit/s，速度快，设波特率预设值 BRP＝0。

CAN 系统时钟周期 $t_{\text{SCL}}=2t_{\text{CLK}}\times(0+1)=0.125\mu\text{s}$。

标称位时间包含时间份额总数 $n=t_{\text{bit}}/t_{\text{SCL}}=1/0.125=8$，满足 $8\leqslant n\leqslant25$ 的要求，所以波特率预设值 BRP＝0 是合理的。

将标称位时间内的 8 份时间份额分为同步段、时间段 1、时间段 2 这 3 部分，其中，同步段固定为 1 份，假设时间段 1 为 5 份，时间段 2 为 2 份。

同步段 $t_{\text{SYNCSEG}}=t_{\text{SCL}}=0.125\mu\text{s}$。

时间段 1 $t_{\text{TSEG1}}=t_{\text{SCL}}\times(\text{TSEG1}+1)=0.625\mu\text{s}$。

时间段 2 $t_{\text{TSEG2}}=t_{\text{SCL}}\times(\text{TSEG2}+1)=0.25\mu\text{s}$。

设重同步跳转宽度 $t_{\text{SJW}}=t_{\text{SCL}}\times(\text{SJW}+1)=0.125\mu\text{s}$，可解得 TSEG1＝4，TSEG2＝1，SJW＝0。

由于通信速率为 1Mbit/s，速度快，故选择采样点的采样数目为 1，则 SAM 位为 0。

综上所述，总线定时寄存器 BTR0 为 00000000B，BTR1 为 01000100B。

关于总线定时寄存器与通信速率的对应关系，现在有很多的计算软件，只要将振荡器时钟频率和所需的通信速率输入，即可由软件自动计算出总线定时器的参数配置。

注意，【例 2-4】中总线定时寄存器参数的结果不唯一。在实际的系统设计中，用户可以根据振荡器时钟频率、总线通信速率以及总线的最大传输距离等因素，对 CAN 控制器的总线定时寄存器参数进行优化设置，协调影响位定时设置的振荡器容差和最大总线长度两个主要因素，合理安排位周期中采样点的位置和采样次数，保证总线上位流有效同步的同时优化系统的通信性能。

（9）输出控制寄存器

输出控制寄存器（OCR）用于控制 SJA1000 的发送电路，可以配置成不同的输出驱动方式，CAN 地址为 8。SJA1000 处于复位模式时，微控制器可以对输出控制寄存器进行读/写操作。在 PeliCAN 模式中，这个寄存器是只读的。在 BasicCAN 模式中总是“FFH”。输出控制寄存器各位的说明如表 2-12 所示。

表 2-12　输出控制寄存器各位的说明（CAN 地址 8）

BIT 7	BIT 6	BIT 5	BIT 4	BIT 3	BIT 2	BIT 1	BIT 0
OCTP1	OCTN1	OCPOL1	OCTP0	OCTN0	OCPOL0	OCMODE1	OCMODE0

1）输出引脚配置。$OCTP_x$ 和 $OCTN_x$ 可编程设置输出引脚的驱动方式，可设置为悬空、上拉、下拉、推挽 4 种驱动方式。$OCPOL_x$ 可编程设置输出端极性。输出引脚配置如表 2-13 所示。

表 2-13　输出引脚配置

驱动	TXD	$OCTP_x$	$OCTN_x$	$OCPOL_x$	TP_x②	TN_x③	TX_x④
悬空	×①	0	0	×	关	关	悬空
上拉	0	0	1	0	关	开	低
	1	0	1	0	关	关	悬空
	0	0	1	1	关	关	悬空
	1	0	1	1	关	开	低
下拉	0	1	0	0	关	关	悬空
	1	1	0	0	开	关	高
	0	1	0	1	开	关	高
	1	1	0	1	关	关	悬空
推挽	1	1	1	0	关	开	低
	0	1	1	0	开	关	高
	1	1	1	1	开	关	高
	0	1	1	1	关	开	低

① ×表示不影响。

② TP_x 是片内输出发送器 x，连接 V_{DD}。

③ TN_x 是片内输出发送器 x，连接 V_{SS}。

④ TX_x 是在引脚 TX0 或 TX1 上的串行输出电平。当 TXD = 0 时，CAN 总线上的输出电平是显性的；而当 TXD = 1 时，这个输出电平是隐性的。

位序列（TXD）通过 TX0 和 TX1 发送。输出驱动器引脚上的电平取决于被 $OCTP_x$、$OCTN_x$（悬空、上拉、下拉、推挽）编程的驱动器的特性和被 $OCPOL_x$ 编程的输出端极性。

2）输出模式。OCMODE1 和 OCMODE0 用于设置 SJA1000 的输出模式，如表 2-14 所示。

表 2-14　SJA1000 的输出模式

OCMODE1	OCMODE0	SJA1000 的输出模式
0	0	双相输出模式
0	1	测试输出模式*
1	0	正常输出模式
1	1	时钟输出模式

*：测试输出模式中，TX_x 会在系统时钟的下一个上升沿反映出在 RX 引脚检测到的位。TN1、TN0、TP1 和 TP0 配置同 OCR 相对应。

（10）时钟分频寄存器

时钟分频寄存器（CDR）控制输出给微控制器的 CLKOUT 频率，它可以使 CLKOUT 引脚失效。另外，它还控制着 TX1 上的专用接收中断脉冲、接收比较器旁路、BasicCAN 模式与 PeliCAN 模式的选择。硬件复位后，寄存器的默认状态是 Motorola 模式（00000101，12 分频）和 Intel 模式（00000000，2 分频）。

软件复位（复位请求/复位模式）或总线关闭时，此寄存器不受影响。保留位（CDR.4）总是 0。应用软件应向此位写 0，目的是与将来可能使用此位的特性兼容。

时钟分频寄存器（CDR）各位的说明如表 2-15 所示。

表 2-15　时钟分频寄存器各位的说明（CAN 地址 31）

BIT 7	BIT 6	BIT 5	BIT 4	BIT 3	BIT 2	BIT 1	BIT 0
CAN 模式	CBP	RXINTEN	0*	CLOCK OFF	CD.2	CD.1	CD.0

*：此位不能写，读值总为 0。

1）位域 CD.2～CD.0 的定义。无论是在复位模式还是在操作模式中，CD.2～CD.0 都可以随意访问。这些位是用来定义外部 CLKOUT 引脚上的频率的。可选频率如表 2-16 所示。

表 2-16　CLKOUT 频率选择

CD.2	CD.1	CD.0	时钟频率
0	0	0	$f_{osc}/2$
0	0	1	$f_{osc}/4$
0	1	0	$f_{osc}/6$
0	1	1	$f_{osc}/8$
1	0	0	$f_{osc}/10$
1	0	1	$f_{osc}/12$
1	1	0	$f_{osc}/14$
1	1	1	f_{osc}^*

*：f_{osc}是外部振荡器（XTAL）频率。

2）时钟关闭位。时钟关闭位（CLOCK OFF）置 1 可使 SJA1000 的外部 CLKOUT 引脚失效。只有在复位模式中才可以写访问（在 BasicCAN 模式中复位请求位设置为 1）。如果此位置1，则CLKOUT引脚在休眠模式中是低电平，而在其他情况下是高电平。

3）位RXINTEN。此位允许TX1输出用作专用接收中断输出。当一条已接收的报文成功地通过验收滤波器时，一个位时间长度的接收中断脉冲就会在TX1引脚输出（在帧的最后一位期间）。极性和输出驱动可以通过输出控制寄存器编程。在复位模式中只能写（在BasicCAN模式中，复位请求位设置为1）。

4）位CBP。置位CDR.6（CBP）可以旁路CAN输入比较器，但这只能在复位模式中设置。这主要用于SJA1000外接发送接收电路时。此时内部延时被减少，这将使总线长度最大可能地增加。如果CBP位被置位，则只有RX0起作用。没有被使用的RX1输入应被连接到一个确定的电平（如 V_{ss}）。

5）位CAN模式。位CDR.7定义CAN模式。如果CDR.7是0，则CAN控制器工作于BasicCAN模式；否则，CAN控制器工作于PeliCAN模式。只有在复位模式中可以写此位。

（11）发送缓冲器

发送缓冲器用于存储微控制器要SJA1000发送的报文，分为描述符区和数据区。发送缓冲器读/写只能由微控制器在SJA1000处于工作模式时完成，在SJA1000处于复位模式时读出的值总是FFH。

SJA1000在BasicCAN模式下时，发送缓冲器描述符占2B。表2-17为发送缓冲区描述符结构。描述符包括11位标识符、1位远程发送请求位和4位数据长度码。数据长度码不应超过8，如果选择的值超过8，则按8处理。CAN地址12～19是存储数据字节的存储单元。

表2-17　发送缓冲区描述符结构

CAN地址	位							
	7	6	5	4	3	2	1	0
10	ID.10	ID.9	ID.8	ID.7	ID.6	ID.5	ID.4	ID.3
11	ID.2	ID.1	ID.0	RTR	DLC.3	DLC.2	DLC.1	DLC.0

（12）接收缓冲器

接收缓冲器用于存储从CAN总线上接收来的报文，等待微控制器的读取。SJA1000在BasicCAN模式下时，接收缓冲器的结构和发送缓冲器的结构类似。接收缓冲器是RXFIFO中可访问的部分，位于CAN地址20～29。一条报文被读取后，执行释放接收缓冲器命令，则下一条报文进入CAN地址的20～29等待读取。

RXFIFO共有64B，一次可以存储多少条报文取决于数据的长度。如果RXFIFO中没有足够的空间来存储新的报文，SJA1000就会产生数据溢出，部分已写入RXFIFO的报文将被删除，这种情况可以通过状态寄存器和数据溢出中断表示出来。

2.3.2　带SPI接口的独立CAN控制器MCP2515

Microchip公司的MCP2515是一款独立CAN协议控制器，完全支持CAN V2.0B技术规范。MCP2515与MCU的连接是通过标准串行外设接口（Serial Peripheral Interface，SPI）来实现的。该器件能发送与接收标准和扩展数据帧以及远程帧。MCP2515自带的2个验收屏蔽寄存器和6个验收滤波寄存器，可以过滤掉不想要的报文。它还包含3个发送缓冲器和2个接收缓冲器，减少了单片机（MCU）的管理负担，因此减少了主单片机的开销。

1. MCP2515 的特性

除完全支持 CAN 总线 V2.0B 技术规范外，MCP2515 还具有以下特性。

1）接收缓冲器、验收屏蔽寄存器和验收滤波寄存器：

- 2 个接收缓冲器，可优先存储报文。
- 6 个 29 位验收滤波寄存器。
- 2 个 29 位验收屏蔽寄存器。

2）对前 2 个数据字节进行滤波（针对标准数据帧）。

3）3 个发送缓冲器，具有优先级设定及发送中止功能。

4）高速 SPI 接口（10MHz），支持 0、0 和 1、1 的 SPI 模式。

5）单触发模式确保报文发送只尝试一次。

6）带有可编程预分频器的时钟输出引脚，可用作其他器件的时钟源。

7）帧起始（Start-of-Frame，SoF）信号，可用在基于时间间隙（窗口）的协议和总线诊断，用于及早发现总线的问题。

8）带有可选使能设定的中断输出引脚。

9）“缓冲器满”输出引脚可配置为：

- 各接收缓冲器的中断引脚。
- 通用数字输出引脚。

10）“请求发送”（Request-to-Send，RTS）输入引脚可各自配置为：

- 各发送缓冲器的控制引脚，用于请求立即发送报文。
- 通用数字输入引脚。

2. MCP2515 的功能

MCP2515 是一款独立 CAN 控制器，是为简化连接 CAN 总线的应用而开发的。图 2-19 简要显示了 MCP2515 的结构框图。该器件主要由 3 部分组成：

1）CAN 协议引擎。

2）用来为器件及其运行进行配置的控制逻辑。

3）SPI 协议模块。

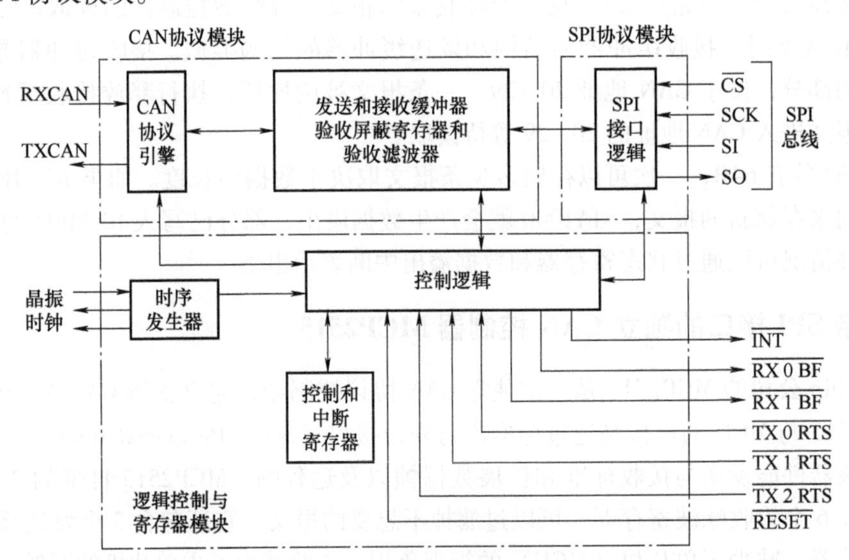

图 2-19　MCP2515 结构框图

CAN 协议引擎的功能是处理所有总线上的报文发送和接收。报文发送时，首先将报文装载到正确的报文缓冲器和控制寄存器中。然后利用控制寄存器位，通过 SPI 接口或使用发送使能引脚启动发送操作。通过读取相应的寄存器可以检查通信状态和错误。任何在 CAN 总线上侦测到的报文都会进行错误检测，然后与用户定义的滤波器进行匹配，以确定是否将其转移到两个接收缓冲器之一。

MCU 通过 SPI 接口与器件进行通信。通过使用标准 SPI 读/写命令对寄存器进行所有读/写操作。所提供的中断引脚提高了系统的灵活性。器件上有一个多用途中断引脚及各接收缓冲器专用中断引脚，可用于指示有效报文是否被接收和载入各接收缓冲器。是否使用专用中断引脚由用户决定。若不使用，也可用通用中断引脚和状态寄存器（通过 SPI 接口访问）确定有效报文是否已被接收。器件还有 3 个引脚，用来将装载在 3 个发送缓冲器之一中的报文立即发送出去。是否使用这些引脚由用户决定。若不使用，也可使用通过 SPI 接口访问控制寄存器的方式来启动报文发送。MCP2515 的引脚封装如图 2-20 所示，引脚说明如表 2-18 所示。

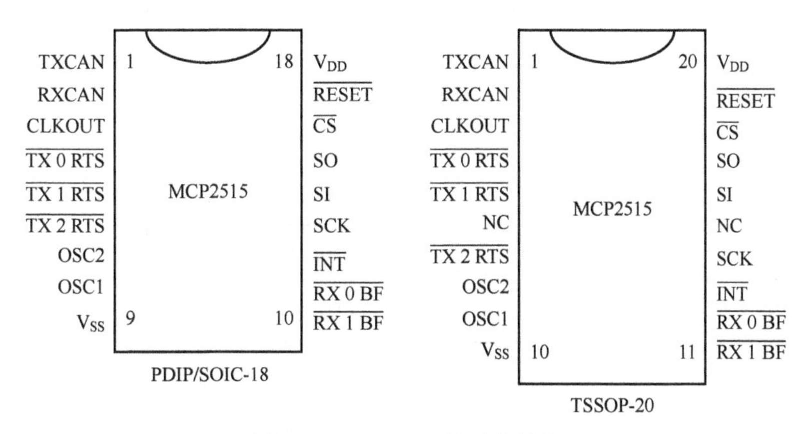

图 2-20　MCP2515 的引脚封装

表 2-18　MCP2515 的引脚说明

名称	PDIP/SOIC 引脚号	TSSOP 引脚号	I/O/P 类型	说　明	备选引脚功能
TXCAN	1	1	O	连接到 CAN 总线的发送输出引脚	—
RXCAN	2	2	I	连接到 CAN 总线的发送输入引脚	—
CLKOUT	3	3	O	带可编程预分频器的时钟输出引脚	超始帧信号
$\overline{\text{TX0RTS}}$	4	4	I	发送缓冲器 TXB0 请求发送引脚或通用数字输入引脚。V_{DD} 上连 100kΩ 内部上拉电阻	通用数字输入引脚 V_{DD}上连 100kΩ 内部上拉电阻
$\overline{\text{TX1RTS}}$	5	5	I	发送缓冲器 TXB1 请求发送引脚或通用数字输入引脚。V_{DD} 上连 100kΩ 内部上拉电阻	通用数字输入引脚 V_{DD}上连 100kΩ 内部上拉电阻

（续）

名称	PDIP/SOIC 引脚号	TSSOP 引脚号	I/O/P 类型	说　明	备选引脚功能
$\overline{\text{TX2RTS}}$	6	7	I	发送缓冲器 TXB2 请求发送引脚或通用数字输入引脚。V_{DD} 上连 100kΩ 内部上拉电阻	通用数字输入引脚 V_{DD}上连 100kΩ 内部上拉电阻
OSC2	7	8	O	振荡器输出	—
OSC1	8	9	I	振荡器输入	外部时钟输入引脚
V_{SS}	9	10	P	逻辑和 I/O 引脚的参考地	—
$\overline{\text{RX1BF}}$	10	11	O	接收缓冲器 RXB1 中断引脚或通用数字输出引脚	通用数字输出引脚
$\overline{\text{RX0BF}}$	11	12	O	接收缓冲器 RXB0 中断引脚或通用数字输出引脚	通用数字输出引脚
$\overline{\text{INT}}$	12	13	O	中断输出引脚	—
SCK	13	14	I	SPI 接口的时钟输入引脚	—
SI	14	16	I	SPI 接口的数据输入引脚	—
SO	15	17	O	SPI 接口的数据输出引脚	—
$\overline{\text{CS}}$	16	18	I	SPI 接口的片选输入引脚	—
$\overline{\text{RESET}}$	17	19	I	低电平有效的器件复位输入引脚	—
V_{DD}	18	20	P	逻辑和 I/O 引脚的正电源	—
NC	—	6、15	—	无内部连接	—

3. MCP2515 的 CAN 协议引擎

CAN 协议引擎包含几个功能块，其框图如图 2-21 所示。下面将对这些功能块进行介绍。

（1）协议有限状态机

协议引擎的核心是协议有限状态机（FSM）。该状态机逐个逐位检查报文，当各个报文帧发生数据字段的发送和接收时，状态机改变状态。FSM 是一个定序器，对 TX/RX 移位寄存器、CRC、寄存器以及总线之间的顺序数据流进行控制。FSM 还对错误管理逻辑（EML）以及 TX/RX 移位寄存器和缓冲器之间的并行数据流进行控制。FSM 确保了报文接收、总线仲裁、报文发送以及错误信号发生等操作过程依据 CAN 总线协议来进行。总线上报文的自动重发送也由 FSM 处理。

（2）循环冗余校验

循环冗余校验寄存器产生循环冗余校验（CRC）代码。该代码在控制字段（控制数据字节数为 0 的报文）或数据字段之后被发送，并用来检查是否有报文送入 CRC 字段。

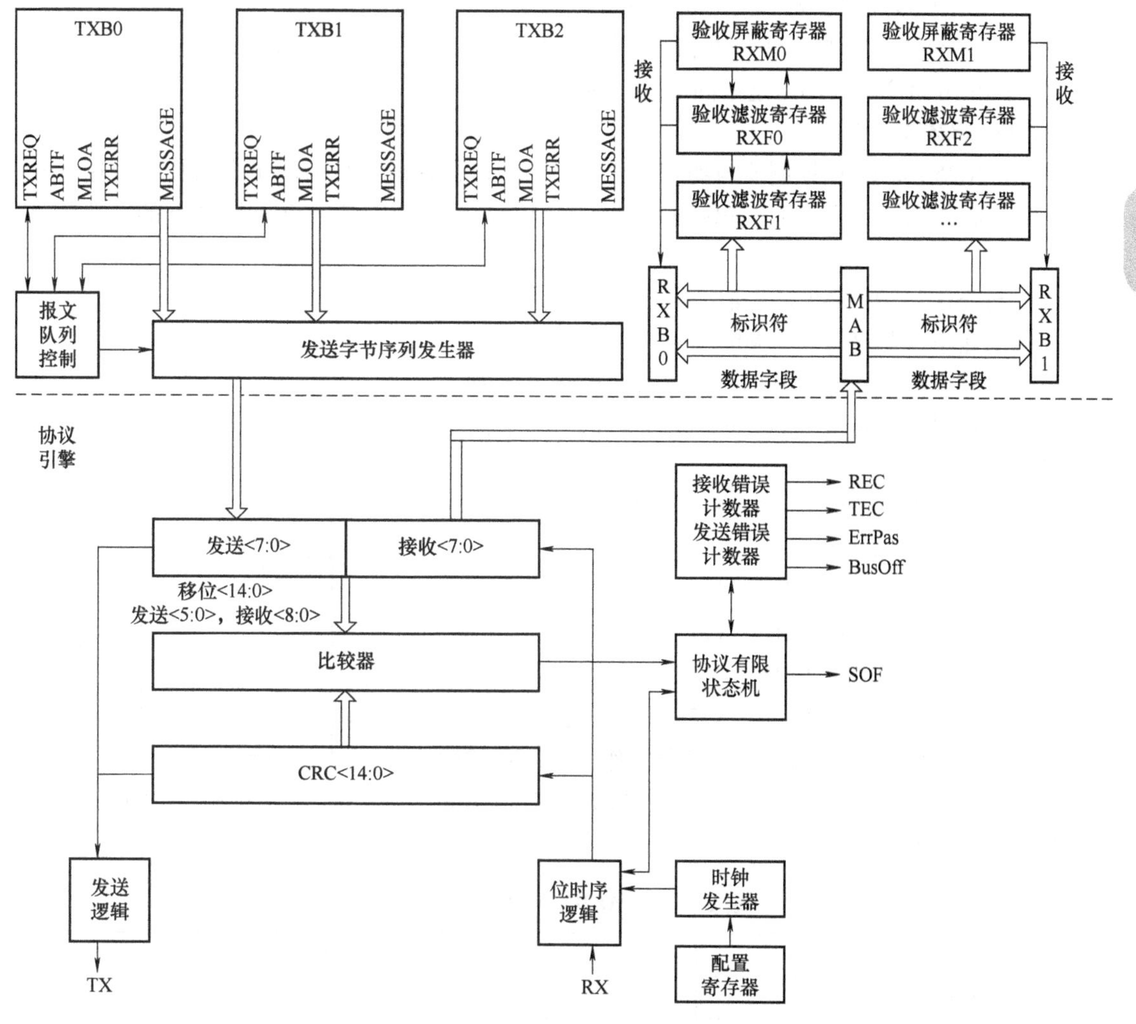

图 2-21 MCP2515 CAN 协议引擎框图

（3）错误管理逻辑

错误管理逻辑负责将 CAN 器件的故障进行隔离。该逻辑具有两个计数器，即接收错误计数器（REC）和发送错误计数器（TEC）。这两个计数器根据来自位流处理器的命令进行增减计数。根据错误计数器的计数值，CAN 控制器将被设定为错误激活、错误认可和总线关闭 3 种状态。

（4）位时序逻辑

位时序逻辑（BTL）可监控总线输入，并根据 CAN 协议处理与总线相关的位时序操作。BTL 在帧起始时，以隐性状态到显性状态的总线过渡进行同步操作（称为硬同步）。之后，若 CAN 控制器本身不发送显性位，则 BTL 在以后的隐性状态到显性状态总线过渡时会再进行同步操作（称为再同步）。BTL 还提供可编程时间段，以补偿传播延迟时间和相位位移，并对位时段内的采样点位置进行定义。对 BTL 的编程取决于波特率和外部物理延迟时间。

2.3.3 CAN 总线收发器 PCA82C250

CAN 总线收发器提供了 CAN 控制器与物理总线之间的接口，是影响网络系统安全性、可靠性和电磁兼容性的主要因素。在实际应用中采用何种总线收发器？如何设计接口电路？如何配置总线终端？影响总线长度和节点数的因素有哪些？本章将以 Philips 公司的 CAN 总线收发器 PCA82C250 为例对这些问题进行讨论。

1. PCA82C250 概述

PCA82C250 是 CAN 控制器与物理总线之间的接口，它最初是为汽车中的高速应用（达 1Mbit/s）而设计的。器件可以提供对总线的差动发送和接收功能。PCA82C250 的主要特性如下：

1）与 ISO 11898 标准完全兼容。

2）高速率（最高可达 1 Mbit/s）。

3）具有抗汽车环境下的瞬间干扰及保护总线能力。

4）采用斜率控制（Slope Control），降低射频干扰（RFI）。

5）过热保护。

6）总线与电源及地之间的短路保护。

7）低电流待机模式。

8）未上电节点不会干扰总线。

9）总线至少可连接 110 个节点。

2. PCA82C250 引脚功能

设计 CAN 总线节点时，PCA82C250 一般与 CAN 控制器（如 SJA1000 或 MCP2515）配合工作。PCA82C250 的引脚分布如图 2-22 所示，其基本性能参数和引脚功能分别如表 2-19 和表 2-20 所示。

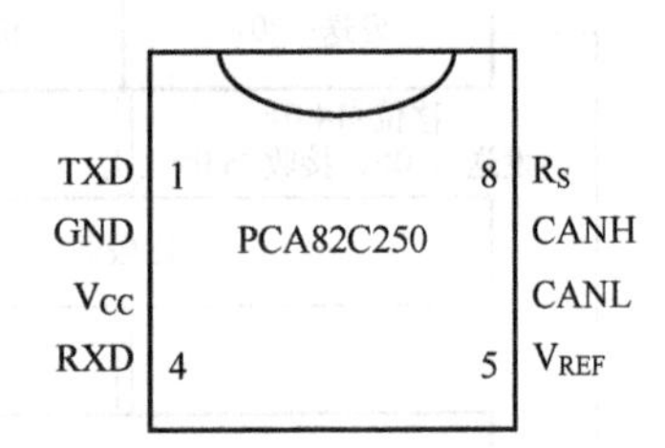

图 2-22　PCA82C250 的引脚分布

表 2-19　PCA82C250 基本性能参数

符号	参　　数	条件	最小值	典型值	最大值	单位
V_{CC}	电源电压		4.5	—	5.5	V
I_{CC}	电源电流	显性位，$V_1=1V$	—	—	70	mA
		隐性位，$V_1=4V$	—	—	14	mA
		待机模式	—	100	170	μA
V_{CAN}	CANH、CANL 脚直流电压	$0\ V<V_{CC}<5.5V$	-8	—	+18	V
ΔV	差动总线电压	$V_1=1V$	1.5	—	3.0	V
$V_{diff(r)}$	差动输入电压（隐性位）	非待机模式	-1.0	—	0.4	V
$V_{diff(d)}$	差动输入电压（显性位）	非待机模式	1.0	—	5.0	V
γ_d	传播延迟	高速模式	—	—	50	ns
T_{amb}	工作环境温度		-40	—	+125	℃

表 2-20　PCA82C250 引脚功能

标　　记	引　　脚	功能描述
TXD	1	发送数据输入
GND	2	接地
V_{CC}	3	电源

（续）

标　记	引　脚	功能描述
RXD	4	接收数据输出
V_{REF}	5	参考电压输出
CANL	6	低电平 CAN 电压输入/输出
CANH	7	高电平 CAN 电压输入/输出
R_S	8	斜率电阻输入

3. PCA82C250 功能描述

PCA82C250 功能框图如图 2-23 所示，主要包括基准电压电路、发送器、接收器、保护电路和工作模式控制电路等。

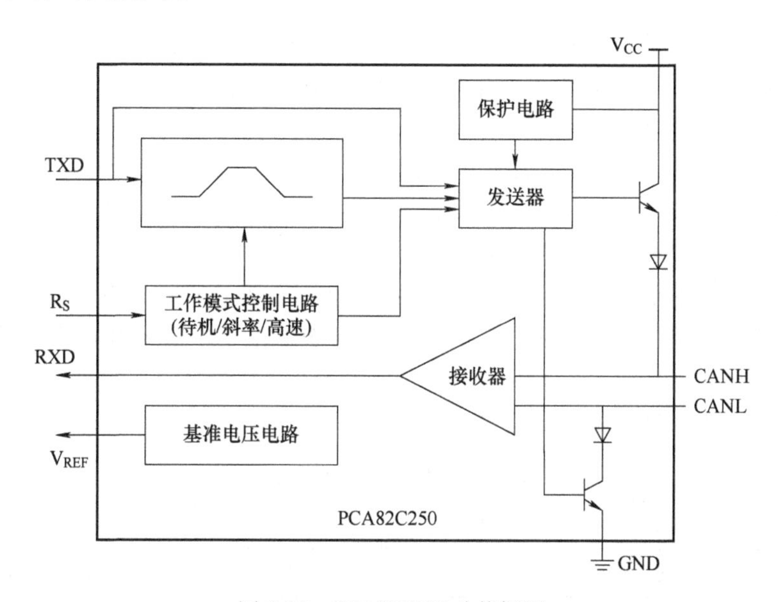

图 2-23　PCA82C250 功能框图

（1）基准电压电路

基准电压电路用于向某些 CAN 控制器提供基准电压（V_{REF}），基准电压一般为 PCA82C250 电源电压（V_{CC}）的一半。

（2）发送器

发送器用于将 CAN 控制器传送过来的 TTL 电平转换为 ISO 11898 标准规定的 CAN 总线电平。

（3）接收器

接收器用于将总线上传送来的 ISO 11898 标准规定的 CAN 总线电平转换为 CAN 控制器需要的 TTL 电平。

（4）保护电路

为了保障 PCA82C250 可靠工作，保护电路主要有短路保护和过热保护。短路保护主要采用限流电路，当发送输出极对电源或地短路时，尽管功率消耗有所增加，但限定的电流值将防止发送器输出极毁坏。如果 CAN 节点温度超过 160℃，两个发送器输出极的极限电流将降低，因为发送器占去大部分功率消耗，因此可以降低芯片的升温，IC 中的其他部分在使用中将保持不变，实现了过热保护。

（5）工作模式控制电路

工作模式控制电路用于选择 PCA82C250 的工作模式，即高速模式、待机模式和斜率控制模式。通过斜率电阻输入引脚（R_S）的 3 种不同接法，可以设置 PCA82C250 的工作模式，如表 2-21 所示。

表 2-21　通过 R_S 可选择的 3 种工作模式

R_S提供条件	工 作 模 式	R_S上的电压或电流
$V_{RS}>0.75V_{CC}$	待机模式	$\vert I_{RS}\vert<10\mu A$
$-10\mu A<I_{RS}<-200\mu A$	斜率控制	$0.3V_{CC}<V_{RS}<0.6V_{CC}$
$V_{RS}<0.3V_{CC}$	高速模式	$I_{RS}<-500\mu A$

对于高速模式，发送器输出级晶体管被尽可能快地启动和关闭。在这种模式下，不采取任何措施来限制上升和下降的斜率。此时，建议采用屏蔽电缆，以避免射频干扰问题的出现。通过把引脚 8 接地可选择高速模式。

对于较低速度或较短的总线长度，可使用非屏蔽双绞线或平行线作为总线。为降低射频干扰，应限制上升和下降的斜率。上升和下降的斜率可以通过由引脚 8 至地连接的电阻进行控制，斜率正比于引脚 8 上的电流输出。

如果引脚 8 接高电平，则电路进入低电平待机模式。在这种模式下，发送器被关闭，接收器转至低电流。如果检测到显性位，则 RXD 将转至低电平。微控制器应通过引脚 8 将驱动器变为正常工作状态来对这个条件做出响应。由于在待机模式下接收器是慢速的，因此将丢失第一个报文。PCA82C250 真值表如表 2-22 所示。

表 2-22　PCA82C250 真值表

电　　源	TXD	CANH	CAL	总线状态	RXD
4.5~5.5V	0	高	低	显性	0
4.5~5.5V	1 或悬空	悬空	悬空	隐性	1
<2V（未上电）	X	悬空	悬空	隐性	X
$2V<V_{CC}<4.5V$	$>0.75V_{CC}$	悬空	悬空	隐性	X
$2V<V_{CC}<4.5V$	X*	若 $V_{RS}>0.75V_{CC}$ 悬空	若 $V_{RS}>0.75V_{CC}$ 悬空	隐性	X

*：X 表示任意值。

利用 PCA82C250 还可方便地在 CAN 控制器与收发器之间建立光电隔离，以实现总线上各节点间的电气隔离。

双绞线并不是 CAN 总线的唯一传输介质。利用光电转换接口器件及星形光纤耦合器可建立光纤介质的 CAN 总线通信系统。此时，光纤中有光表示显性位，无光表示隐性位。

利用 CAN 控制器的双相位输出模式，通过设计适当的接口电路，也不难实现人们希望的电源线与 CAN 通信线的复用。另外，CAN 协议中卓越的错误检测及自动重发功能，为建立高效的基于电力线载波或无线电介质（这类介质往往存在较强的干扰）的 CAN 通信系统提供了方便。

2.3.4　CAN 总线收发器 TJA1050

TJA1050 是 Philips 公司生产的、用于替代 PCA82C250 的高速 CAN 总线收发器。该器件提供了 CAN 控制器与物理总线之间的接口，以及对 CAN 总线的差动发送和接收功能。

TJA1050 除了具有 PCA82C250 的主要特性以外，还对某些方面的性能进行了很大的改善。

TJA1050 的主要特性如下：

1）与 ISO 11898 标准完全兼容。

2）高速率（最高可达 1Mbit/s）。

3）总线与电源及地之间的短路保护。

4）待机模式下关闭发送器。

5）由于优化了输出信号 CANH 和 CANL 之间的耦合，因此大大降低了信号的电磁辐射（EMI）。

6）具有强电磁干扰下宽共模范围的差动接收能力。

7）对于 TXD 端的显性位，具有超时检测能力。

8）输入电平与 3.3V 器件兼容。

9）未上电节点不会干扰总线（对未上电节点的性能做了优化）。

10）过热保护。

11）总线至少可连接 110 个节点。

1. TJA1050 功能框图

TJA1050 的功能框图如图 2-24 所示，其引脚功能如表 2-23 所示。

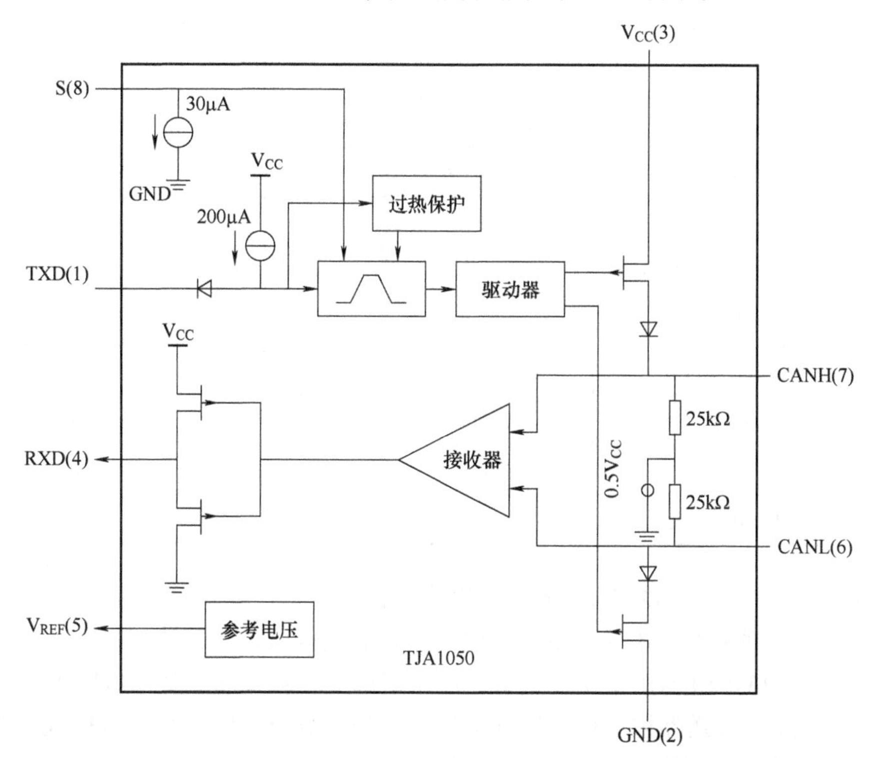

图 2-24　TJA1050 功能框图

表 2-23 TJA1050 引脚功能

标　记	引　脚	功能描述
TXD	1	发送数据输入，从 CAN 总线控制器输入发送到总线上的数据
GND	2	接地
V_{CC}	3	电源
RXD	4	接收数据输出，将从总线接收的数据发送给 CAN 总线控制器
V_{REF}	5	参考电压输出
CANL	6	低电平 CAN 电压输入/输出
CANH	7	高电平 CAN 电压输入/输出
S	8	模式选定输入端，高速或待机模式

2. TJA1050 功能描述

TJA1050 总线收发器与 ISO 11898 标准完全兼容。TJA1050 主要可用于通信速率为 60kbit/s～1Mbit/s 的高速应用领域。在驱动电路中，TJA1050 具有与 PCA82C250 相同的限流电路，可防止发送输出级对电源、地或负载短路，从而起到保护作用。其过热保护措施与 PCA82C250 也大致相同，当结温超过大约 160℃时，两个发送器输出端极限电流将减小。由于发送器是功耗的主要部分，因而限制了芯片的温升，器件的所有其他部分将继续工作。TJA1050 基本性能参数如表 2-24 所示。

表 2-24 TJA1050 基本性能参数

符号	参　数	条件	最小值	典型值	最大值	单位
V_{CC}	电源电压		4.5	—	5.5	V
I_{CC}	电源电流	显性位，$V_1=1V$	—	—	70	mA
		隐性位，$V_1=4V$	—	—	14	mA
		待机模式	—	100	170	μA
V_{CAN}	CANH、CANL 脚直流电压	$0V<V_{CC}<5.5V$	-8	—	+18	V
ΔV	差动总线电压	$V_1=1V$	1.5	—	3.0	V
$V_{diff(r)}$	差动输入电压（隐性位）	非待机模式	-1.0	—	0.4	V
$V_{diff(d)}$	差动输入电压（显性位）	非待机模式	1.0	—	5.0	V
γ_d	传播延迟	高速模式	—	—	50	ns
T_{amb}	工作环境温度		-40	—	+125	℃

引脚 8（S）用于选定 TJA1050 的工作模式。有两种工作模式可供选择：高速和待机。如果引脚 8 接地，则 TJA1050 进入高速模式。当 S 端悬空时，其默认工作模式也是高速模式。高速模式是 TJA1050 的正常工作模式。如果引脚 8 接高电平，则 TJA1050 进入待机模式。在这种模式下，发送器被关闭，器件的所有其他部分仍继续工作。该模式可防止由于 CAN 控制器失控而造成网络阻塞。TJA1050 真值表如表 2-25 所示。

表 2-25 TJA1050 真值表

电　源	TXD	S	CANH	CANL	总线状态	RXD
4.75~5.25V	0	0或悬空	高	低	显性	0
4.75~5.25V	X*	1	$0.5V_{CC}$	$0.5V_{CC}$	隐性	1
4.75~5.25V	1或悬空	X	$0.5V_{CC}$	$0.5V_{CC}$	隐性	1
<2V（未上电）	X	X	$0V<V_{CANH}<V_{CC}$	$0V<V_{CANL}<V_{CC}$	隐性	X
$2V<V_{CC}<4.75V$	>2V	X	$0V<V_{CANH}<V_{CC}$	$0V<V_{CANL}<V_{CC}$	隐性	X

*：X 表示任意值。

在 TJA1050 中设计了一个超时定时器，用于对 TXD 端的低电位（此时 CAN 总线上为显性位）进行监视。该功能可以避免由于系统硬件或软件故障而造成 TXD 端长时间为低电位时总线上所有其他节点也将无法进行通信的情况出现。这也是 TJA1050 与 PCA82C250 比较改进较大的地方之一。TXD 端信号的下降沿可启动该定时器。当 TXD 端低电位持续的时间超过了定时器的内部定时时间时，将关闭发送器，使 CAN 总线回到隐性电位状态。而在 TXD 端信号的上升沿，定时器将被复位，使 TJA1050 恢复正常工作。定时器的典型定时时间为 450μs。

2.4 CAN 总线技术应用实例

CAN 总线在组网和通信功能上的优点及其高性能价格比决定了它在许多领域有广阔的应用前景和发展潜力。这些应用的共同之处是：CAN 实际就是在现场起一个总线型拓扑的计算机局域网的作用。它的范围小到一台家用电器内部，大到一个工厂或一个校园。不管在什么场合，它担负的都是任意节点之间的实时通信。CAN 总线具备结构简单、高带宽、抗干扰、可靠、低价位等优势。基于这些，相关领域的技术人员只要掌握了 CAN 的原理和相关器件的使用，再结合专业方面的知识，就可以开发出与 CAN 有关的应用技术。本节首先简单列举一些 CAN 的应用场景，目的是开阔思路，给读者一些启发，然后给出一个 CAN 实验系统的设计。

2.4.1 CAN 总线技术应用综述

CAN 总线最初是为汽车的电子控制系统而设计的，目前在欧洲生产的汽车中 CAN 的应用已经非常普遍，这项技术已经推广到火车、轮船等交通工具中。下面的应用列举不包括这一部分。

1. 大型仪器设备

大型仪器设备是一种按照一定步骤对多种信息进行采集、处理、控制、输出等操作的复杂系统。过去，这类仪器设备的电子系统往往在结构和成本方面占据相当大的部分，而且可靠性不高，采用 CAN 总线技术后有了明显的改观。

以医疗系统为例，CT 断层扫描仪是目前医学上用于疾病诊断的有效工具。在 CT 中有各种复杂的控制单元，如 X 光发生器、X 光接收器、扫描控制单元、旋转控制单元、水平垂直运动控制单元、操作台及显示器以及中央计算机等，这些功能单元之间需要进行大量的数据交换。为保证 CT 可靠工作，对数据通信有如下要求：

1）功能模块之间可随意进行数据交换，这要求通信网具有多种性质。

2）通信应能以广播方式进行，以便发布同频命令或故障告警。

3）抗干扰能力强，X 射线管可在瞬间发出高能量，从而产生很强的干扰信号。

4）可靠性高，能自动进行故障识别并自动恢复。

以上这些要求在长时间内未能很好地解决，直至 CAN 总线技术出现才提供了一个较好的解决方法。目前，很多品牌的 CT 断层扫描仪已采用了 CAN 总线，改善了设备的性能。

2. 在传感器技术及数据采集系统中的应用

测控系统离不开传感器，由于各类传感器的工作原理不同，因此其最终输出的电量形式也各不相同，为了便于系统连接，通常要将传感器的输出变换成标准电压或电流信号。即便是这样，在与计算机相连时，也必须增加 A/D 环节。如果传感器能以数字量形式输出，则可方便地与计算机直接相连，从而简化系统结构，提高精度。将这种传感器与计算机相连的总线可称为传感器总线。实际上，传感器总线仍属于现场总线，关键的问题在于如何将总线接口与传感器一体化。

据了解，传感器制造商对 CAN 总线产生了极大的兴趣。MTS 公司展示了其第一代带有 CAN 总线接口的磁致伸缩长度测量传感器，该传感器已被用于以 CAN 总线为基础的控制系统中。此外，一些厂商还提供了带有 CAN 总线接口的数据采集系统。RD 电子公司提供了一种数据采集系统 CAN-MDE，可以直接通过 CAN 总线与传感器相连，系统可以由汽车内部的电源（6~24V）供电，并有掉电保护功能。MTE 公司推出带有 CAN 总线接口的四通道数据采集系统 CCC4，每个通道的采样频率为 16MHz，可存储 2MB 数据。A/D 转换为 14 位，通过 CAN 总线可将采样通道扩展到 256 个，并可与带有 CAN 总线接口的 PC 进行数据交换。

3. 在工业控制中的应用

在广泛的工业领域，CAN 总线可作为现场设备的通信总线。与其他总线相比，CAN 总线具有很高的可靠性和性能价格比。工业控制领域是 CAN 技术开发应用的一个主要方向。

例如，瑞士一家公司开发的轴控系统 ACS-E 就带有 CAN 接口。该系统可作为工业控制网络中的一个从站，用于控制机床、机器人等。一方面通过 CAN 总线与上位机通信，另一方面可通过 CAN 总线对数字式伺服电动机进行控制。通过 CAN 总线最多可连接 6 台数字式伺服电动机。

在以往的国内测控领域，由于没有更好的选择，大多采用 BITBUS 或 RS 485 作为通信总线，存在许多不足，包括只支持主从结构、通信速率低、错误处理能力差、响应实时性差等方面。

采用 CAN 总线技术使上述问题得到很好的解决。CAN 网络上的任何一个节点均可作为主节点主动地与其他节点交换数据，解决了 BITBUS 中一直困扰人们的从节点无法主动地与其他节点交换数据的问题，给用户的系统设计带来了极大的灵活性，并可大大提高系统的性能。CAN 网络节点的信息帧具有优先级，对有实时性要求的用户提供了方便，这也是 BITBUS 无法比拟的。CAN 总线的物理层及数据链路层采用独特的设计技术，使其在抗干扰、错误检测能力等方面的性能均超过 BITBUS。CAN 的上述特点使其成为诸多工业测控领域中优先选择的现场总线之一。

4. 在机器人网络互联中的应用

制造车间底层设备自动化，是我国开展新技术研究和新技术应用工程及产品开发的主要领域，其市场需求不断增大且越发活跃，竞争也日益激烈。伴随着工业机器人的产业化，机器人系统的应用大多要求采用机器人生产线方式，这就要求多台机器人能通过网络进行互联，多机器人系统的调度、维护工作也随之变得更加重要。与一般总线相比，CAN 总线的数据通信具有突出的可靠性、实时性和灵活性，是适用于生产制造过程和驱动系统的总线协议。

制造车间底层电器装置联网是近几年内技术发展的重点。其电器装置包括运动控制器（调速、定位、随动等）、基于微处理器的传感器、专用设备控制器（如点焊机、弧焊机）等底层设备，在这些装置所构成的网络上另有车间级管理机、监控机或生产单元控制器等非底层装置。结合实际情况和要求，将机器人控制器视为运动控制器（理解为底层设备），具体工作基于图 2-25 所示的模型。

图 2-25　基于 CAN 总线的机器人联网系统结构图

把 CAN 总线技术充分应用于现有的控制器当中，可开发出高性能的多机器人生产线系统。利用现有的控制技术，结合控制局域网（CAN）技术和通信技术，通过对现有的机器人控制器进行硬件改进和软件开发，相应地开发出上位机监控软件，从而实现多台机器人的网络互联，最终实现基于 CAN 网络的机器人生产线集成系统。这样做的好处有：

1）实现单根电缆串接全部设备，节省安装维护开销。

2）提高实时性，信息可共享；提高多控制器系统的检测、诊断和控制性能。

3）通过离线的任务调度、作业的下载以及错误监控等技术，把一部分人从机器人工作的现场彻底脱离出来。

5. 在智能家庭和生活小区管理中的应用

在智能化居室和生活小区中已有将 CAN 技术作为安防系统、抄表系统、家电控制等系统最底层的信息传输的接口和通道。其根据也是 CAN 的通信功能非常适合各类现场环境。它投资少，每个节点可以随机访问，通信速率完全满足要求，且在这类应用中要交换的数据量都很少。因此，虽然目前互联网已普及，但在现场与具体设备直接通信和控制的这个层面上还是使用现场总线更合适。在这一层的上面可以通过适当的网桥将一个居室或一栋大楼的现场 CAN 信息转换为 Internet 形式外传，或通过这类网桥把外部网传送来的信息转换为 CAN 的形式。这样，不管是安防报警的信号还是“三表”的数据等都可以有效地传送出去，而人们通过电话网或 Internet 发出的控制信息也能及时到达指定的节点，实现所谓的远程控制。

图 2-26 所示的是一个智能小区系统方案中，以 Atmel 公司的 T89C51CC01 为核心设计的一个 CAN 智能节点。它可用于门禁、巡更和停车场收费等场合的读卡和通过密码等进行身份识别，也可以接入（传感器）模拟或数字信号，用于抄表和其他类型的安防功能中。通过 CAN 总线、网关和网桥等设备，这些节点都可能纳入小区的管理系统网络中。

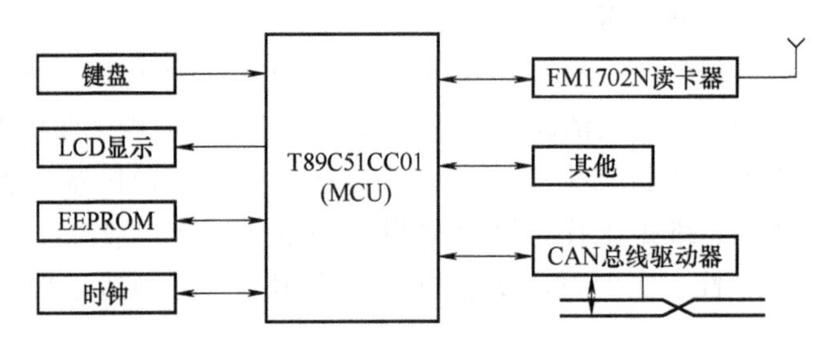

图 2-26　基于 T89C51CC01 的一个 CAN 智能节点

2.4.2　CAN 总线节点硬件设计

1. CAN 总线节点结构

CAN 总线节点分为非智能型节点和智能型节点两种类型。非智能型节点不包含微控制器，例如，一片 P82C150 芯片就可以构成数字信号和模拟信号采集的 CAN 总线节点。所谓智能型节点，是由微控制器、可编程的 CAN 控制器和总线收发器组成的。

CAN 收发器主要负责信号电平转换，没有可编程参数。CAN 总线节点的核心是 CAN 控制器，它执行 CAN 规范里规定的完整 CAN 协议，它通常用于报文缓冲和验收过滤。微控制器用于设置 CAN 控制器的可编程参数和设计应用层协议，此外它还负责执行应用功能，如控制执行器、读传感器和处理人机接口 HMI。

本小节介绍的是智能型 CAN 总线节点设计，其中，微控制器选择 89C52 单片机，CAN 控制器选择 SJA1000，CAN 收发器选择 PCA82C250。

2. CAN 总线节点的硬件电路

CAN 总线节点的硬件电路比较简单，主要包括电源电路、复位电路、时钟电路、89C52 单片机与 SJA1000 接口电路及 CAN 总线收发器电路几个部分。

（1）电源电路

SJA1000 片上有 3 个独立电源，分别给输入电路、输出电路及内部逻辑管理电路供电，这样可以把逻辑功能电路与外部总线更好地隔离，减少内容干扰。

（2）复位电路

为了使 SJA1000 正确复位，XTAL1 引脚必须连接一个稳定的振荡器时钟，复位输入引脚的外部复位信号要同步并被内部延长到 15 个 t_{CLK}。注意，SJA1000 的复位输入引脚为低电平时有效。

（3）时钟电路

SJA1000 能用片内振荡器或片外时钟源工作。另外，CLKOUT 引脚可被使能，向微控制器输出时钟频率。89C52 单片机与 SJA1000 的时钟电路有 4 种连接形式，如图 2-27 所示。

（4）89C52 单片机与 SJA1000 接口电路

SJA1000 的 AD0~AD7 通过 10kΩ 的排阻连接到 89C52 的 P0，$\overline{CS}$连接到 89C52 的 P1.4。P1.4 为 0 时，CPU 片外存储器地址可选中 SJA1000，CPU 通过这些地址可对 SJA1000 执行相应的读/写操作。SJA1000 的$\overline{RD}$、$\overline{WR}$、ALE 分别与 89C52 的对应引脚相连，$\overline{INT}$连接 89C52 的$\overline{INT1}$，使得 89C52 也可以通过中断的方式访问 SJA1000。SJA1000 的 MODE 引脚接高电平时选择 Intel 接口模式。

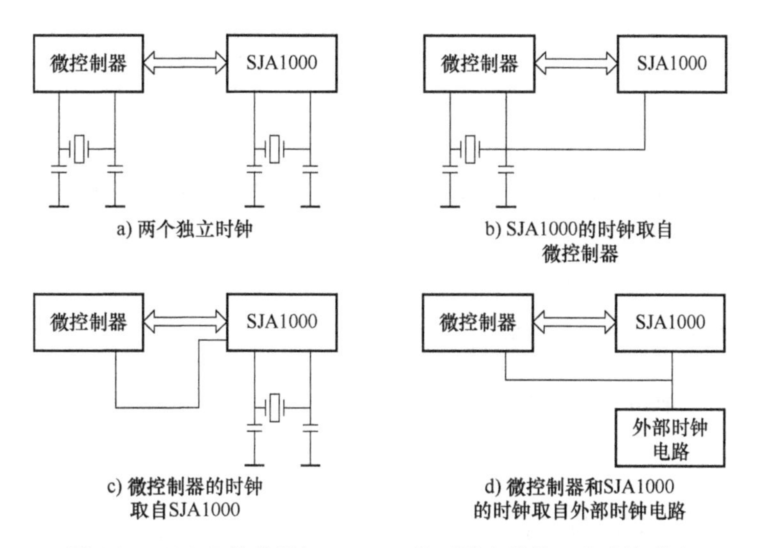

图 2-27　89C52 单片机与 SJA1000 的时钟电路的 4 种连接形式

此外，DIP8 拨码开关通过 74LS244 连接到 89C52 的 P0 口，配合连接到 89C52 的 P2.7 引脚的 74LS244 使能引脚 1G 和 2G，使单片机 89C52 在初始化时可以读取用户通过 DIP8 配置的 CAN 总线节点地址和通信速率参数，如用 DIP8 的低 5 位设置节点地址，高 3 位设置节点的 CAN 通信速率。CAN 节点接口电路如图 2-28 所示。

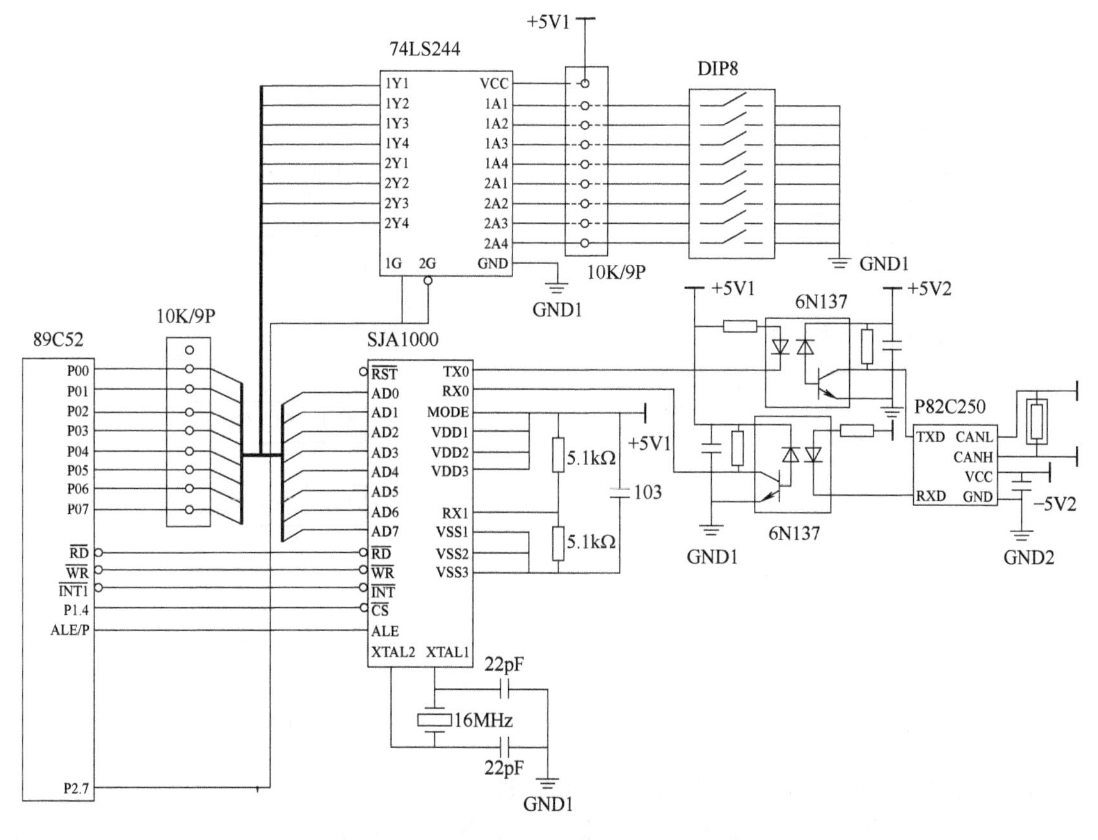

图 2-28　CAN 节点接口电路图

(5) CAN 总线收发器电路

CAN 总线收发器电路是指 SJA1000 与 PCA82C250 之间的电路，主要包括串行通信线、模式选择和光电隔离几部分。串行通信线包括串行数据发送线和串行数据接收线，如果不采用光电隔离，SJA1000 与 PCA82C250 对应连接即可。为防止外部 CAN 总线对 SJA1000 的干扰，可以在 SJA1000 与 PCA82C250 之间的输入/输出信号线上采用高速光电耦合器进行信号隔离，图 2-28 的右下方为采用 6N137 设计的光电隔离电路。需要注意的是，光电耦合器输入侧和输出侧必须采用隔离电源才能达到隔离效果。

2.4.3 CAN 总线节点的软件设计

CAN 总线节点的软件设计主要分为主程序、SJA1000 初始化程序、发送子程序和接收子程序。

1. 主程序

CAN 总线节点的主程序与一般单片机的主程序类似，主要是完成自检测、初始化（微控制器初始化、SJA1000 初始化)、CAN 发送、CAN 接收和其他任务（数据采集、数据处理、数据输出、按键处理及显示处理等)。CAN 节点主程序流程图如图 2-29 所示。

2. SJA1000 初始化程序

SJA1000 要完成正常的 CAN 通信，需要先进行必要的参数设置。这些初始化参数包括验收过滤器、总线定时寄存器、输出驱动方式及中断系统等。这些设置实际上是对 SJA1000 内部相关寄存器的写操作。SJA1000 初始化流程图如图 2-30 所示。

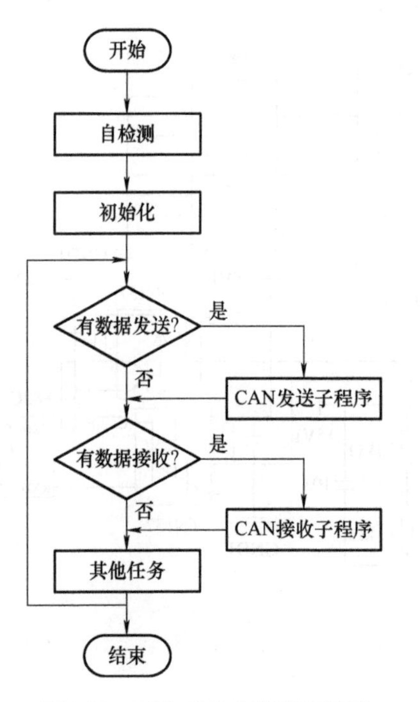

图 2-29　CAN 节点主程序流程图

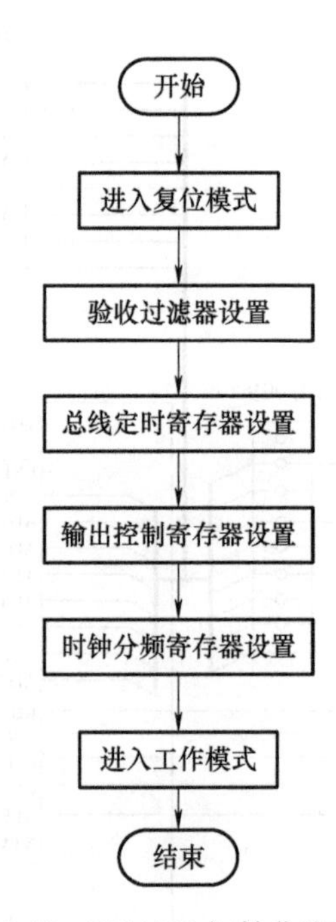

图 2-30　SJA1000 初始化流程图

在上电或需要重新配置参数时，SJA1000 进入初始化程序。首先，微控制器关闭 SJA1000 的中断（相对微控制器的一个外部中断)；其次，写 SJA1000 的控制寄存器，使其进入复位模式，默认为 BasicCAN 模式。根据节点在总线系统中的数据接收需求，设置验收代码寄存器和验收屏蔽寄存器，实现对总线广播报文的选择性接收。根据总线通信速率参数，设置总线定时寄存器 0 和总线定时寄存器 1，用来确定位时间长度、位采样等。设置输出控制寄存器以确定输出位流的电平驱动形式。最后用控制寄存器使 SJA1000 进入工作模式并开放相关中断，初始化完成。

3. 发送子程序

发送子程序主要分为 3 步：一是判断 SJA1000 当前的状态是否允许报文发送；二是将要发送的数据按照 CAN 协议规定的帧格式组成数据帧，存入 SJA1000 的发送缓冲器；三是写发送命令。发送子程序流程图如图 2-31 所示。

发送前，一般检查 3 个状态位：一个是接收状态，如果目前 SJA1000 正在接收报文，则不能发送，应至少等本次接收完成后才能申请发送；第二个是发送完成状态，即检查 SJA1000 是否正在发送报文，如果正在发送，要等一次发送完成，才能启动新的发送任务；三是检查发送缓冲器是否被锁定，发送缓冲器处于不锁定状态才能发送报文。

4. 接收子程序

接收子程序的处理要比发送子程序更复杂。在接收子程序中，不仅要对接收数据做出处理，还要对各种错误、数据溢出等进行判断和处理。由于篇幅所限，此处只介绍对接收数据的处理。

接收子程序的流程主要分为 3 步：一是判断 SJA1000 是否有报文可以接收；二是读取 SJA1000 的接收缓冲器中的报文；三是写释放接收缓冲器命令。接收数据的处理方式有查询接收方式和中断接收方式两种。中断接收方式适合实时性要求高的通信系统，否则可以用查询接收方式。接收子程序流程图如图 2-32 所示。

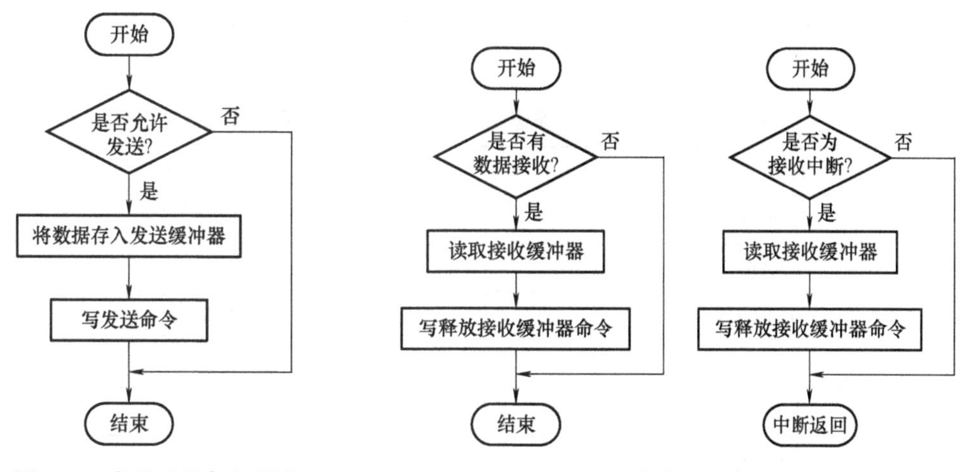

图 2-31　发送子程序流程图

图 2-32　接收子程序流程图

2.4.4　嵌入式 PLC 的 CAN 网络通信实例

CAN 总线技术在工业控制领域得到广泛的应用。本小节以一款带有 CAN 通信接口的国产嵌入式 PLC 为例，介绍其 CAN 通信网络的拓扑结构、主从站的设置方法，组建分布式控制网络。

黄石科威自控有限公司自主研发的嵌入式 PLC，带有 CAN 总线接口，支持组建主从结构的 CAN 通信网络，通过专用软件 CANSET 可进行 CAN 网络配置，实现主站对从站 PLC 的指定变量的映射，达到扩展主站控制功能的目的。

1. CAN 总线网络构造

嵌入式 PLC 支持图 2-33 所示的主从结构 CAN 通信网络，每个 CAN 网络有且只有一个主站节点，地址固定为 0；最多可有 63 个从站节点，从站地址可设定，但不能有相同的地址；网络的最多报文数为 256 个，最多变量数为 1024 个。

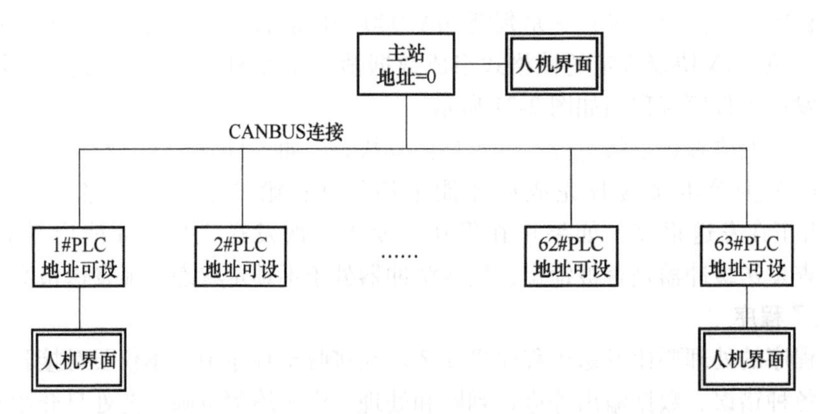

图 2-33 嵌入式 PLC 支持的主从结构 CAN 通信网络

构造 CAN 网络的步骤如下：

1）规划网络结构，选择网络设备（种类、个数）。

2）优化网络配置，如通信速度与传输距离、0 级任务时间、任务分级及报文流量计算等，合理组织主从站通信变量。CAN 总线的传输速率会影响 CAN 总线的传输距离，当传输要求超出允许的距离时需增加通信中继器。嵌入式 PLC 的 CAN 总线接口中传输速率与最大传输距离之间的关系如表 2-26 所示。

表 2-26 CAN 总线传输速率与最大传输距离之间的关系

传输速率	最大距离
500kbit/s	130m
250kbit/s	270m
160kbit/s	350m
80kbit/s	750m
40kbit/s	1. 6km
20kbit/s	3. 3km
10kbit/s	6. 7km
5kbit/s	10. 0km

只有合理配置时间片和传输速率，才能有效使用 CAN 总线。组建网络时，可根据网络距离确定可选择的传输速率。CAN 网络报文帧形式固定，长度固定，一来一回为一个报文。当传输速率固定时，一个报文的传输时间也随之固定，理论上的最大报文流量也可计算出来。如速率为 160kbit/s 时，传输一个报文占用 2ms，理论上的最大报文流量为 500 报文/s。知道理论上的最大报文流量后，对设置任务级中的报文数有一定借鉴作用。例如，0 级任务

时间片为50ms时，0级任务报文数不能超过25个，否则不能做到50 ms通信一次，而是100ms通信一次。

一般情况下，为保证各级任务的执行，高一级任务应给低一级任务留有一半的时间。例如：

0级任务规划报文每50ms的占用时间为（1−0.5）×50＝25ms。

1级任务规划报文每100ms的占用时间为（1−0.5）×(1−0.5)×100＝25ms。

2级任务规划报文每200ms的占用时间为（1−0.5）×(1−0.5)×(1−0.5)×200＝25ms。

3级任务规划报文每400ms的占用时间为（1−0.5）×(1−0.5)×(1−0.5)×(1−0.5)×400＝25ms。

参照上述计算方法，可以灵活规划各级任务，如果按以上规划，折算成报文数如下。

0级报文数：25/2＝12。

1级报文数：25/2＝12。

2级报文数：25/2＝12。

3级报文数：25/2＝12。

也就是说，在400ms的时间内，0级任务占用时间200ms，接受主站访问8次；1级任务占用时间100ms，接受主站访问4次；2级任务占用时间50ms，接受主站访问两次；3级任务占用时间25ms，接受主站访问一次；总线每400ms的空闲时间为400−200−100−50−25＝25ms。在设计系统时，根据实时性要求，合理规划0级任务时间及各级任务的报文数。

【例2-5】 某CAN网络有10个从站，访问周期为2s，每次访问有两个报文。网络传输线全长1500m。如何配置该网络？

解： 选择传输速率为20kbit/s，可以满足传输距离的要求（可传输3300m），2s报文总数为20个，报文传输平均时间为2000/20＝100ms。而20kbit/s传输的平均时间可以达到16ms，因此，0级时间片可选50ms、100ms、150ms、200ms，都能满足要求。

3）利用CANSET实现CAN网络配置，将配置目标文件下载到主站PLC中。

4）在主从站上，用梯形图正确设置CAN网络控制字D6999和地址字D6998。硬件连线并送电后，CAN网络自动进行数据交换。

5）在主从PLC上，使用CAN网络变量编程，进行网络监视和工业控制。

2. CANSET软件配置CAN网络

（1）CANSET软件简介

CANSET软件是黄石科威嵌入式PLC配置CAN网络参数的专用软件，随PLC产品赠送给用户免费使用。用户根据现场实际情况生成的配置文件通过RS 485接口下载到CAN网络主站中去，CANSET配置文件下载硬件接线图如图2-34所示。

CANSET软件配置的CAN网络参数包括：

1）网络设备。显示网络中所含从站的设备名称。

2）从站设备地址。设定从站的设备地址（称为物理地址）。CANSET指定的地址与从站用梯形图设置的地址必须一致。从站在设备表中的顺序编号称为该从站的逻辑地址。为使用时方便，建议物理地址与逻辑地址保持一致。

3）从站任务级。设置从站与主站进行数据交换的频度，即多少个时间片进行一次数据交换。

① 0级任务为一个时间片数据交换一次。

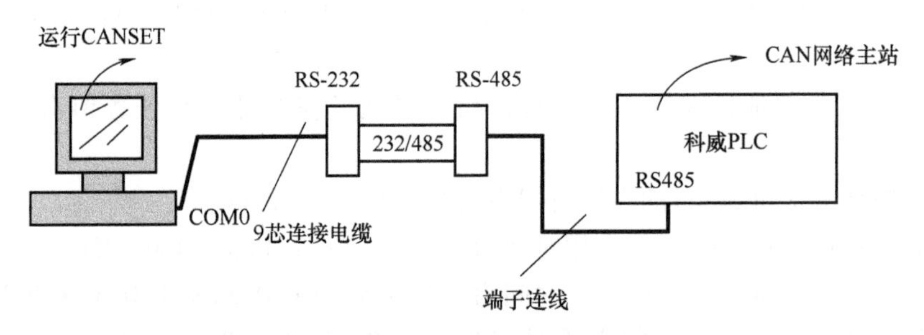

图 2-34　CANSET 配置文件下载硬件接线图

② 1 级任务为两个时间片数据交换一次。

③ 2 级任务为 4 个时间片数据交换一次。

④ 3 级任务为 8 个时间片数据交换一次。

不同任务级内的总报文数不能超过其允许的最多报文个数，否则将顺序占用下一时间片，不能满足频度设置的要求。

4）变量映射。将各从站的指定变量与主站指定变量进行通信映射。

（2）CANSET 软件参数配置方法

1）向网络添加/删除设备。

① 鼠标指针移到设备表区→单击鼠标右键→选“增加”命令（如图 2-35 所示）。

CAN网关设置 (...小朱\bak_2005\NB\nb测试.CAN)

文件　连接　帮助

设备表：　当前设备：(1) Easy_40MR　设备地址：

增加
删除

变量名	变量物理名
sDATA0_D6000	invalid variable
rDATA0_D6003	invalid variable
sDATA1_D6006	invalid variable
rDATA1_D6009	invalid variable
sDATA2_D6012	invalid variable
rDATA2_D6015	invalid variable
sDATA3_D6018	invalid variable
rDATA3_D6021	invalid variable
sDATA4_D6024	invalid variable

图 2-35　添加 CAN 网络设备

② 移鼠标指针到设备库区→使用鼠标左键选中设备→双击左键。

③ 添加其他设备需重复②→双击设备库中的其他设备→直到选齐网络设备。也可以删除网络中已经添加的设备，如图 2-36 所示。

2）配置网络设备。对设备表中的每个设备必须配置以下内容。

① 设备地址：CAN 网络从站的物理地址，地址范围为 1~63。各从站不得用相同的物理地址。从“设备地址”下拉列表中选择与对应从站相同的地址。配置设备地址如图 2-37 所示。

② 任务级：任务级规定了报文刷新的频率，用户根据从站对数据刷新实时要求程度的不同合理规划任务级，从而保证网络更为有效地工作。

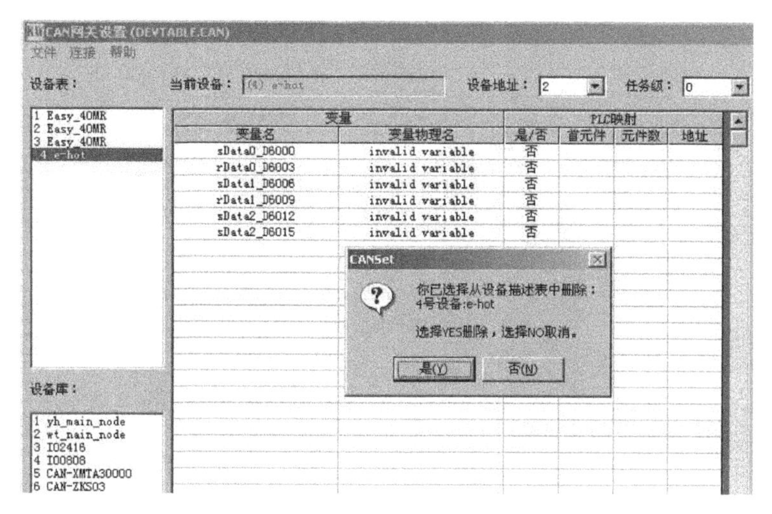

图 2-36　删除 CAN 网络设备

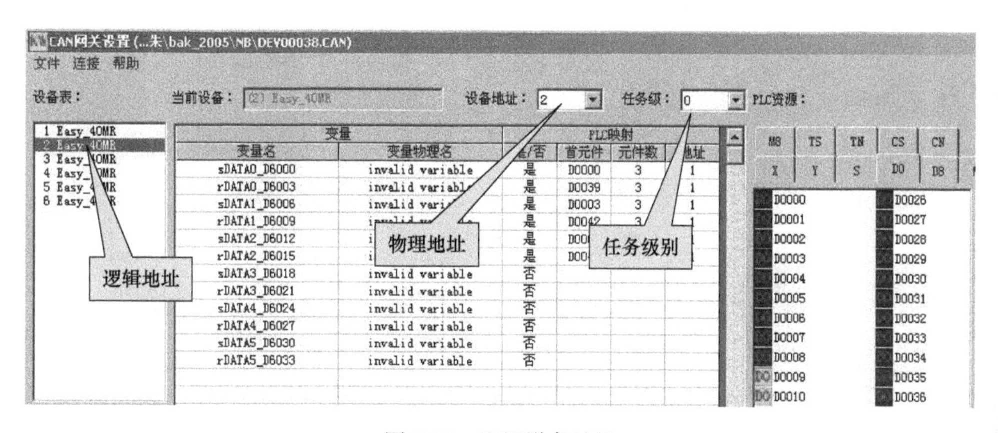

图 2-37　配置设备地址

任务级分为 4 级（从“任务级”下拉列表中可选择规划的任务级，见图 2-37）：

0 级任务在一个时间片内完成通信刷新。

1 级任务在两个时间片内完成通信刷新。

2 级任务在 4 个时间片内完成通信刷新。

3 级任务在 8 个时间片内完成通信刷新。

3）变量映射。使从站变量与主站变量进行关联，只有关联后的变量才能进行通信。因此从站中不需要通信的变量可不进行映射，以提高通信效率。主站是嵌入式 PLC，其通信资源在“PLC 资源”列表中列出，各类资源均可参与通信。从站与主站通信的变量则被限制于“变量”区域中，只有与主站有映射关系的变量才与主站真实通信。

从站与主站的变量映射操作如下：

选择需要配置的设备，选中目标资源（如 D0）及需映射的资源（如 D0），将所选资源拖动到“PLC 映射”区域中的“首元件”栏，使其与所需变量名在同一行，拖动完成后选择“从高字节开始分配”单选按钮（见图 2-38），这里将主站的 D0000 资源拖动到从站变量名 sDATA0_D6000 所在行的“首元件”栏，与 sDATA0_D6000 建立起映射，如图 2-39 所示。

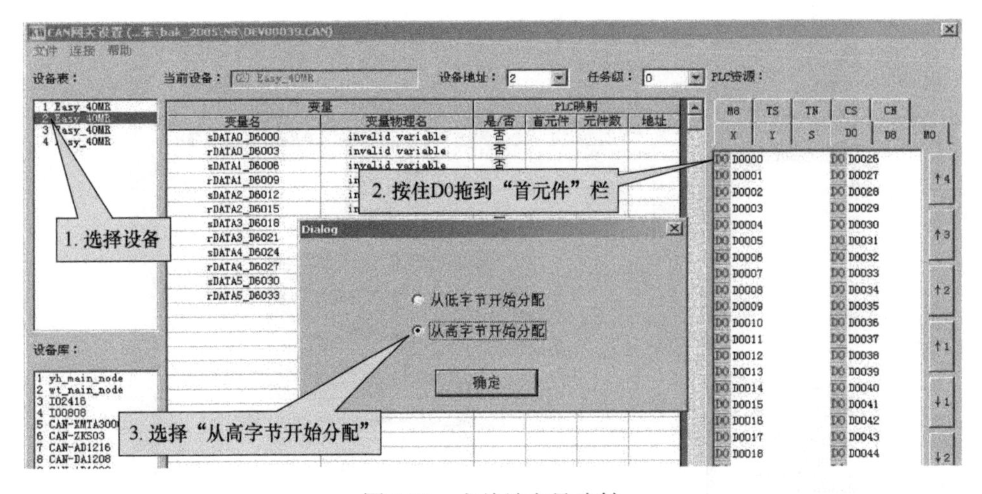

图 2-38　主从站变量映射

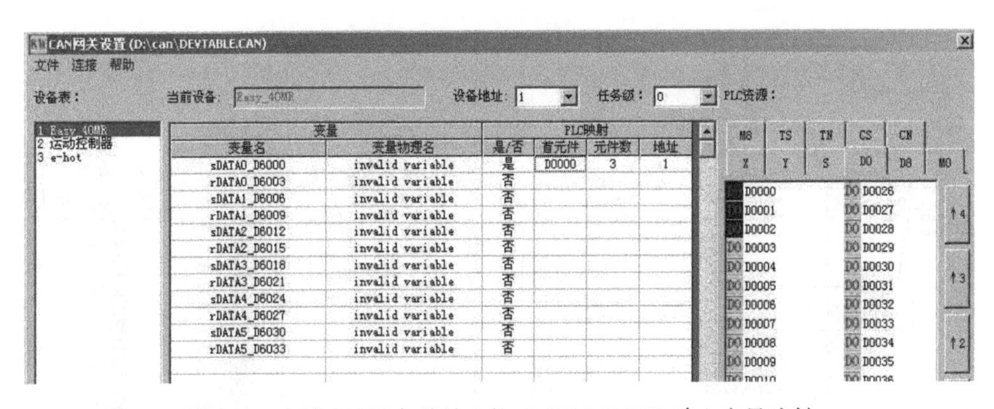

图 2-39　主站 D0000 与从站 1 的 sDATA0_D6000 建立变量映射

图 2-39 中，红色的 D0 表示已经选中。

多次拖动后主站与从站之间的变量映射如图 2-40 所示。之后从 D0 资源区选取元件，与从站变量发生链接，直到所有链接建立。

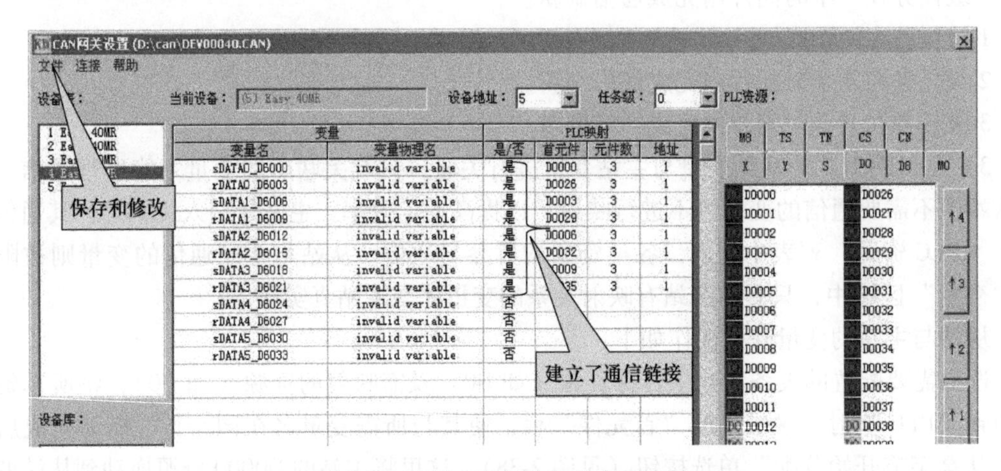

图 2-40　主站与从站之间的变量映射

（3）配置文件保存与下载

对于用 CANSET 生成的文件，以“文件名 . CAN”形式保存。需要时用 CANSET 将该文件打开，允许重新编辑。

1）保存文件操作：“文件”菜单→“另存文件”（或“保存文件”）→输入文件名（ *. CAN）后确定。

2）打开文件操作：“文件”菜单→“打开文件”→选择文件名（ *. CAN）后确定。

3）下载文件操作：将运行 CANSET 的主机按图 2-34 所示连接主站 PLC，在 CANSET 中打开所需的网络配置文件（ *. CAN），进入“连接”菜单→选择“自动”命令（见图 2-41）。若下载成功，弹出“固化成功!”提示框（见图 2-42）。否则弹出出错信息，需重新检查下载。

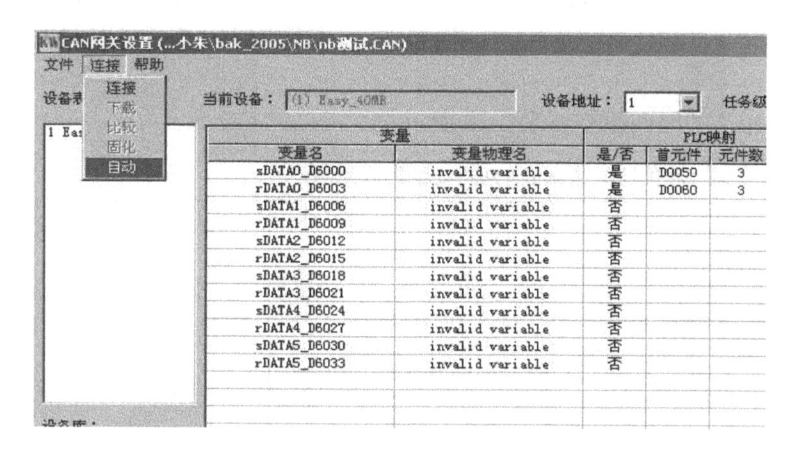

图 2-41　配置文件下载

图 2-42　配置文件下载成功提示框

3. CAN 通信寄存器配置

主站通过 CANSET 完成 CAN 网络的配置后，主站和从站还需要通过梯形图语言配置各自的 CAN 通信寄存器，才能实现整个 CAN 网络的正常通信。CAN 通信寄存器包括 CAN 控制寄存器 D6999、CAN 通信地址寄存器 D6998 以及 CAN 状态寄存器 D6990~D6997。下面介绍各通信寄存器的位定义。

（1）CAN 控制寄存器 D6999

其位定义如表 2-27 所示。

表 2-27　CAN 控制寄存器 D6999 的位定义

位	定　义
bit_15	主从站定义。0 表示主站，1 表示从站
bit_14	是否带扩展标识位。0 表示不带扩展，1 表示带扩展
bit_13~bit_11	指定 0 级任务时间（一个时间片占用的时间）： 000：50ms　　001：100ms 010：200ms　　011：500ms 100：40ms　　101：20ms 110：10ms　　111：5ms 当 CAN 使用较低速率通信时，0 级的任务时间相对加长

（续）

位	定　义
bit_10～bit_8	CAN 通信速率（波特率或位定时）： 000：160kbit/s（2ms）　001：80kbit/s（4ms） 010：40kbit/s（8ms）　011：20kbit/s（16ms） 100：10kbit/s（32ms）　101：5kbit/s（64ms） 110：250kbit/s（1.3ms）　111：500kbit/s（0.7ms）
bit_7～bit_0	保留使用

一个 0 级任务时间（一个时间片）必须大于一个报文在规定速率下的收发时间，例如速率为 5kbit/s 时，一个报文的收发时间为 64ms，因此，5kbit/s 只适用于 0 级任务时间大于 64ms 的任务系列中。

不同通信速率下的 0 级报文的时间限制如表 2-28 所示。

表 2-28　不同通信速率下 0 级报文的时间限制

D6999_10～D6999_8	通信速率（bit/s）	单报文收发时间	0 级任务最短时间（规定）
000	160k	2ms	5ms
001	80k	4ms	10ms
010	40k	8ms	20ms
011	20k	16ms	40ms
100	10k	32ms	50ms
101	5k	64ms	100ms
110	250k	1.3ms	5ms
111	500k	0.7ms	5ms

0 级任务最短时间的设置仅对主站有效。

从站控制字 D6999 的 bit0～bit10 均可置为 0，也可与主站保持一致。

从站控制字 D6999 的 bit11～bit14 必须与主站保持一致。

（2）CAN 通信地址寄存器 D6998

当 D6999 设为从站时，D6998 表示从站的物理地址。D6998 取值范围为 1～63。

例如：当网络传输速率为 160kbit/s，0 级任务时间为 50ms。

PLC 设为主站并带扩展校验位时，设置如下：

D6999＝4000H　（MOV　H4000　D6999）

D6998＝0　（MOV　K0　D6998）

PLC 设为主站但不带扩展校验位时，设置如下：

D6999＝0000H　（MOV　H0000　D6999）

D6998＝0　（MOV　K0　D6998）

PLC 设为 3 号从站并带扩展校验位时，设置如下：

D6999＝C000H　（MOV　HC000　D6999）

D6998＝3　（MOV　K3　D6998）

PLC 设为 3 号从站但不带扩展校验位时，设置如下：

D6999＝8000H　（MOV　H8000　D6999）

D6998＝3　（MOV　K3　D6998）

（3）CAN 状态寄存器

1）主站 PLC。设备状态寄存器 D6990～D6994。

D6990：CAN 网络从站节点个数，小于或等于 63 个。

D6991：bit0～bit15 对应逻辑地址为 1#～16# 的从站状态。0 表示正常，1 表示脱线。

D6992：bit0～bit15 对应逻辑地址为 17#～32# 的从站状态。0 表示正常，1 表示脱线。

D6993：bit0～bit15 对应逻辑地址为 33#～48# 的从站状态。0 表示正常，1 表示脱线。

D6994：bit0～bit15 对应逻辑地址为 49#～63# 的从站状态。0 表示正常，1 表示脱线。

1#～63#是 CANSET 指定的逻辑地址，而非物理地址。

2）主站 PLC。报文流量寄存器 D6995～D6997。

D6995：从站正确返回信息的报文数。

D6996：从站不能正确返回信息的报文数。

D6997：最后一个不能正确返回信息的从站地址。

3）从站 PLC：D6990。

D6990：本站与主站通信时 D6990＝0，本站不与主站通信时 D6990＝1。

4. CAN 网络应用梯形图实例

下面介绍最基本的 CAN 数据交换。

主从站均选取混合型 PLC：EASY-M0808R-A0404NB。

主站程序：由 T0 产生的脉冲通过 CAN 网络来驱动从站的输出继电器，即向从站发送一个报文。进入元件监控，监控 D26～D29、D5～D8 分别为 1#、2#的从站数据。主站 PLC 梯形图程序如图 2-43 所示。

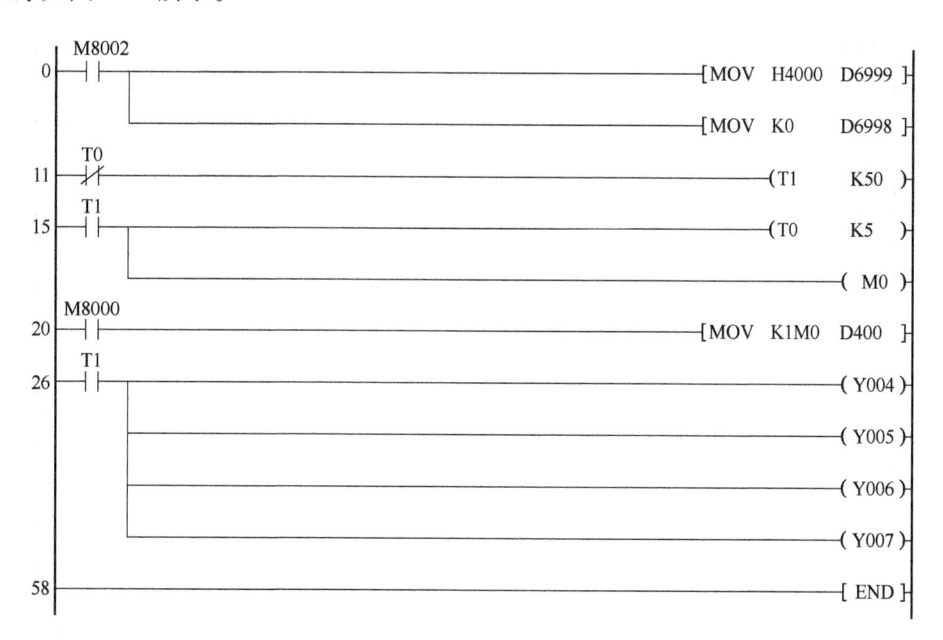

图 2-43　主站 PLC 梯形图程序

1#从站程序：从站接收（报文）主站脉冲 M0 来驱动输出继电器，并且把 D5000、D5032、D5001、D5033 的数据送到主站。从站 1 PLC 梯形图程序如图 2-44 所示。

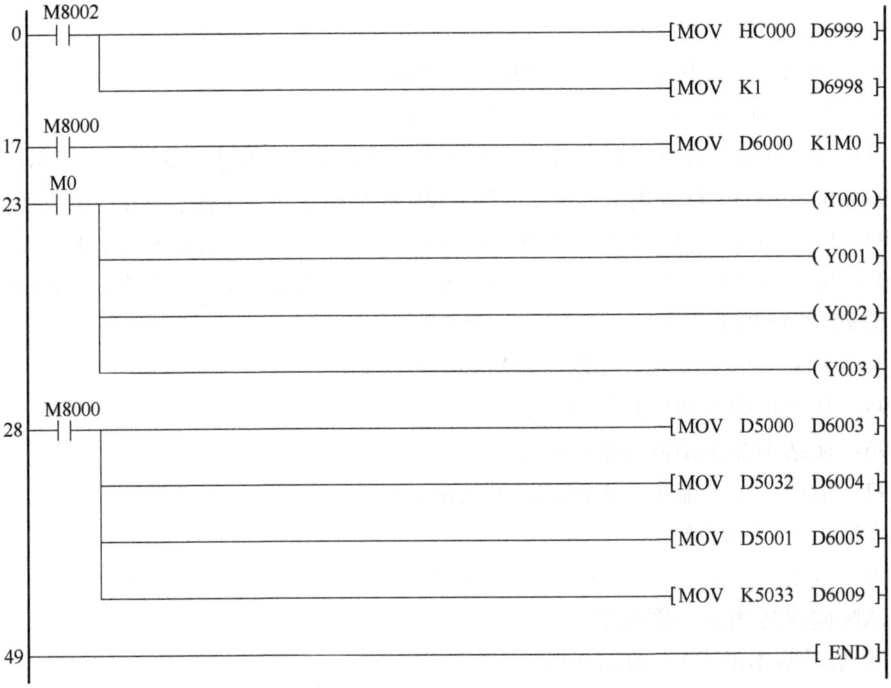

```
    M8002
0  ─┤├─┬──────────────────[MOV  HC000  D6999 ]
       └──────────────────[MOV  K1     D6998 ]
    M8000
17 ─┤├────────────────────[MOV  D6000  K1M0  ]
    M0
23 ─┤├─┬──────────────────( Y000 )
       ├──────────────────( Y001 )
       ├──────────────────( Y002 )
       └──────────────────( Y003 )
    M8000
28 ─┤├─┬──────────────────[MOV  D5000  D6003 ]
       ├──────────────────[MOV  D5032  D6004 ]
       ├──────────────────[MOV  D5001  D6005 ]
       └──────────────────[MOV  K5033  D6009 ]
49 ───────────────────────[ END ]
```

图 2-44　从站 1 PLC 梯形图程序

2#从站程序：从站接收（报文）主站脉冲 M0 来驱动输出继电器，并且把 D20、D21、D22、D23 的数据送到主站。从站 2 PLC 梯形图程序如图 2-45 所示。

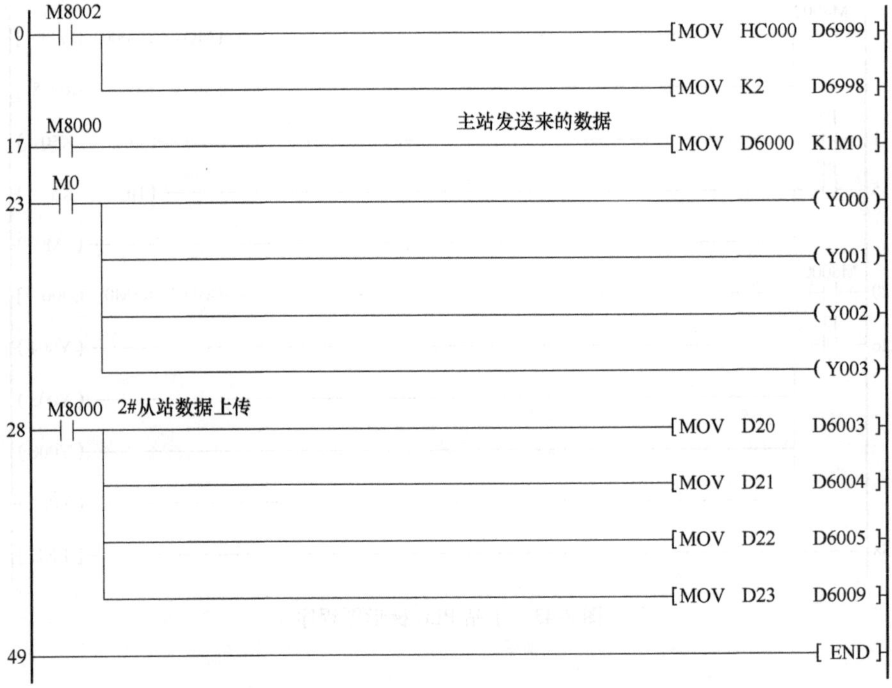

```
    M8002
0  ─┤├─┬──────────────────[MOV  HC000  D6999 ]
       └──────────────────[MOV  K2     D6998 ]
    M8000               主站发送来的数据
17 ─┤├────────────────────[MOV  D6000  K1M0  ]
    M0
23 ─┤├─┬──────────────────( Y000 )
       ├──────────────────( Y001 )
       ├──────────────────( Y002 )
       └──────────────────( Y003 )
    M8000  2#从站数据上传
28 ─┤├─┬──────────────────[MOV  D20    D6003 ]
       ├──────────────────[MOV  D21    D6004 ]
       ├──────────────────[MOV  D22    D6005 ]
       └──────────────────[MOV  D23    D6009 ]
49 ───────────────────────[ END ]
```

图 2-45　从站 2 PLC 梯形图程序

2.5 基于 CAN 网络的高层协议

CAN 技术规范定义了 CAN 总线网络的底层，即物理层和数据链路层的 ISO 标准，2.3 节、2.4 节则介绍了能执行这个标准的专门器件和如何用它们设计出 CAN 节点。在这些基础上，开发人员可以自定义专属的高层网络协议，组建 CAN 总线系统。但是人们还是希望在一定范围内有较权威的高层协议统一标准，使不同 CAN 设备生产商的产品能够直接实现互操作，进一步增强 CAN 总线网络的开放性和标准性。本节将介绍当前最有影响力的基于 CAN 的高层协议 CANopen 的主体结构以及时间触发 CAN 的原理，希望能帮助初学者增进对高层协议的认识，并从中得到某些启迪。

2.5.1 CAN 网络高层协议概述

在介绍“CAN 标准”或“CAN 协议”时，了解了那些在 ISO 11898 中分别阐述的标准化功能。这个标准包含了 OSI 参考模型中的物理层（第一层）和数据链路层（第二层）。然而，第一层只是负责信号传输、编码、位定时和位同步等；第二层执行的功能有总线仲裁、报文组装、数据校验、报文确认、错误检测和发出相关信号以及故障的界定。CAN 标准没有指定介质类型及其附加装置，也没有应用层。

CAN 协议的第二层提供了两种类型的无链接传输服务给用户，这意味着在实现报文传输或请求前不需要建立数据链路的连接。报文的接收是通过 CAN 芯片采用不同形式的报文标识滤波和报文接收缓冲来实现的。根据 CAN 规范 V2.0，一个第二层的 CAN 数据报文是由报文的标识符、标准/扩展帧格式的标记、数据的长度和数据等域来确定的。

由于 CAN 协议没有规定报文标识符的分配规则，因此有可能设计出它们的不同形式和特定的应用。这样，CAN 报文标识符的分配就成了在设计基于 CAN 的通信系统时最重要的一项决策。报文标识符的分配和设置也是高层协议的主要内容之一。

实际上，即使一个很简单的基于 CAN 的分布式系统的通信过程，除了需要第二层的服务功能外，也需要进一步的功能，例如，为了传送一个长度大于 8B 的数据而对数据传输的应答或证实、标识符的分配、网络的启动或节点的管理等。因为这些额外的功能直接支持应用过程，所以可把它们理解为“应用层”。如果要实现得更完善，则引入的应用层中应当具有适宜的应用层界面，并把通信与应用过程的定义清晰分离开。

在工业自动控制应用上，对开放式、标准化的高层协议的需求突显，要求能支持不同制造商的设备互操作和互换，因此可在标准化的应用层中附加有基本功能的“标准设备”和“标准应用”项目。

由于 CAN 的广泛应用中有不同的目的和要求，除了许多特定的解决方案外，几个基于 CAN 的高层协议的主要标准被普遍认可。根据不同的要求，这些方案在应用范围和运作上有显著的不同。

CAL（CAN Application Layer）是 CiA（CAN in Automation）的第一批工作项目之一，于 1993 年发表。CAL 为基于 CAN 的分布式系统的运作提供了应用独立、面向对象的环境。它提供了通信的对象和服务、标识符的分配、网络的管理。CAL 的主要应用领域是基于 CAN 的不要求可配置和设备标准模式化的分布式系统。CAL 的一个子集是 CANopen，所以 CANopen 设备也可能用于特定的 CAL 系统。

OSEK/VDX 是一个联合方案，其目标是为在车辆内分布式控制的开放结构提供一个工业标准。这个标准包含了定义实时操作系统、软件接口，以及通信和网络管理系统。OSEK 操作系统提供了任务的管理和同步服务、中断管理、报警和错误处理。它的主要目标是规定一个共同的平台来集成来自不同制造商的软件模块。

SAE J1939 标准提供了一个不同类型的系统解决方案，提供了一个开放式的电子系统的互联系统，主要的应用是行驶在非正规道路上的轻型、中型和重型车辆，还有一些使用车辆构件的固定设备。车辆包括公路卡车和它们的拖车、建筑设备、农用设备和船用设备。SAEJ 1939 是基于 29 位报文标识符的应用。

SDS（Smart Distribution Systems，智能分布系统）是一个开放的网络标准，出自 Honeywell Micro Switch。其基于特定的应用层协议定义了一个面向对象分级的设备模型，目的是使 SDS 设备之间可以相互操作。SDS 是专门为分布式二进制的传感器和执行机构而设计的。在工业应用中，开放的分布式系统标准的主要代表是 CANopen、DeviceNet 和 SDS。开放的分布式系统标准的工业应用由工业自动控制的设备底层网络组成（传感器、执行机构、控制器、人机界面）。这类应用的主要要求是可配置、灵活和可扩展。为了提供制造商独立的设备功能定义，必须以“设备文档”（Devices Profiles）的形式详细说明。因此，这一类的通信系统方案提供了完整的通信构架和系统服务、设备的模块化、系统配置的简洁化以及设备的参量化。

对工业自动控制中的主要解决方案 CAL/CANopen、DeviceNet 和 SDS 的评价是比较接近的。这里考虑基于 CAN 的高层协议中的几个主要因素：

1）报文标识符的分配方式。

2）交换过程数据的方式。

3）点对点的通信。

4）建立过程数据连接的方式。

5）网络管理。

6）设备模型和设备文档的原则。

其中，报文标识符的分配方式可以看作基于 CAN 系统的主要构建元素。因为 CAN 报文的标识符决定了报文相对的优先权和由此涉及的报文延时。它也影响报文滤波的使用、可能形成的通信结构和标识符使用的效率。在考虑标识符的分配时，有很多不同的思路可供要设计的系统方案选择。

2.5.2 CANopen

本小节着重介绍工业自动控制领域中应用范围较广的 CANopen 标准的主体结构和特点，更详细的内容和软件工具需要与相关部门联系。

1. CANopen 概述

为了能够把 CAN 推广到更多的领域，欧洲一些公司推出了 CAL（CAN 应用层）协议。尽管 CAL 在理论上正确，并在工业上可以投入应用，但每个用户都必须设计一个新的子协议。

CANopen 是一个基于 CAN 的高层协议。它是作为一个标准化的嵌入式网络发展起来的，具有很灵活的设置能力。CANopen 是为面向运动的机械控制网络而设计的。目前它已应用在许多不同的领域，如医疗设备、非道路车辆、海事电子、公共运输、建筑自动化等。

CANopen 是一个基于 CAN 的模板（Profiles）系列。从 1993 年起，由 Bosch 公司领导的一个欧洲机构在 Esprit 工程中研究出一个协议类型，由此发展为 CANopen 规范。在 1995

年，CANopen 规范移交给 CiA（CAN in Automation），即一个国际用户和制造者的组织，由其进行维护与发展。最初，CANopen 的通信模块建立在 CAN 应用层（CAL）的协议上。CANopen 协议版本 4 标准化为 EN 503254。

CANopen 规范覆盖了应用层和通信模块（CiA DS 301），还包括可编程设备的结构（CiA 302）、对电缆和连接器的推荐（CiA 303-1）、SI 单位和前缀表示法（CiA 303-2）。这个应用层和基于 CAN 的模块都是以软件形式执行的。

由 CiA 成员设计的标准化模块（设备、接口和应用模块）简化了集成一个 CANopen 网络系统的系统设计者的工作。设备、工具和协议栈被广泛应用且价格合理。对于系统设计者，重复使用应用软件是非常重要的。这就不仅要求通信的兼容性，还要求设备的互用性和互换性。在 CANopen 的设备和接口模块中，定义存在的应用对象是为了 CANopen 设备的互换。CANopen 的灵活性和开放性足以让制造商添加模块中描述的一般功能。

CANopen 免除了开发者处理 CAN 协议的详细内容，如位定时和实现的功能细节。它为实时数据（过程数据对象，PDO）和配置数据（服务数据对象，SDO）提供了标准化的通信对象、特殊的功能（时间标记、同步报文、紧急报文）和网络管理数据（引导启动报文、NMT 报文、错误控制）。

CANopen 规范、结构和模块可以通过下载得到。CiA 为公众提供了一些免费的 CANopen 规范。这包括了所有起草情况中（待批准的标准草案，DS）的规范。CANopen 规范的草案提议（DSP）或工作草案（WD）只对 CiA 成员有效。为了下载 DSP 或 WD，用户必须成为 CiA 成员，靠他们的积极参与和成员所交费用为规范的发展作贡献。成员被赋予影响规范技术资料的特权，在执行它们时，与非成员相比有时间上的优势。

CANopen 是一个基于 CAL 的子协议，采用面向对象的思想设计，具有很好的模块化特性和很强的适应性，通过扩展可以适用于大量的应用领域。1995 年，CiA 发表了完整版的 CANopen 通信子协议。仅仅用了 5 年的时间，它就成为全欧洲最重要的嵌入式网络标准。CANopen 不仅定义了应用层和通信子协议，而且为可编程系统、不同器件、接口、应用子协议定义了大量的行规。遵循这些行规开发出的 CANopen 设备将能够实现不同公司产品间的互操作。

2. CANopen 结构模式

CANopen 协议中包含了标准的应用层规范和通信规范，其通信模型如图 2-46 所示。在 CANopen 的应用层，设备间通过相互交换通信对象进行通信。良好的分层和面向对象的设计思想将带给用户一个清晰的通信模型。

CANopen 协议各层的相互操作描述了不同协议是如何进行通信的。所有这些对象都可以通过一个 16 位的索引和一个 8 位的子索引检索到。这些通信对象（COB）由预先定义或配置的标识符映射到 CAN 的报文结构中。

要理解 CANopen 规范，核心是要理解 CANopen 的设备模型和各类型的通信对象。掌握了这两者后，参考各类标准的设备描述就可以开发出符合国际标准的 CANopen 设备了。CANopen 应用层和通信行规（CiA DS 301 和 CiA DSP 302）既支持对设备参数的直接存取，也支持对时间苛求的过程数据通信。

一个 CANopen 设备模块可被分为 3 部分，如图 2-47 所示。

通信接口和协议软件提供在总线上收发通信对象的服务。不同 CANopen 设备间的通信是通过交换通信对象完成的。这一部分直接面向 CAN 控制器进行操作。

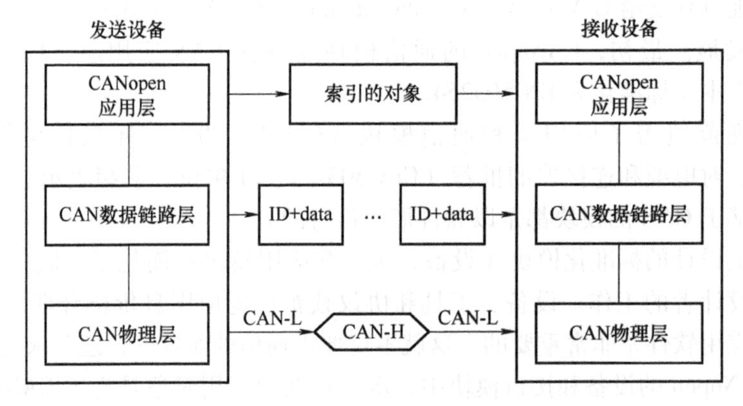

图 2-46　CANopen 协议通信模型

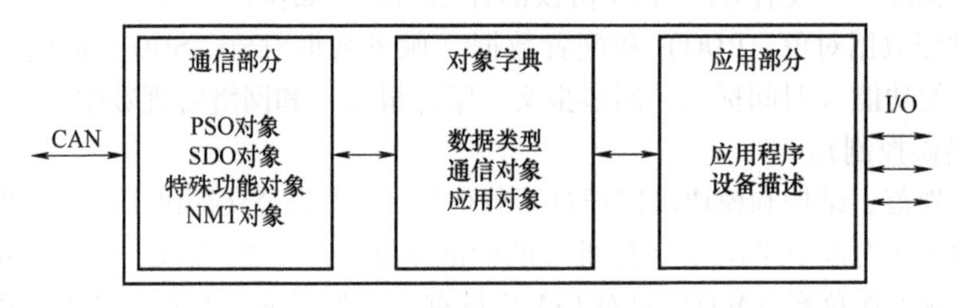

图 2-47　CANopen 设备模型

对象字典描述了设备使用的所有数据类型、通信对象和应用对象，是一个 CANopen 设备的核心部分。对象字典位于通信程序和应用程序之间，向应用程序提供接口。应用程序由用户编写，包括功能部分和通信部分。通信部分通过对对象字典进行操作实现 CANopen 通信，而功能部分由用户根据应用要求实现。

3. 通信对象类型

CANopen 网络的通信和管理都是通过不同的通信对象来完成的。考虑到工业自动化系统中数据流量的不同需要，CANopen 规范定义了 4 类标准的通信对象，即 PDO（过程数据对象）、SDO（服务数据对象）、NMT（网络管理对象）和特殊功能对象，来实现通信、网络管理、紧急情况处理等功能。协议利用 CAN 控制器报文的标识符段定义出 CANopen 的通信对象标识（Communication Object Identifier，COB-ID），如图 2-48 所示，CANopen 报文编码及优先级如表 2-29 所示。

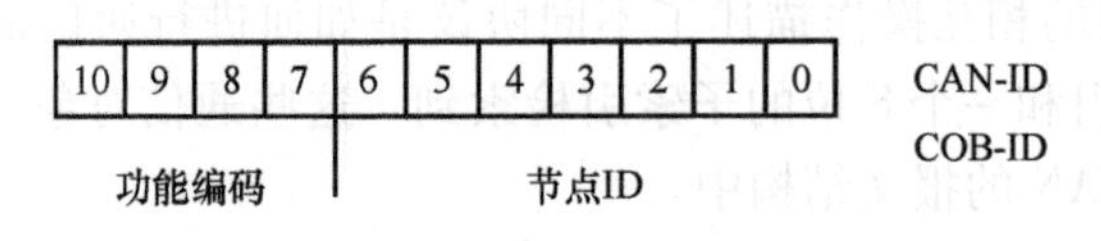

图 2-48　CANopen COB-ID

表 2-29　CANopen 报文编码及优先级

报文优先级	功 能 编 码	数据类型描述
最高	0000	NMT 系统管理
	0001	SYNC 同步，紧急报文

（续）

报文优先级	功能编码	数据类型描述
	0010	时间戳对象（Time Stamp Object）
	0011	PDO（tx）过程数据发送包
	0100	PDO（rx）过程数据接收包
	1011	SDO（tx）服务数据发送包
最低	1100	SDO（rx）服务数据接收包

（1）过程数据对象（Process Data Object，PDO）

第1类通信对象为过程数据对象（PDO）。PDO被映射到单一的CAN帧中，用于数据传输，最多可使用全部的8B数据域来传输应用对象。PDO的通信方式可用生产者/消费者模式来描述，每个PDO都有一个唯一的标识符，过程数据只可从一个设备发送，另一个设备或许多其他的设备同时接收，所以PDO应该是无确认模式的传输。作为广播对象，它的上层没有附加协议。

启动PDO发送可以通过多种方式，如内部事件、外部时钟、远程帧请求以及从特定节点接收到同步报文等。通过存储在对象字典中的PDO映像（PDO Mapping）结构，可对应用对象到PDO对象的分配进行调整，这可以保证对不同的应用需求进行调整。

PDO标识符具有高优先级，以确保良好的实时性能。如果需要硬实时控制，那么系统的设计者可为每个PDO都配置一个禁止时间（Inhibit Time）。在该“禁止时间”内严禁发送这个对象，因此设计者可对多个对象设计一个确定的PDO行为。发送PDO无须确认。在PDO映像对象中定义了在PDO内传送的应用对象，它描述了所映射的应用对象的顺序和长度。在预操作状态（Pre-Operational State）期间，支持动态PDO映像的设备必须支持这个功能。若在预操作状态下支持动态映像，则服务数据对象（SDO）的客户负责数据的一致性。

（2）服务数据对象（Service Data Object，SDO）

第2类通信对象是服务数据对象。该对象可传输大于8B的配置信息。也就是说，SDO传送协议允许传送任意长度的对象。传输SDO用于对对象字典的读/写访问，它的优先级较低，但可以实现可靠的数据传输。接收者将确认收到的每个段信息，发送者和接收者间将建立点对点的通信，这称为客户机/服务器模式。第1段内的第1个字节包含必需的数据流控制信息；第2~4个字节包含要读出/写入的对象字典登入项的索引和子索引；最后4B可用于配置数据。有同样CAN标识符的第2段以及其后继段包含控制字节和多达7B的组态数据。通过传输对象字典的索引以及子索引，可以定位相应的对象字典入口，以实现对节点参数的设置、程序的下载、PDO通信类型和数据的格式的定义等。由两个CAN对象在两个网络节点之间通过点对点的通信来实现这一过程。通过SDO传送报文可以不受长度的限制，但传送SDO报文需要额外的协议开销。

未来，CANopen将允许快速传输SDO，不必对传送的每个段都进行确认，只要在整个对象传送完毕后进行确认即可。

SDO下载/上传块协议在启动一个SDO块下载/上传报文时初始化，在这之后是一个SDO下载/上传序列块。这个协议在收到一个终止SDO块下载/上传报文时结束。

PDO和SDO的CAN报文标识符可以直接通过对象字典的数据结构的入口标识符进行分

配，也可以在简单的系统中用预定义的标识符。

总之，SDO 和 PDO 是 CANopen 的基本传输机制。PDO 用于对小型数据进行高速传输；通过 SDO 对对象字典进行访问，它主要在设备配置过程中传递参数以及大数据块。

（3）网络管理对象（Network Management Object，NMT）

第 3 类通信对象是网络管理对象，包括节点监护（Node Guarding）和 NMT 对象。网络管理对象（NMT）控制从站工作状态。CANopen 网络管理是基于节点的并且采用主/从结构，这就要求网络中的一个设备专门作为 NMT 的管理者，其他节点都是 NMT 的从属。在网络上电过程中，NMT 主节点通过 NMT 服务控制从节点的初始化进程，为监视节点提供错误控制服务和网络通信状态，从网络中的一个模块到其他各个节点的配置数据的上传和下载的配置控制服务。

节点监护是由 NMT 主节点周期性地向从节点发送远程请求报文询问，从节点以发送带有 1 字节数据的帧响应，该数据字节中包含一个触发位以及 7 个用于表示节点状态的数据位。发送周期（监护时间）的长度在对象字典中规定并且可通过 SDO 进行配置，各节点可以不同。如果一个从节点在它的“生命期间”（它等于监护事件乘以一个生命因子，各节点可以不同）没有接到主节点的轮询，或主节点在这期间没有收到这个从节点的响应报文，或是接到的响应报文中反映的状态与预期的不符，主节点就会产生一个节点监护事件，从节点就会产生一个生命监护事件。

NMT 对象映射到单一的带有 2B 数据长度的 CAN 帧，它的标识符为 0。第 1 字节包含命令说明符，第 2 字节包含必须执行此命令的设备的节点标识符（当节点标识符为 0 时，所有的节点必须执行此命令）。由 NMT 主站发送的 NMT 对象强制节点转换成另一个状态。CANopen 状态机规定了初始化状态、预操作状态、操作状态和停止状态。在加电后，每个 CANopen 都处于初始化状态，然后自动地转换到预操作状态。此状态提供了同步对象和节点监护，还允许 SDO 的传送。如果 NMT 主站已将一个或多个节点设置为操作状态，则允许其发送和接收 PDO。在停止状态，除 NMT 对象外，其他对象不允许通信。初始化状态又分成 3 个子状态以使全部或部分的节点复位：在复位应用（Reset Application）程序子状态中，制造商专用行规区域和标准化设备行规区域的参数均设置成它们的默认值；在复位通信（Reset Communication）子状态中，通信行规区域的参数设定为它们上电时的值；第 3 个子状态是初始化状态，无论是在上电后还是在复位通信后或是在复位应用程序后，节点都自动地进入此状态。上电时的值是上一次保存的参数。

（4）特殊功能对象

第 4 类通信对象是特殊功能对象。CANopen 还定义了 3 个用于同步、紧急状态表示和时间标记传送的特殊功能对象：同步对象、紧急状态对象和时间标记对象。

同步对象（SYNC Object）由同步生产者向网络进行周期性的广播，该对象将提供基本的网络时钟。同步对象用于同步设备周期性地对所有应用设备广播 SYNC 对象。需要进行同步操作的设备可使用 SYNC 对象来同步本地时钟和同步设备的时钟。同步报文之间的时间由通信循环周期对象定义，它可在启动过程由配置工具写入应用设备，可能会产生时间偏差。产生偏差的原因或者是由于存在一些其他的具有较高优先权标识符的对象，它是在同步发生器传送过程中产生的；或者是由在同步对象之前正在传送的那个帧造成的。同步对象被映射到一个单一的标识符为 128 的帧。使用默认配置时，同步对象不带任何数据，但它可以具有多达 8B 的用户专用数据。

当设备发生严重的内部错误时，相关的一个紧急状态客户机将发送一个紧急状态对象（Emergency Object）。紧急状态对象由设备内部出现的致命错误来触发，相关应用设备上的紧急客户以最高优先级发往其他设备。这使得它很适合作为设备内部错误的中断类型的报警信号。每个“错误事件”（Error Event）只能发送一次紧急状态对象。只要在设备上不发生新的错误，就不得再发送紧急状态对象。0 个或多个紧急状态对象消费者可接收这些。紧急消费者的反应是由应用程序指定的。CANopen 定义了紧急状态对象中要传送的若干个紧急错误代码，它是单一的具有 8B 数据的 CAN 帧。

时间标记对象（Time Stamp Object）将为应用设备提供公共的时间帧参考，它包含一个时间和日期的值。该对象紧跟在生产者/消费者推模式（Push Mode）之后传送。相关的 CAN 帧标识符为 256B 和 6B 长度的数据字段。

4. 对象字典

CANopen 设备中最重要的部分是对象字典。对象字典实际上是一组对象，这些对象可通过一种有顺序的、预先定义好的方式通过网络访问到。

对象字典描述了设备使用的所有数据类型、通信对象和应用对象。它提供应用软件接口，是 CANopen 设备的核心部分。对象字典位于通信程序和应用程序之间，向应用程序提供接口，应用程序对对象字典进行操作就可以实现 CANopen 通信。理解对象字典的概念是理解 CANopen 模型的关键。对象字典更符合可选设备的特征，制造商为可能增加的功能在对象字典的可选目录中定义入口。CANopen 对象字典可以通过一个 16 位的索引和一个 8 位的子索引检索。此外，设备制造商可定义非标准化的应用对象。CANopen 对象字典允许在一个物理的 CANopen 模块上实现 8 台虚拟设备。

CANopen 的设备、接口和应用行规（CiA DS 4XX）定义了标准化的应用对象和基本功能。CANopen 网络管理服务简化了项目设计、系统集成和诊断。在每个分散的控制应用中都有各自所需的不同的通信对象。在 CANopen 中，所有这些通信对象都是标准化的，并在通信字典中进行了详尽的描述。

这个对象字典最多可以包含 65536 个条目，它们都是通过 16 位的索引编址的。对象字典包括各种数据类型、通信协议和设备描述等内容。静态数据类型包含要定义的标准数据类型，如布尔、整型、浮点、字符串等。这些包含的条目只供参考，不能被读或写。复杂数据类型是预定义的结构，它们由标准数据类型组成，对所有设备是公共的。对象字典中的各结构类型如表 2-30 所示。

表 2-30　对象字典中的各结构类型

索引（十六进制）	对　象	索引（十六进制）	对　象
0000	没有使用	000A0～0FFF	保留将来使用
0001～001F	静态数据类型	1000～1FFF	通信文档区域
0020～003F	复杂数据类型	2000～5FFF	制造商特殊的文档区域
0040～005F	复杂数据类型	6000～9FFF	标准化的设备文档区域
0050～007F	制造商特殊复杂数据类型	A000～BFFF	标准化的接口文档域
0080～009F	设备文档特殊复杂数据类型	C000～FFFF	保留将来使用

字典中索引和子索引的使用如下：

16 位索引用来给对象字典中的所有条目编址。在简单变量的情况下，索引直接涉及这个变量的值。可是在记录和数组的情况下，索引可给整个数据结构编址。

为了允许一个数据结构中的各个元素可以通过网络寻址，定义了一个子索引。对于单一的对象字典条目，如 UNSIGNED8（8 位无符号）、BOOLEAN（布尔）、INTEGER32（32 位整数）等，子索引的值总是 0。对于复杂的对象字典条目，如数组或记录带有多个数据域，此时子索引反映主索引指向的数据结构中的域。用子索引访问的域可以是不同的数据类型。

5. 应用层和通信子层

为了对 CANopen 协议结构有一个较全面的了解，这里把 CANopen Application Layer and Communication Profile CiA301 的主要内容进行归纳。为了简单明了，其中多采用图表形式。

（1）应用层服务类型

在以下的描述中，用服务原句（Service Primitive）来描述 CANopen 设备的应用程序（Application）和 CANopen 协议的应用层之间的交互方式。这里有 4 种不同的原句：

1）请求（Request）是应用程序向应用层发送的，为的是请求一次服务。

2）指示（Indication）是应用层向应用程序发送的，为的是报告一个被应用层发现的内部事件，或表明有一个服务被请求。

3）响应（Response）是由应用程序向应用层发送的，目的是响应前面接收到的一个指示。

4）证实（Confirmation）是应用层向应用程序发送的，目的是报告先前发出的请求结果。

服务类型有本地服务、提供者发起的服务、无证实的服务和有证实的服务，如图 2-49 所示。

1）本地服务（Local Service）仅仅涉及本地服务对象。一个应用程序向它的本地服务对象发出一个请求，这个对象执行被请求的服务而没有与对等的服务对象通信。

2）提供者发起的服务（Provider Initiated Service）仅涉及局部服务对象。这个服务对象（就是服务提供者）检测到一个事件，该事件不是被请求的服务发出的，然后这个事件被指向一个应用程序。

3）无证实的服务（Unconfirmed Service）涉及一个或更多的对等服务对象。一个应用程序向它的本地服务对象发出一个请求。这个请求被转交给对等的服务对象，服务对象再把它作为一个指示传递给它们的服务程序。这个结果没有返回的证实。

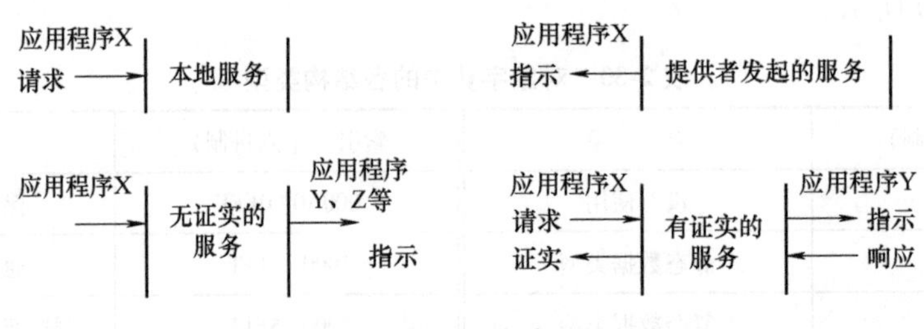

图 2-49　服务类型

4）有证实的服务（Confirmed Service）涉及一个或更多的对等服务对象。一个应用程序向它的局部服务对象发出一个请求。这个请求被转交给对等的服务对象，这个对象再把它作为一个指示传递给另一个服务程序。另一个服务程序发布一个响应，它被传送给发起服务的对象，该服务对象把这个响应作为一个证实，传递给发出请求的应用程序。

无证实的服务和有证实的服务统称为远程服务。

（2）设备模型

设备模型如图 2-50 所示。

1）通信（Communication）。这个功能单元负责通过 CAN 网络来传输 CANopen 设备的通信对象，并使用状态机实现网络管理。

2）对象字典（ObjectDictionary）。对象字典收集了所有的数据项目，它们影响着在这个设备上使用的应用对象、通信对象和状态机的行为。对象字典是通信和应用程序之间的接口。

3）应用程序（Application）。应用程序由设备的功能组成，涉及与过程环境的相互作用。

根据对象字典中的数据项目，一个设备应用程序的完整描述被称为设备的文档（Device Profile）。

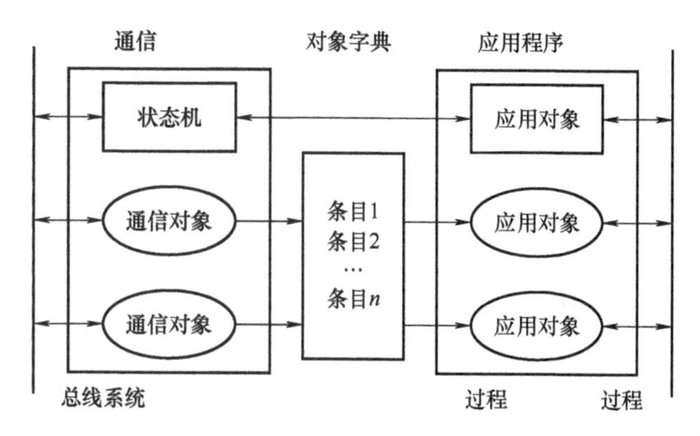

图 2-50　设备模型

（3）通信模式

通信模式规定了各种通信对象和服务，以及报文传送触发的有效模式。

这个通信模式支持报文同步和异步传输。用同步报文传输，就可以实现在网络范围协调数据的获取和发送。报文的同步传输由预定义通信对象支持（同步报文、时间标记报文），异步报文可以在任何时间传输。

根据它们的功能，通信关系的 3 种类型被区分为主/从关系、客户/服务器关系和生产者/消费者关系。

1）主/从关系。在任何时间，网络中都必须有一个设备作为主机来担负一项特殊的功能。网络中的其他设备都被认为是从机。主机发出一个请求，如果协议要求这个行为，则被寻址的从机就响应。这里又分为无确认主/从通信和有确认主/从通信，分别如图 2-51 和图 2-52 所示。

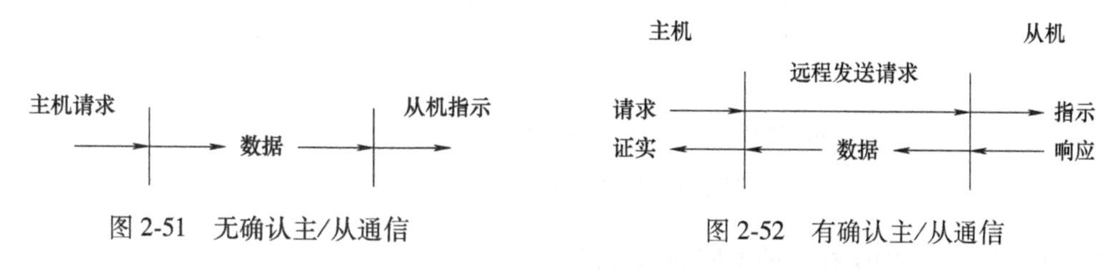

图 2-51　无确认主/从通信

图 2-52　有确认主/从通信

2）客户/服务器关系。这是单一客户和单一服务器之间的关系。客户发出一个请求（上传/下载），就会触发服务器去执行某个任务，在结束任务后服务器回应这个请求，如图 2-53 所示。

3）生产者/消费者关系——推/拉模式。

生产者/消费者关系模式包括一个生产者、0 个或多个消费者，有推（Push）和拉（Pull）两种模式。其中，推（Push）模式是由生产者请求的一个无证实服务。拉（Pull）模式是由消费者请求的一个有证实的服务。它们分别如图 2-54 和图 2-55 所示。

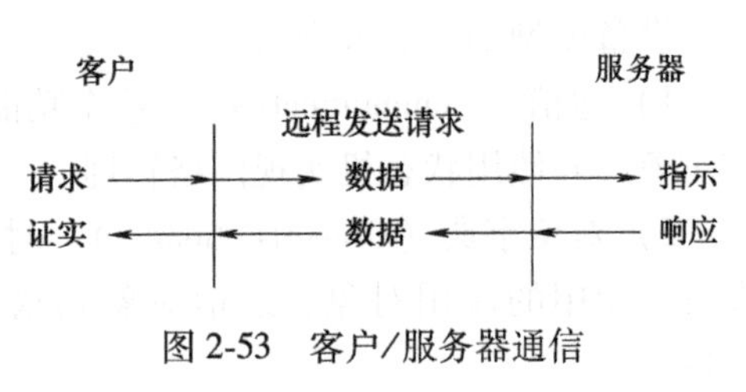

图 2-53　客户/服务器通信

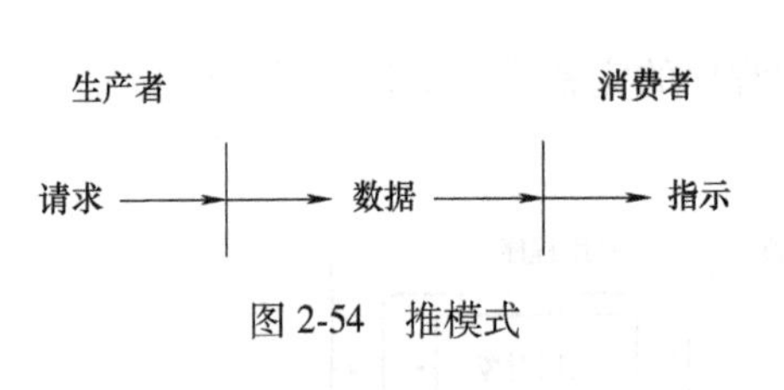

图 2-54　推模式

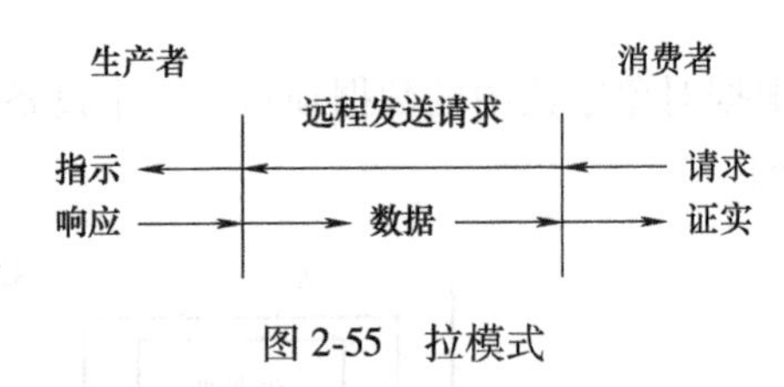

图 2-55　拉模式

6. CANopen 通信对象详解

通信对象是用服务和协议来描述的。所有服务都假设没有故障出现在 CAN 网的数据链路层和物理层。

（1）过程数据对象（PDO）

实时数据传输的进行使用过程数据对象方式。进行 PDO 的传输没有协议的开销。对 PDO 有两种类型的使用：数据发送和数据接收。它们以 TPDO 和 RPDO 区分。

相应的对象字典条目的索引通过以下公式计算：

RPDO 通信参数索引 = 1400H+RPDO_编号-1

TPDO 通信参数索引 = 1800H+TPDO_编号-1

RPDO 映像参数索引 = 1600H+RPDO_编号-1

1）传输模式。传输模式分同步传输和异步传输。

为了使设备同步，由一个同步应用程序周期性地发送一个同步对象（SYNC 对象）。同步对象用一个预定义的通信对象表示。同步和异步传输的原理如图 2-56 所示。同步 PDO 在同步对象后的一个预定义时间窗口内立即发送。

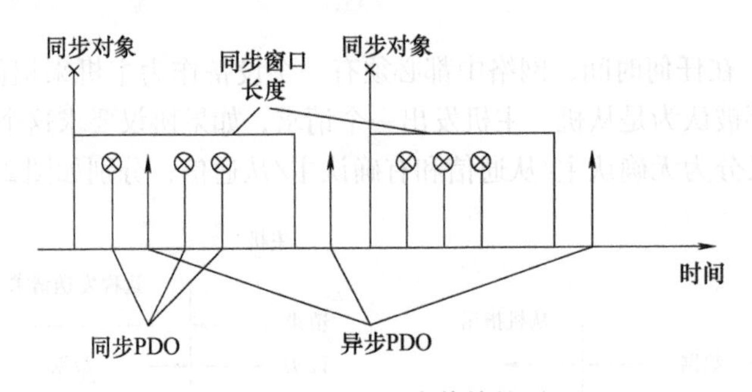

图 2-56　同步和异步传输的原理

2）触发模式。PDO 有 3 种不同的报文触发模式。

① 事件触发。报文的传输是由一个对象特定事件的出现而触发的。对于同步的 PDO，

这是一个规定的传输周期的终止，它是通过接收 SYNC 对象来实现同步的。非循环同步 PDO 和异步 PDO 报文的传输，是通过在设备文档中指定的一个设备特殊事件触发的。

② 时间触发。报文传输既可用设备特定事件的发生来触发，也可用在规定时间内没有事件发生而触发。

③ 远程请求触发。一个异步 PDO 的发送是由于接收到任何其他设备（PDO 消费者）发出的一个远程请求。

3）PDO 服务。按照前面描述的生产者/消费者的关系，PDO 的传输又分为写 PDO 和读 PDO。

4）PDO 协议。写 PDO 协议如图 2-57 所示，读 PDO 协议如图 2-58 所示。

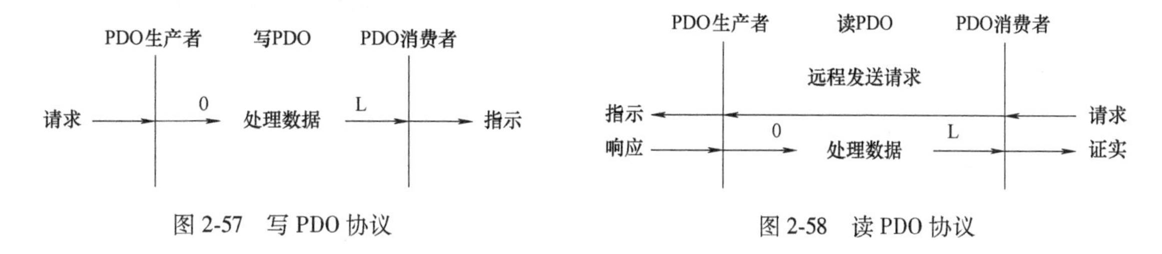

图 2-57　写 PDO 协议

图 2-58　读 PDO 协议

（2）服务数据对象（SDO）

可用服务数据对象访问设备对象字典。因为这些条目可以包含数据类型和任意大小的数据，SDO 可从客户机到服务器传输多个数据集（每个集包含任意大的数据块），反之亦然。客户机可通过多索引（对象字典的索引和子索引）控制哪些数据集被传输。数据集的内容定义在对象字典中。

在块下载后，服务器向客户机指出成功地接收到这次块传输的最后一段，这是通过回应这个段序列的编号实现的。这样做，服务器隐含地承认了这段之前的所有段。客户机开始下一个块的传输时必须连带全部的没有应答的数据。另外，服务器必须为下一次块传输指出每块的段数目。

在块上传后，客户机向服务器指出成功地接收到这次块传输的最后一段，是通过回应这个段序列的编号实现的。这样做，客户机隐含地承认了这段之前的所有段。服务器开始下一个块的传输时必须连带全部的没有应答的数据。另外，客户机必须为下一次块传输指出每块的段数目。在所有的传输类型中，对传输采取主动的是客户机。被访问的对象字典的所有者是 SDO 的服务器。无论是客户机还是服务器，都可以主动中止一次 SDO 的传输。

SDO 的描述是通过 SDO 通信参数记录（22H）的。

SDO 通信参数描述了服务器 SDO（SSDO）和客户机 SDO（CSDO）的性能。相应的对象字典条目的索引计算是通过以下公式进行的：

SSDO 通信参数索引 = 1200H+SSDO_编号-1

CSDO 通信参数索引 = 1280H+CSDO_编号-1

1）SDO 服务。对于 SDO 通信，这个模式是客户/服务器模式。其属性如下：

① SDO 编号：对于每一个局部设备的用户类型，SDO 编号都为 1~128。

② 用户类型：客户、服务器两者中的其中之一。

③ 混合数据类型的多索引包含类型的索引和子索引，用索引指定设备对象字典的一个条目，用子索引指定设备对象字典条目的成分。

④ 传输类型：取决于传输数据的长度。快速型最多为 4B；分段型或块型多于 4B。

⑤ 数据类型：根据被引用的索引和子索引而不同。

SDO 服务类型有：

① SDO 块下载。通过这项服务，SDO 的客户机下载数据到 SDO 的服务器（对象字典的所有者），使用的是块下载协议。

② SDO 块上传。通过该项服务，SDO 客户机从 SDO 服务器（对象字典的所有者）上传数据，使用的是 SDO 块上传协议。

③ 中止 SDO 传输。这项服务中止 SDO 的上传或下载，引用的是 SDO 编号。这项服务是无证实的。该服务可在任何时候由 SDO 的客户机或服务器执行。

④ 结束 SDO 块上传。通过这项服务可结束 SDO 块上传。在最后一个被发送的段中将包含有效数据的字节数目告诉给客户机。

上述这些服务除个别外，都是有证实的。

2）SDO 协议。每一种传输协议都有图解和说明，下面只列举其中几个。

① 下载 SDO 协议：如图 2-59 所示。

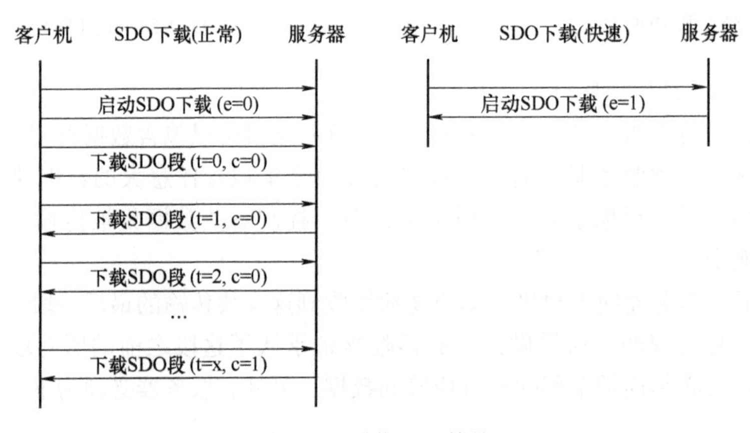

图 2-59　下载 SDO 协议

这个协议是用来执行 SDO 段下载服务的。SDO 下载是以 0 个或多个下载 SDO 段服务系列的形式进行的，在此之前有一个启动 SDO 下载服务。这个序列的结束是通过以下方法实现的：

a. 一个启动 SDO 下载的请求/指示（e=1），随后是启动 SDO 响应/证实，指出一个快速下载序列的成功完成。

b. 一个下载 SDO 段的响应/证实（c=1），指出一个正常下载序列的成功完成。

c. 一个中止 SDO 传输的请求/指示，指出下载序列的失败。

d. 一个新的启动域下载请求/指示，指出一个下载序列的失败和开始一个新的下载序列。

如果在两个连续的段下载中触发位没有改变，则最后一个段的内容必须忽略。如果向应用程序报告这样一个错误，则应用程序可以决定中止该下载。

② 启动 SDO 下载协议：如图 2-60 所示。

a. ccs：客户机命令说明。

=1：启动下载请求。

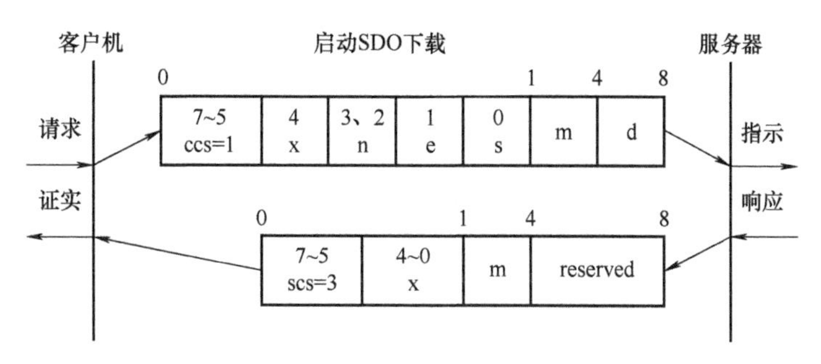

图 2-60 启动 SDO 下载协议

b. scs：服务器命令说明。

=3：启动下载的响应。

c. n：当 e=1 和 s=1 时才有效，否则是 0。如果有效，则它指出在 d 区不包含数据的字节数目。字节［8-n,7］不含数据。例如 n=2，则表明 d 区中有两个字节不包含数据，它们是 6 和 7。

d. e：传输类型。

=0：正常传输。

=1：快速传输。

e. s：大小指示器。

=0：不指出数据集的大小。

=1：指出数据集的大小。

f. m：多重索引。它代表用 SDO 传输的数据的索引/子索引。

g. d：数据。

e=0，s=0：d 保留给今后使用。

e=0，s=1：d 包含被下载的字节数。字节 4 是低位（LSB），字节 7 是高位（MSB）。

e=1，s=1：d 包含长度为 4-n 字节的被下载的数据，这个编码取决于数据类型，与索引和子索引有关。

e=1，s=0：d 包含未指明的被下载的字节数。

h. x：没有使用，总是为 0。

i. reserved：保留给今后用，总是为 0。

③ SDO 块下载协议：如图 2-61 所示。

④ 启动 SDO 块下载协议：如图 2-62 所示。

a. ccs：客户机命令规范。

=6：块下载。

b. scs：服务器命令规范。

=5：块下载。

c. s：大小指示器。

=0：不指出数据集的大小。

=1：指出数据集的大小。

d. cs：客户机子命令。

=0：启动下载的请求。

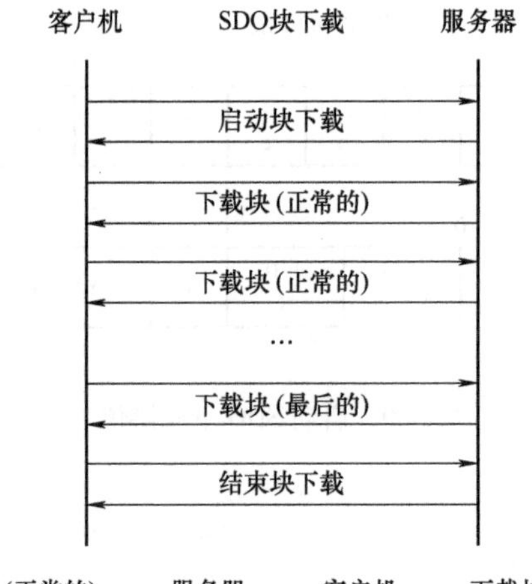

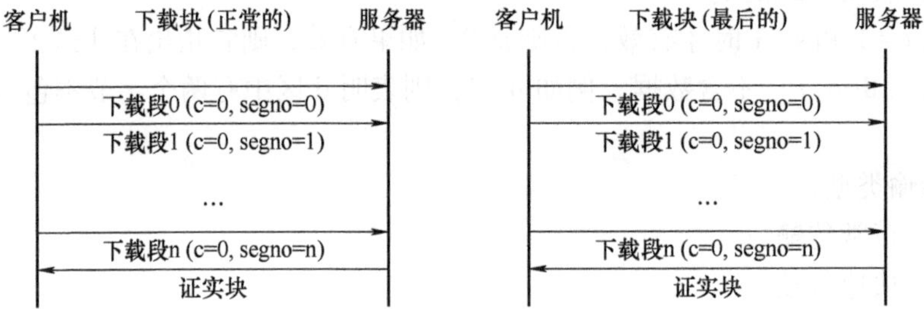

图 2-61　SDO 块下载协议

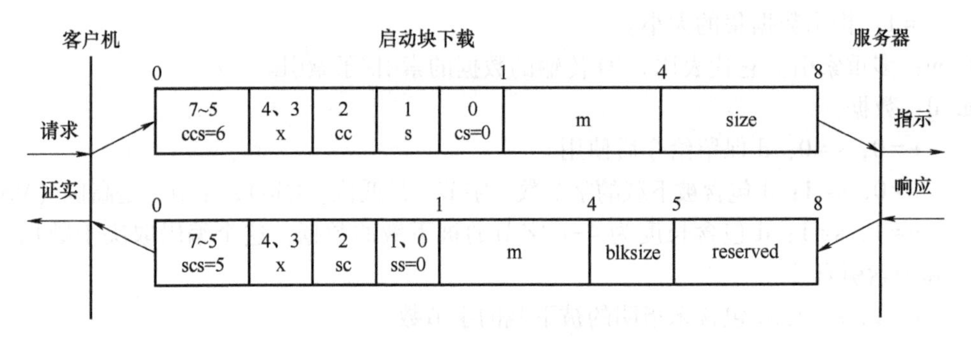

图 2-62　启动 SDO 块下载协议

e. ss：服务器子命令。

=0：启动下载的响应。

f. cc：客户机 CRC 的支持。

=0：客户机不支持产生对数据的 CRC。

=1：客户机支持产生对数据的 CRC。

g. m：它表示被 SDO 传输的数据的索引和子索引。

h. size：下载的字节数目。

s=0：size 保留给将来使用，总是为 0。

s=1：size 包含被下载的字节数目。

字节 4 是低位（LSB），字节 7 是高位（MSB）。

i. blksize：每一块包含的段数，0<blksize<128。

j. x：未使用，总是0。

k. reserved：保留给未来使用。总是为0。

⑤ 下载SDO块段的协议：如图2-63所示。

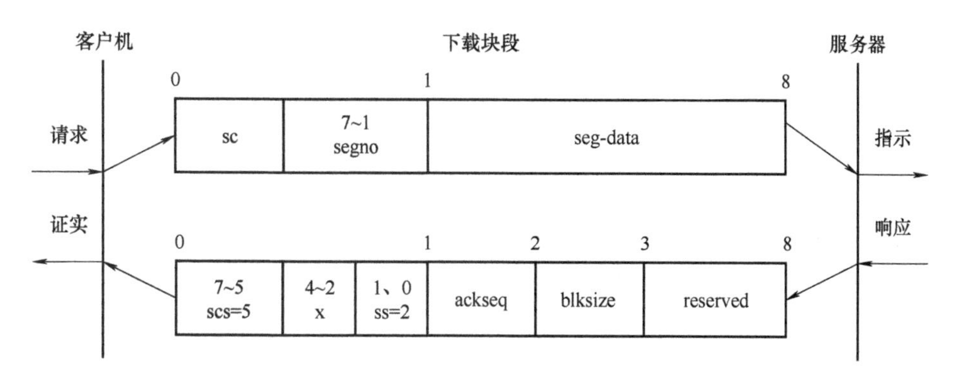

图2-63　下载SDO块段协议

a. scs：服务器命令规范。

=5：块下载。

b. ss：服务器子命令。

=2：块下载响应。

c. sc：指出是否还有要下载的段。

=0：有。

=1：无，进入结束SDO块下载阶段。

d. segno：段编号，0<segno<128。

e. seg-data：最多7B的段数据被下载。

f. ackseq：最后段的序号，是在最后块下载期间接收成功的段。如果ackseq置0，则服务器向客户机指出序号为1的段没有正确接收到，所有段必须由客户机重新发送。

g. blksize：每个块的段数目，它被客户机用作下一块的下载，0<blksize<128。

h. x：未使用，总是为0。

i. reserved：保留给未来使用。总是为0。

⑥ 结束SDO块下载协议：如图2-64所示。

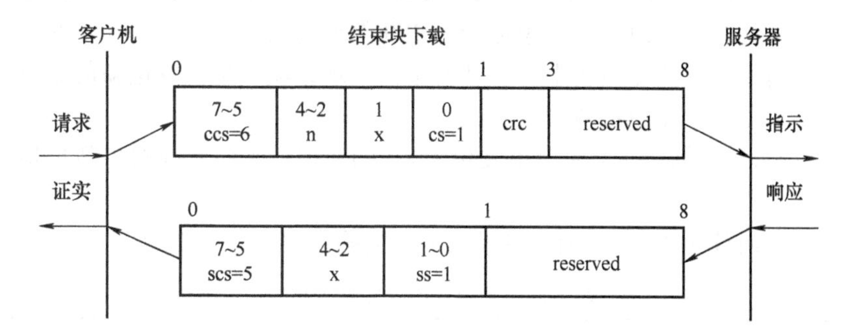

图2-64　结束SDO块下载协议

a. ccs：客户机命令规范。

=6：块下载。

b. scs：服务器命令规范。

=5：块下载。

c. cs：客户机子命令。

=1：结束块下载请求。

d. ss：服务器子命令。

=1：结束块下载响应。

e. n：指出最后一块的最后一段不包含数据的字节数目。字节［8-n,7］不包含段数据。

f. crc：整个数据集的16位循环冗余校验和（CRC）。只有当启动块下载时，cc和sc都置1，CRC才有效，否则CRC被置为0。

g. x：不使用，总是为0。

h. reserved（保留）：未来使用。总是为0。

（3）同步对象

同步对象是由SYNC生产者周期性地进行广播的。SYNC提供基本的网络时钟。SYNC之间的时间周期是由标准参数通信循环周期（对象1006H：通信循环周期）规定的，它可通过配置工具在引导过程期间写入应用设备。由于某些其他报文正好在SYNC之前发送，因此SYNC生产者反应时间相应地不是很准确，这里可能存在时间上的抖动（不稳定）。

为了保证定期访问CAN总线，给予了SYNC很高优先级的标识符（1005H）。那些同步运行的设备可利用SYNC对象使它们的时间同步于同步对象生产者。

SYNC的传输按照生产者/消费者的推模式进行。这个服务是无确认的。

SYNC不携带任何数据（L=0）。

SYNC对象的标识符位于对象索引1005H。

（4）时间标记对象（时间）

用时间标记对象的方式向设备提供一个公共时间帧参考。它包含了类型TIME_OF_DAY的值。时间对象的标识符位于对象索引1012H。

时间标记对象的传输按照生产者/消费者的推模式进行。这个服务是无确认的。

时间标记：时间标记对象包含时-分-秒6B。

（5）紧急状况对象（EMCY）

1）紧急状况对象的使用。紧急状况对象是由设备内部错误状态触发的，是由设备上的紧急报文生产者发送的。紧急状况对象适合于中断类型的错误报警。“每个错误”事件只发送一次紧急状况对象。只要在设备上没有新的错误出现，就不会再发送新的紧急报文。一个紧急报文可被0个或多个紧急消费者接收。

2）紧急状况对象数据。一个紧急报文包含8B的数据，紧急状况对象数据格式如表2-31所示。

紧急状况对象协议是生产者/消费者模式的，无确认服务（写EMCY报文）。

表2-31　紧急状况对象数据格式

字节	0	1	2	3	4	5	6	7
内容	紧急错误代码		错误寄存器对象100H	制造商特定错误域				

（6）网络管理对象

网络管理（NMT）面向节点和属于主/从结构。NMT 对象被用于执行 NMT 服务。通过 NMT 服务，节点被初始化、被启动和被监视、被复位或被停止。所有节点都被看作 NMT 的从机。一个 NMT 从机在网络中是用它的节点 ID 唯一被识别的，值的范围是 1~127。NMT 要求网络中的一个设备履行 NMT 主机的功能。

1）NMT 服务。

① 模式控制服务（Module Control Services）：通过模式控制服务，NMT 主机控制 NMT 从机的状态。这个状态的属性是 STOPPED、PRE-OPERATIONAL、OPERATIONAL、INITIALISING 中的一个。模式控制服务可由某个节点或所有节点同时执行。NMT 主机控制它自己的状态机通过本地服务，它们的实现是有条件的。模式控制服务除了启动远程节点外，还可被本地服务程序启动。该服务内容如下：

a. 启动远程节点（Start Remote Node）。

b. 停止远程节点（Stop Remote Node）。

c. 进入预运行（Enter Pre-Operational）。

d. 复位节点（Reset Node）。

e. 复位通信（Reset Communication）。

② 错误控制服务（Error Control Services）：通过错误控制服务，NMT 检测基于 CAN 网的故障。服务内容如下：

a. 节点监护事件（Node Guarding Event）。

b. 生命监护事件（Life Guarding Event）。

c. 心跳事件（Heartbeat Event）。

③ 引导服务：通过这项服务，NMT 从机会指示从启动态到预运行态的局部状态变化。

2）NMT 协议（只列举其中的几例）。

① 模式控制协议：以启动远程节点协议为例，如图 2-65 所示。

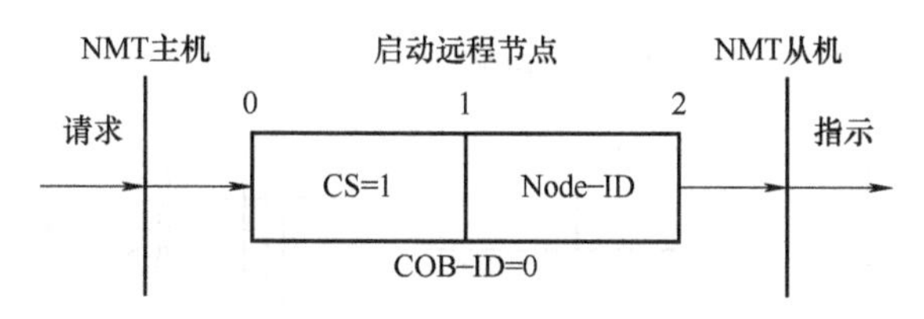

图 2-65　启动远程节点协议

② 错误控制协议：以节点监护协议和心跳协议为例，节点监护协议如图 2-66 所示。

a. s：NMT 从机的状态。

=4：停止。

=5：运行。

=127：预运行。

b. t：触发位。这个位值必须是在来自 NMT 从机的两个连续的响应之间变换。在监护协议起作用后，第一个响应的该触发位值是 0。在复位通信过后，监护协议中的这个触发位只是被复位为 0（没有其他的状态变化复位该触发位）。如果接收到一个响应，它有着和先前响应同样的触发位值，那么该新的响应会被视为它没有被接收到。

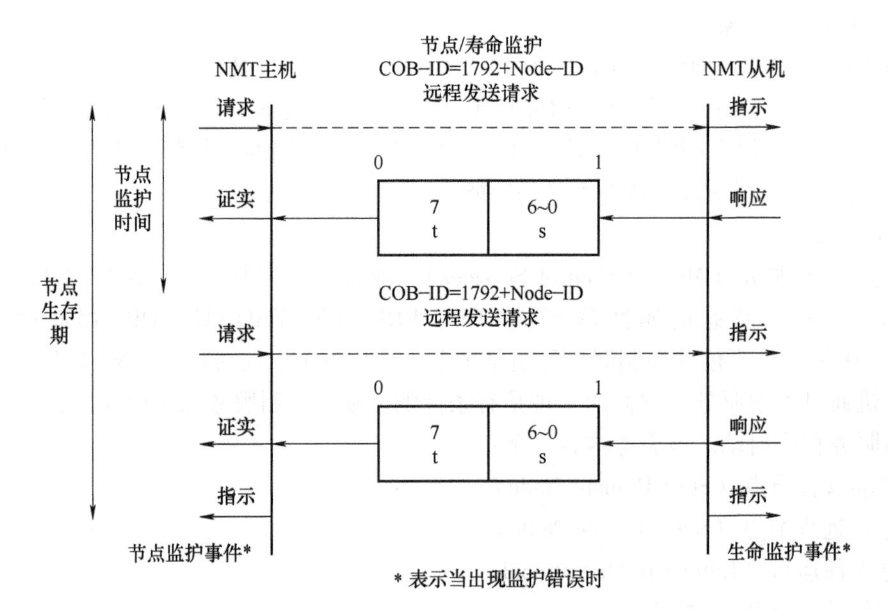

图 2-66　节点监护协议

NMT 主机以有规则的时间间隔查询每一个 NMT 从机。这个时间间隔称为监护时间，它对于每个 NMT 从机可能不同。NMT 从机的响应包含该从机的状态。节点的寿命等于监护时间乘以生命时间因数。不同 NMT 从机的节点寿命可以不同。如果 NMT 从机在它的生命期内没有得到查询，那么一个远程节点错误就会通过“生命监护事件”服务显现出来。如果 NMT 主机在节点生命期内没有接收到从节点的响应，或响应反映的状态与预期的不符，则主机会出现一个“节点监护事件”服务。

心跳协议（Heartbeat Protocol）如图 2-67 所示。

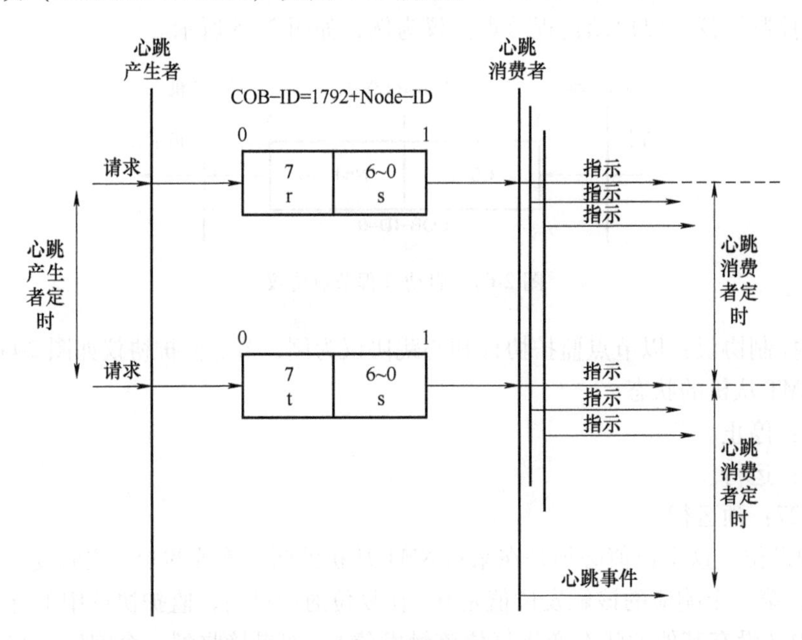

图 2-67　心跳协议

心跳协议定义了一个错误控制服务，不需要远程帧。心跳生产者循环地发送心跳报文。一个或更多个心跳消费者接收这个报文。生产者和消费者之间的关系可以通过对象字典配置。在心跳消费者期间内，心跳消费者监护心跳的接收。如果在心跳消费期间没有接收到心跳，就会产生一个心跳事件。

a. r：保留（永远是0）。

b. s：心跳生产者的状态。

=0：引导启动（Bootup）。

=4：被停止。

=5：运行。

=127：预运行。

如果在一个设备上配置了心跳生产者节拍（Time），则心跳协议就立即开始。如果一个设备启动时心跳生产者节拍不等于0，则从初始化到预运行的状态转换时心跳协议开始执行。在这种情况下，引导报文被看作第一个心跳报文。在同一时间，一个设备不允许同时使用错误控制机制监护协议和心跳协议。如果心跳生产者节拍不等于0，则心跳协议就被使用。

③ 引导协议（Boot-up Protocol）：引导协议（见图2-68）用来通知有一个NMT从机在初始化状态后已进入节点预运行状态。该协议使用与错误控制协议一样的标识符。传输的一个数据字节值为0。

3）网络初始化和系统引导。

① 初始化过程：网络初始化过程总体流程图如图2-69所示，它由NMT主机应用程序或配置应用程序控制。

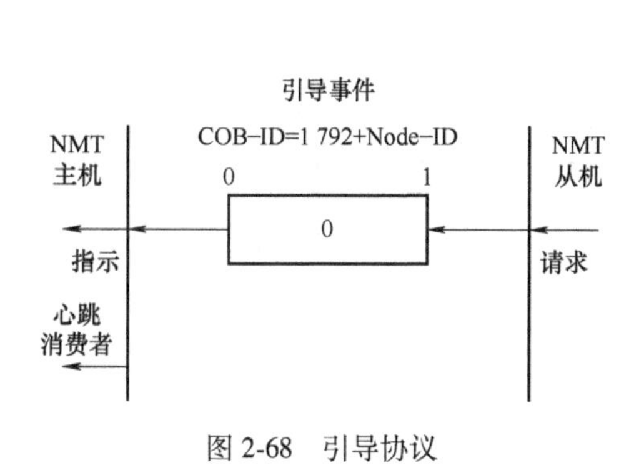

图2-68　引导协议

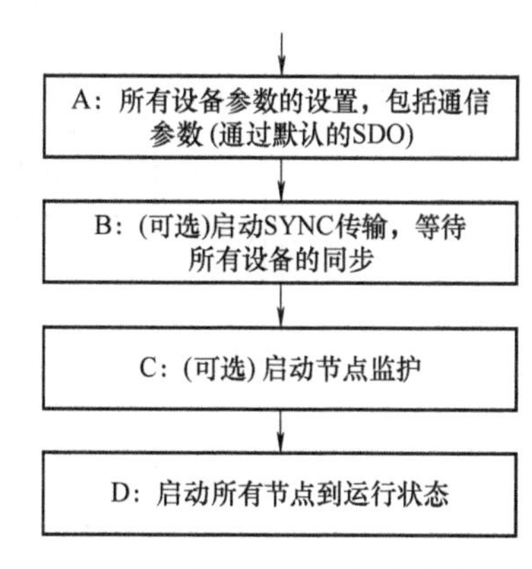

图2-69　网络初始化过程总体流程图

② NMT状态机：图2-70是一个设备状态示意图。设备在结束初始化后，直接进入预运行状态。在这个阶段可通过SDO进行设备参数化和ID分配（即使用配置程序），然后设备就可直接转换进入运行状态。

NMT状态机确定了通信功能单元的行为。应用程序状态机对NMT状态机的接合与设备有关，不在设备描述的范畴。最小引导—启动由一个CAN报文实现，即一个广播“启动远程节点”的报文。

NMT状态机有4种不同的状态，分别是初始化状态、预运行状态、运行状态和停止状态。

- 初始化状态。初始化状态被分成以下 3 个子状态，分别是“初始化”“复位应用程序”和“复位_通信”，目的是能够完全或部分地复位节点。“初始化”是上电复位或硬件复位后设备进入的第一个子状态。在结束基本节点初始化后，设备自动进入“复位应用程序”状态，制造商特定的描述参数和标准设备描述参数被设置为上电值，之后设备进入“复位_通信”状态，通信描述的参数被设置为上电值。在这之后，初始化结束，同时设备执行一个写引导—启动对象服务并进入预运行状态。上电值是最近保存的参数。如果不支持保存或不必执行，再或者如果复位在恢复默认命令（对象 1011H）之后，则这个上电值就是默认值，这是依照通信和设备的描述规范而定的。
- 预运行状态。在预运行状态可通过 SDO 通信，PDO 不存在，所以不允许 PDO 通信。PDO 的配置、设备参数和应用对象的分配（PDO 映射）可通过配置应用程序执行。
- 运行状态。在运行状态，所有通信对象都可以起作用。转换到运行状态就创建全部的 PDO，这个构造器使用的参数如对象字典中描述的那样。通过 SDO 可访问对象字典。应用程序状态机可以要求在运行时限制对某些对象的访问，一个对象可能包含的应用程序在运行时是不能改变的。
- 停止状态。通过把设备转换到停止状态，迫使全部停止通信（节点监护和心跳除外，如果它们是激活的话）。此外，这个状态可用来实现某个应用行为。这个行为的定义不在设备层的范畴。

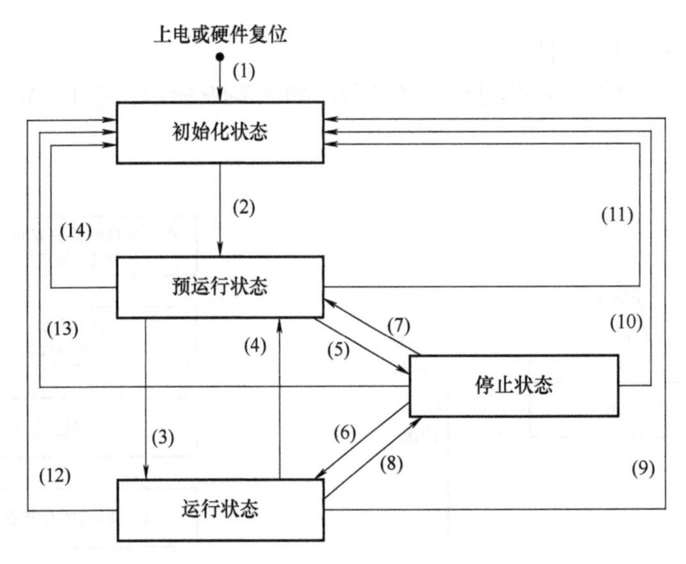

图 2-70　设备状态示意图

图 2-70 中，状态转换的触发点如表 2-32 所示。

表 2-32　图 2-70 中状态转换的触发点

序　号	说　明	序　号	说　明
(1)	上电时自动进入初始化状态	(5)、(8)	停止远程节点指示
(2)	初始化结束，自动进入预运行状态	(9) ~ (11)	复位节点指示
(3)、(6)	启动远程节点指示	(12) ~ (14)	复位通信指示
(4)、(7)	进入预运行状态指示		

NMT 状态机中通信状态和通信对象之间的关系如表 2-33 所示。对于列举的通信对象的服务，只有当涉及通信的设备处在适当的通信状态时才能执行。

表 2-33　NMT 状态机中通信状态和通信对象之间的关系

	初始化	预操作	操作	停止
PDO			√	
SDO		√	√	
同步对象		√	√	
时间标记对象		√	√	
紧急对象		√	√	
启动引导对象	√			
网络管理对象		√	√	√

引起状态转换的因素有：

- 接收到一个用作模式控制服务的 NMT 对象。
- 硬件复位。
- 模式控制服务局部地被应用事件启动，这些事件在设备描述中定义。

③ 预定义连接集：为了减少对简单网络配置的工作，定义了一种强制型默认标识符分配方式。这些标识符在初始化后，在预运行状态下直接可利用（若没有修改则被保存）。同步（SYNC）、时间戳（TIMESTAMP）、紧急事件（EMERGENCY）和 PDO 等对象可以利用新的标识符通过动态分配方式重建，仅仅是为了受支持的通信对象，一个设备必须提供相应的标识符。

预定义连接集支持一个紧急事件对象、一个 SDO、最多 4 个接收 PDO（RPDO）和 4 个发送 PDO（TPDO）以及 NMT 对象。表 2-34 和表 2-35 是预定义连接集的广播对象和点对点对象。

默认的总体 ID 分配方案（表 2-34 和表 2-35）包括功能部分，它确定了对象的优先级和节点的 ID 部分，它使得具有同样功能的设备之间可区分。这样可允许在单个主设备和多达 127 个从设备之间对等通信。它也支持无证实的 NMT 对象、SYNC 对象和时间标记对象的广播通信。广播是用节点 ID 为 0 来标识的。

表 2-34　预定义连接集的广播对象

对　　象	功能号	实际 COB-ID	通信参数引号
NMT	0000	0	—
SYNC	0001	128（80H）	1005H、1006H、1007H
TIMESTAMP	0010	256（100H）	1012H、1013H

表 2-35　预定义连接集的点对点对象

对　　象	功能号	实际 COB-ID	通信参数引号
EMERGENCY	0001	129（81H）~255（FFH）	1014H、1015H
PDO1（tx）	0011	385（181H）~511（1FFH）	1800H
PDO1（tx）	0100	513（201H）~639（27FH）	1400H
PDO2（tx）	0101	641（281H）~767（2FFH）	1801H
PDO2（tx）	0110	769（301H）~895（37FH）	1401H

（续）

对　　象	功能号	实际 COB-ID	通信参数引号
PDO3（tx）	0111	897（381H）~1023（3FFH）	1802H
PDO3（tx）	1000	1025（401H）~1151（47FH）	1402H
PDO4（tx）	1001	1153（481H）~1279（4FFH）	1803H
PDO4（tx）	1010	1281（501H）~1407（57FH）	1403H
SDO（tx）	1011	1409（581H）~1535（5FFH）	1200H
SDO（tx）	1100	1537（601H）~1663（67FH）	1200H
NMT Error Control	1110	1793（701H）~1919（77FH）	1016H、1017H

受限制的 COB-ID 如表 2-36 所示。受限制的 COB-ID 不能用作任何可配置的通信对象，也不能作为 SYNC、TIMESTAMP、EMCY、PDO 和 SDO。

表 2-36　受限制的 COB-ID

COB-ID	使用该 ID 的对象
0	NMT
1	保留
257（101H）~384（180H）	保留
1409（581H）~1535（5FFH）	默认 SDO（TX）
1537（601H）~1553（67FH）	默认 SDO（RX）
1760（6E0H）	保留
1793（701H）~1919（77FH）	NMT 错误控制
2020（780H）~2047（7FFH）	保留

7. 对象字典详解

（1）对象字典的一般结构

这一部分介绍对象字典的结构和条目，它们对于所有设备是一样的。对象字典条目的格式如表 2-37 所示。一个完整的对象字典包括 6 列。

表 2-37　对象字典条目格式

Index（Hex）索引	Object（Symbolic Name）对象（符号名）	Name 名称	Attribute 属性	Type 类型	M/O 强制/可选

下面对表 2-37 中的各列进行介绍：

① 索引列表示对象字典中对象的位置。它就是一种地址，联系着想要访问的数据域。子索引在此无规定。子索引用于反映一个复杂对象中的数据域，如一个数组或记录。

② 对象列包含的是对象的名称，它们根据表 2-38 得到，用于表示哪一类对象在对象字典中特殊的索引位置。

③ 名称列提供对特定对象功能的简单文本描述。

④ 属性列定义了对一个特定对象的访问权限，包括读/写（rw）、只读（ro）、只写（wo）、常量（const，只读）。

⑤ 类型列给出这个对象类型的有关信息。预定义的类型包括布尔型、浮点型、无符号整型、有符号整型、可显示/字节串、时间/日期型、时间差和域（DOMAIN）。它也包含了预定义的复杂数据类型 PDO 映射和可能的其他诸如制造商或设备的特征等，但是不能定义记录的记录、记录的数组或用数组作为记录域的记录。在对象是一个数组或一个记录的情况下，子索引用于表示对象中一个数据域的位置。

⑥ 强制/可选列定义对象是强制型还是可选型。一个强制型对象必须是在设备上实现的。一个可选型对象不需要在设备上实现。

表 2-38　对象字典的对象定义

对象名称	说　明	对象代码
NULL	没有数据段的字典条目	0
DOMAIN	数据量变化大，即可执行的程序代码	2
DEFTYPE	表示一个类型的定义，如 Boolen、Unsigned16、Float 等	5
DEFSTRUCT	定义一个新的记录类型，即在 21H 的 PDO 映射结构	6
VAR	单一的变量，如一个 Unsigned8、Boolean、Float、Integer16、Visible-String 等	7
ARRY	数组，子索引 0 不是数组数据部分	8
RECORD	记录，子索引 0 不是记录数据部分	9

（2）字典成分

对象字典说明如表 2-39 所示。

表 2-39　对象字典说明

索引	对　象	说　明	索引	对　象	说　明
0001	DEFTYPE	Boolean	0021	DEFSTRUCT	PDO_MPPING
0002	DEFTYPE	Integer8	0022	DEFSTRUCT	SDO_PARAMMENT
0003	DEFTYPE	Integer16	0023	DEFSTRUCT	IDENTITY
⋮			0040~0045	DEFSTRUCT	Manufacturer Specific Comlex Data Types
0007	DEFTYPE	Unsigned32			
0008	DEFTYPE	REAL32	0060~007F	DEFTYPE	Device Profile 0 Standard Data Types
0009	DEFTYPE	Visible_String	0080~009F	DEFSTRUCT	Device Profile 0 Comlex Data Types
⋮			⋮		
000C	DEFTYPE	TIME_OF_DAY	0020~023F	DEFTYPE	Device Profile 7 Standard Data Types
000D	DEFTYPE	TIME_DIFFERENCE			
⋮			0240~025F	DEFSTRUCT	Device Profile 7 Comlex Data Types
001B	DEFTYPE	Unsigned64			
0020	DEFSTRUCT	PDO_COMMUNICATION_PARAMMENT	⋮		

索引 0001H～001FH 包括了标准的数据类型；0020H～0023H 包含预定义复杂数据类型（分别是 PDO 通信参数、PDO 映射、SDO 参数、身份）；0024H～003FH 还无定义，保留给将来标准数据结构。索引 0040H～005FH 留给制造商用于定义复杂数据类型；0060H～007FH 包含设备特征的标准数据类型，0080H～009FH 是定义设备特征的复杂数据类型；00A0H～0025FH 保留给多重设备模型描述的数据类型定义，类似于 0060H～009FH 的条目（其中，0060H～007FH 是第 0 号设备文档规范的标准数据类型，0080H～009FH 是第 0 号设备文档规范的复杂数据类型）；0360H～0FFFH 保留给将来可能的增加内容。1000H～1FFFH 包含的是通信特殊对象字典条目，这些参数称为通信条目，它们的规定对所有设备类型都是一样的，不管它们使用的设备特征如何；范围 2000H～5FFFH 留给制造商用于特殊的特征定义；范围 6000H～9FFFH 包含标准化设备特征参数；A000H～FFFFH 保留给将来用。

例如，在索引为 0020H 的条目中描述了 PDO 通信参数的结构，如表 2-40 所示（见对象 1400H～1500H）。

PDO 通信参数、PDO 映射参数、SDO 参数和身份记录规格分别如表 2-40～表 2-43 所示。

表 2-40　PDO 通信参数记录规格

索　引	子 索 引	在 PDO 通信参数记录中的域	数 据 类 型
0020H	0H	该记录包含的条目数量	Unsigned8
	1H	COB-ID	Unsigned32
	2H	发送类型	Unsigned8
	3H	禁止时间	Unsigned16
	4H	保留	Unsigned8
	5H	事件定时器	Unsigned16

表 2-41　PDO 映射参数记录规格

索　引	子 索 引	在 PDO 通信参数记录中的域	数 据 类 型
0021H	0H	在 PDO 中映射对象的数目	Unsigned8
	1H	被映射的第 1 个对象	Unsigned32
	2H	被映射的第 2 个对象	Unsigned32
	⋮	⋮	⋮
	40H	被映射的第 64 个对象	Unsigned32

表 2-42　SDO 参数记录规格

索　引	子 索 引	在 PDO 通信参数记录中的域	数 据 类 型
0022H	0H	在记录中包含条目的数	Unsigned8
	1H	COB-ID 从机→服务器	Unsigned32
	2H	COB-ID 服务器→从机	Unsigned32
	3H	响应服务器的 SDO 从机的节点 ID	Unsigned8

表 2-43 身份记录规格

索引	子索引	在PDO通信参数记录中的域	数据类型
0023H	0H	包含的条目数量	Unsigned8
	1H	厂商—ID	Unsigned16
	2H	生产代码	Unsigned32
	3H	修正版号	Unsigned32
	4H	序列号	Unsigned32

(3) 通信文档规范

在这部分对特定的通信对象列出详细的描述格式和内容，并详细描述了索引号从1000H开始的通信字典条目，每一项有两组内容，如表2-44和表2-45所示。

表 2-44 对象描述的格式

索引	文档索引编号
名称	参数名称
对象代码	变量分类
数据类型	数据类型分类
类别	可选或必需

表 2-45 对象条目描述格式

子索引	子索引编号（只用于数组、记录和结构）
描述	子索引的名称（只用于数组、记录和结构）
数据类型	数据类型分类（只用于记录和结构）
条目类别	规定在对象存在时，该条目是可选的还是必需的
访问	只读（ro）、读/写（rw）、只写（wo）、常量。在操作状态可能限制对对象字典的访问，如设置为只读
PDO映射	选择/默认/无：这个对象是否映射到PDO的可能情况
值的范围	值的可能范围，或全范围的数据类型名称
默认值	无：不由这个规范定义 值：设备初始化后一个对象的默认值

这些对象索引号和名称列举如下。

对象1000H：设备类型（Device Type）。

对象1001H：错误记录（Error Register）。

对象1002H：制造商情况记录（Manufacturer Status Register）。

对象1003H：预定义错误域（Pre-defined Error Field）。

对象1005H：SYNC报文的COB-ID（COB-ID SYNC Message）。

对象1006H：通信循环周期（Communication Cycle Period）。

对象1007H：同步窗口长度（Synchronous Window Length）。

对象 1008H：制造商设备名称（Manufacturer Device Name）。

对象 1009H：制造商硬件版本（Manufacturer Hardware Version）。

对象 100AH：制造商软件版本（Manufacturer Software Version）。

对象 100CH：监护时间（Guard Time）。

对象 100DH：寿命因子（Life Time Factor）。

对象 1010H：保存参数（Store Parameters）。

对象 1011H：恢复默认参数（Restore Default Parameters）。

对象 1012H：时间标记 COB-ID（COB-ID Time Stamp Object）。

对象 1013H：高分辨率时间标记（High Resolution Time Stamp）。

对象 1014H：紧急对象 COB-ID（COB-ID Emergency Object）。

对象 1015H：紧急报文禁止时间（Inhibit Time EMCY）。

对象 1016H：消费者心跳节拍（Consumer Heartbeat Time）。

对象 1017H：生产者心跳节拍（Producer Heartbeat Time）。

对象 1018H：身份标志对象（Identity Object）。

对象 1200H~127FH：服务器 SDO 参数（Server SDO Parameter）。

对象 1280H~12FFH：从机 SDO 参数（Client SDO Parameter）。

对象 1400H~15FFH：接收 PDO 通信参数（Receive PDO Communication Parameter）。

对象 1600H~17FFH：接收 PDO 映射参数（Receive PDO Mapping Parameter）。

对象 1800H~19FFH：发送 PDO 通信参数（Transmit PDO Communication Parameter）。

对象 1A00H~1BFFH：发送 PDO 映射参数（Transmit PDO Mapping Parameter）。

本章小结

作为工业通信网络中的主流技术之一的 CAN 总线已经广泛应用于汽车电子、工业现场控制等众多领域。本章在讲述了 CAN 总线发展与特点后，详细介绍了定义 CAN 总线网络的底层、目前广为 CAN 控制器件支持的 CAN 2.0B 规范；在此基础之上，介绍了能执行这个规范的专门器件（即 CAN 控制器与收发器）；接下来讲述了利用上述器件设计 CAN 节点的思路；为组建完整的 CAN 总线系统并进一步增强 CAN 总线网络的开放性和标准性，基于 CAN 网络的高层协议应运而生，最后本章对在工业自动控制领域应用范围较广的 CANopen 标准进行了详细的介绍。

习　题

1. 使用图示说明 CAN 总线系统中点到点通信的主要环节，哪几个环节与初始化有关？以任一款通信控制器为例介绍 CAN 2.0A 协议规范的相关初始化细节。

2. 使用图示说明 CAN 总线系统的通信节点滤波环节的作用和实现机制，比较 CAN 2.0A 和 CAN 2.0B 滤波环节差异。

3. 论述基于 CAN 总线的网络化控制系统的通信实时确定性的解决方法和实现技术，以一个实际的应用案例加以说明。

4. 论述基于 CAN 总线的网络化控制系统的通信故障容错的解决方法和实现技术，要求从通信控制器芯片、节点及系统 3 个层次进行深入说明。

第3章 PROFIBUS总线技术及其应用

PROFIBUS 是 Process Fieldbus 的缩写，是由 Siemens 等公司组织开发的一种国际化的、开放的、不依赖于设备生产商的现场总线标准。其成为欧洲的现场总线标准（DIN 19245 和 EN 50170），并于2000 年成为 IEC 61158 国际现场总线标准之一，2001 年成为我国的机械行业标准 JB/T 10308. 3—2001。

3.1 PROFIBUS 概述

PROFIBUS 由 3 个兼容部分组成，即 PROFIBUS-DP、PROFIBUS-PA、PROFIBUS-FMS。

1）PROFIBUS-DP：用于传感器和执行器级的高速数据传输，其传输速率可达 12Mbit/s，一般构成单主站系统，主站、从站间采用循环数据传输方式工作。

它的设计旨在用于设备一级的高速数据传输。在这一级，中央控制器（如 PLC/PC）通过高速串行线与分散的现场设备（如 I/O、驱动器、阀门等）进行通信。同这些分散的设备进行数据交换多数是周期性的。

2）PROFIBUS-PA：对于安全性要求较高的场合，制定了 PROFIBUS-PA 协议。PROFIBUS-PA 具有本质安全特性，它实现了 IEC 61158-2 规定的通信规程。

PROFIBUS-PA 是 PROFIBUS 的过程自动化解决方案，PROFIBUS-PA 将自动化系统和过程控制系统与现场设备（如压力、温度和液位变送器等）连接起来，代替了 4~20mA 模拟信号传输技术，在现场设备的规划、敷设电缆、调试、投入运行和维修等方面可节约成本40%之多，并大大提高了系统功能和安全可靠性，因此 PROFIBUS-PA 尤其适用于石油、化工、冶金等行业的过程自动化控制系统。

3）PROFIBUS-FMS：它的设计旨在解决车间一级的通用性通信任务，PROFIBUS-FMS 提供大量的通信服务，用于完成以中等传输速率进行的循环和非循环的通信任务。由于它可完成控制器和智能现场设备之间的通信，以及控制器之间的信息交换，因此它考虑的主要是系统的功能，而不是系统的响应时间，应用过程通常要求的是随机的信息交换（如改变设定参数等）。强有力的 PROFIBUS-FMS 服务向人们提供了广泛的应用范围和更大的灵活性，可用于大范围和复杂的通信系统。

为了满足苛刻的实时要求，PROFIBUS 协议具有如下特点：

1）不支持长度大于 235B 的信息段（实际最大长度为 255B，数据最大长度为 244B，典型长度为 120B）。

2）不支持短信息组块功能。由许多短信息组成的长信息包不符合短信息的要求，因此

PROFIBUS 不提供这一功能（实际使用中可通过应用层/用户层的制定或扩展来克服这一约束）。

3）本规范不提供由网络层支持运行的功能。

4）除规定的最小组态外，根据应用需求可以建立任意的服务子集。这对小系统（如传感器等）尤其重要。

5）其他功能是可选的，如口令保护方法等。

6）网络拓扑是总线型，两端带终端器或不带终端器。

7）介质、距离、站点数取决于信号特性，如对于屏蔽双绞线，单段长度小于或等于 1.2km，不带中继器，每段 32 个站点。网络规模：双绞线，最大长度为 9.6km；光纤，最大长度为 90km；最大站点数为 127 个。

8）传输速率取决于网络拓扑和总线长度，从 9.6kbit/s~12Mbit/s 不等。

9）可选第二种介质（冗余）。

10）在传输时使用半双工、异步、滑差（Slipe）保护同步（无位填充）。

11）对于报文数据的完整性，使用海明距离（HD=4）、同步滑差检查和特殊序列，以避免数据的丢失和增加。

12）地址定义范围为 0~127（对广播和群播而言，127 是全局地址），对区域地址、段地址的服务存取地址（链路服务存取点，LSAP）的地址扩展，每个 6bit。

13）使用两类站：主站（主动站，具有总线存取控制权）和从站（被动站，没有总线存取控权）。如果对实时性要求不苛刻，最多可用 32 个主站，总站数可达 127 个。

14）总线存取基于混合、分散、集中 3 种方式，主站间用令牌传输，主站与从站之间用主—从方式。令牌在由主站组成的逻辑令牌环中循环。如果系统中仅有一个主站，则不需要令牌传输。最小的系统配置由一个主站和一个从站或两个主站组成。

15）数据传输服务有两类。

① 非循环的：有/无应答要求的发送数据；有应答要求的发送数据和请求数据。

② 循环的（轮询）：有应答要求的发送数据和请求数据。

PROFIBUS 广泛应用于制造业自动化领域、流程工业自动化领域，以及楼宇、交通、电力等其他自动化领域，PROFIBUS 的典型应用如图 3-1 所示。

PROFIBUS 通信参考模型如图 3-2 所示，遵从 ISO/OSI 参考模型标准，只用了 ISO/OSI 参考模型的部分层。

从图 3-2 中可以看出，PROFIBUS 协议采用了 ISO/OSI 模型中的第 1、2 层，必要时还采用第 7 层。第 1 层及第 2 层的导线及传输协议依据美国标准 EIA RS 485、国际标准 IEC 870-5-1 和欧洲标准 EN 60870-5-1，总线存取程序、数据传输和管理服务基于 IEC 955 标准。管理功能（FMA7）采用 ISO DIS 7498-4（管理框架）的概念。

PROFIBUS-DP 使用第 1 层、第 2 层和用户接口层，第 3~7 层未用，这种精简的结构确保高速数据传输。物理层采用 RS 485 标准，规定了传输介质、物理连接和电气等特性。PROFIBUS-DP 的数据链路层称为现场总线数据链路（Fieldbus Data Link，FDL）层，包括与 PROFIBUS-FMS、PROFIBUS-PA 兼容的总线介质访问控制（MAC）以及现场总线链路控制（Fieldbus Link Control，FLC），FLC 向上层提供服务存取点的管理和数据的缓存。第 1 层和第 2 层的现场总线管理（FieldBus Management layer 1 and 2，FMA 1/2）完成第 1 层参数的设定和第 2 层待定总线参数的设定，它还完成这两层出错信息的上传。PROFIBUS-DP 的用

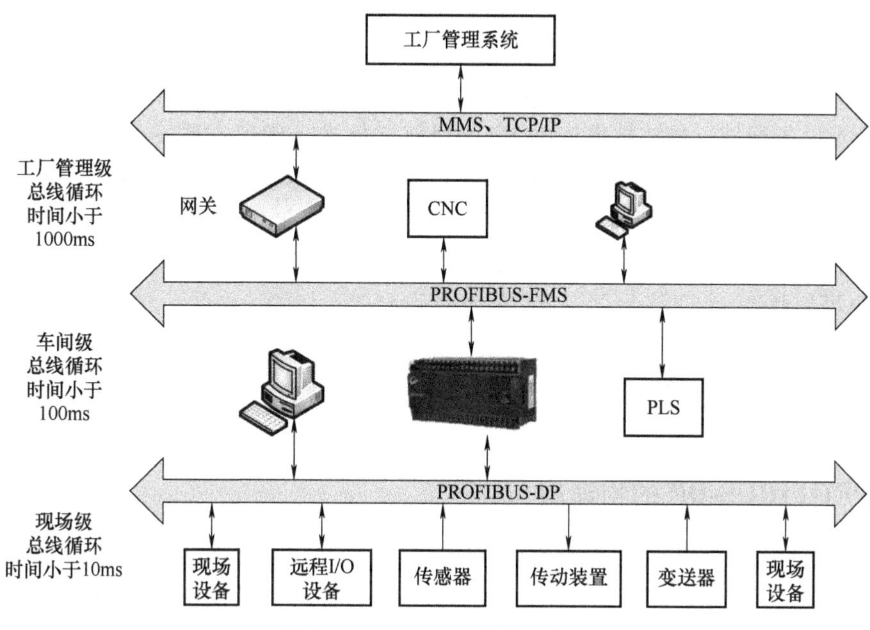

图 3-1　PROFIBUS 的典型应用

用户层	DP设备行规 基本功能：扩展功能 DP用户接口：直接数据链路映像程序 DDLM	应用层接口 ALI	PA设备行规 基本功能：扩展功能 DP用户接口：直接数据链路映像程序 DDLM
第7层（应用层）	↕	应用层 现场总线数据帧规范 FSM 底层接口 (LLI)	↕
第3~6层		未使用	
第2层（数据链路层）	数据链路层 现场总线数据链路 FDL	数据链路层 现场总线数据链路 FDL	IEC接口
第1层（物理层）	物理层 (RS 485/光纤)	物理层 (RS 485/光纤)	IEC 1158-2

图 3-2　PROFIBUS 通信参考模型

户层包括直接数据链路映射（Direct Data Link Mapper，DDLM）、DP 的基本功能、扩展功能以及设备行规。DDLM 提供了方便访问 FDL 的接口，DP 设备行规是对用户数据含义的具体说明，规定了各种应用系统和设备的行为特性。这种为高速传输用户数据而优化的 PROFIBUS 协议特别适用于可编程控制器与现场级分散 I/O 设备之间的通信。

PROFIBUS-FMS 使用了第 1 层、第 2 层和第 7 层。应用层（第 7 层）包括 FMS（现场总线报文规范）和低层接口（LLI）。FMS 包含应用协议和提供的通信服务。LLI 建立各种类型的通信关系，并为 FMS 提供对第 2 层的不依赖于设备的访问。FMS 处理单元级（PLC 和 PC）的数据通信。功能强大的 FMS 服务可在广泛的应用领域内使用，并为解决复杂通信任务提供了很大的灵活性。PROFIBUS-DP 和 PROFIBUS-FMS 使用相同的传输技术和总线存取协议，因此它们可以在同一根电缆上同时运行。

PROFIBUS-PA 使用扩展的 PROFIBUS-DP 协议进行数据传输。此外，它执行规定现场设备特性的 PA 设备行规。传输技术依据 IEC 61158-2 标准，确保本质安全和通过总线对现场设备供电。使用段耦合器可将 PROFIBUS-PA 设备很容易地集成到 PROFIBUS-DP 网络之中。PROFIBUS-PA 是为达到过程自动化工程中的高速、可靠的通信要求而特别设计的。用 PROFIBUS-PA 可以把传感器和执行器连接到通常的现场总线（段）上，即使防爆区域的传感器和执行器也可如此。

3.2 PROFIBUS-DP 通信协议

3.2.1 PROFIBUS-DP 的物理层

PROFIBUS 的物理层定义传输介质以适应不同的应用，包括长度、拓扑、总线接口、站点数和通信速率等。PROFIBUS-DP 主要的传输介质有屏蔽双绞线和光纤两种，目前屏蔽双绞线以其简单、低成本、高速率等特点成为市场主流，因此本书主要介绍以屏蔽双绞线为介质的传输介质。

1. 拓扑结构

PROFIBUS-DP 的拓扑结构主要有总线型和树形两种。

（1）总线型拓扑结构

在总线型拓扑结构中，PROFIBUS 系统是一个两端有有源终端器的线性总线结构，也称为 RS 485 总线段，如图 3-3 所示。在一个总线段上最多可连接 32 个站点。当需要连接的站点超过 32 个时，必须将 PROFIBUS-DP 系统分成若干个总线段，使用中继器连接各个总线段。

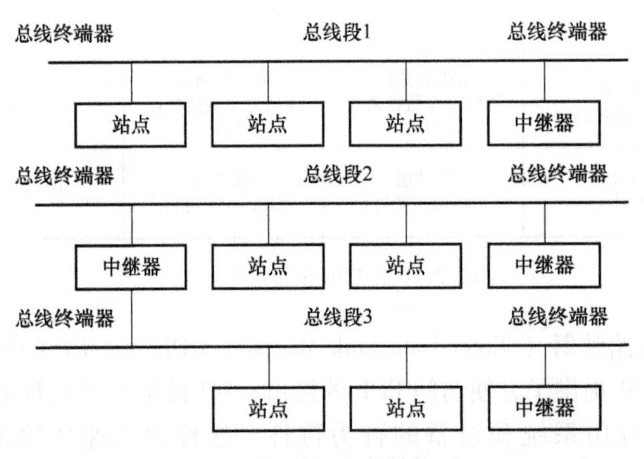

图 3-3　总线型拓扑结构图

根据 RS 485 标准，在数据线 A 和 B 的两端均加接总线终端器。PROFIBUS-DP 的总线终端器包含一个下拉电阻（与数据基准电位 DGND 相连接）和一个上拉电阻（与供电正电压 VP 相连接），如图 3-4 所示。当在总线上没有站点发送数据时，也就是说，两个数据帧之间总线处于空闲状态时，这两个电阻可以确保在总线上有一个确定的空闲电平。几乎在所有标准的 PROFIBUS-DP 总线连接器上都组合了所需要的总线终端器，而且可以由跳接器或开关来启动。

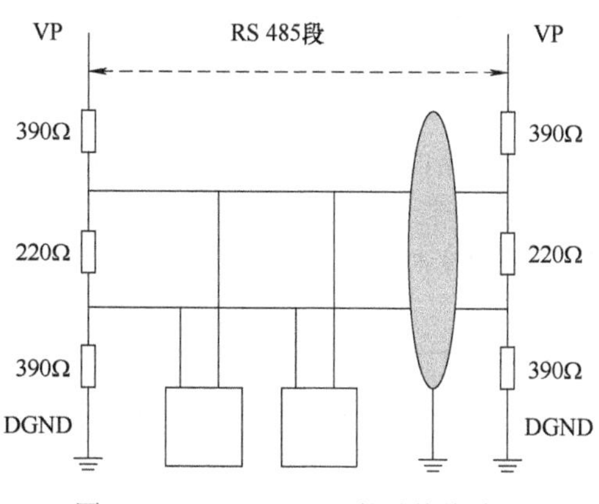

图 3-4　PROFIBUS-DP 的总线终端器

中继器也称为线路放大器，用于放大传输信号的电平。采用中继器可以增加线缆长度和所连接的站点数，两个站点之间最多允许采用 3 个中继器。如果数据通信速率小于或等于 93.75kbit/s，且链接的区域形成一条链（总线型拓扑），并假定导线的横截面积为 0.22mm²，则最大允许的拓扑如下所述。

1）一个中继器：2.4km，62 个站点。

2）两个中继器：3.6km，92 个站点。

3）3 个中继器：4.8km，122 个站点。

中继器也是一个负载，因此在一个总线段内，中继器也计数为一个站点，可运行的最大总线站点数就减少一个，但中继器并不占用逻辑的总线地址。

（2）树形拓扑结构

在树形拓扑结构（见图 3-5）中可以用多于 3 个中继器，并可连接多于 122 个站点。这种拓扑结构可以覆盖很大的一个区域，例如，在通信速率低于 93.75kbit/s 且导线的横截面积为 0.22mm²时，总线长度可达 4.8km。

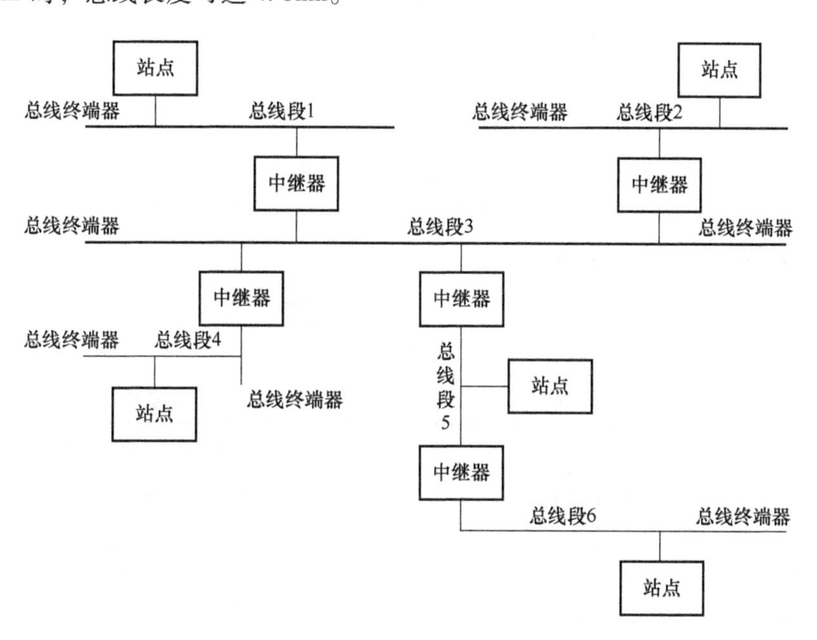

图 3-5　树形拓扑结构图

2. 电气特性

PROFIBUS-DP 规范将 NRZ 位编码与 RS 485 信号结合，目的是降低总线耦合器成本，耦合器可以使站与总线之间电气隔离或非电气隔离；PROFIBUS-DP 需要总线终端器，特别是在较高数据通信速率（达到 1.5Mbit/s）时。

PROFIBUS-DP 规范描述了平衡的总线传输。双绞线两端的终端器使得 PROFIBUS-DP 的物理层支持高速数据传输，可支持 9.6kbit/s、19.2kbit/s、45.45kbit/s、93.75kbit/s、187.5kbit/s、500kbit/s、1.5Mbit/s、3Mbit/s、6Mbit/s 及 12Mbit/s 等通信速率。

整个网络的长度以及每个总线段的长度都与通信速率有关，例如，通信速率小于或等于 93.75kbit/s 时，最大电缆长度为 1200m；对于 1.5Mbit/s 的速度，最大长度会减到 200m。不同通信速率对应的最大总线段长度及网络最大延伸长度如表 3-1 所示。

表 3-1　不同通信速率对应的网络及总线段长度

通 信 速 率	最大总线段长度/m	网络最大延伸长度/m
9.6kbit/s	1200	6000
19.2kbit/s	1200	6000
45.45kbit/s	1200	6000
93.75kbit/s	1200	6000
187.5kbit/s	1000	5000
500kbit/s	400	2000
1.5Mbit/s	200	1000
3Mbit/s	100	500
6Mbit/s	100	500
12Mbit/s	100	500

3. 连接器

国际性的 PROFIBUS 标准 EN 50170 推荐使用 9 针 D 形连接器，用于总线站与总线的相互连接。D 形连接器的插座与总线站相连接，而 D 形连接器的插头与总线电缆相连接。9 针 D 形连接器的针脚分配如表 3-2 所示。

表 3-2　9 针 D 形连接器的针脚分配

针 脚 号	信 号 名 称	设 计 含 义
1	SHIELD	屏蔽地
2	M24	24V 输出电压的地（辅助电源）
3	RXD/TXD-P①	接收/发送数据—正，B 线
4	CNTR-P	方向控制信号 P
5	DGND①	数据基准电位（地）
6	VP①	供电电压—正
7	P24	24V 输出电压（辅助电源）
8	RXD/TXD-N①	接收/发送数据—负，A 线
9	CMTR-N	方向控制信号 N

①：该类信号是强制性的，必须使用。

当总线系统运行的通信速率大于 1.5Mbit/s 时，由于所连接的站的电容性负载会引起导线反射，因此必须使用附加轴向电感的总线连接插头。

4. 电缆

PROFIBUS-DP 总线的主要传输介质是一种屏蔽双绞线电缆，屏蔽有助于改善电磁兼容性。如果没有严重的电磁干扰，也可以使用无屏蔽的双绞线电缆。

PROFIBUS-DP 电缆的特征阻抗应在 100~200Ω 范围内，电缆的电容应小于 60pF，导线的横截面积应大于或等于 0.22mm^2。PROFIBUS-DP 电缆的具体技术规范如表 3-3 所示。

表 3-3　PROFIBUS-DP 电缆的具体技术规范

电缆参数名称	参　数　值
阻抗	135~165Ω（f=3~20MHz）
电容	<30pF
电阻	<110Ω
导体横截面积	≥0.34mm^2
非 IS 护套的颜色	紫色
IS 护套的颜色	蓝色
内部电缆导体 A 的颜色（RxD/TxD-N）	绿色
内部电缆导体 B 的颜色（RxD/TxD-P）	红色

3.2.2　PROFIBUS-DP 的数据链路层

根据 ISO/OSI 参考模型，PROFIBUS-DP 的数据链路层规定了介质访问控制、数据安全性以及传输协议和数据帧的处理。在 PROFIBUS-DP 中，数据链路层称为 FDL（现场总线数据链路层）。

1. 系统组成

PROFIBUS-DP 总线系统设备包括主站（主动站，有总线访问控制权，包括 1 类主站和 2 类主站）和从站（被动站，无总线访问控制权）。当主站获得总线访问控制权（令牌）时，它能占用总线，可以传输报文，而从站仅能应答所接收的报文或在收到请求后传输数据。

（1）1 类主站

1 类 DP 主站能够对从站设置参数，检查从站的通信接口配置，读取从站诊断报文，并根据已经定义好的算法与从站进行用户数据交换。1 类主站还能用一组功能与 2 类主站进行通信，所以 1 类主站在 DP 通信系统中既可作为数据的请求方（与从站的通信），也可作为数据的响应方（与 2 类主站的通信）。

（2）2 类主站

在 PROFIBUS-DP 系统中，2 类主站是一个编程器或一个管理设备，具有 DP 系统的管理与诊断功能。

（3）从站

从站是 PROFIBUS-DP 系统通信中的响应方，它不能主动发出数据请求。DP 从站可以与2类主站（对其设置参数并完成对其通信接口的配置）或1类主站进行数据交换，并向主站报告本地诊断信息。

2. 系统结构

一个DP系统既可以是一个单主站结构，也可以是一个多主站结构。主站和从站采用统一编址方式，可选用0~127共128个地址，其中，127为广播地址。一个PROFIBUS-DP网络最多可以有127个主站。当应用实时性要求较高时，主站个数一般不超过32个。

单主站结构是指网络中只有一个主站，且该主站为1类主站，网络中的从站都隶属于这个主站，从站与主站进行主从数据交换。

多主站结构是指在一条总线上连接几个主站，主站之间采用令牌传递方式获得总线控制权，获得令牌的主站和其控制的从站之间进行主从数据交换。总线上的主站和各自控制的从站构成多个独立的主从结构子系统。

典型DP系统的组成结构如图3-6所示。

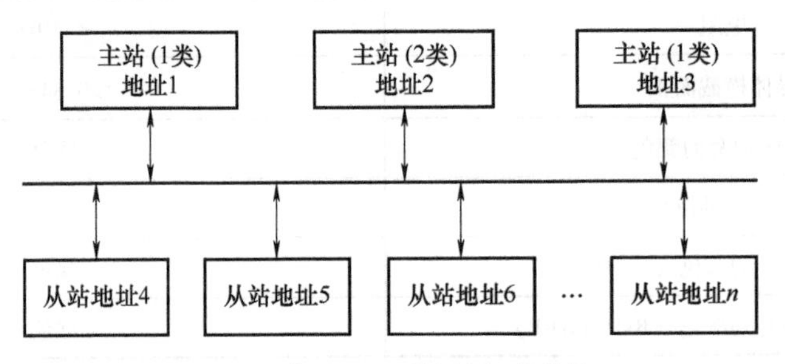

图3-6 典型DP系统的组成结构

3. 总线访问控制

PROFIBUS-DP系统的总线访问控制要保证两个方面的需求：一方面，总线主站节点必须在确定的时间范围内获得足够的机会来处理它自己的通信任务；另一方面，主站与从站之间的数据交换必须快速且有很少的协议开销。

DP系统支持使用混合的总线访问控制机制，主站之间采取令牌控制方式，令牌在主站之间传递，拥有令牌的主站拥有总线访问控制权；主站与从站之间采取主从的控制方式，主站具有总线访问控制权，从站仅在主站要求它发送信息时才可以使用总线。

当一个主站获得了令牌后，它就可以执行主站功能，与其他主站节点或所控制的从站节点进行通信。总线上的报文用节点地址来组织，每个PROFIBUS主站节点和从站节点都有一个地址，而且此地址在整个总线上必须是唯一的。

在PROFIBUS-DP系统中，这种混合总线访问控制方式允许如下的系统配置：

1）纯主—主系统（执行令牌传递过程）。

2）纯主—从系统（执行主—从数据通信过程）。

3）混合系统（执行令牌传递和主—从数据通信过程）。

（1）令牌传递过程

连接到DP网络的主站按节点地址的升序组成一个逻辑令牌环。控制令牌按顺序从一个主站传递到下一个主站。令牌提供访问总线的权利，并通过特殊的令牌帧在主站间传递。具有HAS（Highest Address Station，最高站地址）的主站将令牌传递给具有最低总线地址的主站，以使逻辑令牌环闭合。

令牌经过所有主站节点轮转一次所需的时间称为令牌循环时间（Token Rotation Time）。

现场总线系统中，令牌轮转一次所允许的最大时间称为目标令牌循环时间（Target Token Rotation Time，TTRT），其值是可调整的。

在系统的启动总线初始化阶段，总线访问控制通过辨认主站地址来建立令牌环，并将主站地址都记录在活动主站表（List of Active Master Stations，LAS，记录系统中的所有主站地址）中。对于令牌管理而言，有两个地址概念特别重要：前驱站（Previous Station，PS）地址，传递令牌给自己的站的地址；后继站（Next Station，NS）地址，将要传递令牌的目的站地址。在系统运行期间，为了从令牌环中去掉有故障的主站或在令牌环中添加新的主站而不影响总线上的数据通信，需要修改 LAS。纯主—主系统中的令牌传递过程如图 3-7 所示。

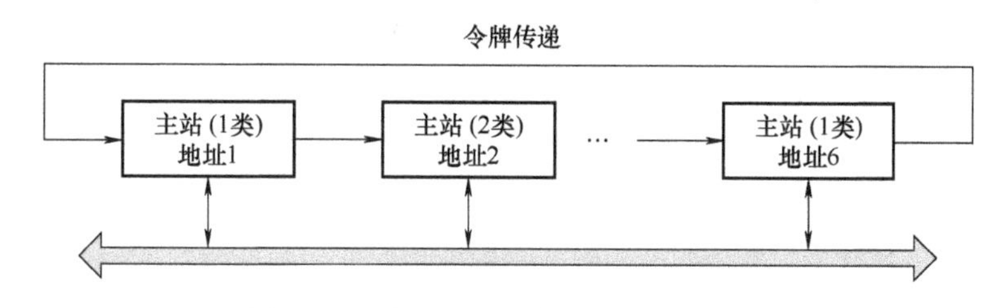

图 3-7　纯主—主系统中的令牌传递过程

（2）主—从数据通信过程

一个主站在得到令牌后，可以主动发起与从站的数据交换。主—从访问过程允许主站访问主站所控制的从站设备，主站可以发送信息给从站或从从站获取信息，其数据传递如图 3-8 所示。

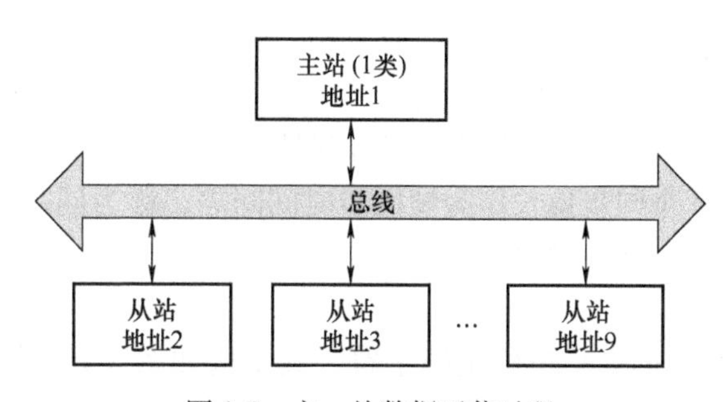

图 3-8　主—从数据通信过程

如果一个 DP 总线系统中有若干从站，而它的逻辑令牌环只有一个主站，这样的系统称为纯主—从系统。

4. 帧格式

PROFIBUS-DP 帧格式分为 4 种，分别是无数据字段的固定长度的帧、有数据字段的固定长度的帧、有可变数据字段长度的帧和令牌帧。这些帧按功能可分为请求帧、应答帧和回答帧。其中，请求帧是指主站向从站发送的命令，应答帧是指从站向主站的响应帧中无数据字段的帧，而回答帧是指响应帧中存在数据字段的帧。另外，短应答帧只做应答使用，它是无数据字段固定长度的帧的一种简单形式。各类型的帧格式如图 3-9 所示。

图中，L 为信息字段长度；SC 为单一字符（E5H），用在短应答帧中；SD1 ~ SD4 为开始符，区别不同类型的帧格式，SD1 = 0x10，SD2 = 0x68，SD3 = 0xA2，SD4 = 0xDC；LE/LEr

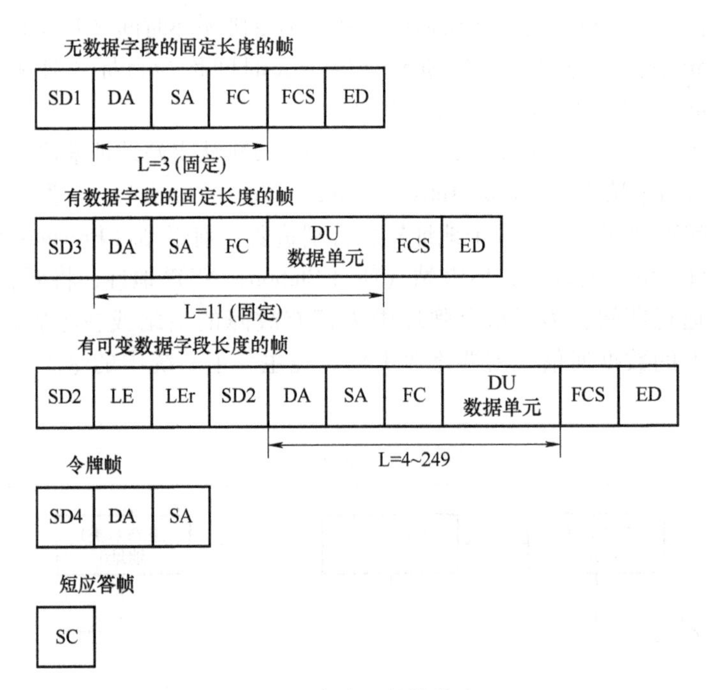

图 3-9　各类型的帧格式

为长度字节，指示数据字段的长度，LEr = LE；DA 为目的地址，指示接收该帧的站；SA 为源地址，指示发送该帧的站；FC 为帧控制字节，包含用于该帧服务的和优先权等的详细说明；DU 为数据字段，包含有效的数据信息；FCS 为帧校验字节，不进位加所有帧字符的和；ED 为帧结束界定符（16H）。

这些帧既包括请求帧，也包括应答帧/回答帧，帧中的字符间不存在空闲位（二进制“1”）。请求帧和应答帧/回答帧的帧前间隙有一些不同。每个请求帧帧头都有至少 33 个同步位，也就是说，每个通信建立握手报文前必须保持至少 33 位长的空闲状态（二进制“1”对应的电平信号），这 33 个同步位长作为帧同步时间间隔，称为同步位（SYN）。而应答帧和回答帧前没有这个规定，响应时间取决于系统设置。

（1）帧字符

组成 PROFIBUS-DP 帧的最小单位是帧字符，其结构如图 3-10 所示。每个帧字符由 11 位组成，包括一个起始位、8 个信息位、一个奇偶校验位和一个停止位。

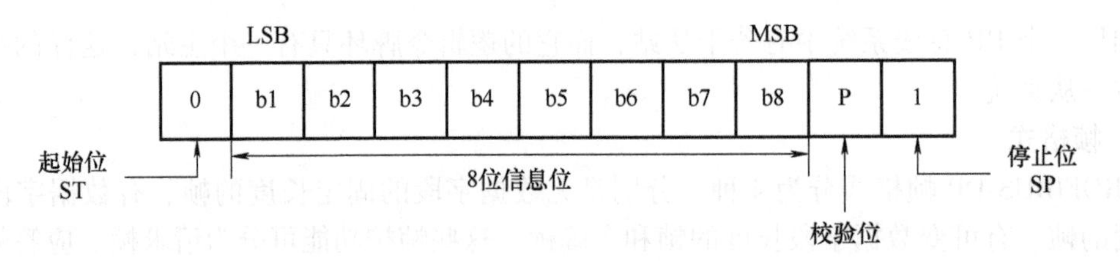

图 3-10　帧字符结构

（2）帧控制字节

FC 的位置在帧中 SA 之后，用来定义报文类型，表明该帧是主动请求帧，还是应答/回答帧。FC 还包括了防止信息丢失或重复的控制信息，帧控制字节的定义如表 3-4 所示。

表 3-4　帧控制字节的定义

<table>
<tr><td>位序</td><td>B7</td><td colspan="2">B6</td><td>B5</td><td>B4</td><td>B3</td><td>B2</td><td>B1</td><td>B0</td></tr>
<tr><td rowspan="2">含义</td><td rowspan="2">Res</td><td rowspan="2">Frame</td><td>1</td><td>FCB</td><td>FCV</td><td rowspan="2" colspan="4">Function</td></tr>
<tr><td>0</td><td colspan="2">Stn-Type</td></tr>
</table>

表中，Res 为保留位（发送方将设置此位为二进制“0”）；Frame 为帧类型，1 为请求帧，0 为应答帧/回答帧；FCB（Frame Count Bit）为帧计数位，0、1 交替出现（帧类型 B6=1）；FCV（Frame CountBit Valid）为帧计数位有效位（帧类型 B6=1），0 表示 FCB 的交替功能开始或结束，1 表示 FCB 的交替功能有效（后面有详细说明）；Stn-Type 为站类型和 FDL 状态（帧类型 B6=0），Stn-Type 的定义如表 3-5 所示；Function 为功能码，主动请求帧的功能码和响应帧的功能码分别如表 3-6 和表 3-7 所示。

表 3-5　Stn-Type 的定义（帧类型 B6=0）

B5	B4	解　释
0	0	从站
0	1	未准备进入逻辑令牌环的主站
1	0	准备进入逻辑令牌环的主站
1	1	已在逻辑令牌环中的主站

表 3-6　主动请求帧的功能码（帧类型 B6=0）

编　码　号	功　能
0~2	保留
3	具有低优先级的有应答要求的发送数据
4	具有低优先级的无应答要求的发送数据
5	具有高优先级的有应答要求的发送数据
6	具有高优先级的无应答要求的发送数据
7	保留（请求诊断数据）
8	保留
9	有回答要求的 FDL 状态请求
10、11	保留
12	具有低优先级的发送并请求数据
13	具有高优先级的发送并请求数据
14	有回答要求的标识用户数据请求
15	有回答要求的链路服务存取点状态请求

表 3-7　响应帧的功能码（帧类型 B6=1）

编　码　号	功　能
0	应答肯定
1	应答否定，FDL、FMA 1/2 用户差错

（续）

编码号	功能
2	应答否定，对于请求无资源（且无回答FDL数据）
3	应答否定，无服务被激活
4~6	保留
7	保留（请求诊断数据）
8	低优先级回答FDL、FMA 1/2数据（且发送数据“ok”）
9	应答否定，无回答FDL、FMA 1/2数据（且发送数据“ok”）
10	高优先级回答FDL数据（且发送数据“ok”）
11	保留
12	低优先级回答FDL数据，对于请求无资源
13	高优先级回答FDL数据，对于请求无资源
14、15	保留

（3）扩展帧

在有数据字段的帧（开始符是SD2和SD3）中，DA和SA的最高位（第7位）指示是否存在地址扩展位（ExT），0表示无地址扩展，1表示有地址扩展。PROFIBUS-DP协议使用FDL的服务存取点（SAP）作为基本功能代码，地址扩展的作用在于指定通信的目的服务存取点（DSAP）、源服务存取点（SSAP）或者区域/段地址。地址扩展位置在FC字节后，DU最开始的一个或两个字节。在相应的应答帧中也要有地址扩展位，而且在DA和SA中可能同时存在地址扩展位，也可能只有源地址扩展或目的地址扩展。注意：数据交换功能采用默认的服务存取点，在数据帧中没有DSAP和SSAP，即不采用地址扩展帧。

（4）报文循环

在DP总线上，一次报文循环过程包括请求帧和应答帧/回答帧的传输。除令牌帧外，无数据字段的固定长度的帧、有数据字段的固定长度的帧和有数据字段无固定长度的帧既可以是主动请求帧，也可以是应答帧/回答帧（令牌帧是主动帧，它不需要应答/回答）。

3.2.3 PROFIBUS-DP的用户层

1. 概述

用户层包括DDLM和用户接口/用户（User Interface/User）等，它们在通信中实现各种应用功能〔在PROFIBUS-DP协议中没有定义第7层（应用层），而是在用户接口中描述其应用〕。DDLM是预先定义的直接数据链路映射程序，将所有的在用户接口中传送的功能都映射到第2层（FDL）和FMA 1/2服务。它向第2层发送功能调用中如SSAP、DSAP和Serv_class等必需的参数，接收来自第2层的确认和指示，并将它们传送给用户接口/用户。

PROFIBUS-DP系统的通信模型如图3-11所示。

在图3-11中，2类主站中不存在用户接口，DDLM直接为用户提供服务。在1类主站中，除DDLM外，还存在用户、用户接口以及用户与用户接口之间的接口。用户接口与用户之间的接口被定义为数据接口与服务接口，在该接口上处理与DP从站之间的通信。在

DP 从站中，存在着用户与用户接口，而用户和用户接口之间的接口被创建为数据接口。主站—主站之间的数据通信由 2 类主站发起，在 1 类主站中，数据流直接通过 DDLM 到达用户，不经过用户接口及其接口之间的接口。而 1 类主站与 DP 从站两者的用户经由用户接口，利用预先定义的 DP 通信接口进行通信。

在不同的应用中，具体需要的功能范围必须与具体应用相适应，这些适应性定义称为行规。行规提供了设备的可互换性，保证不同厂商生产的设备具有相同的通信功能。

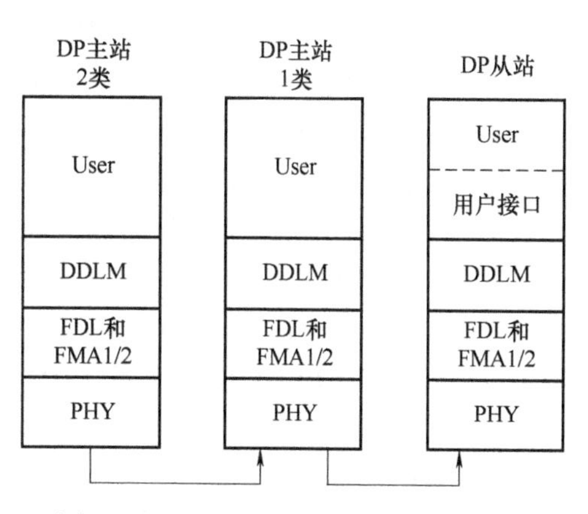

图 3-11　PROFIBUS-DP 系统的通信模型

2. PROFIBUS-DP 行规

PROFIBUS-DP 只使用了第 1 层和第 2 层。而用户接口定义了 PROFIBUS-DP 设备可使用的应用功能，以及各种类型的系统和设备的行为特性。

PROFIBUS-DP 协议的任务只是定义用户数据怎样通过总线从一个站传送到另一个站。在这里，传输协议并没有对所传输的用户数据进行评价，这是 DP 行规的任务。由于精确规定了相关应用的参数和行规的使用，从而使不同制造商生产的 DP 部件能容易地交换使用。目前已制定了如下的 DP 行规：

1）NC/RC 行规（3.052）。该行规介绍了人们怎样通过 PROFIBUS-DP 对操作机床和装配机器人进行控制。根据详细的顺序图解，从高一级自动化设备的角度介绍了机器人的动作和程序控制情况。

2）编码器行规（3.062）。本行规介绍了回转式编码器、转角式编码器和线性编码器与 PROFIBUS-DP 的连接，这些编码器带有单转或多转分辨率。有两类设备定义了它们的基本和附加功能，如标定、中断处理和扩展诊断。

3）变速传动行规（3.071）。传动技术设备的主要生产厂商共同制定了 PROHDRIVE 行规。行规具体规定了传动设备怎样参数化，以及设定值和实际值怎样进行传递，这样不同厂商生产的传动设备就可互换。此行规也包括了速度控制和定位必需的规格参数。传动设备的基本功能在行规中有具体规定，但根据具体应用留有进一步扩展和发展的余地。行规描述了 DP 或 FMS 应用功能的映像。

4）操作员控制和过程监视行规（HMI）。HMI 行规具体说明了通过 PROFIBUS-DP 把这些设备与更高一级自动化部件的连接。此行规使用了扩展的 PROFIBUS-DP 的功能来进行通信。

3. 电子设备数据文件

现代化的现场总线设备和传统电气设备的最大区别就是其智能化的程度极高。为了符合高性能和高可靠性的通信要求，这些设备必须向控制器提供所必需的各种参数，同时这些参数也为现代化的设备管理提供了必要的基础和依据。

PROFIBUS 中的 1 类主站和所有从站进行系统组态时，必须知道它们的设备特征和性能，如制造商的名字、该设备支持的通信速率、I/O 模块情况以及其他必需的和可选的特性数据，而这些数据都写在一个 ASCII 格式的文件中，这个文件就是电子设备数据（GSD）文件。GSD 源于德语 Gerate Stamm Datei，可译为标准的设备描述文件或通信特征表，它是用许多关键字表述的可读的文本，其中包括该 PROFIBUS 设备的一般特性和制造商指定的通信参数。

GSD 文件由制造商事先写好，在设备出厂前已经固化到相应的设备中。不同性能的设备，GSD 文件也不一样。用户可以读 GSD 文件，但不能对其进行修改。组态软件必须能够处理 GSD 文件，因为在进行系统组态时，对各个设备的识别都是通过 GSD 文件完成的。

GSD 文件的名字由 8 个符号组成，前 4 个是制造商的名字，后 4 个是该设备的 ID 号。该 ID 号不是随便使用的，而是制造商从 PROFIBUS 用户组织申请来的。例如，SIEM8027. GSD 表示西门子公司的一个 PROFIBUS 设备，ID 号为 8027；WAGOB760. GSD 表示 WAGO 公司的一个 PROFIBUS 设备，ID 号为 B760。用户在购买 PROFIBUS 设备时，供货商一般会提供相应设备的 GSD 文件，用户也可以从 www. profibus. com 下载 GSD 文件。

GSD 由以下 3 部分组成。

1）总体说明。包括厂商和设备名称、软硬件版本情况、支持的波特率、可能的监控时间间隔及总线插头的信号分配。

2）DP 主设备相关规格。包括所有只适用于 DP 主设备的参数，如可连接的从设备的最多个数，或加载和卸载能力。从设备没有这些规定。

3）从设备的相关规格。包括与从设备有关的所有规定，如 I/O 通道的数量和类型，诊断测试的规格及 I/O 数据的一致性信息。如果该从站为模块类型，则还包括可获得的模块数量和类型。

所有 PROFIBUS-DP 设备的 GSD 文件均按 PROFIBUS 标准进行了符合性试验，在 PROFIBUS 用户组织的网站中有 GSD 库。

每种类型的 DP 从设备和每种类型的 1 类 DP 主设备都有一个标识号。主设备用此标识号识别哪种类型设备连接后不产生协议的额外开销。主设备将所连接 DP 设备的标识号与在组态数据中用组态工具指定的标识号进行比较，直到具有正确站址的设备类型连接到总线上，用户数据才开始传输。这可避免组态错误，从而大大提高安全级别。

厂商必须为每种 DP 从设备类型和每种 1 类 DP 主设备类型向 PROFIBUS 用户组织申请标识号，各地区办事处均可领取申请表格。

3.3 PROFIBUS-DP 设备简介

基于 PROFIBUS-DP 网络的工业自动化系统中常用的 PROFIBUS-DP 设备有 PLC、工控机、触摸屏、编程器、远程 I/O、变频器、伺服驱动器等。下面以西门子 PLC、远程 I/O 和触摸屏为例介绍 PROFIBUS-DP 设备。

3.3.1 西门子 S7-300 PLC

S7-300 是西门子公司模块化的中小型 PLC，适用于中等性能的控制要求。S7-300 PLC 包含品种繁多的 CPU 模块、信号模块和功能模块，所以能满足各种领域的自动控制任务。用户可以根据自动控制系统的个体情况选择合适的模块，维修时更换模块也很方便。

1. S7-300 PLC 硬件介绍

S7-300 PLC 功能强、速度快、扩展灵活，具有紧凑的、无槽位限制的模块化结构，系统构成如图 3-12 所示。它的主要组成部分有导轨、电源模块、中央处理单元（CPU）模块、接口模块、信号模块、功能模块和通信处理器模块等。

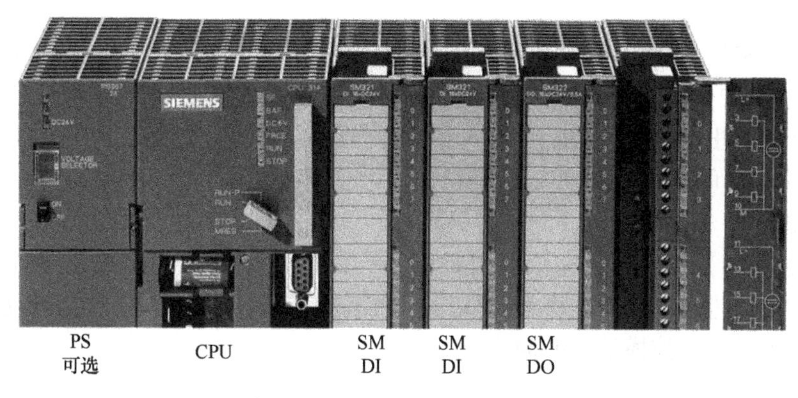

图 3-12　S7-300 PLC 系统构成图

（1）导轨

导轨（RACK）是安装 S7-300 PLC 各类模块的机架，它是特制的不锈钢异型板，其长度有 160mm、482mm、530mm、830mm 和 2000mm 5 种，可根据实际需要选择。电源模块、CPU 及其他信号模块都可方便地安装在导轨上。S7-300 PLC 采用背板总线的方式将各模块从物理和电气上连接起来。除 CPU 模块外，每块信号模块都带有总线连接器，安装时应先将总线连接器装在 CPU 模块并固定在导轨上，然后依次将各模块装入。

（2）电源模块

电源模块（PS）输出 24V，它与 CPU 模块和其他信号模块之间通过电缆连接，而不是通过背板总线连接。

（3）中央处理单元（CPU）模块

中央处理模块（CPU）有多种型号，如 CPU312IFM、CPU313、CPU314、CPU315 和 CPU315-2 DP 等。其中，CPU315-2DP 具有 48KB 的 RAM、80KB 的装载存储器，可用存储卡扩充装载存储器容量（最大达到 512KB），每执行 1000 条二进制指令约需 0.3ms，最大可扩展 1024 点数字量或 128 个模拟量通道，它是带有现场总线 PROFIBUS-DP 接口的 CPU 模块，如图 3-13 所示。

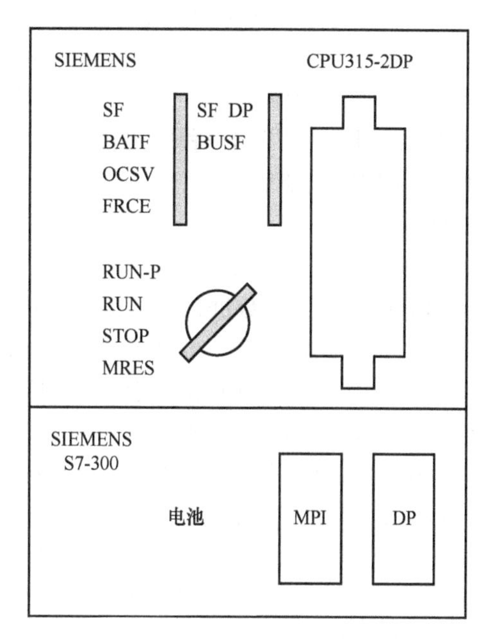

图 3-13　CPU315-2DP 模块图

CPU 模块除执行用户程序的主要任务外，还为背板总线提供 5V 直流电源，并通过 MPI 多点接口与编程装置通信。S7-300 PLC 的编程装置可以是西门子专用的编程器，如 PG705、PG720、PG740 和 PG760 等，也可以用安装了 STEP7 软件包的通用计算机配以 MPI 卡或 MPI 编程电缆构成。

（4）接口模块

接口模块（IM）用于多机架配置时连接主机架和扩展机架。S7-300 PLC 通过分布式的主机架和扩展机架最多可以配置 32 个信号模块、功能模块和通信处理器模块。

(5) 信号模块

信号模块（SM）使用不同的过程信号与 S7-300 PLC 的内部信号电平相匹配，主要有数字量输入模块 SM321、数字量输出模块 SM322、模拟量输入模块 SM331 和模拟量输出模块 SM332。要特别指出的是其模拟量输入模块独具特色，它可以接入热电偶、热电阻、4~20mA 和 0~10V 电压等 18 种不同的信号，输入量程范围很宽。

(6) 功能模块

功能模块（FM）主要用于完成实时性强、存储计数量较大的过程信号处理任务。例如，快给进和慢给进驱动定位模块 FM351、电子凸轮控制模块 FM352、步进电动机定位模块 FM353 和伺服电动机位控模块 FM354 等。

(7) 通信处理器模块

通信处理器模块是一种智能模块，如具有 RS 232 接口的 CP340、具有 AS-i 接口的 CP343-2、具有 PROFIBUS-DP 现场总线接口的 CP342-5，以及具有工业以太网接口的 CP343-1 等，用于 PLC 间或 PLC 与其他装置间的数据共享。

2. S7-300 PLC 的用户程序结构

S7-300 PLC 的用户程序支持结构化程序设计方法，用文件块的形式管理用户编写的程序及程序运行所需的数据。如果这些文件块是子程序，则可以通过调用语句将它们组成结构化的用户程序。采用结构化程序设计的方法可使程序组织明确、结构清晰、易于修改。通常，S7-300 PLC 的用户程序由组织块、功能块和数据块构成。

(1) 组织块

组织块（OB）是操作系统程序与用户应用程序在各种条件下的接口，用于控制用户程序的运行。OB 根据操作系统调用的条件分成几种类型，如主程序循环模块、时间中断、报警中断等。OB1 是主程序循环模块，相当于 C 语言程序中的 main 函数，操作系统使 OB1 中的用户程序一直处于循环执行状态。如果用户程序比较简单，则可将所有程序都放入 OB1 中进行线性编程。如果用户程序比较复杂，则可将程序用不同的功能块加以结构化，然后通过 OB1 调用这些功能块。

(2) 功能块

功能块实际是用户子程序，分为带“记忆”的功能块（FB）和不带“记忆”的功能块（FC）。前者有一个数据结构与该功能块的参数表完全相同的数据块并附属于该功能块，并随功能块的调用而打开，随功能块的结束而关闭。该附属数据块称为背景数据块，存放在背景数据块中的数据在 FB 结束时继续保持，也即被“记忆”。功能块 FC 没有背景数据块，当 FC 完成操作后数据不能保持。

S7-300 PLC 还提供标准系统功能块（SFB、SFC），它们是预先编好的，经过测试集成在 S7-300 PLC 中的功能程序库，用户可以直接调用它们，进而高效地编制自己的程序。由于它们是操作系统的一部分，不须将其作为用户程序下载到 PLC。与 FB 块相似，SFB 需要一个背景数据块，并且须将此数据块作为程序的一部分安装到 CPU 中。

(3) 数据块

数据块（DB）是用户定义的用于存取数据的存储区，也可以被打开或关闭。数据块可以是属于某个 FB 的背景数据块，也可以是通用的全局数据块。

系统数据块（SDB）是为存放 PLC 参数所建立的系统数据存储区。用 STEP7 软件可以将 PLC 组态数据和其他操作数据存放于 SDB 中。

3. S7-300 PLC 的存储区域

S7-300 PLC 存储区有系统存储区、装载存储区和工作存储区 3 个基本存储区。系统存储区用于存放用户程序中的操作数据，如 I/O 变量、位变量、定时器变量及计数器变量等。装载存储区用于存储用户程序。工作存储区用于在 CPU 运行时存储所执行的用户程序单元的备份。

用户程序所能访问的存储区为系统存储区的全部、工作存储区的数据块、暂时局部数据存储区以及外设 I/O 存储区等，如表 3-8 所示。

表 3-8　用户程序可访问的存储区及功能

名　称	存　储　区	存储区功能
输入（I）	过程输入映像表	扫描周期开始，操作系统读取过程输入值并输入表中，在处理过程中，用户程序使用这些值。过程输入映像表是外设输入存储区前 128B 的映像
输出（O）	过程输出映像表	在扫描周期，用户程序计算输出值并存放在该表中。在描述周期结束后，操作系统从表中读取输出值，并传送到过程输出口。过程输出映像表是外设输出存储区前 128B 的映像
位存储区（M）	存储位	存储程序运算的中间结果
外设输入（PI）	外设输入	外设存储区允许直接访问现场设备（物理的或外部的输入和输出），外设存储区可以字节、字和双字格式访问，但不可以位方式访问
外设输出（PQ）	外设输出	
定时器（T）	定时器	为定时器提供存储区，计时时钟访问该存储区中的计时单元，并以减法更新计时值，定时器指令可以访问该存储区和计时单元
计数器（C）	计数器	为计数器提供存储区，计数指令访问该存储区
临时本地数据	本地数据堆栈（L 堆栈）	在 FB、FC 或 OB 运行时设定，块变量声明表中声明的暂时变量存在该存储区中，提供空间以传送某些类型参数和存放梯形图中间结果。块结束执行时，临时本地存储区再行分配
数据块（DB）	数据块	数据块存放用户程序数据信息，分为全局数据块和背景数据块

3.3.2　远程 I/O

1. 西门子 ET200M

远程 I/O 是为了解决远距离信息传递而发展起来的区别于集中式控制的一种 I/O 系统。远程 I/O 适用于距离远、对数据可靠性要求较高的应用领域。

ET200 是西门子公司远程 I/O 产品的统称。ET200 系列产品基于 PROFIBUS 或 PROFINET 通信，可与西门子公司 S5 或 S7 系列 PLC、工控机、触摸屏，以及非西门子公司的支持 PROFIBUS 或 PROFINET 通信的设备进行通信连接。ET200 远程 I/O 主要包括多功能的 ET200S 系列、低成本的 ET200L 系列、模块化的 ET200M 系列、本质安全的 ET200IS 系列和用于机械手的 ET200R 系列。

ET200M 远程 I/O 是模块化的 PROFIBUS-DP 从站，结构如图 3-14 所示。其最大数据传输速率为 12Mbit/s，使用与 S7-300 PLC 相同的安装系统，由 IM153-x 和 S7-300 的 I/O 模块组成。由于模块的种类众多，ET200M 尤其适用于复杂的自动化任务。

图 3-14　ET200M 远程 I/O 结构图

ET200M 具有如下特点：

1）模块化设计，方便安装于控制柜。

2）与 SIMATIC S7-300 I/O 模块有功能模块兼容。

3）安全性高。

4）支持“热插拔”功能。

5）适合过程控制中危险区域使用的特殊模拟量模块。

2. 台达 RTU-PD01

台达 RTU-PD01 模块是一款 PROFIBUS-DP 从站通信模块，用于将台达 Slim 系列特殊输入/输出（I/O）模块、数字量输入/输出（I/O）模块及标准 Modbus 设备连接至 PROFIBUS-DP 网络，其外观如图 3-15 所示。

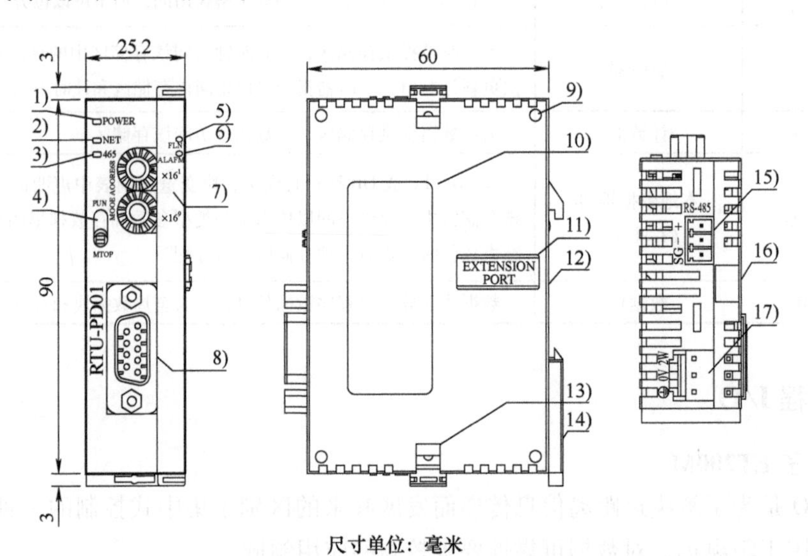

图 3-15　RTU-PD01 模块外观

1）POWER 指示灯　2）NET 指示灯　3）RS 485 指示灯　4）RUN/STOP 开关　5）RUN 指示灯　6）ALARM 指示灯　7）地址设定开关　8）PROFIBUS-DP 通信连接口　9）扩展定位孔　10）铭牌说明　11）扩展模块连接口　12）DIN 导轨槽（35mm）　13）扩展固定扣　14）DIN 导轨固定扣　15）RS 485 通信口　16）扩展固定槽　17）DC24V 电源接口

RTU-PD01 地址设定开关用于设置 RTU-PD01 模块在 PROFIBUS-DP 网络中的站点地址，其外观如图 3-16 所示。

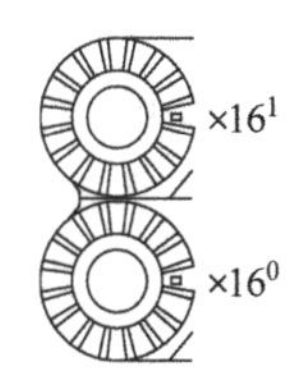

图 3-16　RTU-PD01 地址设定开关外观

地址设定开关由两个可旋转的旋钮$\times16^0$和$\times16^1$组成，每个旋钮的可旋转范围为 0～F。地址设定开关以十六进制表示，设定范围如表 3-9 所示。

表 3-9　RTU-PD01 地址设定范围

地　址	定　义
01H～7DH	有效的 PROFIBUS 地址
0H 或 7EH～FFH	无效的 PROFIBUS 地址，如果站点的地址在此范围内，则 NET LED 快速以红色闪烁

台达 RTU-PD01 具有如下特点：

1）支持 PROFIBUS-DP 周期性数据传输。

2）能够自动侦测通信速率，最高通信速率为 12Mbit/s。

3）具有自诊断功能。

4）其右侧最多可接 8 台 Slim 系列特殊输入/输出（I/O）模块及 16 台数字量输入/输出（I/O）模块（数字量输入点和输出点总和最多可达 256 个）。

5）RTU-PD01 的 RS 485 通信口最多可以接 16 台标准的 Modbus 从站。

6）I/O 数据最大支持 100B 输出、100B 输入。

3.3.3　西门子触摸屏 TP 177B

西门子公司 177 系列触摸屏是对已广为人知的 170 触摸屏的进一步发展。TP 177B 面板能够使用更有效的基于文本或图形的项目简化机器和设备的媒体级 HMI 任务。TP 177B 具有非易失性存储器报警缓冲区，使得开辟新应用领域成为可能。另外，TP 177B 还提供了连接 PROFIBUS-DP 和 PROFINET 的接口。

TP 177B 面板具有调试时间短、用户存储器容量大以及高性能等优势，并且这些面板经过优化更适合基于 WinCC flexible 的项目。

3.4　PROFIBUS-DP 系统

3.4.1　STEP7 软件介绍

STEP7 软件是一个用于西门子 S7-300 PLC 的组态和编程的标准软件包。STEP7 软件提供了一系列的应用工具，如 SIMATIC 管理器、硬件配置软件、网络组态软件、符号编辑器和编程软件等。STEP7 软件可以对 S7-300 PLC 的硬件和由其构成的 PROFIBUS-DP 网络进行组态，具有简单、直观、便于修改等特点。利用 STEP7 软件可以方便地制定一个基于 PROFIBUS-DP 网络的自动化解决方案。

1. SIMATIC 管理器

项目是用于存储自动化解决方案时所创建的数据和程序。项目汇集了关于模块硬件结构及模块参数的组态数据、用于网络通信的组态数据以及用于可编程模块的程序。SIMATIC 管理器是 STEP7 项目工程任务的核心管理工具，可以对项目对象进行创建、复制、移动和编辑等。

SIMATIC 管理器是用于组态和编程的基本应用程序，可以在 SIMATIC 管理器中调用符号编辑器、编程软件、硬件配置软件和网络组态软件等。

2. 硬件配置软件

硬件配置指的是对 S7-300 PLC 的 CPU 模块、接口模块、信号模块以及功能模块的可编程功能参数进行配置，如 CPU 模块的看门狗时间周期、信号模块地址分配以及信号类型等。

硬件配置软件中使用组态来表示机架，就像实际的机架一样，可在其中插入特定数目的模块。在组态表中，硬件配置软件自动给每个信号模块分配地址，编写用户程序时可以通过这些地址来使用相应的信号模块。

用户可将硬件配置任意多次地复制给其他的 STEP7 项目，并进行必要的修改，然后将其下载到一个或多个现有的设备中去。在 PLC 启动时，系统将比较 STEP7 中创建的硬件配置与设备的实际硬件配置，从而可立即识别出它们之间的任何差异，并报告。

3. 网络组态软件

网络组态软件用于对系统网络的通信协议标准、通信速率、站点地址等参数进行配置，最终实现数据共享。

（1）MPI 网络组态

S7-300 PLC 集成了 MPI 通信接口，主要用于与编程器或触摸屏通信。性能要求不高的 S7-300 PLC 网络采用 MPI 网络，具有很好的经济性。MPI 网络通信时有时不需要编程，只采用组态就可以实现数据传输；有时不仅需要网络组态，还需要通过软件编程实现通信功能。

（2）PROFIBUS-DP 网络组态

S7-300 PLC 采用 PROFIBUS-DP 网络最大的优点是使用简单方便，在大多数应用中，只需要对网络通信参数做简单的组态，不用编写任何通信程序，就可以实现性能更好的 PROFIBUS-DP 网络。用户程序对支持 PROFIBUS-DP 的远程 I/O 的访问，就像对中央机架上的 I/O 进行访问一样，因此对远程 I/O 的编程与对集中式系统的编程基本上没什么区别。

PROFIBUS-DP 系统使用得最多的远程 I/O 是西门子公司的 ET200 系列。通过安装 GSD 文件，符合 PROFIBUS-DP 标准的其他厂家的设备也可以在 STEP7 中组态。

（3）PROFINET 网络组态

PROFINET 属于工业以太网，PROFINET 网络组态和 PROFIBUS-DP 网络有相似之处，只是地址采用 IP 地址。

4. 编程软件

标准的 STEP7 软件包配备了 3 种基本编程语言，即梯形图（LAD）、语句表或指令表（STL）和功能块图（FBD）。这 3 种基本编程语言在 STEP7 软件中可以相互转换。除此之外，STEP7 软件还有多种语言可供用户选用，但在购买软件时对可选的部分需要附加收费。

（1）顺序功能图

这是一种位于其他编程语言之上的图形语言，用来编制顺序控制程序，STEP7 中的 S7-Graph 顺序控制图形语言属于可选软件包。在这种语言中，工艺过程被划分为若干个按顺序出现的步，步中包含控制输出的动作，从一步到另一步的转换由转换条件控制。用 S7-Graph 表达复杂的顺序控制过程非常清晰，用于编程及故障诊断更有效，可使 PLC 程序的结构更加易读，特别适用于生产制造过程。S7-Graph 具有丰富的图形、窗口和缩放功能。系统化的结构和清晰的组织显示使 S7-Graph 对于顺序过程的控制更加有效。

（2）梯形图

梯形图是使用的最多的一种 PLC 图形编程语言。梯形图与继电器电路图很相似，具有直观、易懂的优点，很容易被工厂熟悉继电器控制的电气人员掌握，特别适合于数字量逻辑控制。梯形图有时称为电路或程序。

梯形图由触电、线圈和用框图表示的指令框组成。触电代表逻辑输入条件，如外部的开关、按钮和内部条件等。线圈通常代表逻辑运算的结果，常用来控制外部的负载和内部的标志位等。指令框用来表示定时器、计数器或者数学运算等附加指令。

使用编程软件可以直接生成和编辑梯形图，并将它下载到 PLC 中。

（3）语句表

S7 系列 PLC 将指令表称为语句表，它是一种类似于汇编语言的文本语言，多条语句组成一个程序段。语句表比较适合经验丰富的程序员使用，可以实现某些不能用梯形图或功能块图表示的功能。

（4）功能块图

功能块图使用类似于布尔代数的图形逻辑符号来表示控制逻辑，一些复杂的功能（如数学运算功能等）用指令框来表示，有数字电路基础的人很容易掌握。功能块图用类似于与门、或门的方框来表示逻辑运算关系，方框的左侧为逻辑运算的输入变量，右侧为输出变量，输入端、输出端的小圆圈表示“非”运算，方框被“导线”连接在一起，信号自左向右流动。国内很少有人使用功能块图语言。

（5）结构文本

结构文本（ST）是 IEC 61131—3 标准创建的一种专用的高级编程语言。与梯形图相比，它能实现复杂的数学运算，编写的程序非常简洁和紧凑。

（6）结构化控制语言

STEP7 软件的结构化控制语言（S7-SCL）是符合 IEC 61131—3 标准的高级文本语言。它的语言结构与计算机的编程语言 Pascal 和 C 相似，适合于习惯使用高级编程语言的人。

SCL 适合于复杂的计算任务和最优化算法，或管理大量的数据等。

5. 符号编辑器

符号编辑器用于定义符号名称、数据类型和注释。

（1）符号地址

在用户程序中可以用绝对地址（如 I0.0）访问变量，但是符号地址可使用户程序更容易阅读和理解。各种编程语言都可以使用绝对地址或符号地址来输入地址、参数和块。

（2）共享符号与局部符号

共享符号在符号编辑器中定义，可供所有的逻辑块使用，共享符号可以使用汉字。局部符号在逻辑块的变量声明表中定义，只在定义它的逻辑块中有效。同一个符号可以在不同的块中用于不同的局部变量。局部符号只能使用字母、数字和下划线，不能使用汉字。

6. 运行调试

设计好 PLC 的用户程序后，需要对程序进行调试，一般有仿真调试和硬件调试两种调试方法。

（1）仿真调试

通常在以下情况下需要对程序进行仿真调试：

1）设计好程序后，PLC 的硬件尚未购回。

2）控制设备不在本地，设计者需要对程序进行修改和调试。

3）PLC 已经在现场安装好，但在实际系统中进行某些调试有一定的风险。

4）初学者没有调度 PLC 程序的硬件。

为了解决这些问题，西门子公司提供了强大的、使用方便的仿真软件 S7-PLCSIM，可以用它替代 PLC 硬件来调试用户程序。S7-PLCSIM 与 STEP7 编程软件集成在一起，用于在计算机上模拟 S7-300 CPU 的功能，可以在开发阶段发现和排除错误，从而提高用户程序的质量，降低试车费用。S7-PLCSIM 也是学习 S7-300 编程、程序调试和故障诊断的有力工具。

S7-PLCSIM 提供了用于监视和修改程序时使用的各种参数的简单接口，例如，使 PLC 的输入变为 ON 或 OFF。与实际 PLC 一样，在运行仿真 PLC 时可以使用变量表和程序状态等来监视和修改变量。

S7-PLCSIM 可以模拟 PLC 的过程映像输入/输出，通过在仿真窗口中改变输入变量的状态来控制程序的运行，通过观察有关输出变量的状态来监视程序运行的结果。S7-PLCSIM 可以监视定时器和计数器，通过程序使定时器自动运行，或者手动对定时器复位。S7-PLCSIM 还可以模拟对位存储器、外设输入和外设输出以及存储在数据块中的数据进行读写操作。

除了可以对数字量控制程序仿真外，还可以对大部分组织块、系统功能块和系统功能仿真，包括对许多中断事件和错误事件仿真，也可以对各种语言编写的程序仿真。

（2）硬件调试

在条件允许的情况下，通常使用 PLC 硬件来调试程序。在 STEP7 软件中，一个项目创建完成后，即可将其下载到 PLC 进行调试。下载时，首先需要建立编程设备与前端 PLC 之间的在线连接，并打开 PLC 电源，将 PLC 操作模式开关置于 STOP 位置。然后启动 SIMATIC Manager，打开要下载的项目，此时为离线窗口，在“视图”菜单中单击“在线”链接打开在线窗口，在离线窗口中选择源程序文件，调用菜单命令 PLC 中的下载项，下载程序到 CPU。下载完成后，将 PLC 操作开关置于运行位置，即可在在线窗口中进行程序调试了。

调试程序可以使用程序状态功能或变量表。

1）用程序状态功能调试程序。通过在程序编辑器中显示执行语句表、梯形图或功能块图程序时的状态，可以了解用户程序的执行情况，对程序进行调试。

2）使用变量表调试程序。使用程序状态功能，可以在梯形图、功能块图或语句表程序编辑器中形象、直观地监视程序的执行情况，找出程序设计中存在的问题。但是程序状态功能只能在屏幕上显示一小块程序，调试较大的程序时，往往不能同时显示与某一功能有关的全部变量。

变量表可以有效解决上述问题。使用变量表可以在一个画面同时监视和修改用户感兴趣的全部变量。一个项目可以生成多个变量表，以满足不同的调试要求。

变量表可以赋值或显示的变量包括输入、输出、位存储器、定时器、计数器、数据块内的存储器和外设 I/O 变量。

3.4.2 PROFIBUS-DP 系统组态

下面通过一个例子来具体了解 PROFIBUS-DP 系统的组态过程。要求通过 PROFIBUS-DP 网络完成西门子 S7-300 PLC、西门子 TP 177B 触摸屏与台达 RTU-PD01 模块的数据交换，可以实现通过触摸屏监控 RTU-PD01 中 I/O 模块上连接的按钮、指示灯状态、传感器，以及模拟执行机构的模拟量数值。

1. 系统设计

此案例使用西门子 S7-300 PLC 作为 PROFIBUS-DP 网络的 1 类主站，触摸屏 TP 177B 作为 2 类主站，RTU-PD01 作为从站。PROFIBUS-DP 网络示意图如图 3-17 所示。

2. 从站配置

调整 RTU-PD01 模块上的地址设定开关，设置 RTU-PD01 的 PROFIBUS-DP 地址为 3。RTU-PD01 右侧依次接 DVP16SP、DVP08SP、DVP04AD、DVP02DA，检查并确认 RTU-PD01 与右侧的 I/O 模块是否可靠连接，以及整个网络配线是否正确。

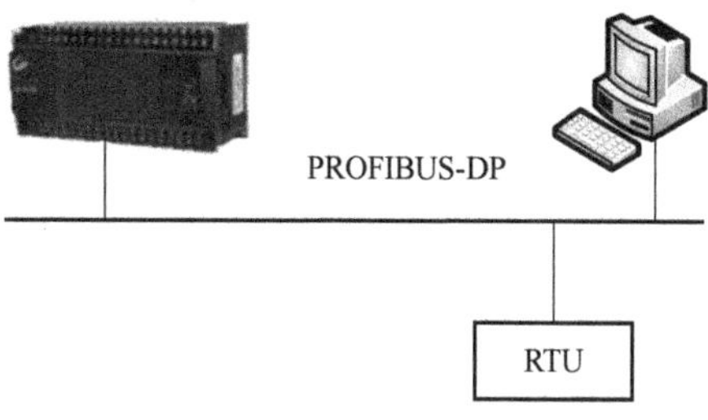

图 3-17 PROFIBUS-DP 网络示意图

3. 2 类主站配置

（1）创建项目

在 WinCC flexible 软件中创建新项目，选择设备 TP 177B 6 color PN/DP 触摸屏，如图 3-18 所示。

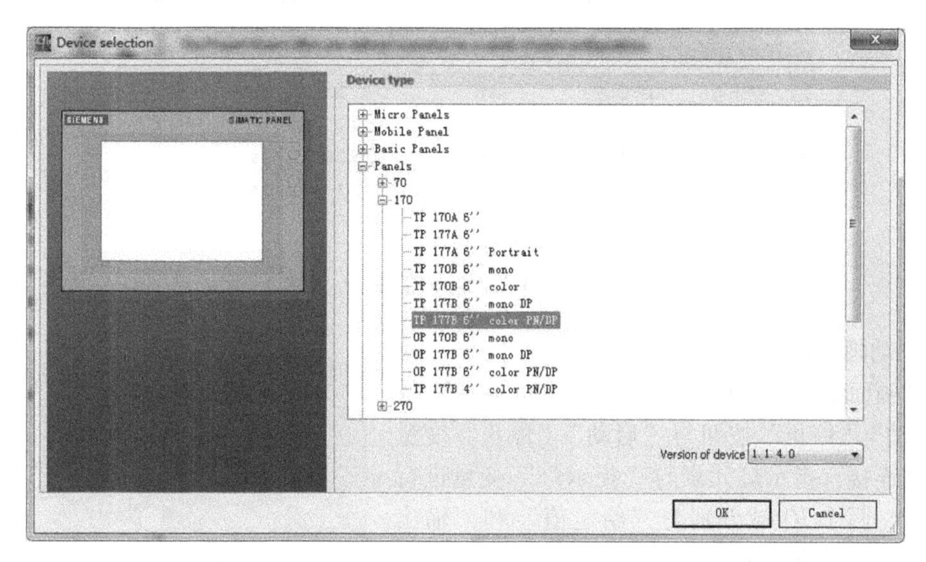

图 3-18 选择触摸屏型号

（2）连接设计

在项目管理器中选择连接选项，打开网络编辑界面，配置网络为 PROFIBUS-DP，通信速率为 187.5kbit/s，PROFIBUS-DP 地址为 1，S7-300 PLC 的 PROFIBUS-DP 地址为 2，如图 3-19 所示。

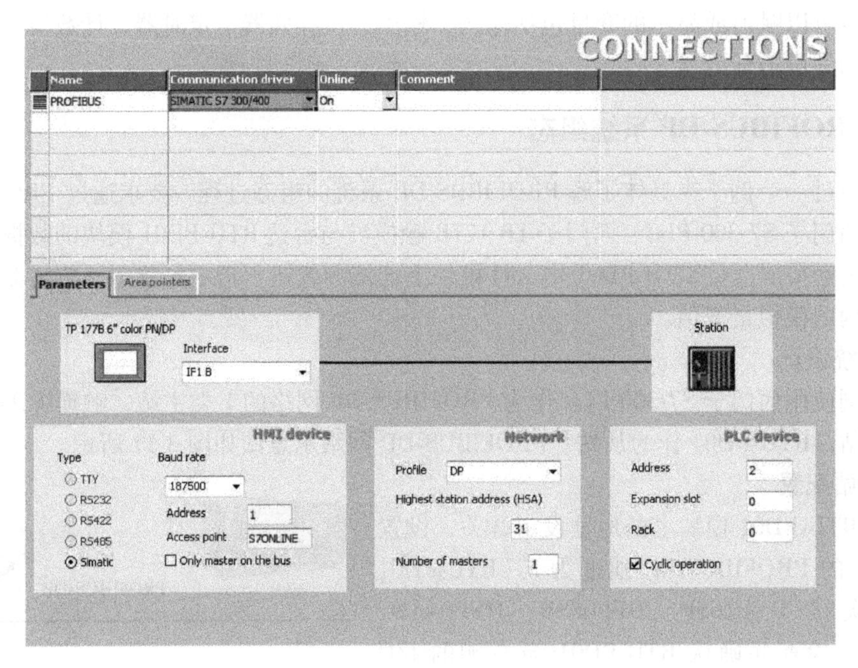

图 3-19　网络连接配置

(3) 定义变量

打开变量编辑器，定义变量如图 3-20 所示。“启动”“停止”和“给定值”变量用于向 S7-300 PLC 发送命令，“指示灯”和“输出值”变量用于监视 S7-300 PLC 的状态。“启动”“停止”和“指示灯”变量为布尔变量，“给定值”和“输出值”变量为字型变量。

Name	Connection	Data type	Address	Acquisition cycle
给定值	PROFIBUS	Word	MW 2	1 s
启动	PROFIBUS	Bool	M 0.0	1 s
输出值	PROFIBUS	Word	QW 256	1 s
停止	PROFIBUS	Bool	M 0.1	1 s
指示灯	PROFIBUS	Bool	Q 0.0	1 s

图 3-20　定义变量

(4) 动画设计

打开画面编辑器，触摸屏画面设计如图 3-21 所示。“启动”“停止”按钮与“启动”“停止”变量进行动画连接，指示灯元素与“指示灯”变量进行动画连接，两个 IO 域分别与“给定值”和“输出值”变量进行动画连接。

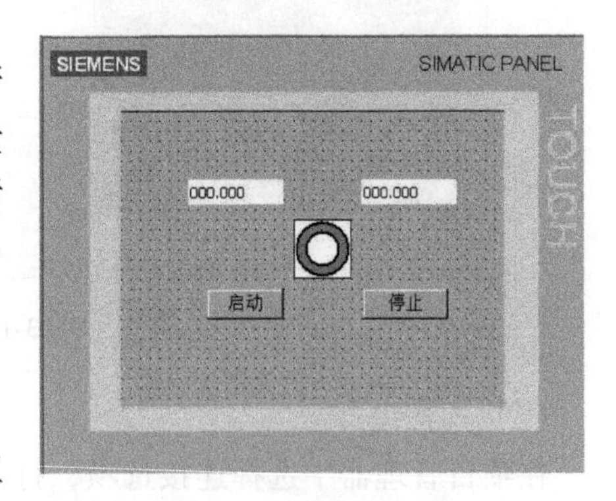

图 3-21　触摸屏画面设计

4. 1 类主站配置

(1) 创建项目

采用 STEP7 软件的 SIMATIC 管理器新建一个工程项目 PROFIBUS-DP，SIMATIC 管理器如图 3-22 所示。

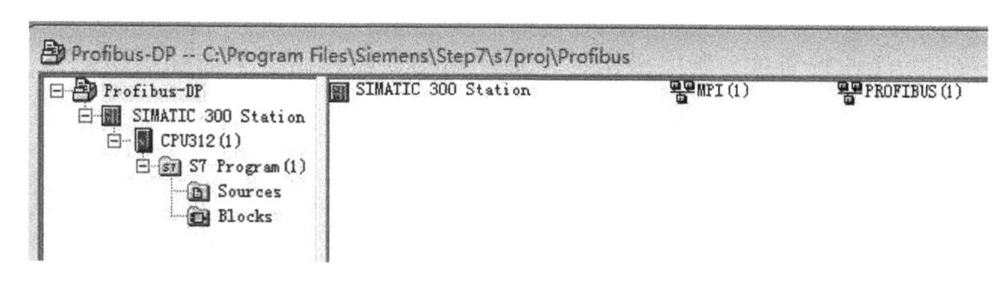

图 3-22　SIMATIC 管理器

（2）硬件配置与网络组态

1）打开硬件配置软件，配置 S7-300 PLC 的硬件，新建 PROFIBUS-DP 网络并添加 RTU-PD01 作为从站，设置主站地址为 2，从站地址为 3，如图 3-23 所示。若硬件列表中没有 RTU-PD01 设备，则需要到中达电通官方网站下载并添加 RTU-PD01 设备的 GSD 文件。

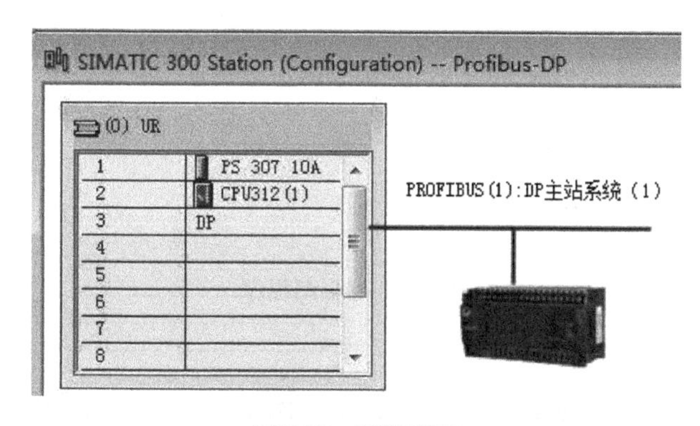

图 3-23　硬件配置

2）在 RTU-PD01 中添加 DVP16SP、DVP08SP、DVP04AD 和 DVP02DA 4 个 I/O 模块，地址分配如表 3-10 所示。

表 3-10　RTU-PD01 从站 IO 模块的地址分配

I/O 模块	输入地址	输出地址
DVP16SP	I0.0~I0.7	Q0.0~Q0.7
DVP08SP	I1.0~I1.3	Q1.0~Q1.3
DVP04AD	IW256~IW262	无
DVP02DA	无	QW256~QW258

3）集成 WinCC flexible 软件中的 2 类主站工程项目，打开网络组态软件，配置网络，如图 3-24 所示。

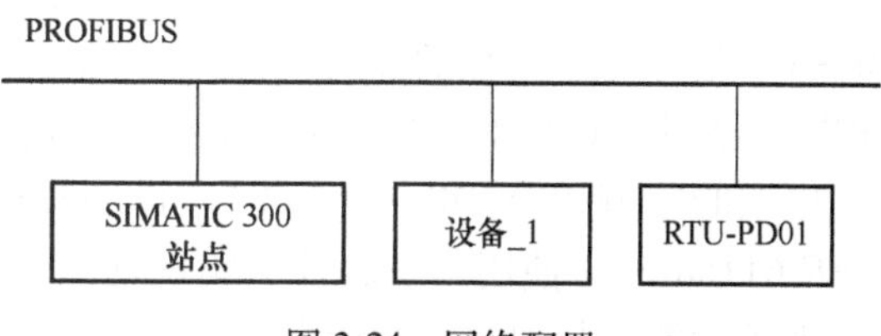

图 3-24　网络配置

（3）软件编程

由于程序功能比较简单，所以采用线性程序结构，编程语言采用梯形图语言，程序如图 3-25 所示。

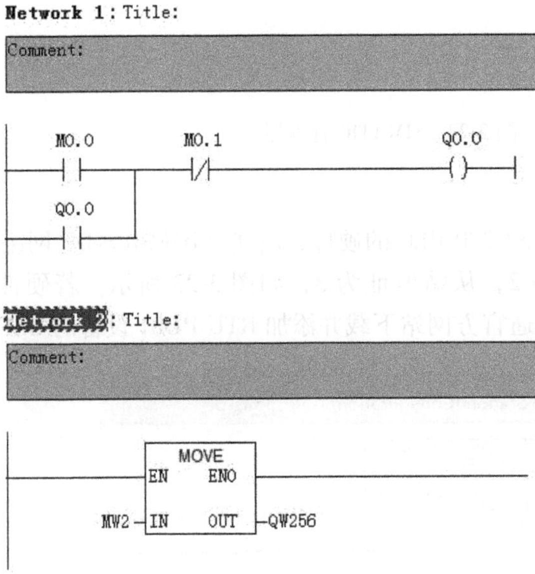

Network 1：Title:

Comment:

M0.0 M0.1 Q0.0

Q0.0

Network 2：Title:

Comment:

MOVE

EN ENO

MW2 IN OUT QW256

图 3-25 梯形图程序

程序说明如下：

1）触摸屏中的启动按钮按下时，S7-300 PLC 中的 M0.0 为 ON，Q0.0 为 ON 并自保持，触摸屏中的指示灯点亮。

2）触摸屏中的停止按钮按下时，S7-300 PLC 中 M0.1 为 ON，解除 Q0.0 自保持，Q0.0 为 OFF，触摸屏中的指示灯熄灭。

3）触摸屏中的 I/O 域输入给定值时，S7-300 PLC 中 MW2 值改变并传送到 QW256，触摸屏中的输出值 I/O 域也随着变化。

3.5 PROFIBUS-PA

3.5.1 PROFIBUS-PA 简介

PROFIBUS-PA（Process Automation）是专用于自动化控制系统和现场仪表、执行器之间的串行通信系统。它以符合国际标准的 PROFIBUS-DP 为基础，增加了 PA 总线应用行规以及相应的传输技术，使现场总线 PROFIBUS 能够满足各种过程工业对控制的要求。PROFIBUS-PA 专为过程控制应用程序而设计，它取代了过程控制中传统的 4～20mA 标准信号，传统信号路径与 PROFIBUS-PA 信号传输路径的比对如图 3-26 所示。由于 PROFIBUS-PA 是 PROFIBUS-DP 的延伸和扩展，所以 PROFIBUS-PA 的通信协议也称为 DP-V1，通过信号耦合器，PROFIBUS-PA（DP-V1）和 PROFIBUS-DP（DP-V0）可以同时存在于一个系统中。物理传输使用 MBP 方式（IEC 61158-2），使用两线制技术实现远程供电和通信（防爆、非防爆），并且集成了极性反接保护功能，其固定的波特率为 31.25kbit/s。

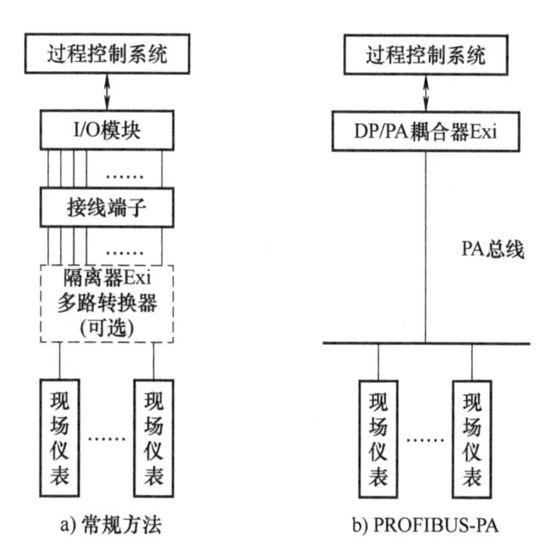

图 3-26　传统信号路径与 PROFIBUS-PA 信号传输路径的比对

3.5.2　PROFIBUS-PA 总线的优势

1. 大幅节省材料和工程量

现场总线的优势之一是可以最大程度地化繁为简。区别于传统的接线箱动辄 10 对甚至更多的电缆，总线接线箱的一根电缆就完成了供电和信号传递的双重功能。单对的总线主干电缆无疑会大幅减少接线的工作量，同时缩减桥架的尺寸，节省空间。

2. 先进的自诊断功能

变送器强大的自诊断功能使其能及时发现自身的错误，并通过 PA 总线提供的信息说明所读数据是否超出测量范围的数值。随着信息的继续传递，这种在线自诊断会持续深入了解变送器的情况，并通过 PA 总线传输，使操作人员了解更多变送器出错的具体信息。同时参与诊断的还有上位机的产品数据管理（PDM）系统，它可以提供更详细的信息，并根据故障状况采取必要的校正措施。传统的 4~20mA 信号的变送器，信号输出大于 20mA 和小于 4mA 时，只会知道变送器出现故障，但没有任何数据，当然也无法获知具体的错误类型，因而必须对该设备进行检查以发现问题所在，对错误的校正也将产生相应的延迟。

3. 减少潜在的设备数量

从投资者的角度考虑，如果在保证功能不变的前提下能够减少设备数量，不仅意味着固定资产投资的节省，还将减少安装施工的工程量以及后期操作维护的成本。例如，对于传统仪表，4~20mA 只能承载一个变量。以涡街流量计为例，对于饱和蒸汽的测量，为保证精度，需要进行温度补偿，这就需要在流量计之外再加装一台温度变送器。当然也可以选择内藏温度元件的涡街流量计，但不论采用上述哪种方式，即使不考虑施工工程量的差异，控制系统所需的点数及电缆也都是可以预知的成本增加方面。而此时如果采用 PA 总线形式，则可以将流量以及温度的相关信息同时通过数字总线送至控制系统，而不附加任何其他设备。

4. 精度的有效提升

PLC/DCS 接收和处理的是数字信号，而仪表检测到的则是模拟信号，在两者之间会涉及模数/数模转换。对于 PA 总线传输，无疑减少了过程中不必要的精度损失。此外，PA 总线仪表的 32 位分辨率带来更快的信号转换、更小的漂移，同时无须制定量程。

3.5.3 PROFIBUS-PA 在工程设计中的应用

1. 网络链路的组成

典型的 PROFIBUS-PA 网络链路硬件包括：

1）低能耗的现场设备。主要包括压力变送器、温度变送器、阀门定位器等可以通过二线制供电的终端；如果是电磁流量计等功率更大的设备，除总线信号回路外，还需要设计额外的电源回路。

2）耦合器。耦合器安装在控制系统机柜内，用于转换 DP 和 PA 的信号。通常，一个耦合器下的 PA 节点属于一个网段。IEC 61158-2 指出：一个仪表总线网段上最多可连接 32 台现场设备，由于现场安装、施工中存在的种种问题，实际应用中连接约 28 台设备。连接仪表的具体数量由不同厂家生产的总线仪表的耗电量决定。PA 总线通过使用耦合器可连到电气的或使用光纤传输的 DP 总线系统中，大大扩展了总线系统的覆盖范围。

3）总线分配器。通过分配器将现场设备以主干线—分支的拓扑结构连接到系统，分配器具有四通道和八通道两种选型。分配器仪表安装在现场仪表附近，以缩短分支总线电缆的长度。一般的总线分配器内置自动总线终端，通过 LED 状态指示能快速诊断主线、支线的短路状态；有些型号还具有电流限制的功能，可任意分支通道，出现大电流时自动隔离故障分支，以防止其影响整个网段的工作。

2. PROFIBUS-PA 电缆选择

符合 IEC 61158-2 的电缆有 4 种，如表 3-11 所示。

表 3-11 PROFIBUS-PA 的电缆种类

种类	电缆芯	屏蔽	导体截面积/mm^2	最大电阻/(Ω)	最大电缆总长度/m
A 类	单股	是（90%）	0.8	44	1900
B 类	多股	全屏蔽	0.32	112	1200
C 类	多股	非屏蔽	0.13	264	400
D 类	多股	非屏蔽	1.25	40	200

不同的电缆所允许的网段长度不同，在危险场合使用时，网络长度则较短。在通常的工程设计应用中，A 类电缆使用较广泛。

3. 常用的网络链路设计

每个网段最多 32 个设备（EEx-ia IIC 应用最多 10 个设备）；电缆最长 1900m（EEx 应用最长 1000m）。常用的网络链路设计有树形、线类、树形+线类、树形+线类+继电器，如图 3-27 所示。

4. 屏蔽与接地

与其他的信号传输方式一样，PROFIBUS-PA 网络中的屏蔽和接地非常重要。在理想情况下，电缆的屏蔽层要和设备的金属保护外壳或外罩可靠地连接在一起，它们之间的连接，以及网段之间电缆屏蔽层的连接都必须保证是低阻抗连接。通常的做法是：主干线的屏蔽层在系统侧接到 PLC/DCS 的工作接地排，现场侧接到总线分配器（接线盒）的工作接地接线柱上（有的是通过格兰头与外壳导通）；接线盒如果是金属外壳则应配有接地螺栓，接地螺栓在现场做保护接地。支线电缆的屏蔽层在总线分配器侧接到工作接地的接线柱上，现场侧与现场设备内的接地排连接。现场设备通过设备、管道、结构可靠接地。这样，PLC/DCS 系统、接线盒、现场设备形成等电势系统，如图 3-28 所示。

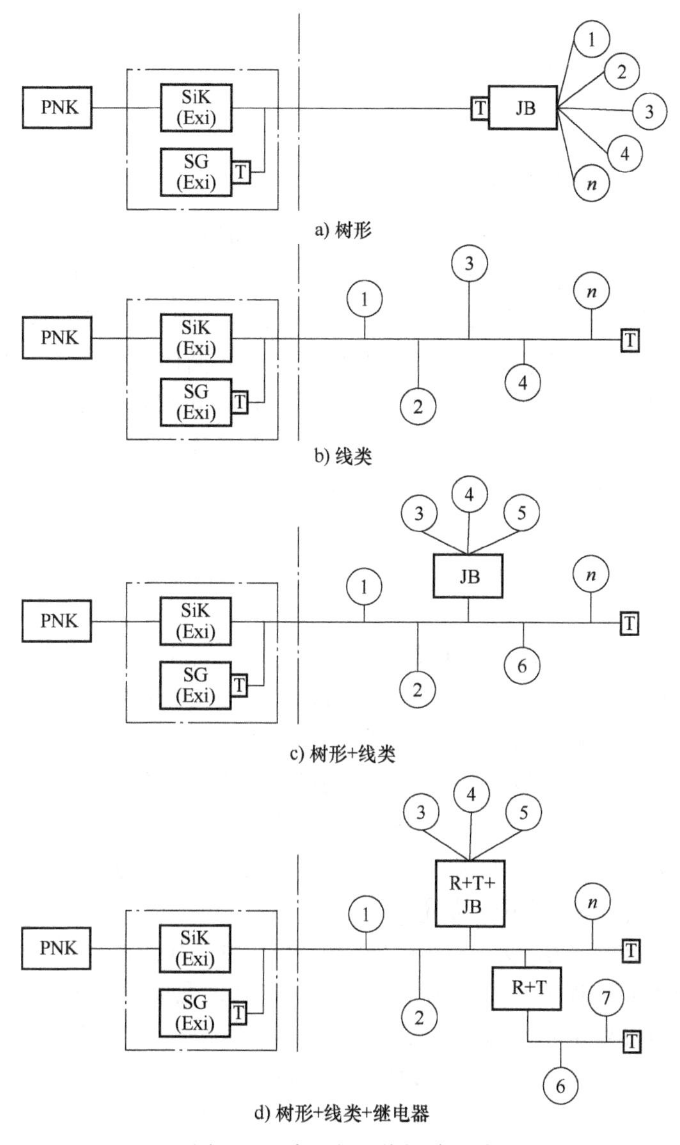

图 3-27 常用的网络链路设计

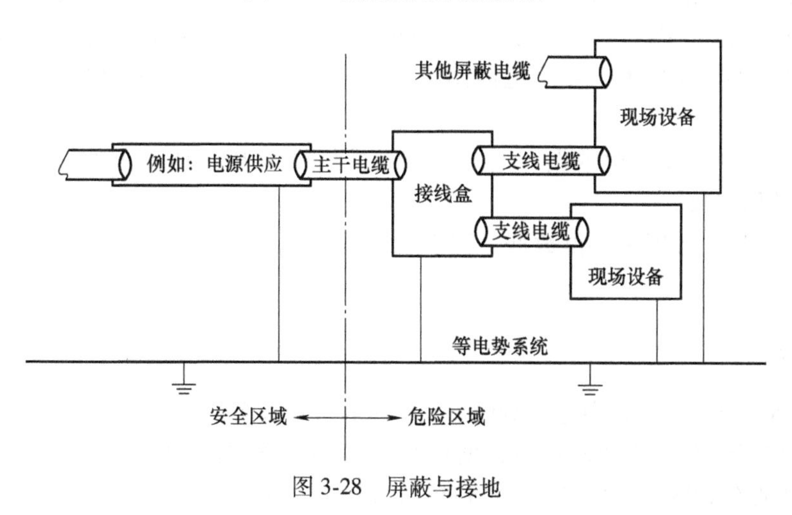

图 3-28 屏蔽与接地

3.6 PROFIBUS-FMS应用案例

3.6.1 PROFIBUS-FMS简介

PROFIBUS-FMS是车间级现场总线，主要用于车间级设备监控，完成车间生产设备状态及生产过程监控、车间级生产管理、车间底层设备及生产信息集成。它提供了大量的通信服务，如现场信息传送、数据库处理、参数设定、程序下载、从机控制和报警等，适用于完成以中等传输速率进行较大数据交换的循环和非循环通信任务。PROFIBUS-FMS在使用RS 485时，其通信速率为9.6~500kbit/s，距离1.6~4.8km，最多可接122个节点，使用FSK（频移链控）时，最多可接32个节点，距离可达5km，介质可为双绞线或光缆。功能强大的FMS服务可在广泛的应用领域内使用，并为解决复杂通信任务提供了很大的灵活性。

3.6.2 系统分析

沈阳华晨金杯M1工厂主要生产中华轿车，在总装车间的设备监控系统中，具有实时监控设备状态、对现存故障给出准确的报警提示等功能。要实现这些功能，必须实现对现场数据的采集。现场OEM设备中的控制器大都采用了西门子S7-300 PLC，这些设备包括生产线主输送链、车门分装线、仪表板分装线、轮胎输送线、发动机分装线。

M1工厂总装车间生产线上的生产线主输送链PLC型号为S7-318-2DP，其余输送线，包括车门分装线、仪表板分装线、轮胎输送线、发动机分装线均为S7-315-2DP。上述西门子S7-300系列PLC都支持PROFIBUS协议。

在M1工厂的现场实际情况是，设备监控系统是在生产线投产以后才新增的一个功能模块，因此要求在施工的过程中不能影响生产的正常进行，现场输送链PLC要传送给上级的数据量较大，但实时性要求不是很高。结合现场实际情况以及PROFIBUS 3种协议的特点，现场选择并组建了PROFIBUS-FMS网络以实现数据的采集。由于现场OEM的PLC都具有各自的任务，为了不影响现有功能，增加了一台西门子S7-315-2DP。此PLC在和其他现场的每台PLC进行通信的同时，作为与上级系统进行通信的网桥（与上级系统进行通信还需要进行协议转换）。这台PLC与现场的PLC之间组成FMS网络。为了组建FMS网路，在每台PLC上都安装了西门子的CP343-5通信模块。CP343-5通信模块支持FMS协议，其主要任务是:

1）从PROFIBUS上接收数据，把FMS的格式转换为PLC所要求的特定格式，并把数据送到CPU的用户数据区。

2）从CPU用户数据区获得数据，转换成FMS格式，发送到PROFIBUS上。现场系统构成图如图3-29所示。

3.6.3 系统组态

在建立FMS连接的过程中主要对以下几个步骤进行配置:

1）打开已经组态好的PLC站点，增加要建立FMS连接的PLC工作站，在组态的过程中，注意要把所有CP343-5的网络连接到相同的PROFIBUS上。

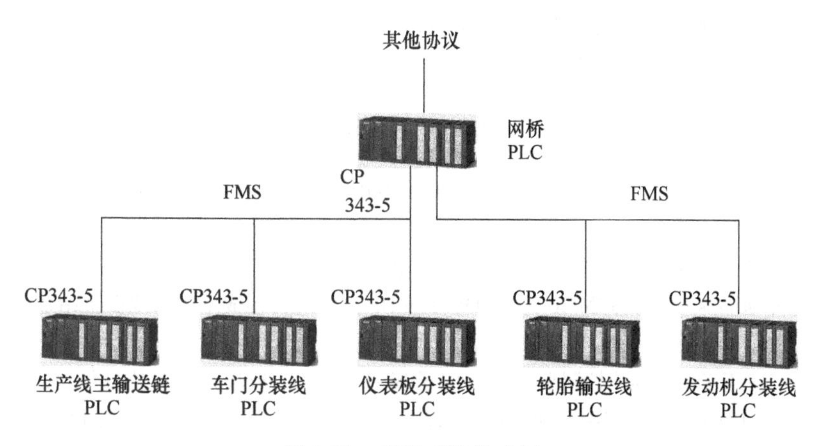

图 3-29　现场系统构成图

2）单击 Configure Network 按钮，进入网络组态界面。图 3-30 为工厂网络组态图，其中，所有的 CP343-5 都连接到 PROFIBUS（1）（PROFIBUS-FMS）上，这里为每个站点分配了地址。每台 PLC 还有自己单独的 PROFIBUS-DP 网络。

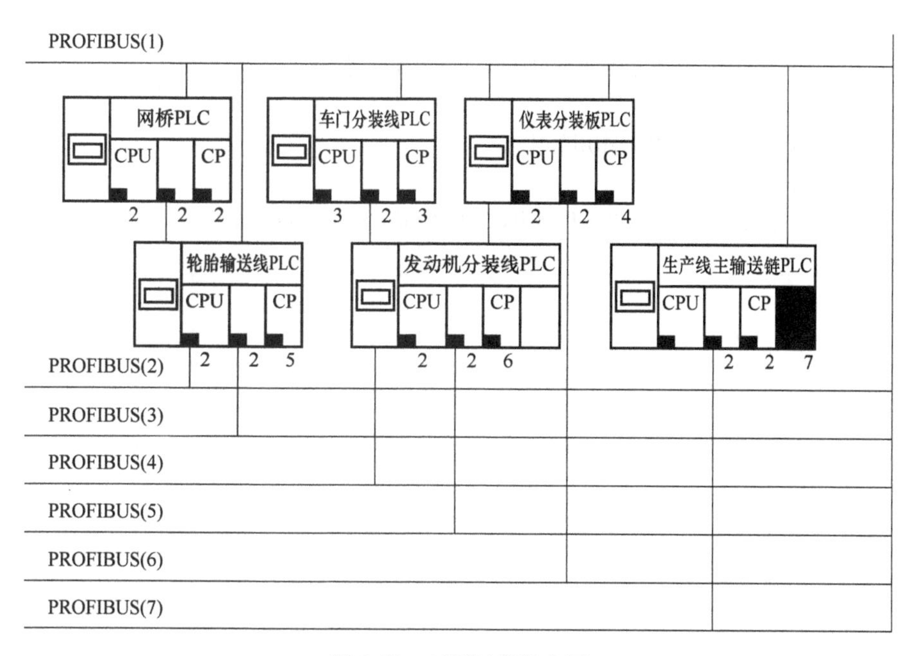

图 3-30　工厂网络组态图

3）选择 Insert→Connection 命令，进入 FMS 连接界面，逐个选择要建立连接的通信伙伴，连接类型选择 FMS connection。

4）然后对以下参数进行配置或指定：

① 进一步指定传输特性。

② 匹配 FMS 通信伙伴的服务。

5）组态 FMS 的数据接收端（客户端）：指定读或者写的通信变量；指定报告变量进入的数据区；为被保护的变量分配设备存取权。

6）组态 FMS 数据发送端（服务端）。

7）在组态的过程中要注意通信地址和通信变量的匹配。

8）最后把组态好的配置下载到 PLC 中，实现 FMS 连接。

本章小结

本章介绍了 PROFIBUS 的 3 个部分的区别、各自的应用场景，并着重介绍 PROFIBUS-DP 的通信协议和几种 PROFIBUS-DP 设备。

PROFIBUS-DP 主要的传输介质是一种屏蔽双绞线电缆，可使用总线型和树形拓扑结构，通信速率根据总线段长度可从 9.6kbit/s 增加到 12Mbit/s。PROFIBUS-DP 系统允许构成单主站或多主站系统，总线设备包括 1 类主站、2 类主站和从站。

本章还介绍了适用于中等性能控制要求的西门子 S7-300 PLC、解决远距离信息传递的西门子 ET200M 和西门子触摸屏 TP 177B 等 PROFIBUS-DP 设备，以及用于西门子 S7-300 PLC 组态和编程的标准软件包 STEP7，通过具体的案例介绍了 PROFIBUS-DP 系统组态过程。

最后简单介绍了 PROFIBUS-PA 和 PROFIBUS-FMS 以及相关的工程应用案例。

习　题

1. PROFIBUS 包含哪些子集？分别针对哪些应用？
2. PROFIBUS-DP 总线传输速率同传输距离之间的关系是什么？
3. PROFIBUS-DP 协议中，2 类主站能否与从站进行周期性通信？
4. 请描述令牌传递过程。
5. PROFIBUS-DP 协议中，SAP 的作用是什么？
6. GSD 文件的作用是什么？
7. 可以采用何种方式进行 PROFIBUS-PA 网段与 PROFIBUS-DP 网段的互联？

第4章 PROFINET技术及其应用

4.1 PROFINET 基础

4.1.1 PROFINET 概述

1999 年，PROFIBUS 国际组织 PI 开始研发工业以太网技术——PROFINET，由于其背后强大的自动化设备制造商的支持和 PROFIBUS 的成功运行，2000 年底，PROFINET 作为第 10 种现场总线列入了 IEC 61158 标准。2014 年，PROFINET 被转换为推荐性国家标准 GB/T 25105—2014。

PROFINET 是自动化领域开放的工业以太网标准，它基于工业以太网技术、TCP/IP 和 IT 标准，是一种实时以太网技术，同时它无缝地集成了现有的现场总线系统（不仅仅包含 PROFIBUS），从而使现在对于现场总线技术的投资（制造者和用户）得到保护。

PROFINET 是为制造业和过程自动化领域而设计的集成的、综合的实时工业以太网标准，它的应用从工业网络的底层（现场层）到高层（管理层），从标准控制到高端的运动控制。在 PROFINET 中还集成了工业安全和网络安全功能。PROFINET 可以满足自动化工程的所有需求，为基于 IT 技术的工业通信网络系统提供各种各样的解决方案，各种和自动化工程有关的技术都可以集成到 PROFINET 中。如图 4-1 所示，许多 PROFINET 的基础支撑技术已开发完成，并且已可以在以分布式 I/O 为主的控制系统（如制造业自动化）中应用，有关 PROFINET 在过程控制中的应用、安全技术、网络安全技术等规范也会很快开发完毕。

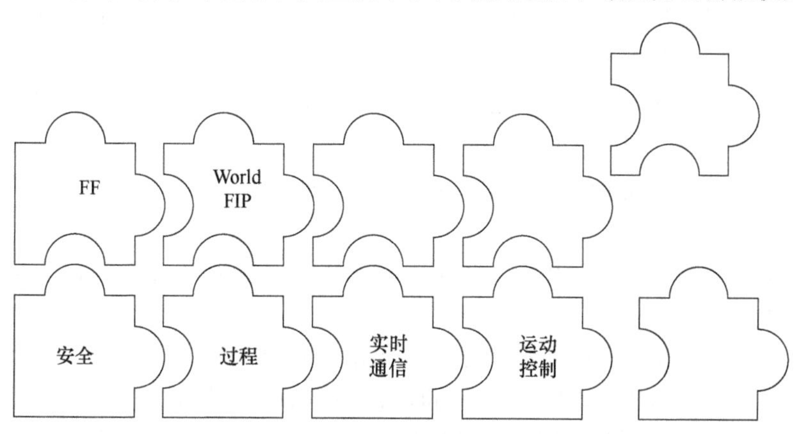

图 4-1　PROFINET 功能的模块化结构示意图

PROFINET 是一种先进的工业通信网络技术，它涉及的技术面广、内容深，本书对其核心技术 PROFINET 的通信体系、PROFINET I/O 进行详细讲解，而对 PROFINET CBA 技术做一个概括性的讲解。

4.1.2 PROFINET 和 PROFIBUS 的主要区别

PROFIBUS 和 PROFINET 是完全不同的两种技术，没有太大的关联。PROFIBUS 属于传统的现场总线技术，在工业自动化领域得到了极为成功和普遍的应用。而 PROFINET 属于实时工业以太网技术，在工业自动化领域得到快速的应用和推广。之所以这两种技术经常被一起提及，是因为它们都是 PI 推出的现场总线技术，而且兼容性好。在相当长的时间里，它们会并存下去。

表 4-1 列出了两者在某些功能和技术指标方面进行的简单比较，并不能代表在工业自动化领域使用时的优劣。

表 4-1 PROFINET 和 PROFIBUS 的比较

项　目	PROFINET	PROFIBUS
最大传输速率	100Mbit/s	12Mbit/s
数据传输方式	全双工	半双工
典型拓扑方式	星形	总线型
一致性数据范围	254B	32B
用户数据区长度	最大 1440B	最大 244B
网段长度	100m	12Mbit/s 时 100m
诊断功能及实现	有极强大的诊断功能，对整个网络诊断的实现简单	诊断功能不强，对整个网络诊断的实现困难
主站个数	任意数量的控制器可以在网络中运行，多个控制器不会影响 I/O 的响应时间	DP 网络中一般只有一个主站，多主站系统会导致循环周期过长
网站位置	可以通过拓扑信息确定设备的网络设置	不能确定设备的网络位置

从表 4-1 可以看出，PROFINET 在通信速率、传输数据量等方面远超过 PROFIBUS，但在过去 10 多年的实践中，PROFIBUS 完全能够满足绝大部分工业自动化实际应用的需要。所以通信速率或数据量等并不是 PROFINET 超越 PROFIBUS 的理由，反而在工业应用中倡导的通信速率“够用就好”的原则得到了很好的发挥和验证。

在网络拓扑方面，符合工业自动化领域需求的是线性串行连接，这也是现场总线技术得到规范应用的最大优势。但 PROFINET 的典型拓扑是星形连接，这样在底层进行一对一的物理连接，势必造成安装成本的增加和安装操作的不便。虽然也可以通过集成有交换机的两端口 I/O 设备实现线性串行连接，但这并不是真正意义上的线性串行连接，一旦哪个 I/O 设备停电，则整个后面的网络就会中断。但 PROFINET 支持多种拓扑结构，从某些方面来讲也是它的一个优势。

在对等时同步控制技术有苛刻要求的运动控制领域，PROFINET 的 IRT 技术和极高的传输速率可以使其循环周期达到 250μs 和抖动时间小于 1μs，这是 PROFIBUS 所不能完成的任务。另外，PROFINET 整个网络使用一种协议，并基于以太网连接在一起，所以非常容易实现对整个网络的诊断。在系统的报警处理和故障诊断方面，PROFINET 有其不可比拟的优势。它还可以借助 IT 技术中许多成功的技术实现 PROFINET 的一些功能，而这些也是 PROFIBUS 不能比拟的。

PROFIBUS 和 PROFINET 都有最适合自己使用的场合和领域，但 PROFINET 作为一种较新的技术，随着其自身的不断完善，将是未来发展和应用的趋势。

4.1.3　PROFINET 的组成

如图 4-2 所示，PROFINET 技术主要由 PROFINET I/O 和 PROFINET CBA 两大部分组成，它们基于不同实时等级的通信模式和标准的 Web 及 IT 技术来实现所有自动化领域的应用。

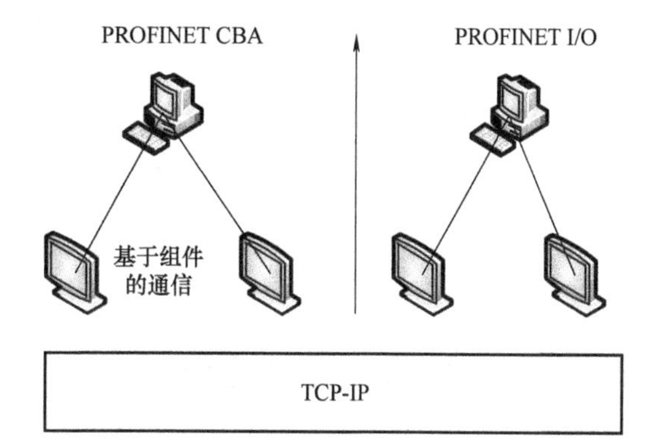

图 4-2　PROFINET 的组成

PROFINET I/O 主要用于完成制造业自动化中分布式 I/O 系统的控制。通俗地讲，PROFINET I/O 完成的是对分散式（Decentral Periphery）现场 I/O 的控制，它做的工作就是 PROFIBUS-DP 做的工作，只不过把过去设备上的 PROFIBUS-DP 接口更换成了 PROFINET 接口。带 PROFINET 接口的智能化设备可以直接连接到网络中，而简单的设备和传感器可以集中连接到远程 I/O 模块上，通过 I/O 模块连接到网络中。PROFINET I/O 基于实时通信（RT）和等时同步通信（IRT），PROFINET I/O 可以实现快速数据交换，实现控制器（相当于 PROFIBUS 中的主站）和设备（相当于从站）之间的数据交换，并具有组态和诊断功能。总线的数据交换周期在毫秒范围内，在运动控制系统中，其抖动时间可控制在 1μs 之内。

PROFINET 基于组件的自动化（Component-Based Automation，CBA），适用于基于组件的机器对机器的通信，通过 TCP/IP 和实时通信满足模块化的设备制造中的实时要求。PROFINET CBA 技术可实现分布式装置、机器模块、局部总线等设备级智能模块自动化应用。PROFINET I/O 的控制对象是工业现场分布式 I/O 点，这些 I/O 点之间进行的是简单的数据交换；而 PROFINET CBA 的控制对象则是一个整体的装置、智能机器或系统，I/O 之间的数据交换在它们的内部完成，这些智能化的大型模块之间通过标准的接口相连，进而组成大型系统。

PROFINET CBA（非实时）的通信循环周期为 50~100ms，在 RT 通道上达到毫秒级也是有可能的。

4.1.4　PROFINET 的通信协议模型

在介绍 PROFINET 通信系统前，先看 PROFINET 通信系统模型和 ISO 的 OSI 模型的对比，如图 4-3 所示。

从图 4-3 可以看出，PROFINET 的物理层采用了快速以太网的物理层，数据链路层采用的也是 IEEE 802.3 标准，但采取了一些改进措施来满足其实时性的要求。

网络层和传输层采用了 IP、TCP、UDP，OSI 中的第 5 层、第 6 层未用，根据分布式系统中 PROFINET 控制的对象不同，应用层分为无连接和有连接两种。

ISO/OSI	PROFINET			
7b	PROFINET I/O 服务 IEC 61784 PROFINET I/O 协议 IEC 61158		PROFINET CBA IEC 61158	
7a		无链接RPC	DCOM 面向连接的RPC	
6				
5				
4		UDP RFC768	TCP RFC793	
3		IP RFC791		
2	IEC 617842实时增强 IEEE 802.3全双工, IEEE 802.11优先标识			
1	IEEE 802.3 100 BASE-TX, 100 BASE-FX			

图 4-3　PROFINET 通信系统模型和 OSI 模型的对比

4.2　PROFINET 实时通信技术

4.2.1　通信等级

在工业控制过程中，不同的应用对象对通信的实时性要求也不同。比如一些过程参数的设定值、报警上下限设定值就没有特别的实时性要求；实际过程参数采样值和控制值除了进行循环更新外，还必须满足一定的实时性（一般要求小于 10ms）要求。对运动控制系统来说，对实时性的要求更高，并且对抖动时间（Jitter）也有要求。在这种情况下，必须采用等时同步控制方式才能解决问题。实时工业以太网技术必须满足自动化控制网络的所有要求，即：

1）小数据量的高效、高频率的数据交换。

2）实时通信。

3）等时同步。

4）现场总线的线性网络结构。

PROFINET 基于以太网通信标准，并把它改造为可进行缩放的模型，对不同的应用采取不同的通信方案，非常巧妙地解决了同一个系统中满足所有不同级别实时通信要求的问题。其通信性能等级如图 4-4 所示。

采用的技术和具体应用场合是：

1）使用 TCP、UDP 和 IP 解决非苛求时间的数据通信，如组态和参数赋值。

2）使用软实时（SRT）技术解决苛求时间的数据通信，如自动化领域的实时数据。

3）使用等时同步实时（IRT）技术解决对时间要求严格同步的数据通信，如运动控制。

虽然 100Mbit/s 以太网的速率比 PROFIBUS 高一个数量级，但真正的数据传输速率在很大程度上受以下几个因素的影响：

1）数据终端的本地实现类型及方式。

2）网络拓扑结构。

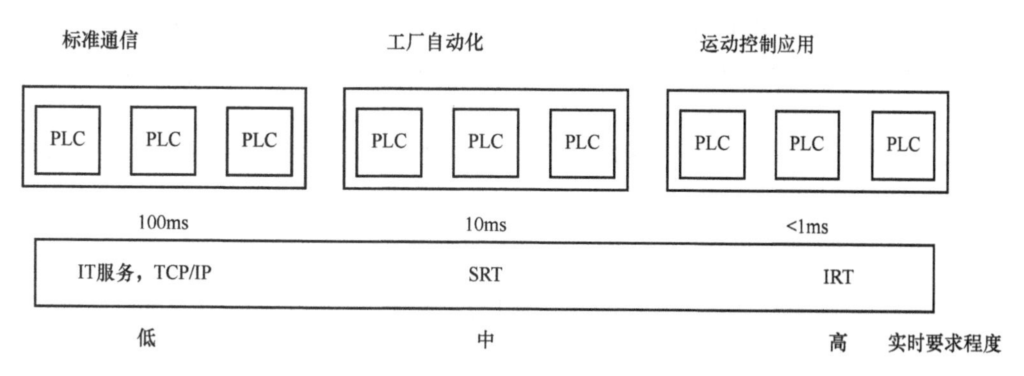

图 4-4　PROFINET 的通信性能等级

3）所用网络组件的特性，如交换方式（直通式或存储转发）或协议的优先级等。

在 PROFINET 中，PROFINET CBA 采用 TCP/IP（非实时）和实时（RT）通信，它允许时钟周期由 TCP/IP 的 100ms 量级提升到 RT 的 10ms 量级，从而更适合 PLC 之间的通信。PROFINET I/O 采用 RT 交换数据，其时钟周期达到了 10ms 量级，非常适合在工厂自动化的分布式 I/O 系统中应用。等时同步实时（IRT）通信能够使时钟周期达到 1ms 量级，所以其适合运动控制系统使用。

PROFINET CBA 包含了 TCP/IP 和 RT 两种通信方式，而 PROFINET I/O 则包含了 UDP/IP、RT 和 IRT 通信技术。

4.2.2　通信通道

1. 数据更新过程

PROFINET 中的通信采用的是提供者/消费者模式，数据提供者（如现场的传感器等）把信号传送给消费者（如 PLC），然后消费者根据控制程序对数据进行处理，再把输出数据返给现场的消费者（如执行器等），数据更新的过程如图 4-5 所示。

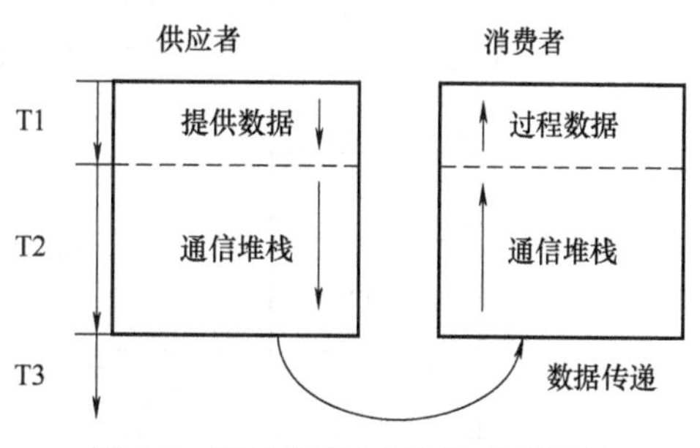

图 4-5　PROFINET 中数据更新过程

下面分析影响数据循环周期的因素以及提高响应速度（缩小循环时间）的方法。图 4-5 中的 T1 是数据在提供者处检测采集和在消费者处进行处理的时间，属于循环时间的范围，这段时间与通信协议无关；T2 是数据通过数据提供者一端的通信堆栈进行编码和消费者一端通信堆栈进行解码所需要的时间；T3 是数据在介质上传输所需要的时间。一般来说，对于 100Mbit/s 的以太网，T3 这段时间几乎可以忽略不计。由此看出，解决工业以太网实时性的关键技术就是减少数据通过通信栈所占用时间 T2。

2. 对协议栈的改造

针对影响实时性的关键因素，在实时通信中，PROFINET 对通信协议栈进行了改造。TCP/IP 或 UDP/IP 都不能满足过程数据循环更新时间小于 10ms 的要求，对以太网中影响实时性和确定性的因素也必须改进才能满足工业自动化领域的要求。在 PROFINET 实时通信技术中抛弃了 TCP/IP 部分，使帧的长度大大减小，通信栈需要的时间也缩短了，从而使发送周期变小。它采用了 IEEE 802.3 优化的第 2 层协议，由硬件和软件实现自己的协议栈，从而实现了不同等级要求的实时通信。由于没有使用第 3 层协议，所以失去了路由功能。但借助于 MAC 地址，PROFINET 实时通道保证了不同站点能够在一个确定的时间间隔内完成对时间要求苛刻的数据传输任务。PROFINET 非实时和实时通信过程的数据封装如图 4-6 所示。

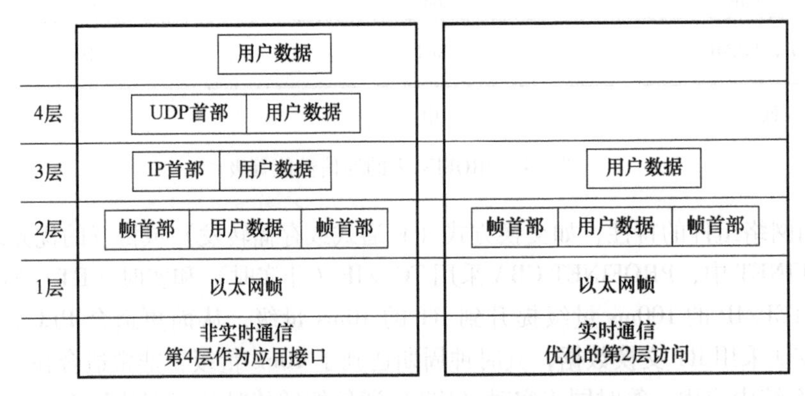

图 4-6　PROFINET 非实时和实时通信过程的数据封装

3. 通信通道模型

PROFINET 的通信通道模型如图 4-7 所示。从图中可以清晰地看出非实时通道和实时通道的构成。

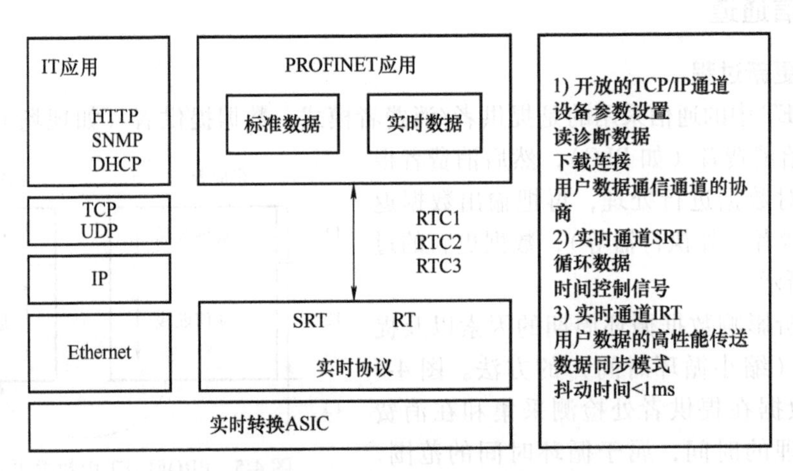

图 4-7　PROFINET 的通信通道模型

在图 4-7 中，标准 IT 的应用层协议可用于 PROFINET 和 MES、ERP 等高层网络的数据交换，开放的标准 TCP、UDP、IP 通道可用于设备的参数化、诊断数据读取等。实时通道 SRT 用于高性能的数据通信，如循环数据传输和事件控制信号等。等时同步实时通道 IRT 用于抖动时间小于 1μs 的等时模式。

PROFINET 实时协议保证了周期数据和控制消息（报警）的高性能传输。PROFINET 的实时功能有 RT 和 IRT，分为 3 种实时类型（Real Time Category，RTC）。

RTC1，即 RT，适合周期性数据传输，可以满足大部分工厂自动化的应用要求。不需要特殊的硬件支持，对所有交换机没有特殊要求。具有实时通信（RT）功能的 PROFINET I/O

是集成 I/O 系统的最优解决方案。该解决方案也可使用设备中的标准以太网以及市场上可购买到的工业交换机作为基础架构部件。

RTC2 和 RTC3 都是 IRT，需要特殊的硬件支持，分别用于实现高性能的控制任务和运动控制任务。

4.2.3　等时同步实时通信

在运动控制系统中，RT 方案还远远不够。运动控制系统要求循环刷新时间小于 1ms，循环扫描周期的抖动时间不大于 1μs。为此，PROFINET 在快速以太网的第 2 层协议上定义了基于时间间隔控制的传输方法 IRT；另外，PROFINET 的同步使用 PTP 实现，而且对其进行了扩展，从而实现了更高的时间控制精度和更好的同步。

1. PTP

要满足运动控制对实时性的要求，必须使参与控制的各个节点的时钟准确同步，以便使网络各节点上的控制功能可以按一定的时序协调动作。也就是说，网络上的各节点之间必须有统一的时间基准，才能实现动作的协调一致。

IEEE 1588 定义了一种精确时间协议（Precision Time Protocol，PTP），它的基本功能是使分布式网络内各节点的时钟与该网络的基准时钟保持同步。在由多个节点连接构成的网络中，每个节点一般都有自己的时钟。IEEE 1588 精确时间同步是基于多播通信实现的。根据时间同步过程中角色的不同，该系统将网络上的节点分为主时钟节点和从时钟节点。提供同步时钟源的时钟为主时钟，它是该网段的时间基准。而与之同步、不断遵照主时钟进行调整的时钟称为从时钟。一个简单系统包括一个主时钟和多个从时钟。一般来说，任何一个网络节点都可以担任主时钟或从时钟，但实际上主时钟由精度最高的节点担任。从时钟通过周期性地交换同步报文实现和主时钟之间的同步。

在需要精确同步的 IRT 通信中，PROFINET 使用基于 IEEE 1588 的精确透明时钟协议（Precision Time Clock Protocol，PTCP），通过周期发送的 Sync 同步帧和启动时使用的 FollowUP 帧、DelayReq 帧、DelayRes 帧，自动精确地记录传输链路的所有时间参数，包括确定线路上的延迟、发送方和接收方发送装置的延迟等，从而实现系统同步。建立同步网络是由 PROFINET 中的 ASIC（专用集成电路）实现的。I/O 控制器一般作为主时钟节点。

2. IRT 通道

网络环境下的通信实时控制，除严格的同步外，各节点的通信调度与媒体访问控制方式必须具有严格的确定性，以保证对时间要求苛刻的控制任务的完成。在传输 IRT 帧时，有可能发生 RT 帧塞入，会造成 IRT 数据的一定抖动。PROFINET 使用一种间隔控制器把传输周期分成不同的区间，实现了严格的 IRT 数据传输的确定性。图 4-8 所示为 IRT 总线循环时间分配示意图，在 IRT 的循环周期中，时间被分成两部分，即时间确定的等时通信部分和开放的标准通信部分。对时间要求苛刻的实时数据在时间确定性通道中传输，而对时间要求不高的数据（如 RT、UDP/IP 报文）在开放性通道中传输。IRT 通道就像专门留给实时数据的专用高速公路，即使它处于空闲状态，别人也不能使用。

在图 4-8 中有：

1）红色时间间隔传输 IRT 帧（RTC3、RTC2 帧）。时间间隔的大小由站点数和周期数决定。无苛刻时间要求的帧被 ASIC 缓存下来，直到绿色时间间隔开始传送。

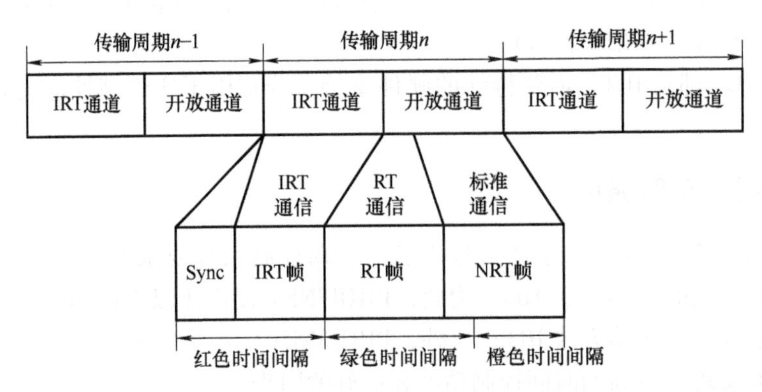

图 4-8　IRT 总线循环时间分配示意图

2）绿色时间间隔传输 RT 帧（RTC1 帧，包括循环实时数据 RTC 和非循环实时数据 RTA），以及遵照 IEEE 802. 1P 分配了优先级的非实时帧（NRT 帧）。携带优先级的 NRT 帧的传输时间不能持续到橙色时间间隔。

3）在橙色时间间隔只能发送 NRT 帧，其传输任务在传输周期结束前终止。该时间间隔必须足够大，以使至少一个具有最大长度的以太网帧能够得到完整的传输。

等时同步数据传输的实现基于硬件，具备此功能的 ASIC 具有针对实时数据的循环同步和数据间隔控制功能。基于硬件的实现方案能够满足极高的顺序精度控制要求，同时也释放了承担 PROFINET 识别通信任务的 CPU 的负担。

3. 等时控制

如图 4-9 所示，对 I/O 信号而言，输入信号需要从 I/O 设备中采集，经过设备中的背板总线传输周期，准备在 IRT 周期开始时在 PROFINET 中传输；经过 I/O 控制器将应用程序处理后得出的输出信号经过 PROFINET 网络传输给相应的 I/O 设备后，也要经过其设备中的背板总线传输周期，然后到达输出点输出。不同的 I/O 设备，不同的参与同步控制的 I/O 点，如何实现精确的“同时输入采样”和“同时输出刷新”呢？

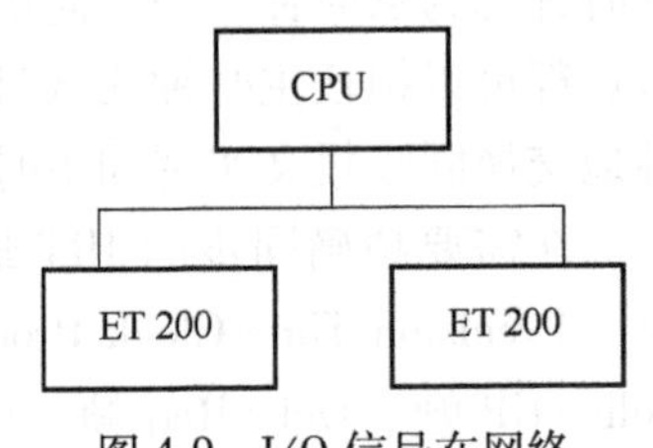

图 4-9　I/O 信号在网络中的传输过程

图 4-10 所示为等时模式的工作过程（和国际标准中的叙述相比，对图 4-10 以及下面的中概念进行了简化处理）。

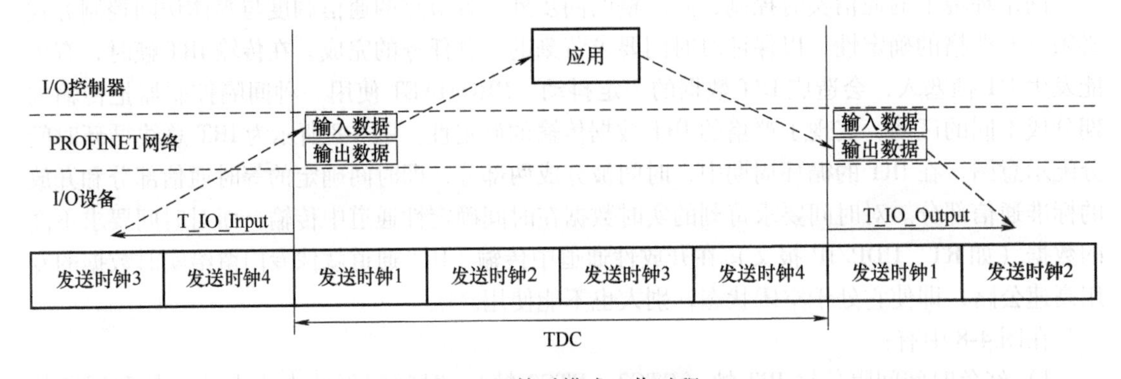

图 4-10　等时模式工作过程

T_IO_Input（Time IO Input）：获取设备输入信号的时间，包括最小的信号准备时间、电子模块转换时间、背板总线的传输时间。一般来说，T_IO_Input 的选择对于所有的输入模块都是相同的，以最慢的模块为基准来定义该时间。

T_IO_Output（Time IO Output）：设备获取输出信号的时间，包括所有节点的循环数据传输的最短时间，以及设备背板总线传输时间、信号准备时间和电子模块转换时间。

TDC（Time Data Cycle）：应用数据周期时间，包括用来传送输入和输出的等时同步数据周期的所有部分。

在 PROFINET 中，抖动控制是通过“等距”的概念实现的。

I/O 控制器在所选择的段（Phase）内通过发送时钟（Send Clock）来决定同步时间点。

PROFINET 使用具有等距功能的 SYNCH Event 服务向 I/O 设备的应用指出已经开始了一个新的等时同步发送周期，该模式服务同时也能表明是否接到了一个有效的 Sync 同步帧。参与等时同步模式功能的所有 I/O 设备，通过 SYNCH Event 来同步其输入和输出行为。以等时同步模式运行的 I/O 设备中的状态机关系如图 4-11 所示。

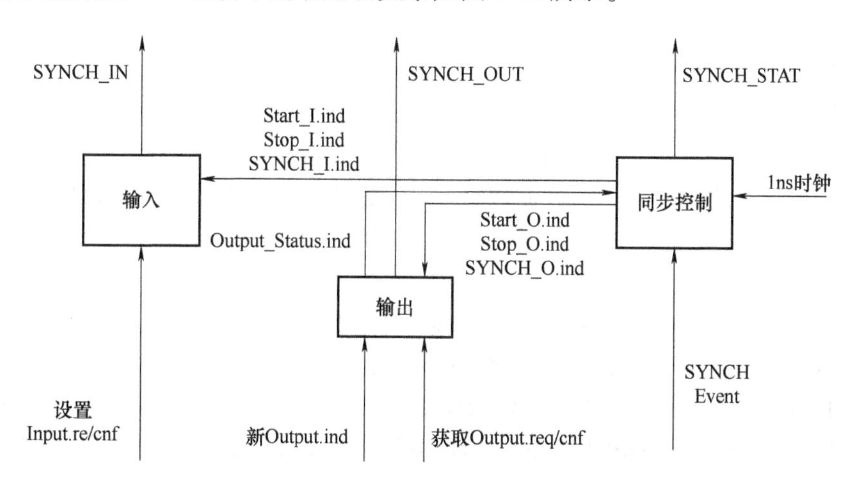

图 4-11　以等时同步模式运行的 I/O 设备中的状态机关系

当 SYNCH Event 的信号到来时，I/O 控制器集中读取上一个扫描周期中所有最新的同步域中的输入信号，经过网络传输到 I/O 控制器，再经过应用程序计算后，把最新的输出结果通过网络传输到相应的 I/O 设备，同步域中各设备最新的输出结果在下一个循环周期集中输出。PROFINET 实现了要求最为严苛的等时控制功能。

等时应用控制使用的“Global Cycle Counter”时基为 1ns，可控制来自 SYNCH Event. ind 的信号精度小于 1μs，满足了抖动小于 1μs 的等时实时控制的要求。

4. IRT 的分类

IRT 分为两种：一种是 IRT High Flexibility（高度灵活性），即实时类型 2（RTC2）；另一种是 IRT Top Performance（顶级性能），即实时类型 3（RTC3）。

（1） IRT High Flexibility

数据通过预留的带宽部分传输，所以需要使用特殊的交换机，但在组态时不需要对通信进行路径规划。它不是等时控制系统。其应用介于工厂自动化和运动控制之间，既可以保证数据的实时通信，也可以保证具有足够的确定性。其主要应用场合有：

1）I/O 生产数据通信的大量应用要求极高的性能和确定性时。

2）总线型网络拓扑结构中，许多节点的 I/O 生产数据通信要求极高性能时。

3）有大量 TCP/IP 的数据和生产数据一起并行传输时。

当设备或网络故障以至于同步功能不能完成时，IRT High Flexibility 会自动降级转换为 RT 通信。

由于 RTC2 的帧不需要事先规划，所以必须对 IRT 的预留通道保留一些余量，但这样会使带宽得不到最佳的利用，数据循环时间也不十分准确。

（2）IRT Top Performance

IRT Top Performance 适合运动控制应用的周期性数据传输，但需要使用特殊的交换机，在组态时需要对通信进行调度。它除了具有 RTC2 的功能外，还具有优化带宽的作用。配合等时功能，可以完成对时间要求苛刻的运动控制任务。

与 RTC2 相比，RTC3 在组态时必须有一个清晰的通信规划，这需要在系统组态时完成。这是一种基于规划算法的优化任务，该算法需要几个主要输入参数：

1）网络拓扑。

2）传输路径中的通信节点的性能数据。

3）源节点和目的节点。

4）需要传输的数据量。

5）连接路径的组态属性（冗余传输等）。

通过相应的计算之后，每一个传输和每一个交换机都会获得如下输出数据：

1）接收位置（数据）、一个或更多个发送器端口（数据）。

2）传送的精确时间点。

3）对周期进行分割时分配的通信周期的确定阶段。

通过工程设计系统的计算后，参数化数据将分配给各相应站点。

组态的拓扑信息用于通信规划，I/O 数据在定义的传输路径上传输，每一个通信节点的数据报文的发送点和接收点都得以保证。所以 RTC3 可以对预留的带宽进行优化，使带宽的使用达到最佳。

4.3 PROFINET I/O

PROFINET I/O 的功能相当于 PROFIBUS-DP，非常适合应用在各种自动化系统中，特别是制造业自动化系统。在 PROFINET I/O 中使用了许多与 PROFIBUS 相同的术语和概念。

4.3.1 PROFINET I/O 设备模型

1. 基本组成

在 PROFINET I/O 中，设备模型增加了子槽的分级，这样使得设备地址的定义更加详细和灵活。

PROFINET I/O 设备的模型如图 4-12 所示。

1）槽描述了 I/O 设备中硬件模块或逻辑单元等组件及功能的结构。槽模型是通过数字引用的抽象地址模型。实际的硬件模块或虚拟的功能单元可能占用多个槽。槽的设备特性在 GSD 文件中规定。

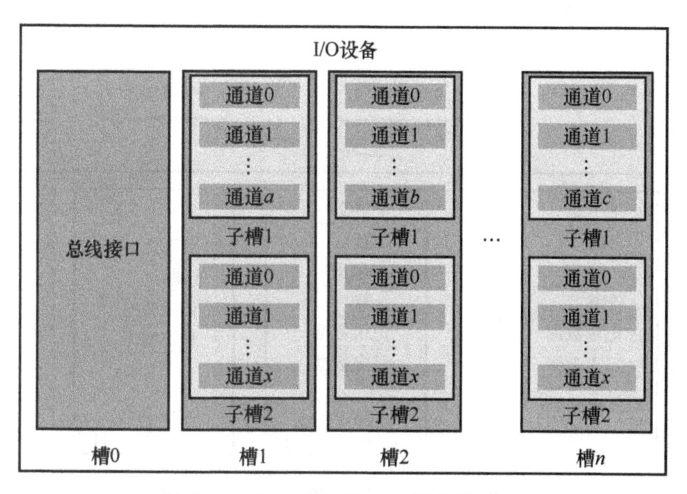

图 4-12　PROFINET I/O 设备的模型

槽的编号为 0~32767（0x7FFF），之间可以有间隔，一个槽上可以有若干个子槽。设备制造商可以定义某个特定的槽/子槽组合来表示该 I/O 设备本身，称为设备访问点（DAP）。DAP 在 GSD 文件中描述。一般使用槽号 0 和特定的子槽描述设备本身。

2）子槽描述了槽中硬件单元或逻辑单元等组件及功能的结构。一个子槽上可以有若干个通道，这些通道可以是输入/输出数据元素的进一步细分。可以通过子槽号 1~32767 寻址子槽。

子槽号 0 与 AlamType 中的“Pull”一起使用以寻址 I/O 设备内的某个模块，即用来表示特殊情况“Pull Module”下的模块，这意味着实际子槽 0 不存在，且不应包含 I/O 通道、诊断或记录数据。

模块通过槽来寻址，子模块通过子槽来寻址。模块和子模块都可以热插拔。I/O 设备分为模块化设备和紧凑型设备，两者的区别是紧凑型设备（虚拟模块/子模块）对槽/子槽有固定的定义，且不允许修改。

3）通道指定了具体的输入/输出数据的结构，它们可以是输入/输出数据元素的进一步细分。

I/O 数据（通道）在槽/子槽内定义，在实际应用中，对通道的使用有两种方式：

1）一组通道作为一个整体单元来考虑，它们被指定给一个 I/O 控制器。例如，一个子模块上的 4 个通道组合在一起，分配给一个控制器。

2）每个通道可以单独操作，它们以比特级的模式指定给不同的 I/O 控制器。例如，一个子模块上的 4 个通道可以分别作为单独的对象指定给不同的控制器。

2. API

在应用进程环境中，一个应用可以被划分为若干部分，并被分布到网络上的若干台设备。每一个部分被称为应用进程（Application Process，AP）。一台设备可以有几个 AP。在此情况下，每个单一的 AP 用一个 AP 标识符（Application Process Identifier，API）来唯一标识。每个 AP 应通过 API（x）（0<x≤0xFFFFFFFF）来寻址。

每个 I/O 设备应至少有一个 API=0 的默认 AP（Default AP），默认 AP 提供与设备有关的信息。

应用进程概览如图 4-13 所示。

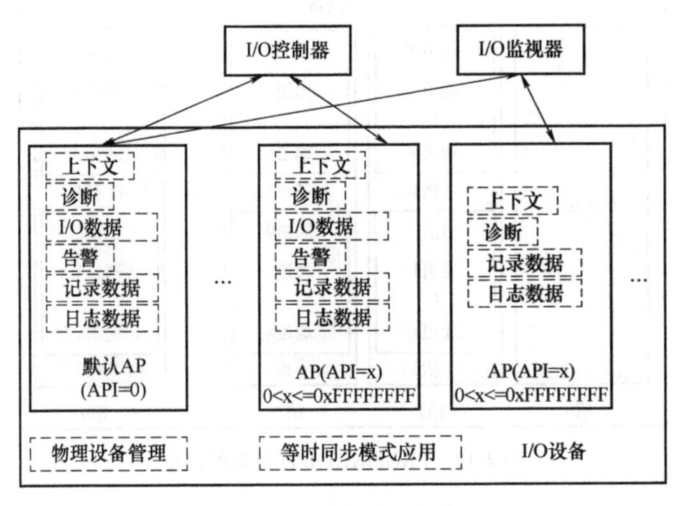

图 4-13　应用进程概览

一个 AP 可以被分布到几个槽和子槽。图 4-14 所示为 I/O 设备的 AP、数据元素、槽和子槽之间的关系。这些逻辑框用以说明不存在实际的子槽 0。

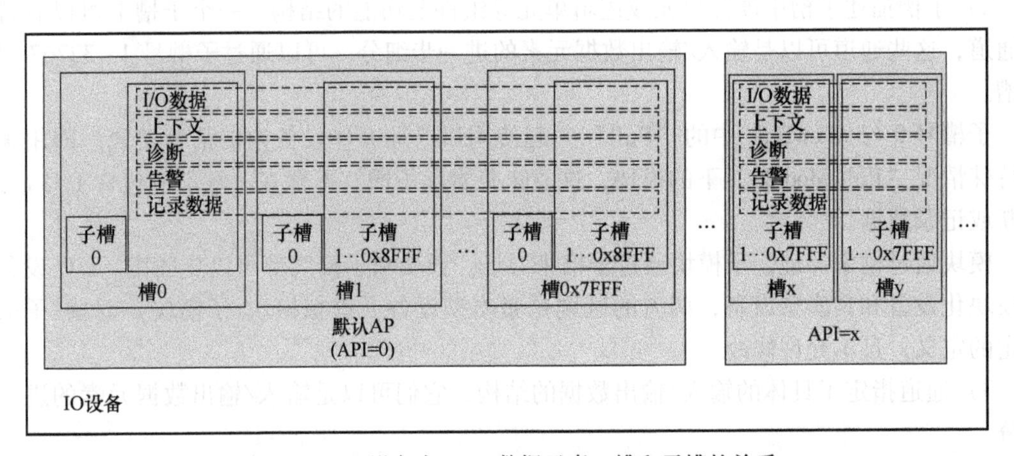

图 4-14　I/O 设备中 AP、数据元素、槽和子槽的关系

子槽 0x8000~0x8FFF 用来编址子槽上的接口，它们可以分布在所有槽上，但在某个槽上不应存在一个子槽号的重复使用。子槽 0x8000~0x8FFF 仅在 API 0 中使用。

另外，除了制造商和行规特定地址模型的使用外，索引 Index 0~0x7FFF 由设备制造商使用，用于所寻址的 AP 范围内的用户特定记录数据元素。API 0 的索引是制造商特定的。

总结上述内容，可以看出，I/O 设备是由下列元素分层组成的：

1）一个或多个 I/O 设备。

2）每个 I/O 设备实例包括一个或多个由其 API 引用的应用进程。

3）每个 API 包括一个或多个槽。

4）每个槽包括一个或多个子槽。

5）每个子槽包括一个或多个通道。

4.3.2　数据元素

PROFINET 中有 3 种数据元素：

1）IO 数据。通过确定的设备、槽、子槽和通道来引用，用于输入/输出数据的循环交换。

2）记录数据。包括参数化、诊断信息、运行日志、组态信息、标识信息，以及设备制造商定义的记录数据元素等，通过非循环通信传送。

3）报警数据。包括系统定义的事件（如模块的插入或拔出）、用户定义的事件（如被控制系统检测到的诊断报警或过程报警等），通过实时通信非循环方式传递。

4.3.3　应用关系

PROFINET 中的数据交换和信息交换是通过各种通信关系（Communication Relationship，CR）来实现的，而通信关系是建立在应用关系（Application Relationship，AR）之上的。应用关系是允许通信通道上两个设备之间进行数据交换逻辑的、虚拟的因素，真正的数据交换通过 CR 完成。在 PROFINET 中，可以有多个 AR（至少有两个），即控制器和 I/O设备之间的 AR，以及监视器和 I/O 设备之间的 AR。I/O 设备的响应是被动的，它等待 I/O 控制器或监视器与之建立通信。

使用 AR，I/O 控制器/监视器能执行如下事件：

1）从 I/O 设备读输入值。

2）向 I/O 设备写输出值。

3）从 I/O 设备接收报警事件（中断）。

4）从/向 I/O 设备读/写非周期数据（记录）。

PROFINET I/O 控制器、监视器和 I/O 设备之间的 AR、CR 及其实现的功能如图 4-15 所示。

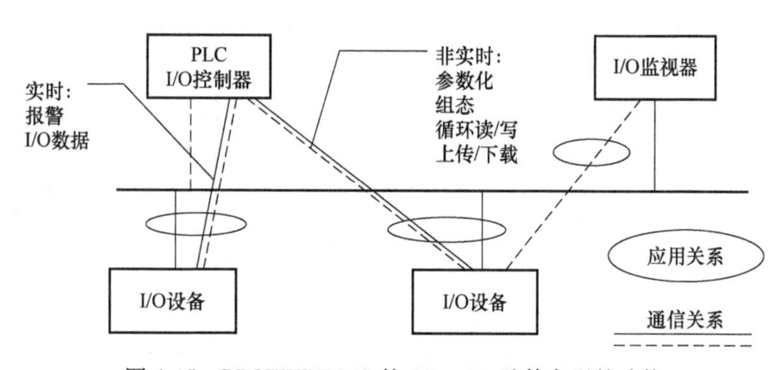

图 4-15　PROFINET I/O 的 AR、CR 及其实现的功能

4.3.4　通信关系

1. 通信关系类型

每个 AR 中都可以有多个 CR，CR 的多少由 FrameID 和 EtherType 决定。以下 3 种 CR 是最基本的。

1）非循环 CR（Acyclic CRs）。它是最先建立起来的 CR，用来传递组态数据、启动参数、诊断数据等对时间要求不苛刻的数据。其他 CR 可使用上下文管理（CM）来建立。

2）I/O 数据 CR。它用来在控制器和 I/O 设备之间循环交换实时 I/O 数据。

3）报警 CR。它用来传递报警信息，是非循环的。

位于控制器和设备的软件栈中的 CM 贯穿于通信关系的建立过程，CM 使用槽、子槽模型来寻址数据元素。

PROFINET 的各种通信关系如图 4-16 所示。

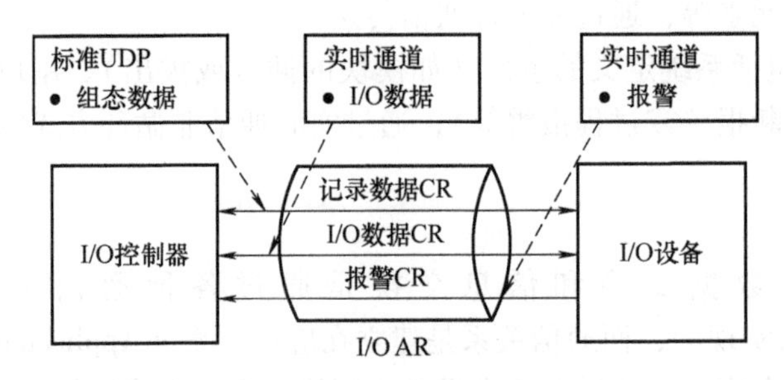

图 4-16　PROFINET 的各种通信关系

2. 记录数据 CR

记录数据 CR 在记录数据客户端（典型的是控制器）和记录数据服务器（典型的是 I/O 设备）之间建立，记录数据的非循环发送是通过记录数据 CR 实现的。记录数据中传输的数据和读/写性质如表 4-2 所示。

表 4-2　记录数据中传输的数据和读/写性质

数　据　类　型	内　　容	读/写
记录数据元素	记录	R/W
诊断数据元素	诊断数据	R/W
I/O 数据元素	I/O 数据	R
I/O 数据替代值	替代值	R/W
标识数据元素	标识数据	R/W
AR 数据	AR 特定数据	R/W
日志数据	日志数据	R/W
物理设备数据	设备数据	R/W
组态数据	组态数据	R/W
期望模块和插入模块间的差别	正确组态和实际组态之间的差别	R/W

记录数据 CR 有如下特性：

1）非循环（Acyclic）。

2）双向（Bi-direction）。

3）一对一（One-to-one）。

4）面向连接（Connection-oriented）。

5）排队（Queued）。

6）证实（Confirmed）。

7）客户机/服务器模式（Client/Server）。

8）使用 Sequence Counter 重复监视。

3. I/O 数据 CR

（1）I/O 数据 CR 特性

I/O 数据 CR 的任务是交换控制器和 I/O 设备之间的数据，这也是 PROFINET 的最主要的工作内容。消费者在建立 I/O 数据 CR 时会传输下列参数：

1）待传输的 I/O 数据元素列表，以及 I/O 数据元素的结构、建立槽和子槽的列表元素。

2）一些发送（或传输）参数（发送时钟、缩放比例、发送段和序列等）。

I/O 数据 CR 的特性如下：

1）缓冲器-缓冲器。如果需要，每侧可向本地存储器写入数据，或从本地存储器读出数据。

2）非证实的。数据消费者不发送显式确认，但会通过反方向的 I/O 数据将消费者状态 IOCS 隐含地报告。

3）支持提供者/消费者模式。消费者监视通信，重复监视通过对 RT 帧中的周期计数器（Cycle Counter）进行评估来完成。

4）循环的 I/O。数据以一个固定的循环周期发送，更新速率可随设备不同而不同。

同样，发送时间间隔也可不同于接收时间间隔。I/O 通信的另外一个优点是所组态的数据不必在每个循环中都发送。此外，它还可以指定传送的 I/O 数据序列，所以总线循环可以被优化。

I/O 数据 CR 的方向总是从提供者到消费者，提供者总是只在一个 CR 上发送数据。这些数据总是被指定为某个子模块，也就是说，必须指定至少一个子模块来发送 I/O 数据。如果在不同的 AR 上需要相同的数据，则必须创建另一个 I/O 数据 CR。

同一种 I/O 数据元素的传输值具有一定的长度，子模块与 I/O 控制器之间的传输通道确保了 I/O 数据元素的一致性传输，PROFINET 不支持 I/O 数据元素间的一致性。

（2）几个重要概念

1）发送时钟（Send Clock）、刷新时间（Refresh Time）和带宽（Bandwidth）。

发送时钟就是 PROFINET 通信所定义的最小时间间隔。它是一个时间基准，可以根据具体所使用的设备来确定发送时钟（一般取决于网络中刷新时间最快的那个设备的刷新时间）。其值为某个整数和基本时间单元 31.25μs 的乘积，即

$$t_{\text{Send Clock}}=\text{Send Clock Factor}\times\text{Base Clock}$$

式中，Send Clock Factor 为发送时钟因子，取值范围是 1～128；Base Clock 为时基，为 31.25μs。

当发送时钟因子为 32 时，发送时钟时间就是 1ms。

刷新时间就是每个 I/O 设备和 I/O 控制器之间进行一次 I/O 数据交换所需要的时间。每个设备都有自己的刷新时间，它需要和减速比一起确定。刷新时间在组态时确定。

发送时钟被分割为传输实时数据的时间间隔和传输非循环（如 TCP/IP）数据的时间间隔。这种分割的比例形成了相应带宽的百分比配置，如图 4-17 所示。

根据图 4-17，RT 与 RTA 的数据带宽之和为 $(t_{\text{RT}}+t_{\text{RTA}})/t_{\text{Send Clock}}$；NRT 的数据带宽为 $t_{\text{NRT}}/t_{\text{Send Clock}}$。

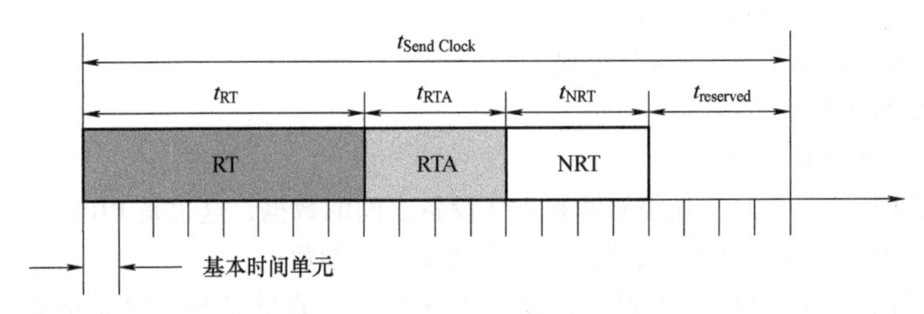

图 4-17 发送时钟和分割比例

2）减速比（Reduction Ratio）。并不是所有的数据都需要高速的传输，所以不同的设备传输频率也可以不同。对实时性要求低的数据，可通过一个基于发送时钟时间的缩放比例进行传输。减速比用来指示一个帧被发送的频度，或一个设备和控制器交换数据的频度。各设备的刷新时间为

$$设备刷新时间（或发送时间间隔）= 发送时钟时间\times 2^n$$

式中，n 为缩放比例；2^n为缩放系数。刷新时间最快的那个设备的 n 为 0，缩放系数为 1。

3）发送段（Phase）。一个发送段对应于发送时钟时间。发送段的典型值为 1~4 个。根据所选择的缩放比例的不同，在系统组态时把 I/O 数据 CR 中的循环数据分配到各个发送段之中。

4）传输周期（Transmission Cycle）。I/O 控制器最大的缩放对应的就是传输周期，它对应于那个数据刷新时间最长的设备。在一个传输循环周期中，所有的 I/O 设备都从 I/O 控制器那里收到了新的输出数据，所有的 I/O 设备也都将它们最新的输入数据发送给了 I/O 控制器。

5）帧发送偏移（Send Offset Frame）。一个帧被发送时的那个总线循环开始的相关发送偏移为 250ns 的整数倍。可以事先确定把一个帧分配到各个发送段的顺序，进一步优化发送过程。

6）看门狗时间（Watchdog Time）。在组态时，每个设备需要设置一个看门狗时间。在进行 I/O 数据刷新时，如果某次的刷新时间超过了看门狗时间，则会报错。看门狗时间一般取值为 3 倍（默认值）的设备刷新时间。由于网络拓扑形式不同或受其他 NRT 报文传输的影响，设备的 I/O 刷新时间也会不同。所以可以适当增加看门狗时间，以避免其不正常溢出。

举例：一个 PROFINET 系统，有 3 个 I/O 设备。系统发送时钟为 1ms（对应于发送时钟因子，Send Clock Factor 为 32），所以发送段也为 1ms。设备 1 要求的循环刷新时间最短，为 1ms。发送段时间和发送时钟是按下式计算的，即：

$$t_{Phase} = t_{Send\ Clock} = \text{Send Clock Factor}\times\text{Base Clock} = 32\times 31.25\mu s = 1ms$$

设备 2 的缩放比例为 1，缩放系数为 2^1，所以其刷新时间为 2ms；设备 3 的缩放比例为 2，缩放系数为 2^2，其刷新时间为 4ms。传输循环周期由 4 个发送段组成，传输循环周期为最大的 I/O 设备刷新时间，即

$$t_{Cycle} = \text{MAX（Reduction Ratio）}\times\text{Send Clock Factor}\times\text{Base Clock} = 4ms$$

PROFINET 帧的传输过程如图 4-18 所示。

4. 报警 CR

（1）报警 CR 特性

I/O 设备使用报警 CR 向 I/O 控制器发送报警信息。其特性如下：

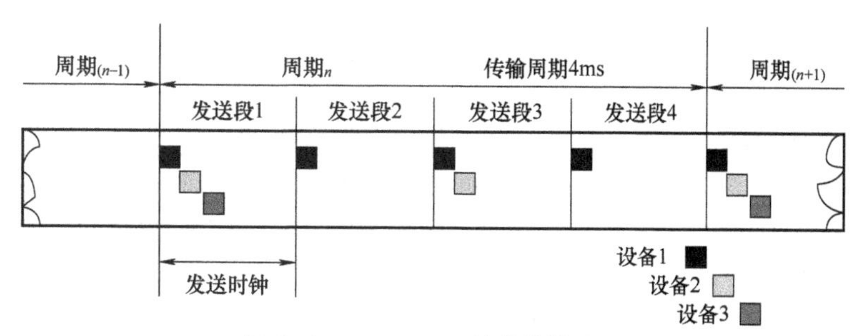

图 4-18　PROFINET 帧的传输过程

1）非循环的（Acyclic）。一旦出现报警就报告。

2）排队的（Queued）。数据被保存在临时存储器，并立即转发给应用。

3）即证实的（Confirmed）。每个请求都有显式的确认。发送方必须在确定的时间内得到来自协议层或用户层的确认，或者接收一个差错报文。在得到确认之前，发送方可以发送多次报警信息。

4）有向的（Directed）。报警发送方向为从报警源到接收者，并由源监视该传输过程。

5）安全的（Secure）。重复监控由 Sequence Counter 保证。

因为报警 CR 属于非循环服务，所以它不支持数据的分段和组装。报警必须由同一帧传输。

建立报警 CR 时，必须规定源和接收器的所在端。原则上，I/O 控制器和 I/O 设备都可以作为源和接收器来工作，但一般情况下，I/O 控制器作为接收器，而 I/O 设备作为源。

（2）报警类型及优先级

PROFINET I/O 控制器定义了所传输报警的优先级。在一条报警 CR 中，能同时传送一个高优先级报警和一个低优先级报警。源和接收器总是尽快地处理高优先级报警，并保证提供充足的资源，使低优先级的报警不能明显地延迟于高优先级报警的处理。PROFINET I/O 报警类型和优先级见表 4-3 所示。

表 4-3　PROFINET I/O 报警类型和优先级

报警优先级	报 警 类 型	触 发 事 件
高	过程报警	过程中发生的事件，如温度超限
低	诊断开始（结束）报警	I/O 设备与相连组件间的故障或诊断事件（如断线）的发生或解除
	拔出报警	从模块化 I/O 设备移走了一个模块/子模块
	插入报警	向模块化 I/O 设备插入了一个模块/子模块，插入后，对应模块/子模声的参数会被再次加载
	插入错误报警	插入了不正确的模块/子模块
	子模块返回报警	指示提供者或消费者子模块输入/输出数据的状态变化：从无效（BAD）到有效（GOOD）
	状态报警	指示模块/子模块状态的变化
	更新报警	指示模块/子模块参数的变化
	制造商特定报警	指示制造商特定的报警类型
	冗余报警	在主 I/O 控制器发生故障时发信号给从 I/O 控制器

（续）

报警优先级	报警类型	触发事件
低	行规特定报警	指示I/O设备与PNO行规准则的特定行规之间的共识
	监视器控制报警	指示I/O监视器接管了模块/子模块的控制
	监视器释放报警	指示I/O监视器、I/O控制器或I/O设备的本地访问释放了对模块/子模块的控制。紧随监视器释放报警的协议序列跟插入报警的序列一样
	返回报警	指示在没有重新参数化的情况下，I/O设备为某个特列的输入元素重新分发有效数据；输出元素能再次处理接收到的数据
	多播提供者通信停止报警	指示提供者的I/O数据在多播传输过程中超时
	多播提供者通信运行报警	指示提供者对I/O数据的多播传输重新开始
	端口数据改变通知报警	指示端口数据的改变
	同步数据改变通知报警	指示时间同步的改变
	等时同步实时模式问题通知报警	指示在使用等时同步实时模式时出现问题

4.3.5 通信路径及使用的协议

1. 通信栈

PROFINET I/O的通信路径可以用其通信栈或软件栈来形象地表示。如图4-19所示，PROFINET I/O的通信栈分为实时和非实时两部分，实时部分又分为循环和非循环两部分。实时部分和非实时部分支持自动化系统的各种应用及功能。

图4-19中几个块的说明如下。

（1）上下关系管理（Context Management，CM）

I/O设备把来自自动化工程的输入数据传递给I/O控制器，并接收来自I/O控制器的信号控制该自动化过程的输出数据。I/O监视器也能同时与I/O设备进行通信。

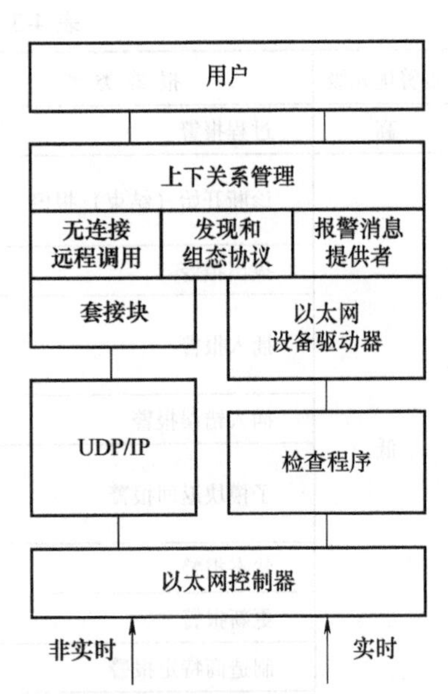

图4-19 PROFINET I/O的通信栈

为了允许所有数据交换能够进行，必须确定应用与通信的关系。CM的任务就是管理应用与通信的关系。

1）应用关系的初始化。

2）通信关系的初始化。

3）为通信关系设置相关通信参数，如超时和处理模式。

4）实现数据交换的明确标识。

5）GSD文件中描述参数的发布。

（2）无连接远程调用（Connectionless Remote Procedure Calls，CL RPC）

CL RPC可以提供：

1）无连接RPC的实现。

2）与高层CM的接口。

3）与低层SOCK的接口。

（3）报警消息提供者（Alarm Consumer Provider，ACP）

ACP 主要执行下列任务：

1）报警处理。

2）为了与应用进行循环 I/O 数据交换，在 EDD 与 CM 之间高速传送 Buffer-Lock 服务和 Buffer-Unlock 服务。

（4）发现和组态协议（Discovery and basic Configuration Protocol，DCP）

DCP 包含下列内容：

1）经由以太网分配的 IP 地址和设备名称。

2）与高层 CM 的接口。

3）与低层 SOCK 的接口。

（5）以太网设备驱动器（Ethernet Device Driver，EDD）

它提供发送和接收循环 RT 帧、非循环 RT 帧和非 RT 帧的机制，并根据所接收的 Ether-Types，EDD 分支到 NRT 路径（EtherType=0x0800）或 RT 路径（EtherType=0x8892）。

（6）检查程序（Checker）

检查程序为 EDD 提供支持。

（7）套接块（Sock）

1）发送和接收 UDP 帧。

2）与高层 CL RPC 接口。

3）低层接口是一个套接抽象接口。

2. 传输通道及协议

1）NRT 通道系统启动总是由 CM 通过 NRT 路径来完成的。此外，对于时间要求不是非常严格的数据（如读、写记录等）也通过 NRT 路径。

2）RT 通道循环部分的用户数据交换总是在 ACP 的实时通道来进行的。此外，它还完成对通信关系的监视任务，如当重要的通信关系发生问题时，必须非常快速地将进程切换至安全状态。

3）RT 通道非循环部分完成对实时性要求高但不需要循环交换的信息的处理。

PROFINET I/O 数据通道及使用协议如表 4-4 所示。

表 4-4　PROFINET I/O 数据通道及使用协议

通　道	协　议	服务/功能
标准数据	UDP	设备的参数化
		诊断数据的读取
		互联的加载
		数据的非周期读/写
	IP	在互联网络中传输数据
	DHCP	在网络中负责 IP 地址核心的、自动的分配
	DNS	管理基于 IP 的网络的逻辑名称
	DCP	分配 PROFINET 的设备地址和名称
	SNMP	管理网络节点（服务器、路由器、交换机等）。包括状态和统计信息的读取或通信错误的检测

（续）

通　道	协　议	服务/功能
标准数据	ARP	把 IP 地址映射到对应的 MAC 地址
	ICMP	传输错误信息
实时数据	RT 协议	数据的周期传输
		中断（数据）的非周期传输
		时钟同步
		通用管理功能
	LLDP	邻居识别。与直接邻居交换自身的 MAC 地址、设备名字和端口号
	PTCP	时钟同步

4.3.6 主要报文的帧结构

1. 实时帧结构

实时帧主要用于数据交换和报警等。

从图 4-7 可知，提高通信的实时性主要应该通过优化通信栈来实现。PROFINET 是通过软件的方法来完成实时通信功能的。其采取的主要措施是：去除一些协议层（UDP/IP），减少报文长度；提高通信双方传输数据的确定性，把数据传输准备的时间减至最少；采用 IEEE 802.1Q 标准，增加对数据流传输优先级处理的环节。PROFINET 把实现 RT 功能的标志嵌入以太网的帧结构中，如图 4-20 所示。

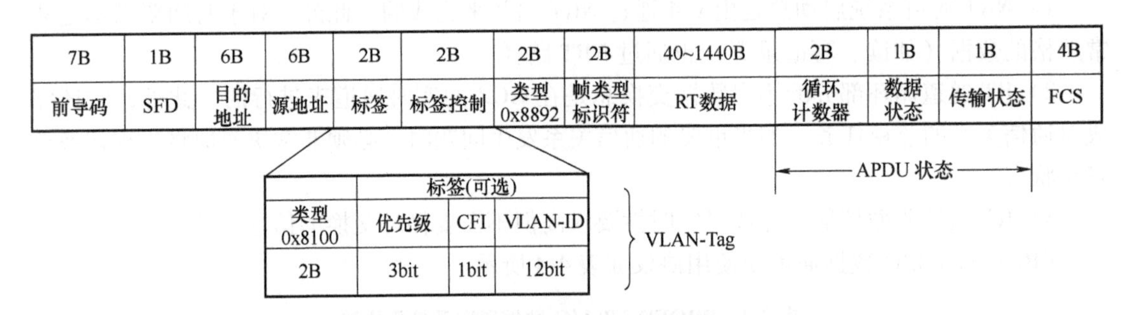

图 4-20　PROFINET RT 的帧结构

为了完成 RT 数据的优先传输，IEEE 802.1Q 的 VLAN 标志插入到了 RT 帧中。VLAN 由 4B 组成，其中有表示优先级的 3 个位。在 RT 帧中有两个非常重要的协议元素：一个是以太网类型（EtherType），PROFINET 使用以太网类型（EtherType）的 0x8892 表示该帧是 RT 帧，该类型是由 IEEE 指定的区别于其他协议的唯一标准；另外一个是帧 ID 码（FrameID），它用来编址两个设备间特殊的通信通道。仅使用 FrameID 就可以快速选择和识别 RT 帧，而不需要任何多余的帧头标志。

一个循环数据包的末端是 APDU-Status，它由以下 3 个元素组成：

1）周期计数器（Cycle Counter，两个字节）。它指示以 31.25μs 为增量的有关发送时刻，它是数据包在其期间被发送的次数，而不是该数据包被发送的实际时间点。该计数器的主要目的是检查冗余结构中的旧数据包。

2）数据状态（Data Status，一个字节）。显示发送方的状态。

3）发送状态（Transfer Status，一个字节）。总为0。

RTC1和RTC2（IRT High Flexibility）都使用RT帧结构，它们的实时优先级都为6。

PROFINET实时帧的协议组成部分如表4-5所示。

表4-5　PROFINET实时帧的协议组成部分

协议组成部分	含　义
前导码	数据包的开始部分 7B“1”和“0”交替的序列，用于接收器同步
SFD	帧开始定界符（10101011） 字节尾部的两个“1”确定数据包目的地址的开始
目的地址	数据包的目的地址 6字节中的前3字节标识制造商，其他由制造商按照需要指定
源地址	数据包的源地址或发送器地址
VLAN tag	长度段或数据包的类型ID 值小于0x0600：IEEE 802.3长度块 值为0x0600：Ethernet II类型块 值为0x8100：数据包包含一个VLAN TPID
VLAN TPID	VLAN标签协议标识符
用户优先级	数据包的优先级 0x00：IP（RPC）、DCP 0x01~0x04：保留 0x06：RTC1、RTC2、RT_UDP 高优先级RTA，高优先级RTA_UDP 0x007：保留
CFI	符合规则的格式指示符 0：以太网 1：令牌环网
VLAN-ID	对VLAN的标识 0x000：传输有优先权的数据 0x001：标准设置 0x002~0xFFF：自由使用 0xFFF：保留
以太网类型	跟在VLAN之后，对网络协议类型进行标识 0x8892：PROFINET的RTC、RTA、DCP、PTCP、MRRT 0x0800：IP（UDP、RPC、SNMP、ICMP） 0x0806：ARP 0x88E3：MRP 0x88CC：LLDP

（续）

协议组成部分	含　义
FrameID（帧类型标识符）	RT 帧及其他主要帧类型的标识 0x0100~0x7FFF：RTC3，单播、多播 0x8000~0xBBFF：RTC2，单播 0xBC00~0xBFFF：RTC2，多播 0xC000~0xF7FF：RTC1，单播（BT 以及 RT_UDP） 0xF800~0xFBFF：RTC1，多播（RT 以及 RT_UDP） 0xFC01：报警（高）（RT 以及 RT_UDP） 0xFE01：报警（低）（RT 以及 RT_UDP） 0xFEFC：DCP-Heelo-ReqPUDR 0xFEFD：DCP-Get-ReqPDU、DCP-Get-ResPUD、DCP-Set-ReqPDU、DCP-Set-ResPDU 0xFEFE：DCP-Identify-ReqPDU 0xFEFF：DCP-Identify-ResPDU
RT 数据	实时数据在帧里传输的用法和结构没有具体定义。下面是 PROFINET 中的使用 PROFINET CBA：与字节流具有相同 QoS 值的互联数据 PROFINE I/O：I/O 数据，还包括提供者状态和消费者状态 如果实时帧的长度小于 64B，则实时数据的长度必须扩展到最少 40B
APDU 状态	应用协议数据单元状态 实时数据帧的状态
Cyclecnt	周期计数器：在 Big Endian 格式下，每增加 1 代表时间增加 31.25μs 对发送器：每经过一个发送周期，发送器就将计数器加 1 对接收器：通过计数器的值可以看出追赶过程
数据状态	bit0：状态 0：次要的。标识冗余模式中的次通道 1：主要的。标识冗余模式中的主通道 bit1、bit3、bit6、bit7：0 bit2：数据有效性 1：数据有效 0：数据无效（仅在启动阶段允许） bit4：过程状态 0：生成数据的过程处于不活动状态 1：生成数据的过程处于活动状态 bit5：问题指示器 0：问题存在。已发诊断信号，或诊断正在运行 1：无可知的问题
Transf. status	传输状态 bit 0 ~ bit7：0
FCS	帧检验序列 32 位校验和。对整个以太网帧进行循环冗余校验（CRC）

2. IRT 的帧结构

图 4-21 所示为 IRT 的帧结构，IRT Top Performance 顶级性能即实时类型 3（RTC3）的

帧是基于时间的通信，它具有明确的传输时间点。IRT 帧由其在传输周期中所处的位置、帧类型标识符（FrameID）和 EtherType 0x8892 明确确定。IRT 帧基本上和 RT 帧相同。与 RT 帧相比，IRT 帧不需要使用 VLAN 标签进行优先级分配。

前导码	SFD	目的地址	源地址	类型	帧类型标识符	IRT数据	FCS
7B	1B	6B	6B	2B	2B	36~1490B	4B

图 4-21　IRT 的帧结构

在图 4-21 中，FrameID 为 0x0100~0x7FFF，即周期性的、RTC3 的帧。帧中的 IRT 等时同步实时数据的结构和用途没有定义，其数据长度为 36~1490B。

3. NRT 的帧结构

在 PROFINET I/O 中，名称和地址分配等过程使用的是基于 IT 的标准协议 ARP 和 DCP。除此之外，NRT 服务如启动过程中的建立连接、通信关系的建立、读服务〔诊断数据，以及标识和维护数据（I & M)〕、写服务（设备相关信息）等，都需要非实时的信息交换。NRT 的帧结构如图 4-22 所示。

前导码	SFD	目的地址	源地址	VLAN	类型	IP/UDP	RPC	NDR	数据	FCS
7B	1B	6B	6B	4B	2B	28B	80B	20B	最大1372B	4B

图 4-22　NRT 的帧结构

在 NRT 中，VLAN 是可选项，一般情况下不使用，但设备必须支持“使用”或“不使用”VLAN 这两种情况。

PROFINET I/O 服务包括名称和地址分配、系统启动及连接建立、报警处理、读/写服务等，其报文结构及字段定义由于篇幅所限，本书不再赘述。

4.3.7　网络诊断和管理

PROFINET 使用简单网络管理协议（Simple Network Management Protocol，SNMP）实现网络诊断和拓扑检测功能。在具备这些功能的设备上，集成了 MIB2（Management Information Base2）和 LLDP-EXI MIB（Link Layer Discovery Protocol-EXIMIB）。和 SNMP 一样，使用 PROFINET 的非循环服务也可从 PDEV（Physical Device Object）中获取诊断和拓扑信息。

1. 简单网络管理协议

SNMP 用来对通信线路进行管理。使用 SNMP 进行网络管理需要管理基站、管理信息库、管理代理和网络管理工具。

管理基站：通常是一个独立的设备，它是网络管理者进行网络管理的用户接口。基站上必须有管理软件、用户接口和从 MIB 取得信息的数据库。同时，为了进行网络管理，它应该具备将管理命令发出基站的能力。

管理信息库（Management Information Base，MIB）：由网络管理协议访问的管理对象数据库。MIB 是对象的集合，它代表网络中可以管理的资源和设备。每个对象基本上都是一个数据变量，它代表被管理对象方面的信息。

管理代理：是一种网络设备，如主机、交换机等，这些设备都必须能够接收管理基站发来的信息，它们的状态也必须可以由管理基站监视。管理代理响应基站的请求并进行相应的操作，也可以在没有请求的情况下向基站发送信息。

SNMP 的基本功能是获取、设置和接收代理发送的意外信息。获取指的是由基站发送请求，代理根据这个请求回送相应的数据。设置是指基站设置管理对象（也就是代理）的值。接收代理发送的意外信息是指代理可以在基站未请求的状态下向基站报告发生的意外情况。

SNMP 为应用层协议，是 TCP/IP 协议族的一部分。它通过用户数据报协议（UDP）来操作。SNMP 提供了一种从网络上的设备中收集网络管理信息的方法，也为设备向网络管理工作站报告问题和错误提供了一种方法。通过将 SNMP 嵌入数据通信设备，如交换机，就可以从一个中心站管理这些设备，并以图形的方式查看信息。

在 PROFINET 网络中，为了读出各种相关数据、端口数据和邻居检测信息，并为了检测 PROFINET 设备，CC-B 和 CC-C 类型的设备必须有 SNMP 功能。

2. 邻居检测

PROFINET 的网络拓扑具有多样性，为了检测设备之间精确的、详细的互联情况，PROFINET 使用了基于 IEEE 802.1 AB 的 LLDP。

链路层发现协议（Link Layer Discovery Protocol，LLDP）是一个标准的以太网协议。它为以太网网络设备，如交换机、路由器和无线局域网接入点，定义了一种标准的方法，使其可以向网络中的其他节点公告自身的存在，并保存各个邻近设备发现的信息。例如，设备配置和设备识别等详细信息都可以用该协议进行公告。

在 PROFINET 中，现场设备通过交换机端口与与其互联的设备交换地址信息，因此其“邻居”可以明确地确认它们所处的位置。

可以使用工程工具来图形化地显示 PROFINET 的系统拓扑架构，以及各端口的诊断信息。使用 SNMP 可以集成邻居检测中得到的所有信息，这可以使操作人员和工程师快速浏览网络的状态。图 4-23 所示的例子是一个简单的 PROFINET 网络的拓扑和网络诊断信息的图形化显示。

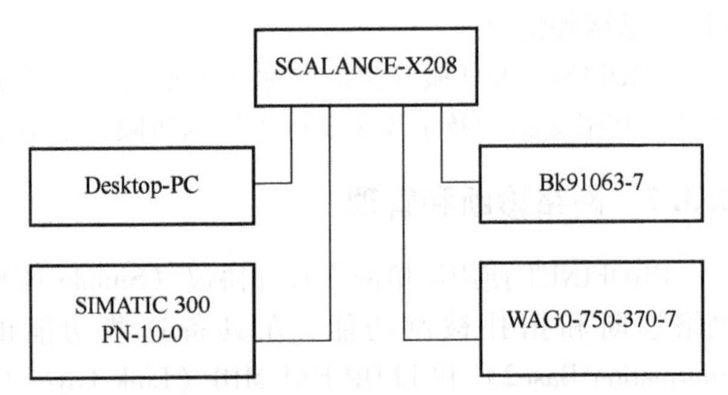

图 4-23　一个简单的 PROFINET 网络的拓扑和网络诊断信息的图形化显示

3. 设备更换

在过去，当一个控制系统中的现场设备损坏或发生故障而需要更换时，可能还需要做不少工作。但对 CC-B 以上的设备来说，现在就不需要使用工程工具，直接将设备放在网络拓扑中即可，它会自动接收与原来设备相同的名称和参数。

如图 4-24 所示，更换设备后，I/O 控制器首先对第一个设备进行初始化工作，然后向其请求邻居端口信息，邻居端口信息被证实后，邻居地址和名称等信息告诉下一个相连的设备，以此类推。

4. 网络诊断信息的集成

使用交换机时，它必须作为一个 PROFINET I/O 设备组态到系统中。对于低电平以太网线缆等故障，交换机可以直接报告给 I/O 控制器。这种交换机可以通过报警 CR 使用非循环报警功能传输诊断信息。通过交换机，网络诊断信息可以集成到 I/O 系统的诊断中，如图 4-25所示。

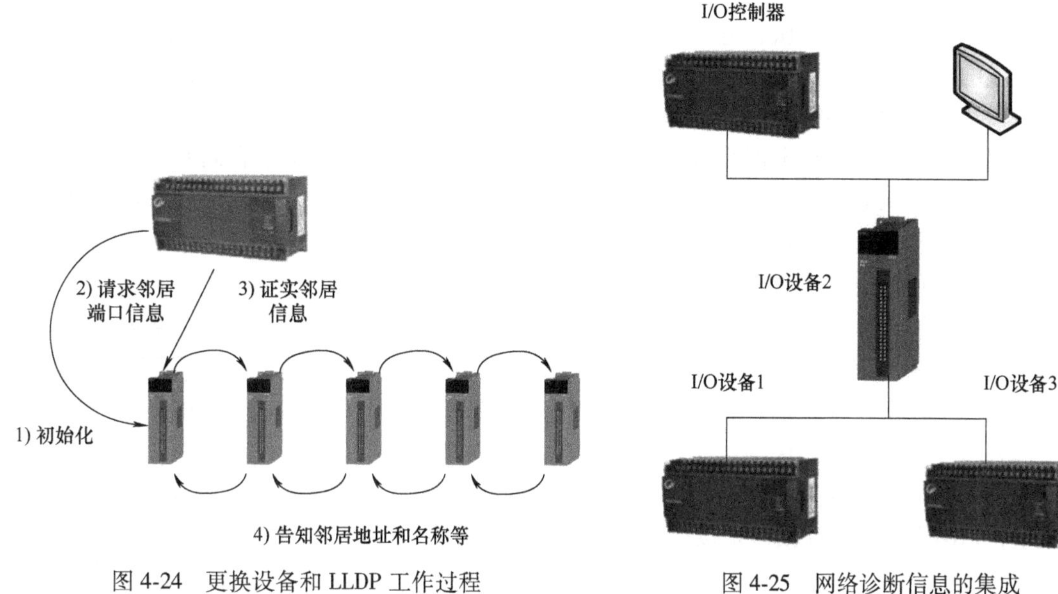

图 4-24　更换设备和 LLDP 工作过程

图 4-25　网络诊断信息的集成

4.4　PROFINET CBA

4.4.1　PROFINET CBA 概述

在工业生产过程中存在着许多功能相同的装置或工艺过程相似的环节，自动化领域的发展已进入创建模块化装置和机器的阶段，可以把这些典型装置或环节制作成标准组件模型，在使用它们时只需要进行简单的外部连接即可完成复杂的控制任务。PROFINET CBA 就是使用基于预组装组件的技术来完成分布式自动化任务的。如图 4-26 所示，在一个典型的饮料生产线中，可以把洗瓶、罐装、封口和包装等环节看成单独的一个整体环节，每个环节完成自己的任务，工作按顺序依次进行，这些不同的子系统或设备可以由一家或多家制造商来开发、测试和投运。工程师所关心的仅仅是每个模块与外界的接口规定，而不必去关心它们内部是如何完成各自的控制任务的。

由此可以看出 PROFINET CBA 所带来的好处：

1）大大减少了设计工作量。

2）组件之间只需少量的接口即可完成级联。

3）每个模块都具有高度的自治性，从测试到诊断都无须对整个系统进行操作。

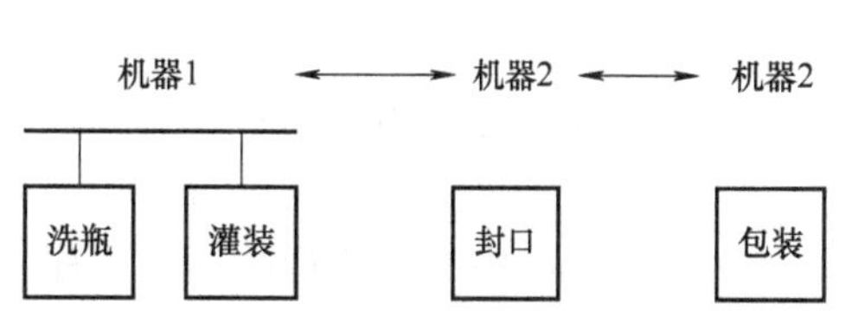

图 4-26　典型饮料生产线流程举例

4）单个的组件调试可提前进行，从而使系统总体调试简单化。

5）系统维护变得容易。

4.4.2 工艺技术模块和组件模型

在4.4.1小节提到的饮料生产线的例子中，每个独立的环节在组成上都有相似的地方，那就是它们都是由机械、电气/电子设备和控制逻辑（软件）来实现其功能的。由这些要素构成的整体单元就是工艺技术模块，所以说一个工艺技术模块代表的是一个专用的组件，它包括机械的、必需的电控装置和相关的软件。

在划分和定义工艺技术模块时，必须周密地考虑在不同使用设备中它们的可复用性、成本和实用性。如果划分得过小、过细，则会定义太多的I/O参数，增加设计成本和管理难度；如果划分得过大、过粗，则会降低其复用性。

从用户的角度出发，工艺技术模块必须具有可操作的功能，即通过接口从外部对其进行操作。而PROFTNET组件就是用户可从外部操作的工艺技术模块，也就是具备外部接口的工艺技术模块。图4-27所示就是PROFINET组件表示填充这个工艺技术模块的例子。每个组件都有一个接口，它包含多个能与其他组件进行交换或用其他组件激活的变量，PROFINET组件接口是按照IEC 61499来规定的。

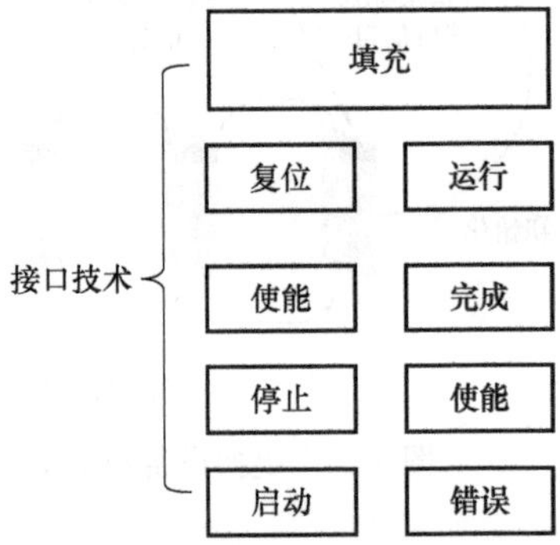

填充
接口技术
复位
运行
使能
完成
停止
使能
启动
错误

图4-27 PROFINET组件表示填充工艺技术模块示例

4.4.3 现场设备结构

现场设备是组件的另外一种称谓，在最简单的情况下，PROFINET组件就是现场设备。但是，也可以把多个现场设备组合成一个组件。具有特定功能的现场设备和组件是由制造商为用户开发出来的。一般情况下，用户不必知道现场设备内部的详细情况。组件模型中PROFINET现场设备的结构如图4-28所示。

在图4-28中一个现场设备至少由以下几部分组成：

1）只有一个物理设备（PDev）。PDev提供对以太网的访问进口，它包含MAC地址和IP地址。每个组件都使用PDev来寻址。与该组件发生联系的其他设备就是通过PDev来登入的。

2）一个或多个逻辑设备（LDev）。它是实际应用（用户程序）的登入点，它和RT-Auto中的可执行的用户程序相对应。

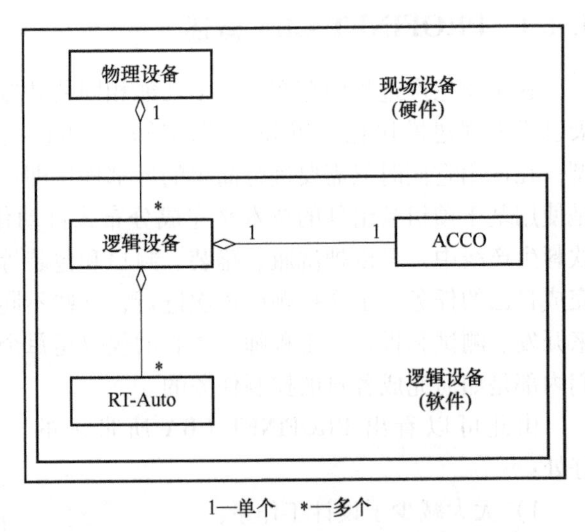

图4-28 组件模型中PROFINET现场设备的结构

每个LDev都有一个活动控制连接对象（Active Control Connection Object，ACCO），ACCO是PROFINET组件的核心部分。ACCO集成在每个CBA设备内，它既可以作为提供者，也可以作为消费者。ACCO确保PROFINET CBA设备中数据交换的协调，负责建立所组态的通信关系。对于 CBA，所有的通信都是由 ACCO 发起的。作为提供者，它自动准时地向消费者发送相关消费者所请求的数据；作为消费者，它向相应的 RT-Auto 提供所接收的数据。图 4-29 说明了 ACCO 的工作原理。

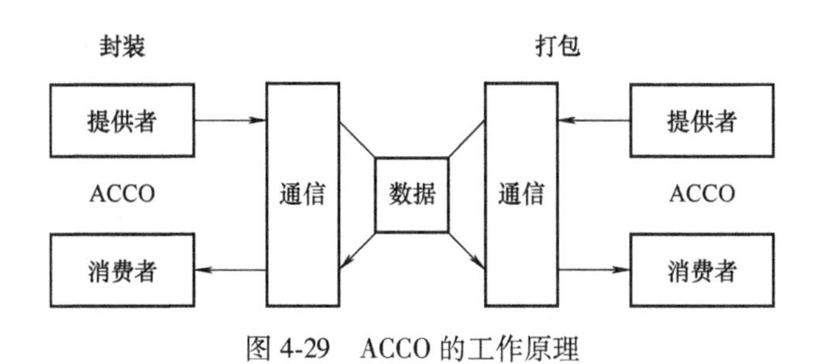

图 4-29　ACCO 的工作原理

3）每个 LDev 有一个或多个运行期对象（RT-Auto）。实时自动化（Real-Time Auto），即包含着工业技术功能要求的可执行程序总是被指定给一个 LDev，在一个现场设备中可以有多个 RT-Auto。

4.4.4　PROFINET CBA 的通信

1. 连接

设备技术接口之间的通信称为互联。互联用来在 PROFINET 组件之间交换过程数据。互联是在 SIMATIC iMap 中组态的。SIMATIC iMap 是一种独立于制造商的工程工具，用来简单地集成分布式自动化系统中来自不同供应商的设备和组件，完成组态 PROFINET CBA 应用。组态用图形化的方式实现。

在加载了互联组态后，PROFINET 控制器会立即自动建立互联。互联管理和数据交换基于提供者/消费者模型。

在互联中要使用如下规则：

1）相同数据类型的连接可以互联。如果是混合数据类型的连接，则它们的类型结构必须相同，即数组和结构必须具有同样的格式。

2）输出可以互联到多个输入，但输入只能互联到一个输出。

互联有以下 3 种类型：

1）常值，给输入提供一个恒定的值。

2）非循环互联，用来交换没有严格时间要求的过程数据。使用 DCOM 有线通信协议和 TCP/IP 实现数据的传输。

3）循环互联，用来实时交换有严格时间要求的过程数据。使用 PROFINET 实时协议传输。

2. 协议

PROFINET CBA 通信的基础是开放的标准的应用。PROFINET 控制器之间的非循环通信使用的是 TCP/IP，同时 TCP/IP 也是 HMI/工程系统和 PROFINET 控制器之间的通信协议。在这两种情况下，它们都使用 DCOM 有线通信协议访问 PROFINET 控制器中的工程数据和过程数据。对 PROFINET CBA 中的循环通信，则使用 PROFINET I/O 中的 RTC1。

通过代理功能，现场总线系统（如 PROFIBUS）可以集成到 PROFINET 中，从而连接到 PROFINET 控制器。

PROFINET CBA 中使用的通信协议如表 4-6 所示，其使用场合如图 4-30 所示。

表 4-6　PROFINET CBA 中使用的通信协议

图 4-30 中的序号	使 用 协 议	应 用 场 合
①	TCP/TP、DCOM	PROFINET CBA 工程
②	TCP/IP、DCOM	PROFINET CBA 运行时
③	UDP/IP、RPC	PROFINET I/O 运行时
④	实时协议	PROFINET CBA 运行时/PROFINET I/O 运行时
⑤	TCP/IP、OPC	HMI
⑥	PROFIBUS DP	PROFIBUS
⑦	TCP/IP、S7 通信	组态编程

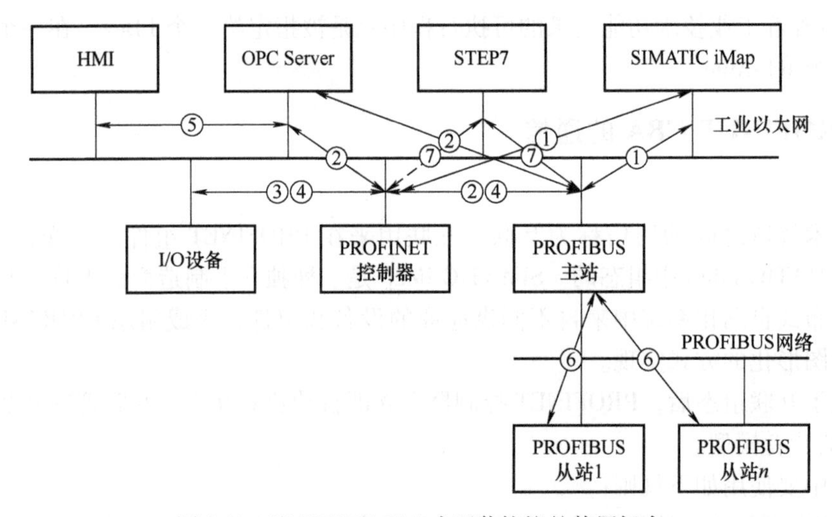

图 4-30　PROFINET CBA 中通信协议的使用场合

DCOM 有线通信协议位于 ISO/OSI 7 层通信模型的最顶层，它基于 RPC，并利用 RPC 的现场为自己服务。DCOM 有线通信协议不能完全独立于 RPC。DCOM 有线通信协议数据包的结构如图 4-31 所示。

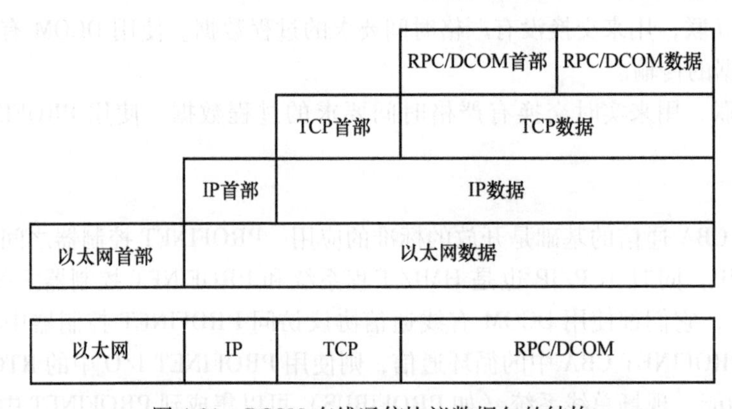

图 4-31　DCOM 有线通信协议数据包的结构

4.4.5 PROFINET CBA 的使用过程

对于 PROFINET CBA 在一个系统中的应用来说，其创建或设计过程一般包括以下 3 个阶段：

1）创建组件。

2）组件互联。

3）把互联信息下载到现场设备。

标准的组件是由机器制造商为用户提供的，但有些情况下需要系统工程师亲自去创建组件。组件用标准化的 PCD（PROFINET Component Description）来描述，PCD 的作用和 GSD 文件一样。PCD 使用 XML 来描述 PROFINET 组件和它们的技术接口，并以 XML 文件的形式来存储。

在创建组件时，相关的工具还将生成全球唯一的标识符 UUID（Universal Unique Identifier），用来标识组件及其功能。UUID 可以保证只有功能相同的组件才有相同的 UUID。

工程师在进行 CBA 组态时，工作非常简单。只要使用 PROFINET 互联编辑器，把使用 PCD 文件描述的 PROFINET 组件按控制系统功能的要求连接起来就可以了。工程师所做的工作大部分是通过操作鼠标把相关 PCD 从库中取出，并拖放到一个应用中。接下来的工作是给现场设备分配 IP 地址，IP 地址在工程工具中分配。

在完成组件互联和地址分配后，工程工具将通信所需要的所有数据下载到相关的现场设备中，这样每个设备都知道了其对等的通信伙伴和通信关系，以及所要交换的信息。到此，PROFINET CBA 就可以应用了。

4.5 组态一个简单的 PROFINET

4.5.1 系统组成及架构

1. 系统组成

采用 S7-300 系列 CPU 315-2PN/DP 作为 PROFINET 网络的 I/O 控制器，它有两个 PROFINET 接口、一个 DP 接口。在本系统中，一个 PROFINET 接口用于下载组态结果和程序，一个 PROFINET 接口用于连接 PROFINET 网络。

这里使用 BECKHOFF 公司的 BK9103、WAGO 公司的 WAG0750-370、SIEMENS 公司的 ET200M 作为 I/O 设备。交换机使用 SIEMENS 公司的 SCALANCE-X208。

2. 系统架构

ET200M 和 WAG0750-370 采用线性连接，并且它们与 BK9103、I/O 控制器通过交换机 SCALANCE-X208 组成星形结构，如图 4-32 所示。

4.5.2 组态过程

1. 组态 I/O 控制器

1）双击桌面上的图标，打开 SIMATIC Manager 软件。

2）新建一个工程，按照方便查找的路径存放，并给工程命名，如 PROFINET_config。

3）在 SIMATIC Manager 主界面中，选中 PROFINET_config，然后在工具栏中选择 Insert→

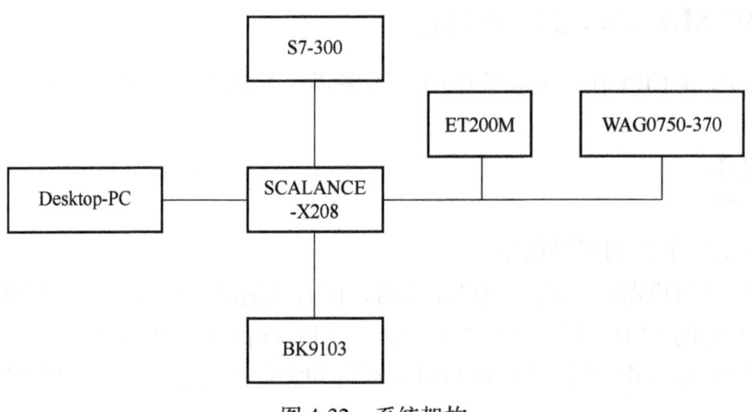

图 4-32　系统架构

Station 命令来插入新站点 SIMATIC 300 Station。

4）SIMATIC 300 Station 插入后，在工程 PROFINET_config 中选中 SIMATIC 300（1），然后双击 Hardware 图标进入硬件组态界面，如图 4-33 所示。

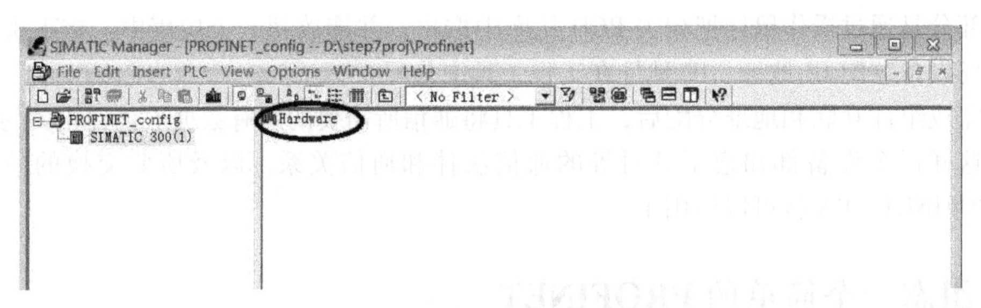

图 4-33　打开硬件组态软件 Hardware

5）在组态过程中，添加的 GSD 要与其硬件的订货号相一致，I/O 控制器的组态界面如图 4-34 所示。

① 首先添加机架 UR（在 RACK-300 里面双击 Rail）。

② 在槽 1 中添加 PS 电源。

③ 在槽 2 中添加具体型号的 CPU 单元。

④ 槽 3 要预留，用于扩展机架模块。

⑤ 从槽 4 开始按实际硬件顺序添加扩展模块，如 SM、CP 模块。

6）用鼠标双击机架中 CPU 的 PN-IO 槽，在弹出的属性对话框中可以修改设备名称，并单击 Properties 按钮，在弹出的新对话框中可以设置 I/O 控制器的 IP 地址和子网掩码。IP 地址默认为 192. 168. 0. 1，在本例中设置为 192. 168. 0. 10，子网掩码为 255. 255. 255. 0。新建一个 PROFINET 网络。I/O 控制器的参数设置如图 4-35 所示。

注意：I/O 控制器的名称必须在组态中修改，最好不要采用默认分配，在下载组态后，控制器的名称通过组态分配。

7）插入一个 PROFINET-IO-System：先单击机架中 CPU 的 PN-IO 槽，然后选择菜单 Insert，插入一个 PROFINET-IO-System，如图 4-36 所示。

2. 组态 I/O 设备

1）BK9103 设备：先在右侧 GSD 目录 PROFINET IO 中的 Additional Field Devices/I/O/

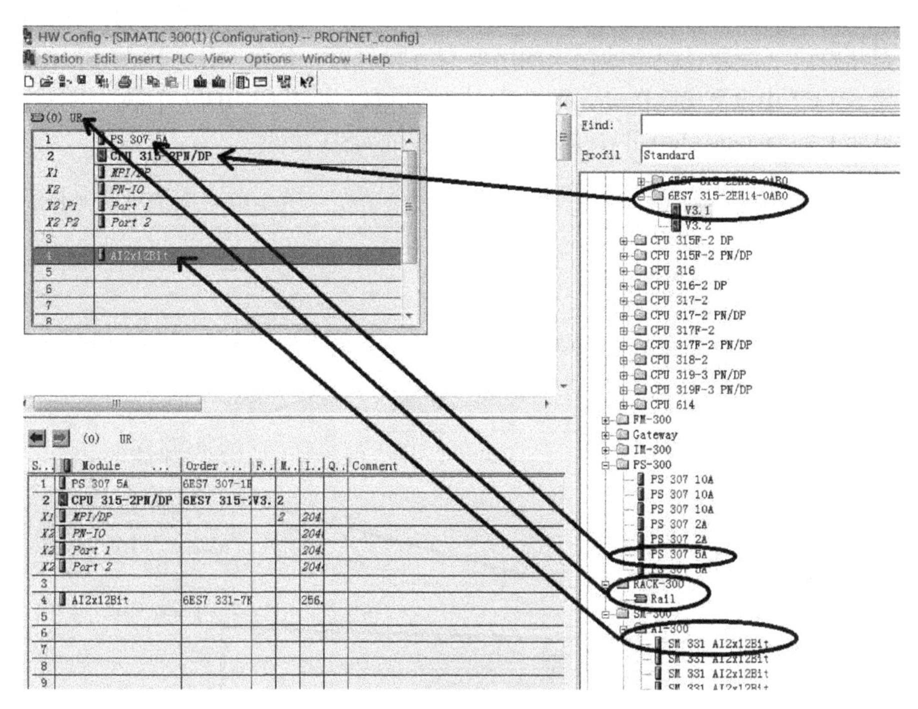

图 4-34　I/O 控制器的组态界面

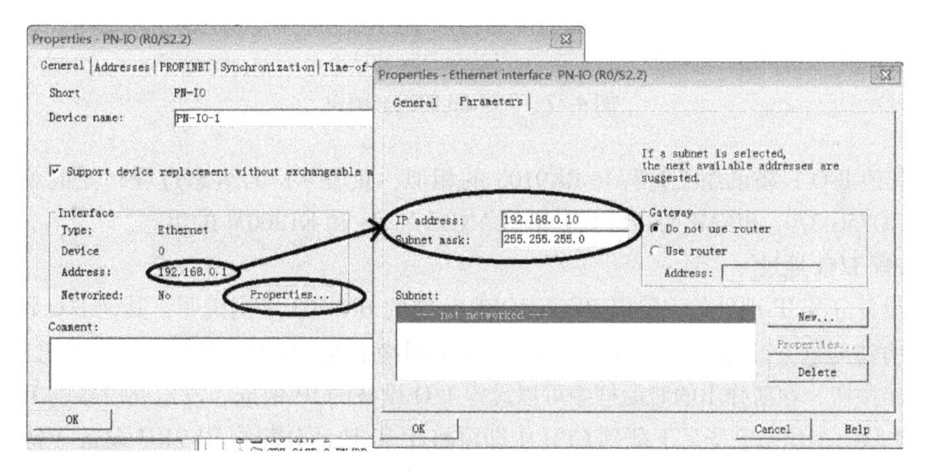

图 4-35　I/O 控制器的参数设置

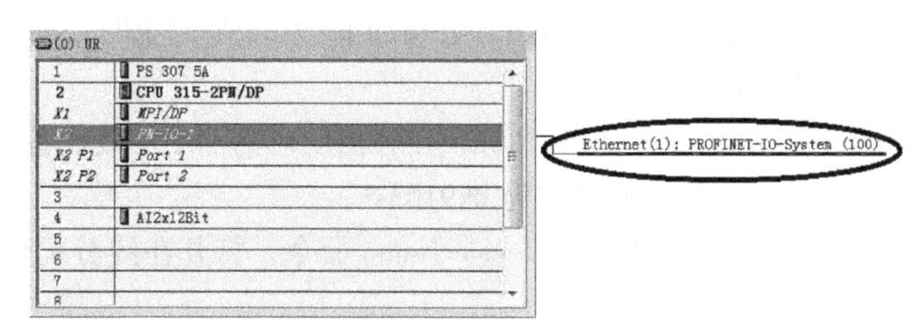

图 4-36　插入 PROFINET-IO-System

BK Device 中将 BK9103 的 GSI 拖动到 PN 网络总线上。然后单击其总线上的图标，在下面相应槽内组态其模块（注意：组态的模块顺序要与实际位置一致）。图 4-37 为 BK9103 的组态画面。如果 STEP7 中没有 BK Device 的 GSD 文件，可以从 BECKHOFF 官网上下载，并通过硬件组态界面上的 Options/Install GSD file 安装相应的 GSD 文件。

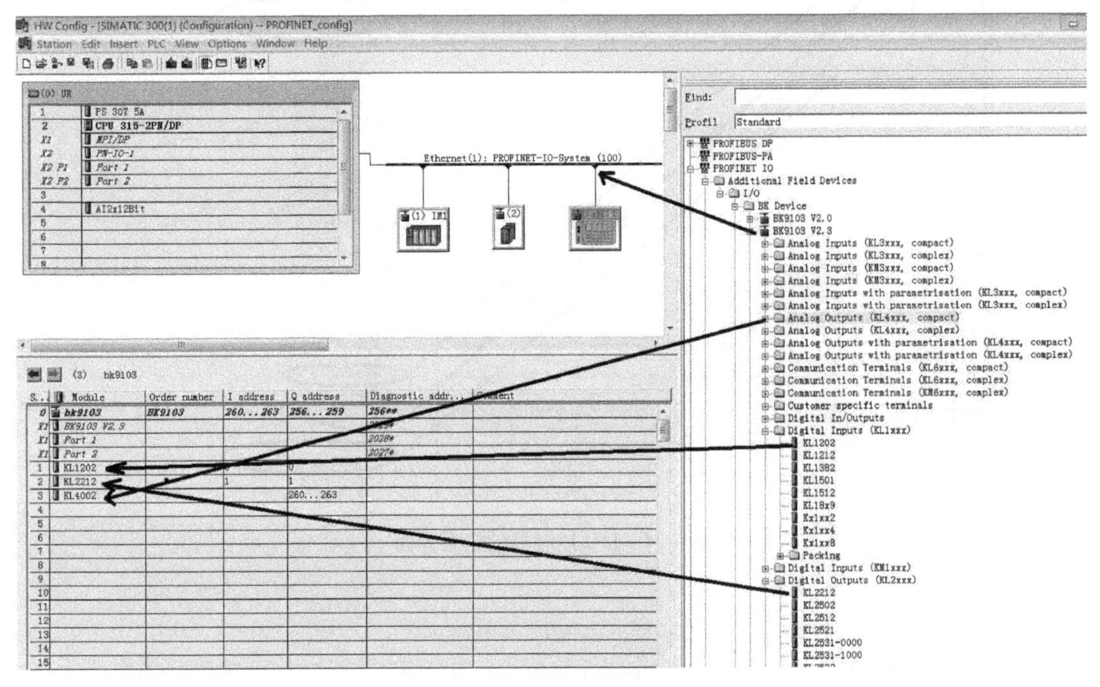

图 4-37　BK9103 的组态画面

2）其他 I/O 设备的组态过程与 BK9103 的相似，重复 1）的组态过程，完成 WAGO 公司的 WAGO750-370、SIEMENS 公司的 SCALANCE-X208 和 ET200M 的组态。

3. 分配 I/O 地址

I/O 设备分配 IP 地址的方法以 BECKHOFF 公司的 BK9103 举例说明，其他 I/O 设备的 IP 地址设定方法与这个设备的相同。操作如下：双击网络上的 BK9103 图标，单击弹出对话框中的 Ethernet 按钮，在新弹出的对话框中可以设定 I/O 设备的 IP 地址。设定此设备的 IP 地址为 192.168.0.11。待组态完毕后下载到 CPU 中即可将此 IP 地址分配给 BK9103 设备（特别注意：整个以太网网络中的 IP 地址不能冲突）。图 4-38 是为 BK9103 设备分配 IP 地址。

4. 分配名称

I/O 设备的名称分配方法也以 BECKHOFF 公司的 BK9103 举例说明，其他 I/O 设备名称的分配方法与这个设备的相同。

1）首先双击网络上的 BK9103 的 GSD 图标，在弹出的对话框中修改设备名称。如图 4-39 所示，在“Device name”一栏将名称修改为 bk9103-1。

2）选择菜单 PLC→Ethernet→Assign Device Name 命令，打开在线分配设备名称的对话框，如图 4-40 所示。

注意：

① 在线分配设备名称时，要设置通信协议为 TCP/IP，否则组态软件和设备无法通信。

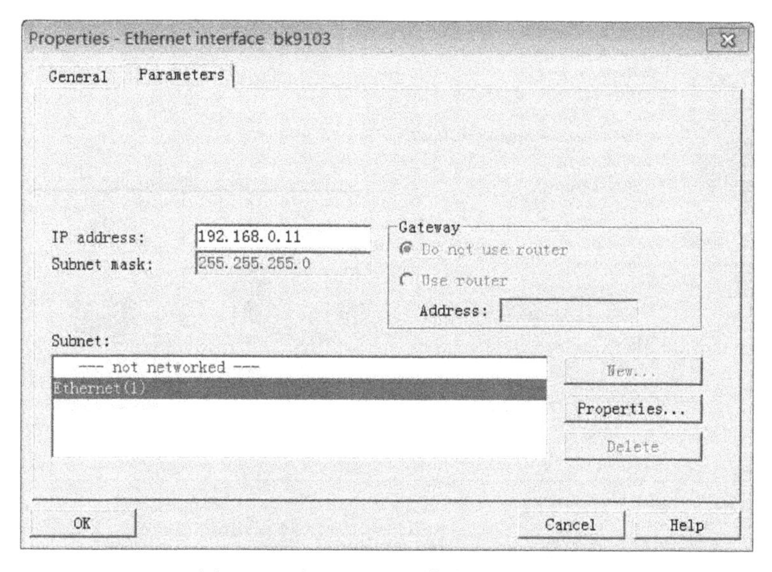

图 4-38　为 BK9103 设备分配 IP 地址

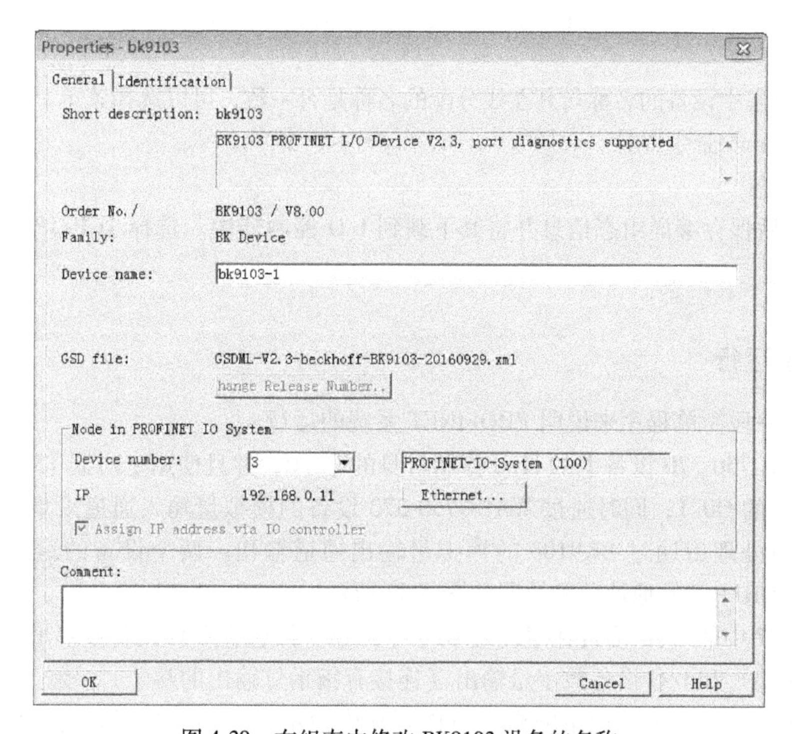

图 4-39　在组态中修改 BK9103 设备的名称

② 在进行设备名称分配和下载组态时，计算机的 IP 地址要与设备的 IP 在同一个网段，即 IP 地址的前 3 个字节数据必须保持一致，否则会出现操作失败提示。

3）选择修改过的名称 bk9103-1 和相应的设备（通过 MAC 地址和设备类型描述区分，或者单击 Flashing on 按钮可以看到相应设备上两个指示灯同时闪烁），单击 Assign name 即可完成设备名称的分配。其他 I/O 设备名称的分配可按照同样的方法来完成。

注意：组态中设备的名称要与其在线分配的名称相一致，否则会报错。

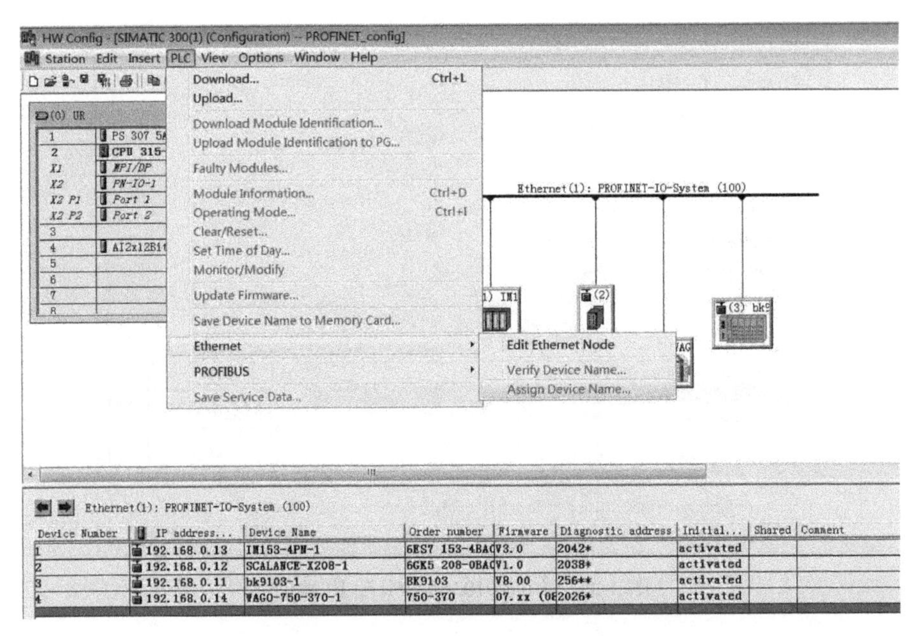

图 4-40　分配设备名称的菜单命令及对话框

4）确认组态中设备的名称与其在线分配的名称是否一致，可以选择菜单 PLC→Ethernet→Verify Device Name 命令查看。

5. 下载组态

组态完成后保存编译组态信息并将其下载到 I/O 控制器中。选择 TCP/IP 下载方式，单击图标 即可下载组态。

4.5.3　系统运行

下面编写一段简单程序来说明 PROFINET 系统的运行。

通过 WAGO750-370 设备上的 I1.0 控制自身的 Q2.0，并且使用定时器 T5，延时 5s 控制 BK9103 设备上的 Q0.1；同时通过 WAGO750-370 设备的模拟量输入通道采集数据并存放到 DB11 中，进行处理后通过 BK9103 的模拟量输出通道输出。两个设备的地址分配情况如图 4-41所示，DB11 中的地址分配情况如图 4-42 所示。

使用 STFP7 中的 LAD 语言在组织块 OB1 中编制一段包含 I/O 设备数字量输入（连接按钮开关的输入端）和 I/O 设备数字量输出（连接有指示灯输出的端子）、模拟量输入（模拟量输入端连接信号源）和模拟量输出（可以观察模拟量输出端的数据）的程序，实现上述的功能，并需要在 DB11 中为相应存储单元分配地址。简单程序设计如图 4-43 所示。

程序解析：当连接 I1.0 的按钮开关按下时，I1.0 接通，Q2.0 有输出并点亮第一个指示灯，同时触发 T5 开始计时；5s 计时时间到，T5 的常开触点闭合，Q0.1 有输出并点亮第二个指示灯，同时模拟量输入 PID264 将采集的数据传送给 DB11.DBD2 并存储，存储在 DB11.DBW4 中的数据通过模拟量输出 PQW260 进行输出，模拟量输入 PIW268 将采集的数据传送给 DB11.DBW6 并存储；最后将存储在 DB11.DBW2 中的数据减去 DB11.DBW6 中的数据并将结果通过 PQW262 输出，此时完成了数据的采集、处理和输出。

(3)　bk9103-1

Slot	Module	Order number	I address	Q address	Diagnostic addr...
0	bk9103-1	BK9103	260...263	256...259	256**
X1	BK9103 V2.3				2029*
X1 P1	Port 1				2028*
X1 P2	Port 2				2027*
1	Kx1xx2		0		
2	Kx2xx2			0	
3	KL4002			260...263	

(4)　WAGO-750-370-1

S...	Module	Order number	I add...	Q address	Diagnostic addr...
0	WAGO-750-370-1	750-370			2026*
1	75x-432 4DI (+ 4 BIT I)	75x-432	1		
2	75x-455 4AI, 4-20 mA	75x-455	264...271		
3	75x-530 8DO	75x-530		1	
4	75x-531 4DO (+ 4 BIT O)	75x-531		2	

图 4-41　设备地址分配情况

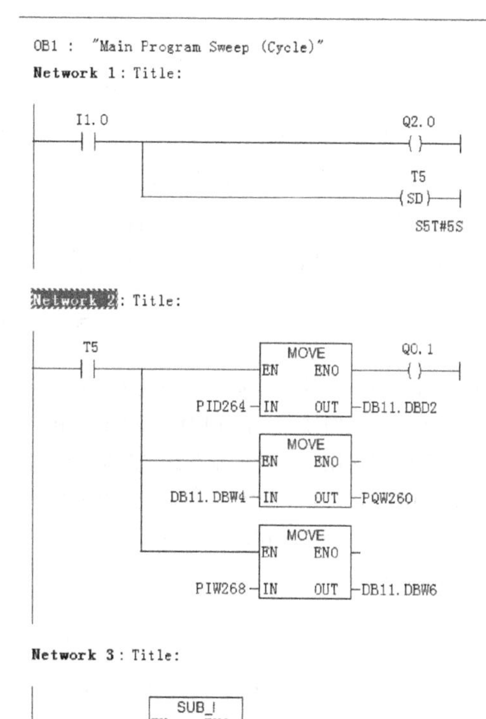

DB11 -- PROFINET_config\SIMATIC 300(1)\CPU 315-2PN/DP

Address	Name	Type	Initial value
0.0		STRUCT	
+0.0	DB_VAR	INT	0
+2.0	caishu1	DWORD	DW#16#0
+6.0	caishu2	WORD	W#16#0
=8.0		END_STRUCT	

图 4-42　DB11 中地址分配情况

图 4-43　简单程序设计

程序编写完成，检查无误后，将其下载到 CPU 315-2PN/DP 中。前面已下载组态信息，此时只需下载程序块。在 SIMATIC Manager 主界面中，选中 Blocks，然后单击图标下载，如图 4-44 所示。

下载完成后，PLC 开始运行程序，进行在线调试。打开 OB1，在 OB1 的菜单栏中单击

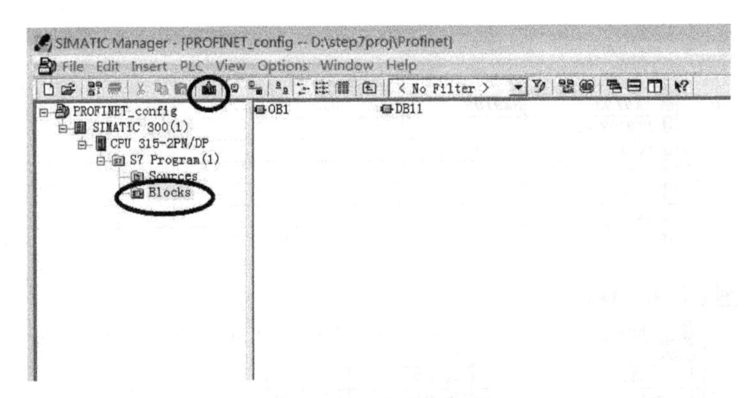

图 4-44　程序块的下载

“监视”图标进行在线监视程序的运行，然后手动控制按钮开关，观测输出是否按程序要求的结果运行，模拟量的数据也可以在变量表中进行在线监测。

本实例是 PROFINET I/O 扩展功能的典型应用，凡是满足 PROFINET I/O 规范的 I/O 设备都可以通过 PROFINET-IO-System 挂接到 PROFINET 网络上，实现对 I/O 控制器的 I/O 端口扩展，建立分布式 I/O 系统。本实例中就以西门子公司的 S7-300 PLC 作为 I/O 控制器，通过 PROFINET I/O 扩展了西门子 ET200M 远程 I/O 设备、倍福公司的 BK9103 I/O 设备以及万可公司的 WAGO750-370 I/O 设备。PROFINET I/O 控制器和 PROFINET I/O 设备之间实行全透明通信，从用户角度来看，这些远程 I/O 设备和 I/O 控制器本地所拥有的 I/O 模块没有区别，可以用同样的程序进行控制和管理。

本章小结

本章介绍了新一代基于工业以太网技术的自动化总线标准——PROFINET。它区别于 PROFIBUS 现场总线，是一种实时以太网技术，由 PROFINET I/O 和 PROFINET CBA 两大部分组成。

本章还介绍了适用于运动控制系统的等时同步实时（IRT）技术，将分布式现场 I/O 设备直接使用工业以太网的 PROFINET I/O 技术（相当于 PROFIBUS DP）和基于组件的自动化 PROFINET CBA 技术。

最后介绍了以 S7-300、BK9103、WAGO750-370、ET200M、SCALANCE-X208 组成的 PROFINET 实例的组态过程和运行过程。

习　　题

1. 简述 PROFINET 的组成及各自的应用场景。
2. PROFINET I/O 设备和 I/O 控制器有什么区别?
3. 运动控制系统对通信实时性有什么要求？为满足运动控制系统的要求，PROFINET 实时通信技术做了哪些改进?
4. PROFINET 和 PROFIBUS 相比较有什么优缺点?

第5章 EtherCAT技术及其应用

5.1 EtherCAT 概述

EtherCAT 是由德国 BECKHOFF 自动化公司于 2003 年提出的实时工业以太网技术。它具有高速和高数据有效性的特点，支持多种设备连接拓扑结构。其从站节点使用专用的控制芯片，主站使用标准的以太网控制器。

EtherCAT 的主要特点如下：

1）广泛的适用性，任何带商用以太网控制器的控制单元都可作为 EtherCAT 主站。从小型的 16 位处理器到使用 3GHz 处理器的 PC 系统，任何计算机都可以成为 EtherCAT 控制系统。

2）完全符合以太网标准，EtherCAT 可以与其他以太网设备及协议并存于同一总线，以太网交换机等标准结构组件也可以用于 EtherCAT。

3）无须从属子网，复杂的节点或只有两位的 I/O 节点都可以用作 EtherCAT 从站。

4）高效率，最大化地利用以太网带宽进行用户数据传输。

5）刷新周期短，可以达到小于 100μs 的数据刷新周期，可以用于伺服技术中底层的闭环控制。

6）同步性能好，各从站节点设备可以达到小于 1μs 的时钟同步精度。

目前，EtherCAT 已经进入多种相关国际标准：

1）IEC 61158 中的 Type 12。

2）IEC 61784 中的 CPF12。

3）IEC 61800 中，EtherCAT 支持 CANopen DS402 和 SERCOS。

4）ISO 15745 中，EtherCAT 支持 DS301。

EtherCAT 支持多种设备连接拓扑结构，包括总线型、树形或星形结构，可以选用的物理介质有 100Base-TX 标准以太网电缆或光缆。使用 100Base-TX 电缆时，站间距离可以达到 100m。整个网络最多可以连接 65535 个设备。使用快速以太网全双工通信技术可构成主从式环形结构，EtherCAT 的运行原理如图 5-1 所示。

从以太网的角度看，一个 EtherCAT 网段可被简单地看作一个独立的以太网设备。该“设备”接收并发送以太网报文。然而，这个“设备”并没有以太网控制器及相应的微处理器，而是由多个 EtherCAT 从站组成的。这些从站可直接处理接收的报文，并从报文中提取或插入相关的用户数据，然后将该报文传输到下一个 EtherCAT 从站。最后一个 EtherCAT 从

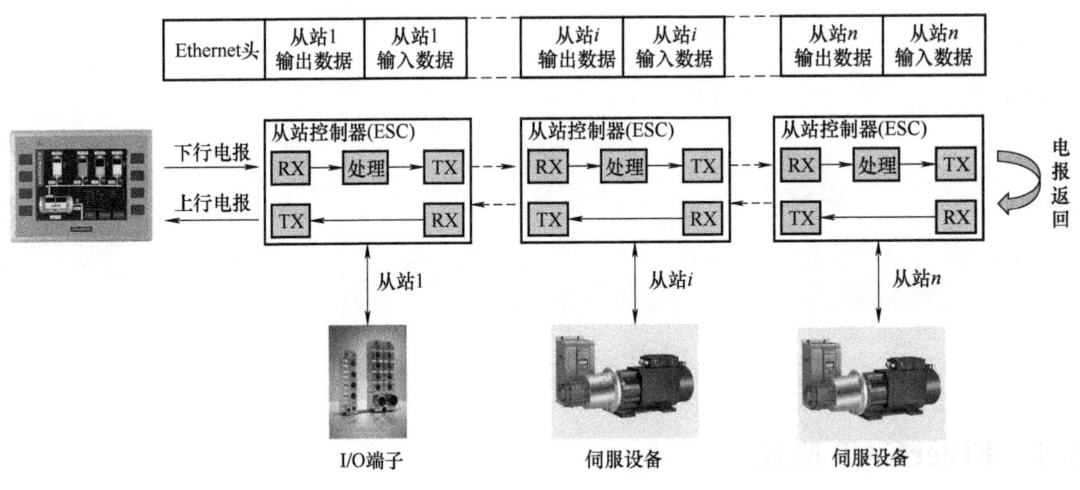

图 5-1　EtherCAT 运行原理

站发回经过完全处理的报文，并作为响应报文由第一个从站发送给控制单元。这个过程利用了以太网设备独立处理双向传输（TX 和 RX）的特点，并运行在全双工模式下，发出的报文又通过 RX 线返回到控制单元。

报文经过从站节点时，从站识别出相关的命令并做出相应的处理。信息的处理在硬件中完成，延迟时间为 100~500ns（取决于物理层器件），通信性能独立于从站设备控制微处理器的响应时间。每个从站设备有最大容量为 64KB 的可编址内存，可完成连续的或同步的读/写操作。多个 EtherCAT 命令数据可以被嵌入一个以太网报文中，每个数据对应独立的设备或内存区。

从站设备可以构成多种形式的分支结构，独立的设备分支可以放置于控制柜中或机器模块中，再用主线连接这些分支结构。

EtherCAT 大大提高了现场总线的性能，例如，控制 1000 个开关量输入和输出的刷新时间约为 30μs。单个以太网帧最多可容纳 1486B 的过程数据，相当于 12000 位开关量数字输入和输出，刷新时间约为 300μs。控制 100 个伺服电动机的数据通信周期约为 100μs。

EtherCAT 使用一个专门的以太网数据帧类型定义，用以太网数据帧传输 EtherCAT 数据包，也可以使用 UDP/IP 协议格式传输 EtherCAT 数据包。一个 EtherCAT 数据包可以由多个 EtherCAT 子报文组成，如图 5-1 所示。EtherCAT 从站不处理非 EtherCAT 数据帧，其他类型的以太网应用数据可以分段打包为 EtherCAT 数据子报文并在网段内透明传输，以实现相应的通信服务。

5.2　EtherCAT 协议

5.2.1　EtherCAT 系统组成

1. EtherCAT 主站

EtherCAT 主站使用标准的以太网控制器，传输介质通常使用 100Base-TX 规范的 5 类 UTP 线缆，EtherCAT 物理层连接原理图如图 5-2 所示。通信控制器完成以太网数据链路的介质访问控制功能，物理层芯片 PHY 实现数据编码、译码和收发，它们之间通过一个 MII（Media Independent Ineterface）接口交互数据。MII 是标准的以太网物理层接口，定义了与传输介质无关的标准电气和机械接口。使用这个接口可将以太网数据链路层和物理层完全隔离开，以便以太网可以方便地选用任何传输介质。隔离变压器实现信号的隔离，提高通信的可靠性。

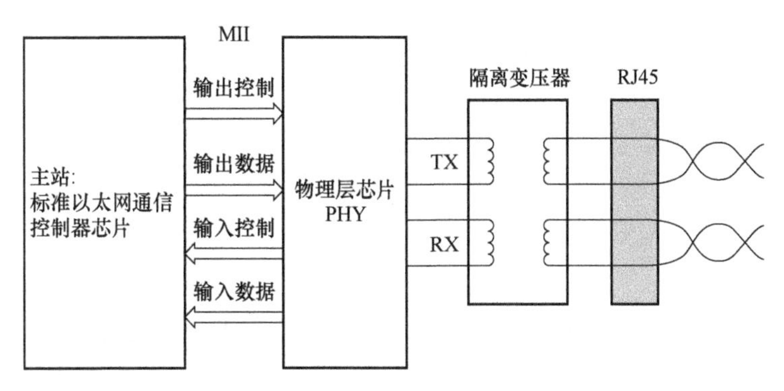

图 5-2　EtherCAT 物理层连接原理图

在基于 PC 的主站中，通常使用网络接口卡（Network Interface Card，NIC），其中的网卡芯片集成了以太网通信控制器和物理数据收发器。而在嵌入式主站中，通信控制器通常嵌入到微处理器中。

2. EtherCAT 从站

EtherCAT 从站设备同时实现通信和控制应用两部分功能，其结构如图 5-3 所示。

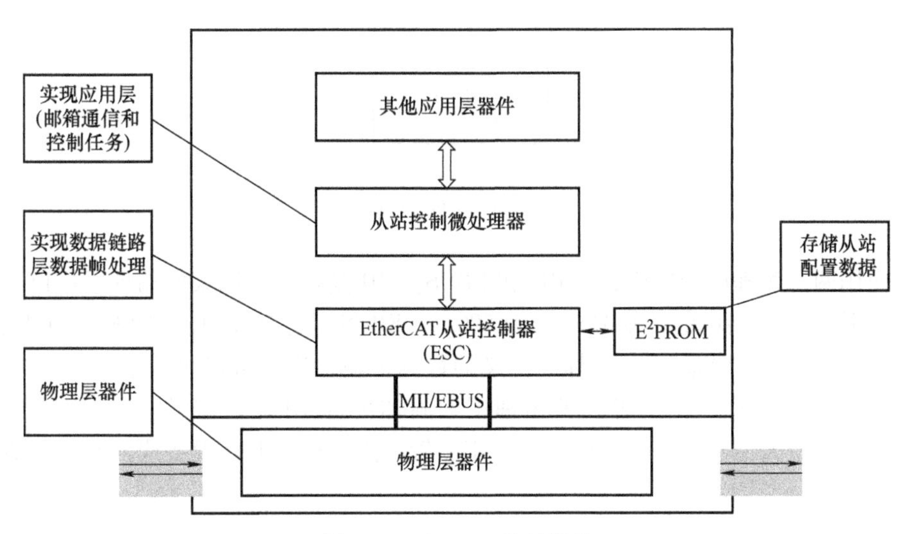

图 5-3　EtherCAT 从站结构

EtherCAT 从站由以下 4 部分组成。

（1）EtherCAT 从站控制器 ESC

EtherCAT 从站通信控制器芯片 ESC 负责处理 EtherCAT 数据帧，并使用双端口存储区实现 EtherCAT 主站与从站本地应用的数据交换。各个从站 ESC 按照各自在环路上的物理位置顺序移位读/写数据帧。在报文经过从站时，ESC 从报文中提取发送给自己的输出命令数据并将其存储到内部存储区，然后将内部存储区中的输入数据写到相应的子报文中。数据的提取和插入都是由数据链路层硬件完成的。

ESC 具有 4 个数据收发端口，每个端口都可以收发以太网数据帧。数据帧在 ESC 内部的传输顺序是固定的，如图 5-4 所示。通常，数据从端口 0 进入 ESC，然后按照端口 3→端口 1→端口 2→端口 0 的顺序依次传输。如果 ESC 检测到某个端口没有外部链接，则自动闭合此端口，数据将自动回环并转发到下一端口。一个 EtherCAT 从站设备至少使用两个数据端口，使用多个数据端口可以构成多种物理拓扑结构。

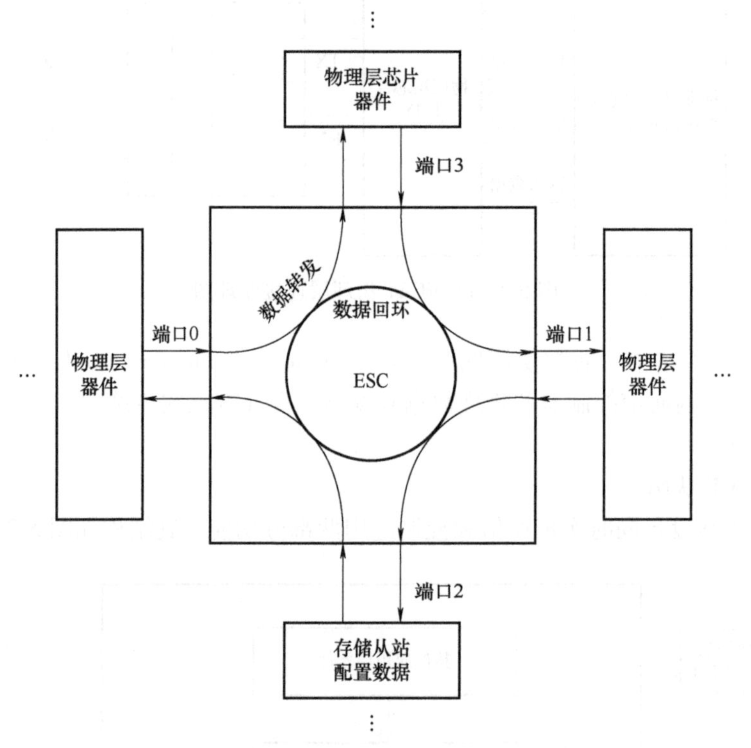

图 5-4　ESC 数据的传输顺序

ESC 使用两种物理层接口模式：MII 和 EBUS。MII 是标准的以太网物理层接口，使用外部物理层芯片，一个端口的传输延时约为 500ns。EBUS 是德国 BECKHOFF 公司使用 LVDS（Low Voltage Differential Signaling）标准定义的数据传输标准，可以直接连接 ESC 芯片，不需要额外的物理层芯片，从而避免了物理层的附加传输延时，一个端口的传输延时约为 100ns。EBUS 的最大传输距离为 10m，适用于放置距离较近的 I/O 设备或伺服驱动器之间的连接。

（2）从站控制微处理器

微处理器负责处理 EtherCAT 通信和完成控制任务。微处理器从 ESC 读取控制数据，实现设备控制功能，并采样设备的反馈数据，写入 ESC，由主站读取。通信过程完全由 ESC 处理，与设备控制微处理器响应时间无关。从站控制微处理器的性能选择取决于设备控制任务，可以使用 8 位、16 位的单片机，以及 32 位的高性能处理器。

（3）物理层器件

从站使用 MII 接口时，需要使用物理层芯片 PHY 和隔离变压器等标准以太网物理层器件。使用 EBUS 时不需要任何其他芯片。

（4）其他应用层硬件

针对控制对象和任务需要，微处理器可以连接其他控制器件。

3. EtherCAT 物理拓扑结构

在逻辑上，EtherCAT 网段内从站设备的布置构成一个开口的环形总线。在开口的一端，主站设备直接插入或者通过标准以太网交换机插入以太网数据帧，并在另一端接收经过处理的数据帧。所有的数据帧都被第一个从站设备转发到后续的节点。最后一个从站设备将数据帧返回到主站。

EtherCAT 从站的数据帧处理机制允许在 EtherCAT 网段内的任一位置使用分支结构，同时不打破逻辑环路。分支结构可以构成各种物理拓扑（如总线型、树形、星形、菊花链形）以及各种拓扑结构的组合，从而使设备连接布线非常灵活、方便。在图 5-5 中，主站发出数据帧后的传输顺序如图中数字标号①~⑭所示，其中，从站 8 使用了 ESC 的全部 4 个端口，构成星形拓扑。

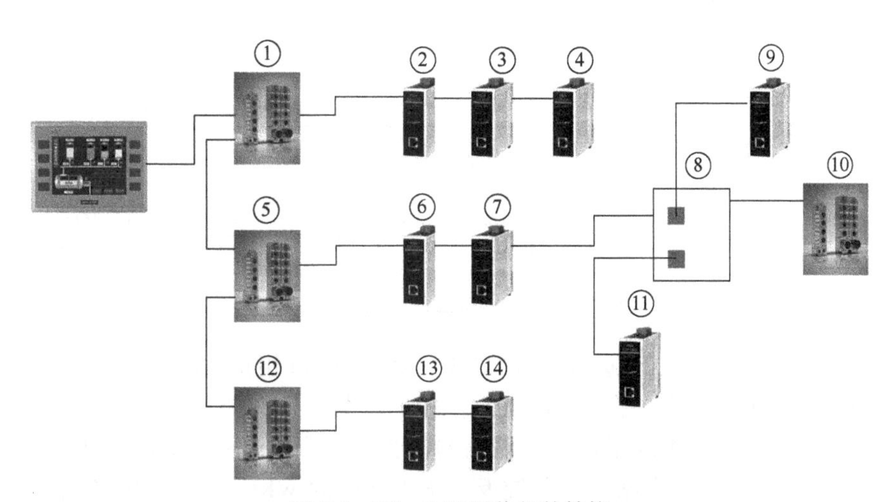

图 5-5　EtherCAT 网络拓扑结构

5.2.2　EtherCAT 数据帧结构

EtherCAT 数据直接使用以太网数据帧传输，数据帧使用帧类型 0x88A4。EtherCAT 数据包括 2B 的数据头和 44~1498B 的数据。数据区由一个或多个 EtherCAT 子报文组成，每个子报文对应独立的设备或从站存储区域。图 5-6 所示为 EtherCAT 报文嵌入以太网数据帧。表 5-1给出了 EtherCAT 数据帧结构定义。

表 5-1　EtherCAT 数据帧结构定义

名　称	含　义
目的地址	接收方 MAC 地址
源地址	发送方 MAC 地址
帧类型	0x88A4
EtherCAT 头：EtherCAT 数据长度	EtherCAT 数据区长度，即所有子报文长度总和

（续）

名　称	含　义
EtherCAT 数据：类型	1 表示与从站通信，其余保留
FCS（Frame Check Sequence）	帧校验序列

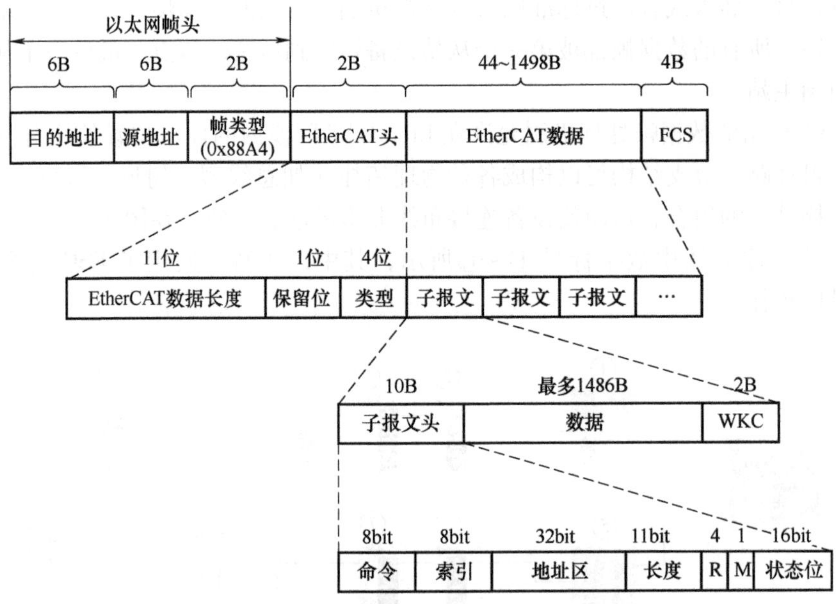

图 5-6　EtherCAT 报文嵌入以太网数据帧

每个 EtherCAT 子报文都包括子报文头、数据域和相应的工作计数器（Working Counter，WKC）。WKC 记录了子报文被从站操作的次数，主站为每个通信服务子报文设置预期的 WKC。发送子报文中的工作计数器的初值为 0，子报文被从站正确处理后，工作计数器的值将增加一个增量，主站通过比较返回子报文中的 WKC 和预期 WKC 来判断子报文是否被正确处理。WKC 由 ESC 在处理数据帧的同时进行处理，不同的通信服务对 WKC 的增加方式不同。表 5-2 给出了 EtherCAT 子报文的结构定义。

表 5-2　EtherCAT 子报文的结构定义

名　称	含　义
命令	寻址方式及读写方式
索引	帧编码
地址区	从站地址
长度	报文数据区长度
R	保留位
M	后续报文标志
状态位	中断到来标志
数据区	子报文数据结构，用户定义
WKC	工作计数器

也可以使用 UDP/IP 格式传输 EtherCAT 数据，使用 UDP 端口 0x88A4，EtherCAT 数据帧嵌入 UDP 数据帧如图 5-7 所示。

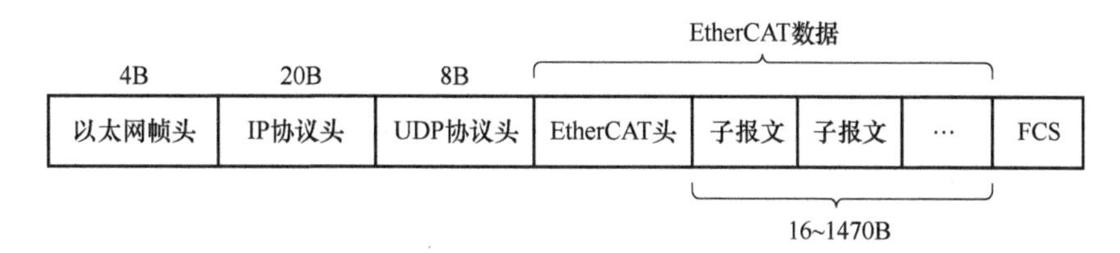

图 5-7　EtherCAT 数据帧嵌入 UDP 数据帧

5.2.3　EtherCAT 报文寻址和通信服务

EtherCAT 通信由主站发送 EtherCAT 数据帧读/写从站设备的内部存储区来实现，EtherCAT 报文使用多种寻址方式操作 ESC 内部存储区，实现多种通信服务。

EtherCAT 网络寻址方式如图 5-8 所示。一个 EtherCAT 网段相当于一个以太网设备，主站首先使用以太网数据帧头的 MAC 地址寻址到网段，然后使用 EtherCAT 子报文头中的 32 位地址寻址到段内设备。

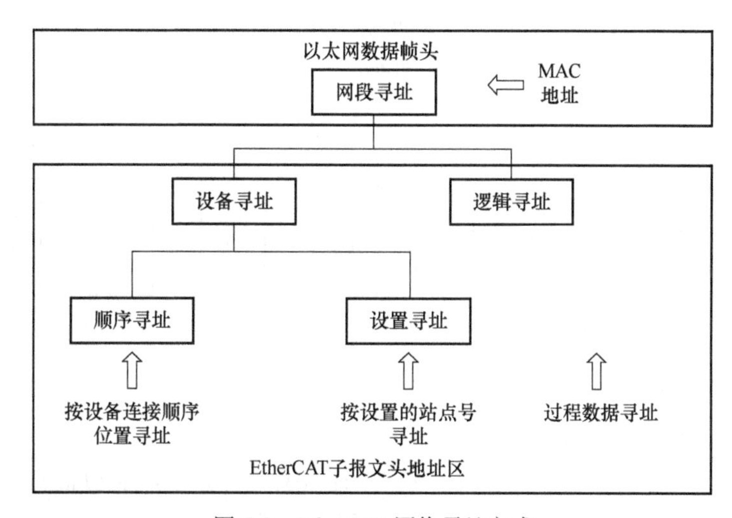

图 5-8　EtherCAT 网络寻址方式

段内寻址可以使用两种方式：设备寻址和逻辑寻址。设备寻址针对某一个从站进行读/写操作。逻辑寻址面向过程数据，可以实现多播，同一个子报文可以读/写多个从站设备。支持所有寻址模式的从站称为完整型从站，而只支持部分寻址模式的从站称为基本从站。

1. EtherCAT 网段寻址

根据 EtherCAT 主站及其网段的连接方式不同，可以使用两种方式寻址到网段。

（1）直连模式

一个 EtherCAT 网段直接连到主站设备的标准/以太网端口，如图 5-9 所示。此时，主站使用广播 MAC 地址，EtherCAT 网段寻址地址内容如图 5-10 所示。

（2）开放模式

EtherCAT 网段连接到一个标准以太网交换机上，如图 5-11 所示。此时，一个网段需要

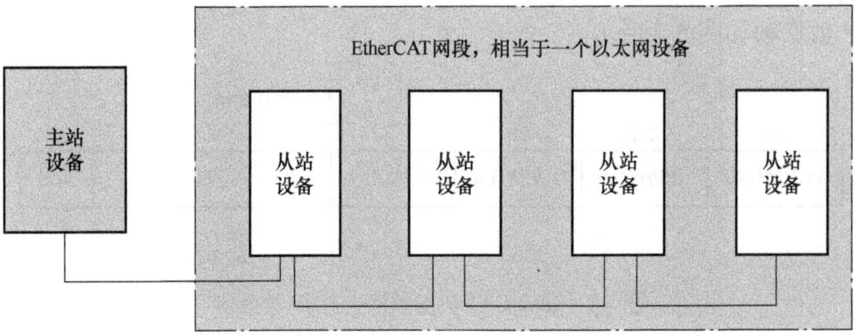

图 5-9　直连模式中的 EtherCAT 网段

6B	6B	2B	2B	44~1498B	4B
目的地址 FF FF FF FF FF FF	源地址 主站MAC地址	帧类型 (0x88A4)	EtherCAT头	EtherCAT数据	FCS

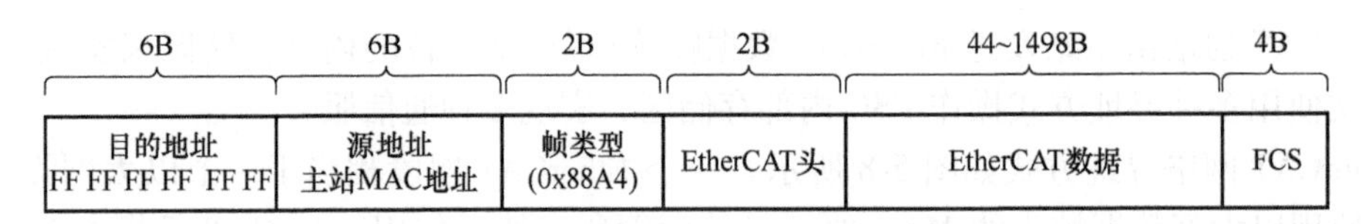

图 5-10　直连模式下的 EtherCAT 网段寻址地址内容

一个 MAC 地址，主站发送的 EtherCAT 数据帧中的目的地址是它所控制网段的 MAC 地址，EtherCAT 网段寻址地址内容如图 5-12 所示。

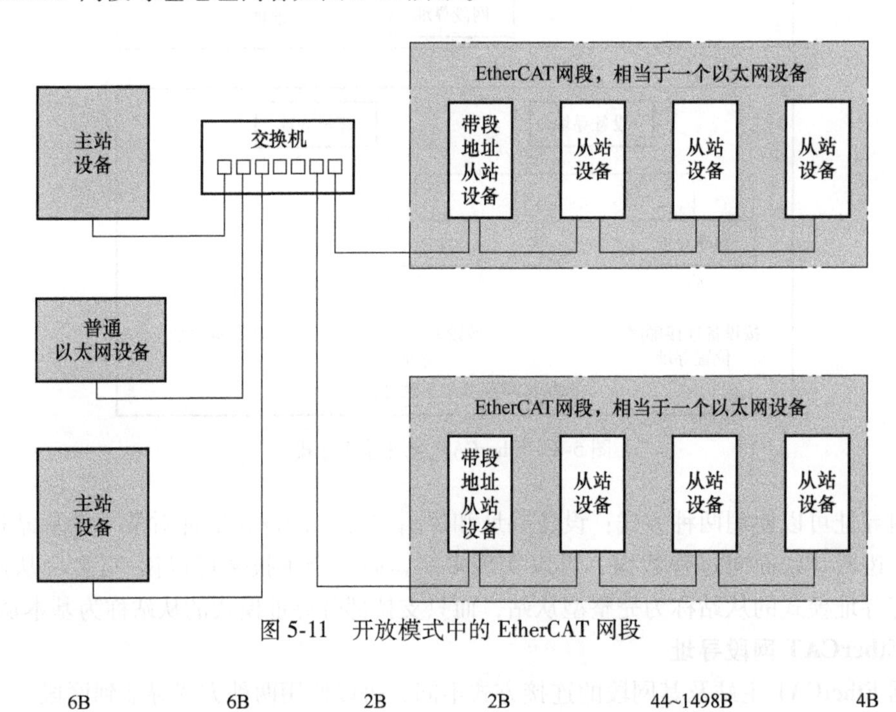

图 5-11　开放模式中的 EtherCAT 网段

6B	6B	2B	2B	44~1498B	4B
目的地址 网段MAC地址	源地址 主站MAC地址	帧类型 (0x88A4)	EtherCAT头	EtherCAT数据	FCS

图 5-12　开放模式下的 EtherCAT 网段寻址地址内容

EtherCAT 网段内的第一个从站设备有一个 ISO/IEC 8802.3 的 MAC 地址，这个地址表示了整个网段，这个从站称为段地址从站，它能够交换以太网帧内的目的地址区和源地址区。如果 EtherCAT 数据帧通过 UDP 传送，则这个设备也会交换源和目的 IP 地址，以及源和目的 UDP 端口号，使响应的数据帧完全满足 UDP/IP 协议标准。

2. 设备寻址

在设备寻址时，EtherCAT 子报文头内的 32 位地址分为 16 位从站设备地址和 16 位从站设备内部物理存储空间地址，如图 5-13 所示。16 位从站设备地址可以寻 65535 个从站设备，每个设备内最多可以有 64KB 的本地地址空间。

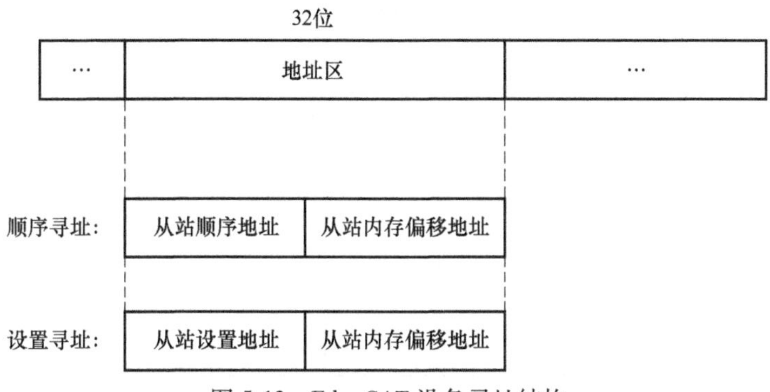

图 5-13 EtherCAT 设备寻址结构

设备寻址时，每个报文只寻址唯一的一个从站设备，但它有两种不同的设备寻址机制。

（1）顺序寻址

顺序寻址时，从站的地址由其在网段内的连接位置确定，用一个负数来表示每个从站在网段内由接线顺序决定的位置。顺序寻址子报文在经过每个从站设备时，其位置地址加 1；从站在接收报文时，地址为 0 的报文就是寻址到自己的报文。由于这种机制在报文经过时更新设备地址，所以又被称为“自动增量寻址”。

图 5-14 中，网段中有 3 个从站设备，其顺序寻址的地址分别为 0、-1 和-2。主站使用顺序寻址访问从站子报文时的地址变化如图 5-15 所示。主站发出 3 个子报文分别寻址 3 个从站，其中的地址分别是 0、-1 和-2，如图 5-14 中的数据帧 1。数据帧到达从站①时，从站①检查到子报文 1 中的地址为 0，从而得知子报文 1 就是寻址到自己的报文。数据帧经过从站①后，所有的顺序地址都增加 1，成为 1、0 和-1，如图 5-14 中的数据帧 2。到达从站②时，从站②发现子报文 2 中的顺序地址为 0，即为寻址到自己的报文。同理，从站②也将所有子报文的顺序地址加 1，如图 5-14 中的数据帧 3。数据帧到达从站③时，子报文 3 中的顺序地址为 0，即为寻址从站③的报文。经过从站③处理后，数据帧成为图 5-14 中的数据帧 4。

在实际应用中，顺序寻址主要用于启动阶段，主站配置站点地址给各个从站。此后，可以使用与物理位置无关的站点地址来寻址从站。这种寻址机制能自动为从站设定地址。

（2）设置寻址

设置寻址时，从站的地址与其在网段内的连接顺序无关。如图 5-16 所示，地址可以由主站在数据链路启动阶段配置给从站，也可以由从站在上电初始化的时候从自身的配置数据存储区装载，然后由主站在链路启动阶段使用顺序寻址方式读取各个从站的设置地址，并在后续运行中使用。

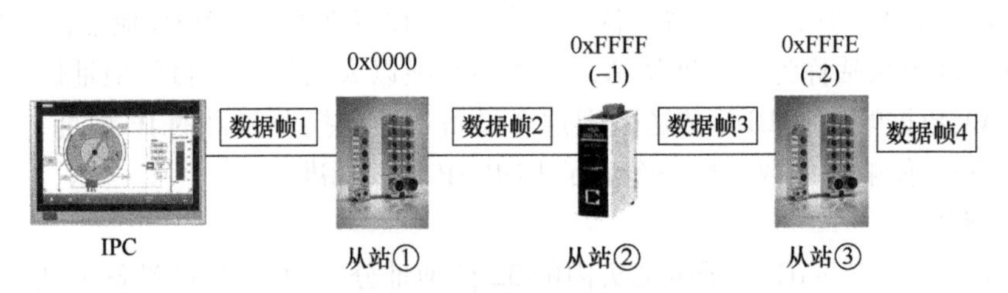

图 5-14　顺序寻址时的从站地址

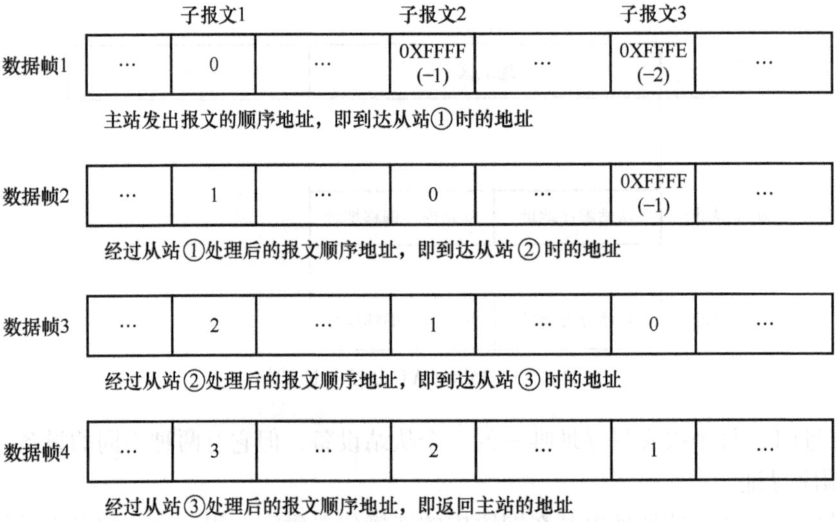

		子报文1		子报文2		子报文3	
数据帧1	…	0	…	0XFFFF (−1)	…	0XFFFE (−2)	…

主站发出报文的顺序地址，即到达从站①时的地址

数据帧2	…	1	…	0	…	0XFFFF (−1)	…

经过从站①处理后的报文顺序地址，即到达从站②时的地址

数据帧3	…	2	…	1	…	0	…

经过从站②处理后的报文顺序地址，即到达从站③时的地址

数据帧4	…	3	…	2	…	1	…

经过从站③处理后的报文顺序地址，即返回主站的地址

图 5-15　顺序寻址时子报文地址的变化

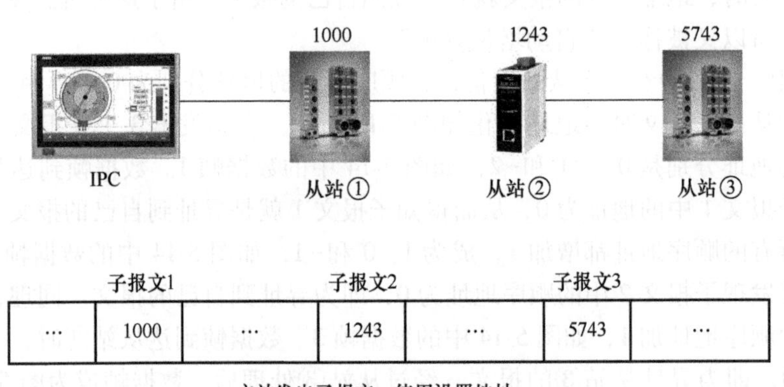

图 5-16　设置寻址时的从站地址和报文结构

3. 逻辑寻址和 FMMU

逻辑寻址时，从站地址并不是单独定义的，而是使用寻址段内 4GB（2^{32}）逻辑地址空间中的一段区域。报文内的 32 位地址区作为整体的数据逻辑地址完成设备的逻辑寻址。

逻辑寻址方式由现场总线内存管理单元（Fieldbus Memory Management Unit，FMMU）实现，FMMU 位于每一个 ESC 内部，将从站本地物理存储地址映射到网段内的逻辑地址，其原理如图 5-17 所示。

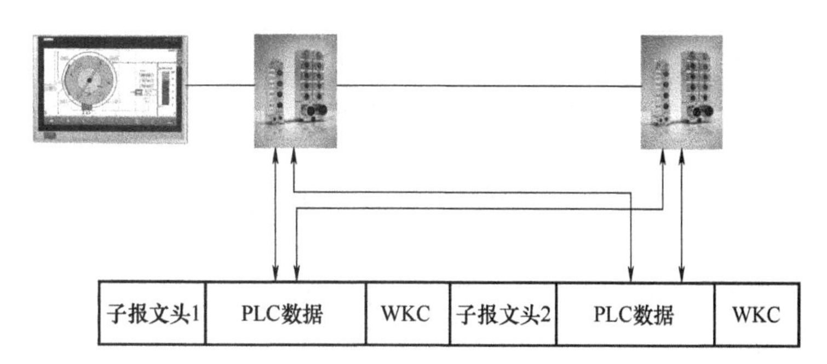

图 5-17　现场总线内存管理单元（FMMU）运行原理

FMMU 单元由主站设备配置，并在数据链路启动过程中传送给从站设备。每个 FMMU 单元需要以下配置信息：数据逻辑位起始地址、从站物理内存起始地址、位长度、表示映射方向（输入或输出）的类型位，从站设备内的所有数据都可以按位映射到主站逻辑地址。这里介绍一个映射实例，将主站控制变量区 0x00014711 从第 3 位开始的 6 位数据映射到由设备地址 0x0F01 第 1 位开始的 6 位数据写操作。0x0F01 是一个开关量输出设备。表 5-3 所示为 FMMU 配置示例。图 5-18 所示为 FMMU 映射举例。

表 5-3　FMMU 配置示例

FMMU 配置寄存器	数　值
数据逻辑起始地址	0x00014711
数据长度（字节数，按跨字节计算）	2
数据逻辑起始位	3
数据逻辑终止位	0
从站物理内存起始地址	0x0F01
物理内存起始位	1
操作类型（1：只读；2：只写；3：读写）	2
激活（使能）	1

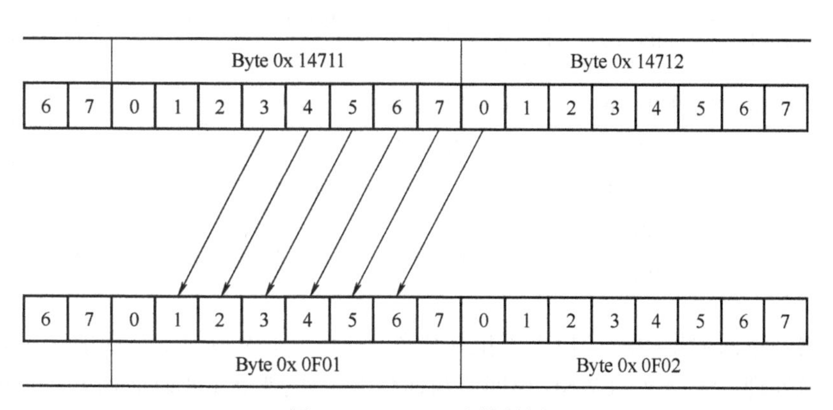

图 5-18　FMMU 映射举例

从站设备收到一个数据逻辑寻址的 EtherCAT 子报文时，检查是否有 FMMU 单元地址匹配。如果有，它将输入类型数据插入 EtherCAT 子报文数据区的对应位置，以及从 EtherCAT 子报文数据区的对应位置抽取输出类型数据。使用逻辑寻址可以灵活地组织控制系统，优化系统结构。逻辑寻址方式特别适用于传输或交换周期性过程数据。FMMU 操作具有以下功能特点：

1）每个数据逻辑地址字节只允许被一个 FMMU 读和被另一个 FMMU 写，或被同一个 FMMU 进行读/写交换操作。

2）对一个逻辑地址的读/写操作与使用一个 FMMU 进行读和使用另一个 FMMU 进行写的操作具有相同的结果。

3）按位读/写操作不影响报文中没有被映射到的其他位，因此允许将几个从站 ESC 中的位数据映射到主站的同一个逻辑字节。

4）读/写一个未配置的逻辑地址空间不会改变其内容。

4. 通信服务和 WKC

EtherCAT 子报文所有的服务都是以主站操作描述的。数据链路层规定了从站内部物理存储、读/写和交换（读取并马上写入）数据的服务。读/写操作和寻址方式共同决定了子报文的通信服务类型，由子报文头中的命令字节表示。EtherCAT 支持的所有命令如表 5-4 所示。

表 5-4　EtherCAT 通信服务命令

寻址方式	读/写模式	命令名称和编号	解　　释	WKC
空指令	—	NOP（0）	没有操作	0
顺序寻址	读数据	APRD（1）	主站使用顺序寻址从从站读取一定长度数据	1
	写数据	APWR（2）	主站使用顺序寻址向从站写入一定长度数据	1
	读/写	APRW（3）	主站使用顺序寻址与从站交换数据	3
设置寻址	读数据	FPRD（4）	主站使用设置寻址从从站读取一定长度数据	1
	写数据	FPWR（5）	主站使用设置寻址向从站写入一定长度数据	1
	读/写	FPRW（6）	主站使用设置寻址与从站交换数据	3
广播寻址	读数据	BRD（7）	主站从所有从站的物理地址读取数据做逻辑或操作	与寻址到的从站个数相关
	写数据	BWR（8）	主站广播写入所有从站	
	读/写	BRW（9）	主站与所有从站交换数据，对读取的数据做逻辑或操作	
逻辑寻址	读数据	LRD（10）	使用逻辑地址读取一定长度数据	
	写数据	LWR（11）	使用逻辑地址写入一定长度数据	
	读/写	LRW（12）	使用逻辑地址与从站交换数据	
顺序寻址	读，多重写	ARMW（13）	由从站读取数据，并写入以后所有从站的相同地址	
设置寻址		FRMW（14）		

主站接收到返回数据帧后，检查子报文中的 WKC，如果不等于预期值，则表示此子报文没有被正确处理。子报文的 WKC 预期值与通信服务类型和寻址地址相关。子报文经过某一个从站时，如果是单独地读或写操作，则 WKC 加 1。如果是读/写操作，读成功时 WKC 加 1，写成功时 WKC 加 2，读和写全部完成时 WKC 加 3。子报文由多个从站处理时，WKC 是各个从站处理结果的累加。

5.2.4 分布时钟

分布时钟（Distributed Clock，DC）可以使所有 EtherCAT 设备使用相同的系统时间，从而控制各设备任务的同步执行。从站设备可以根据同步的系统时间产生同步信号，用于中断控制或触发数字量输入/输出。支持分布式时钟的从站称为 DC 从站。分布时钟具有以下主要功能：

1）实现从站之间时钟同步。

2）为主站提供同步时钟。

3）产生同步的输出信号。

4）为输入事件产生精确的时间标记。

5）产生同步的中断。

6）同步更新数字量输出。

7）同步采样数字量输入。

1. 分布时钟描述

分布时钟机制使所有的从站都同步于一个参考时钟。主站连接的第一个具有分布时钟功能的从站作为参考时钟，以参考时钟来同步其他设备和主站的从时钟。为了实现精确的时钟同步控制，必须测量和计算数据传输延时和本地时钟偏移，并补偿本地时钟的漂移。同步时钟涉及如下 6 个的时间概念。

（1）系统时间

系统时间是分布时钟使用的系统计时。系统时间从 2000 年 1 月 1 日零点开始，使用 64 位二进制变量表示，单位为纳秒（ns），最大可以计时 500 年。也可以使用 32 位二进制变量表示，32 位时间值最大可以表示 4.2s，通常用于通信和时间标记。

（2）参考时钟和从时钟

EtherCAT 协议规定主站连接的第一个具有分布时钟功能的从站作为参考时钟，其他从站的时钟称为从时钟。参考时钟被用于同步其他从站设备的从时钟和主站时钟。参考时钟提供 EtherCAT 系统时间。

（3）主站时钟

EtherCAT 主站也具有计时功能，称为主站时钟。主站时钟可以在分布时钟系统中作为从时钟被同步。在初始化阶段，主站可以按照系统时间的格式发送主站时间给参考时钟从站，使分布时钟使用系统时间计时。

（4）本地时钟、其初始偏移量和时钟漂移

每一个 DC 从站都有本地时钟，本地时钟独立运行，使用本地时钟信号计时。系统启动时，各从站的本地时钟和参考时钟之间有一定的差值，称为时钟初始偏移量。在运行过程中，由于参考时钟和 DC 从站时钟使用各自的时钟源等，它们的计时周期存在一定的漂移，这将导致时钟运行不同步，本地时钟产生漂移，因此必须对时钟初始偏移和时钟漂移都进行补偿。

（5）本地系统时间

每个 DC 从站的本地时钟经过补偿和同步之后都会产生一个本地系统时间，分布时钟同步机制会使各个从站的本地系统时间保持一致。参考时钟也是相应从站的本地系统时钟。

（6）传输延时

数据帧在从站之间传输时会产生一定的延迟，其中包括设备内部和物理连接延迟，所以在同步从时钟时，应该考虑参考时钟与各个从时钟之间的传输延时。

以上各时间量的定义如表 5-5 所示。

表 5-5　分布时钟系统时间量的定义

符　　号	描　　述
t_{sys_ref}	参考时钟时间，作为系统时间
t_{local}（n）	各从站本地时钟的时间，独立运行
t_{sys_local}（n）	各从站本地系统时间，同步后应该等于 t_{sys_ref}
T_{offset}（n）	从时钟和参考时钟之间的初始偏移量
T_{delay}（n）	参考时钟到各从时钟之间的传输延时

2. 传输延时和时钟初始偏移量的测量

分布时钟初始化时，首先测量参考时钟到所有其他从时钟之间的传输延时，将其写入各从站；并计算从时钟与参考时钟之间的偏移量，将其写入从时钟站。

传输延时和时钟初始偏移量测量原理如图 5-19 所示。横坐标为参考时钟 t_{sys_ref}，纵坐标为某一个从时钟的本地时间 $t_{local}(n)$，假设 $t_{local}(n)>t_{sys\_ref}$，它们的关系由下式确定：

$$t_{local}(n)=t_{sys\_ref}+T_{offset}(n) \tag{5-1}$$

传输延时和时钟初始偏移量的测量及计算步骤如下：

1）主站发送一个广播写命令数据帧，数据帧到达每个从站后，每个从站设备分别保存每个端口接收到以太网帧前导符的第一位（Start Of Frame，SOF）的时刻。根据图 5-19，数据帧到达参考时钟从站时 t_{sys_ref} 为 T_1 时刻，到达从站 n 时从时钟本地时钟 $t_{local}(n)$ 的时刻为 $T_2(n)$，可以建立以下关系：

$$T_2(n)-T_1=T_{offset}(n)+T_{delay}(n) \tag{5-2}$$

整理后成为：

$$T_{offset}(n)=T_2(n)-T_1-T_{delay}(n) \tag{5-3}$$

2）数据帧经过所有的从站后返回时，到达从站 n 时本地时钟 $t_{local}(n)$ 的时刻为 $T_3(n)$，到达参考时钟从站 t_{sys_ref} 的时刻为 T_4。

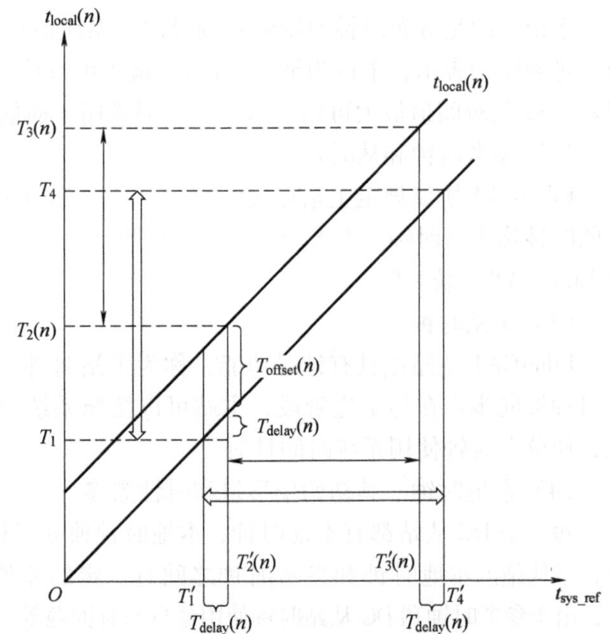

图 5-19　传输延时和时钟初始偏移量测量原理

3）假设线缆延时均匀，并且所有从站设备的处理和转发延时都一样，根据图 5-19 中的几何关系，从站 n 到参考时钟的传输延时可以由下式计算：

$$T_{delay}(n)=[(T_4-T_1)-(T_3(n)-T_2(n))]/2 \tag{5-4}$$

主站读取从站保存的时间值，使用式（5-4）计算各个从站的传输延时 $T_{delay}(n)$，并写入各个从站中；为了得到准确的传输延时，主站可以多次测量，然后求平均值；在初始化后的运行中也可以随时测量传输延时，以补偿环境变化对传输延时的影响。

4）主站由式（5-3）计算出初始偏移量 $T_{offset}(n)$，并写入各个从站。初始偏移量：只用于对从时钟的粗略同步且只需要测量一次。

3. 时钟同步

每个设备的本地时钟是自由运行的，会与参考时钟产生漂移。为了使所有设备都以相同的绝对系统时间运行，主站计算参考时钟与每个从站设备时钟之间的偏移量 $T_{offset}(n)$，并写入从站，以便计算从时钟的本地系统时间。利用 $T_{offset}(n)$ 可以在不改变自由运行的本地时钟的情况下实现时钟同步。每个 DC 从站都使用自己的本地时间 $t_{local}(n)$ 和本地偏移量 $T_{offset}(n)$，并通过式（5-5）计算它的本地系统时间副本。这个时间用来产生同步信号和锁存信号时间标记，供从站微处理器使用。

$$T_{sys\_local}(n)=t_{local}(n)-T_{offset}(n) \tag{5-5}$$

在测得传输延时和时钟初始偏移量之后，主站开始同步各从站的时钟。主站使用 ARMW 或 FRMW 命令发送数据报文，从参考时钟从站读取它的当前系统时间 t_{sys_ref}并写入从时钟的从站设备中。每个从时钟从站的时间控制环在数据帧的 SOF 到达时锁存本地时钟时刻 $t_{local}(n)$，根据式（5-5）计算得到本地系统时间 $t_{sys\_local}(n)$。根据接收到的参考时钟系统时间 t_{sys_ref}，并利用本地保存的传输延时 $T_{delay}(n)$，计算得到本地时钟漂移量 Δt：

$$\Delta t=t_{sys\_local}(n)-T_{delay}(n)-t_{sys\_ref}=t_{local}(n)-T_{offset}(n)-T_{delay}(n)-t_{sys\_ref} \tag{5-6}$$

如果 Δt 是正数，表示本地时钟运行比参考时钟快，必须减慢运行。如果 Δt 是负数，表示本地时钟比参考时钟慢，必须加快运行。时间控制环路调整本地时钟的运行速度。正常情况下，ESC 控制本地时间每 10ns 增加 10 个单位。当 $\Delta t>0$ 时，则每 10ns 增加 9；当 $\Delta t<0$ 时，则每 10ns 增加 11，以实现时钟漂移补偿，如图 5-20 所示。

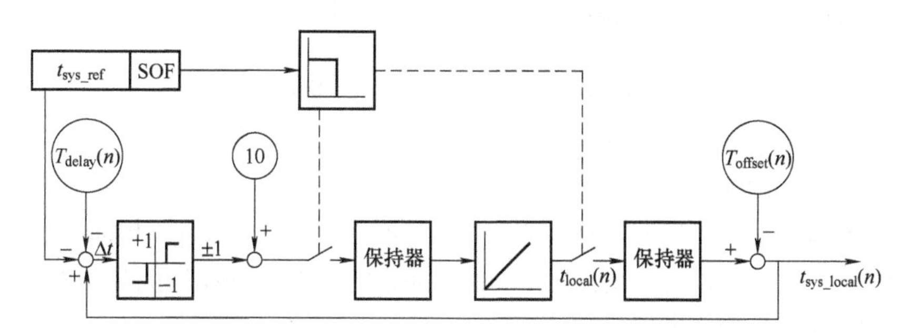

图 5-20　分布时钟同步原理

为了快速补偿时钟的初始偏差，主站应该在测量传输延时和偏移补偿之后在独立的数据帧中连续发送很多 ARMW/FRMW 命令，使从站时钟同步，完成分布时钟初始化。随后，在周期性运行阶段，可以随着过程数据周期性地发送 ARMW/FRMW 命令以读取参考时钟系统时间，写入其他 DC 从站，实时补偿动态时钟漂移。发送时钟同步数据帧的周期必须保证从时钟的漂移小于控制应用所规定的限制。

根据对分布时钟的支持情况，从站可以分为 3 种类型。

（1）从站完全支持分布时钟

具有接收时间标记和系统时间功能，根据应用要求产生同步信号或锁存信号时间标记。

（2）从站只支持传输延时测量

3 个端口以上的从站设备必须支持传输延时的测量，需要本地时钟和锁存数据帧到达时刻功能。

（3）从站不支持分布时钟

只有两个端口的从站可以不支持分布时钟。它们的处理和转发延时被周围的支持分布时钟的从站作为物理连接延迟处理。

5.2.5 通信模式

在实际自动化控制系统中，应用程序之间通常有两种数据交换形式：时间关键（Time-critical）和非时间关键（Non-time-critical）。时间关键表示特定的动作必须在确定的时间窗口内完成。如果不能在要求的时间窗口内完成通信，则有可能引起控制失效。时间关键的数据通常周期性发送，称为周期性过程数据通信。非时间关键数据可以非周期性发送，在 EtherCAT 中采用非周期性邮箱（Mailbox）数据通信。

1. 周期性过程数据通信

周期性过程数据通信通常使用 FMMU 进行逻辑寻址，主站可以使用逻辑读、写或使用读和写命令同时操作多个从站。在周期性数据通信模式下，主站和从站有多种同步运行模式。

（1）从站设备同步运行模式

1）自由运行。

在自由运行模式下，本地控制周期由一个本地定时器中断产生。周期可以由主站设定，这是从站的可选功能。自由运行模式的本地周期如图 5-21 所示。其中，T_1 为本地微处理器从 ESC 复制数据并计算输出数据的时间；T_2 为输出硬件延时；T_3 为输入锁存偏移时间。这些参数反映了从站的时间性能。

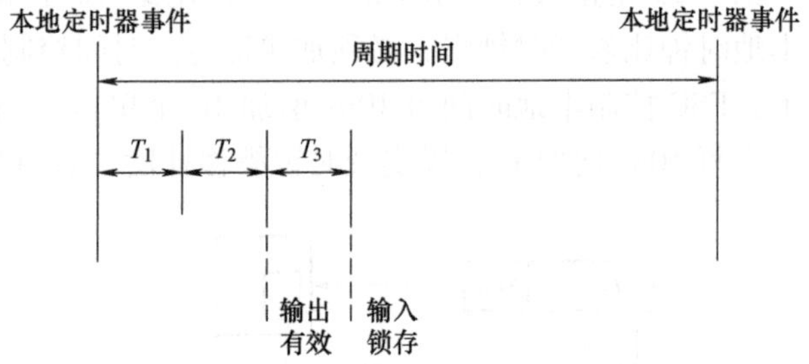

本地定时器事件
本地定时器事件
周期时间
T_1
T_2
T_3
输出有效
输入锁存

图 5-21　自由运行模式的本地周期

2）同步于数据输入或输出事件。

本地周期在发生数据输入或输出事件的时候触发，如图 5-22 所示。主站可以将过程数据帧的发送周期写给从站，从站可以检查是否支持这个周期时间或对周期时间进行本地优化。从站可以选择支持这个功能。通常同步于数据输出事件，如果从站只有输入数据，则同步于数据输入事件。

3）同步于分布式时钟同步事件。

本地周期由 SYNC 事件触发，如图 5-23 所示。主站必须在 SYNC 事件之前完成数据帧的发送。此时要求主站时钟也要同步于参考时钟。

为了进一步优化从站同步性能，从站应该在数据收发事件发生时从接收到的过程数据帧复制输出

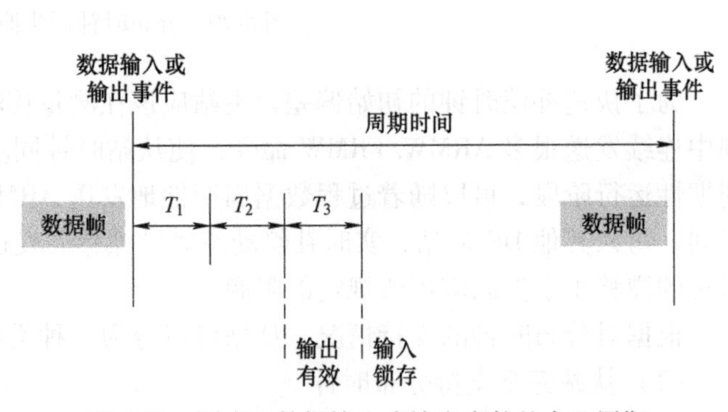

图 5-22　同步于数据输入或输出事件的本地周期

数据，然后等待 SYNC 信号到达，SYNC 信号到达后继续本地操作，如图 5-24 所示。数据帧必须比 SYNC 信号提前 T_1 时间到达，从站在 SYNC 事件之前已经完成数据交换和控制计算，接收 SYNC 信号后可以马上执行输出操作，从而进一步提高同步性能。

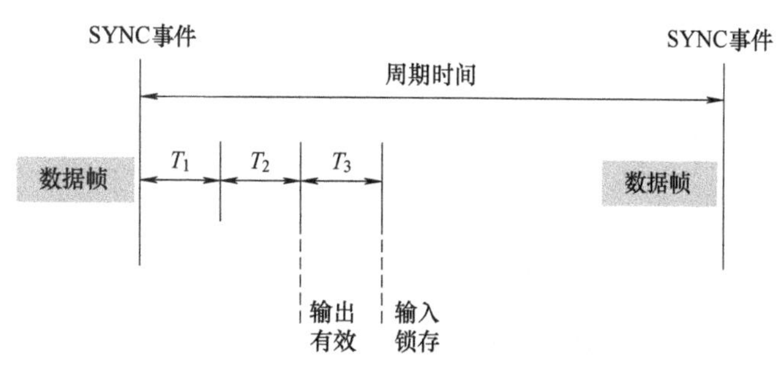

图 5-23 同步于 SYNC 事件的本地周期

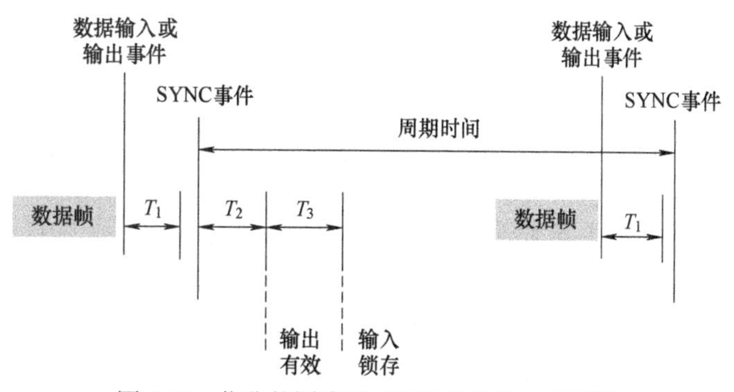

图 5-24 优化的同步于 SYNC 事件的本地周期

（2）主站设备同步运行模式

主站有以下两种同步模式。

1）周期性模式。

在周期性模式下，主站周期性地发送过程数据帧。主站周期通常由一个本地定时器控制。从站可以运行在自由运行模式或同步于接收数据事件模式。对于运行在同步模式的从站，主站应该检查相应的过程数据帧的周期时间，保证大于从站支持的最小周期时间。

主站可以以不同的周期时间发送多种周期性的过程数据帧，以便获得最优化的带宽。例如，以较小的周期发送运动控制数据，以较大的周期发送 I/O 数据。

2）DC 模式。

在 DC 模式下，主站运行与周期性模式类似，只是主站本地周期应该和参考时钟同步。主站本地定时器应该根据发布参考时钟的 ARMW 报文进行调整。在运行过程中，用于动态补偿时钟漂移的 ARMW 报文返回主站后，主站时钟可以根据读回的参考时钟时间进行调整，使之大致同步于参考时钟时间。

在 DC 模式下，所有支持 DC 的从站都应该同步于 DC 系统时间。主站也应该使其通信周期同步于 DC 参考时钟时间。图 5-25 所示为主站本地周期与 DC 参考时钟同步的工作原理。

主站本地运行由一个本地定时器启动。本地定时器事件应该比 DC 参考时钟定时事件提前一个偏移量，提前的偏移量为以下时间之和：

1）控制程序执行时间。

2）数据帧传输时间。

3）数据帧传输延迟时间。

4）附加偏移（与各从站延迟时间的抖动和控制程序执行时间的抖动值有关，用于主站周期时间的调整）。

2. 非周期性邮箱数据通信

在 EtherCAT 协议中，非周期性数据通信称为邮箱数据通信，它可以双向进行：主站到从站和从站到主站。它支持全双工、两个方向独立通信和多用户协议。从站到从站的通信由

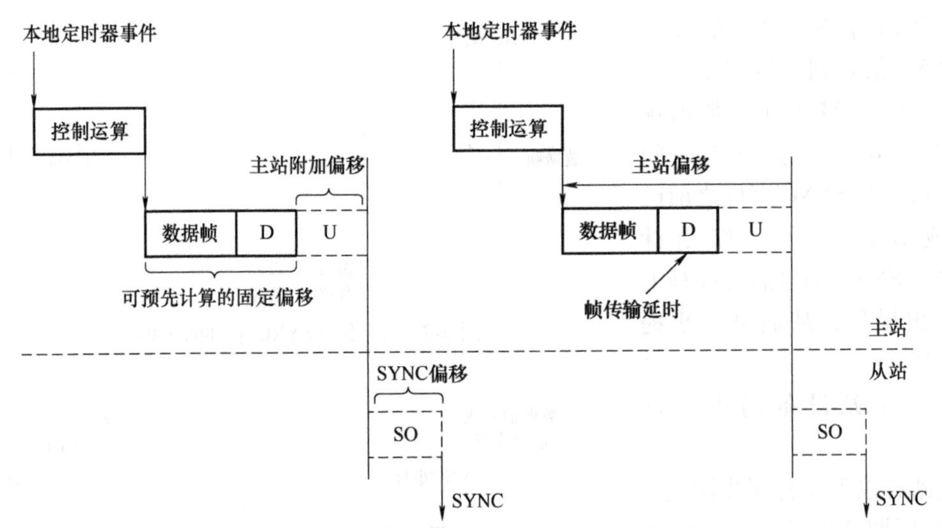

图 5-25　主站本地周期与 DC 参考时钟同步的工作原理

主站作为路由器来管理。邮箱通信数据头中包括一个地址域，使主站可以重寄邮箱数据。邮箱数据通信是实现参数交换的标准方式，如果需要配置周期性过程数据通信或需要其他非周期性服务，则需要使用邮箱数据通信。

邮箱数据报文结构如图 5-26 所示。通常，邮箱通信只对应一个从站，所以报文中使用设备寻址模式。其数据头中各数据元素的说明如表 5-6 所示。

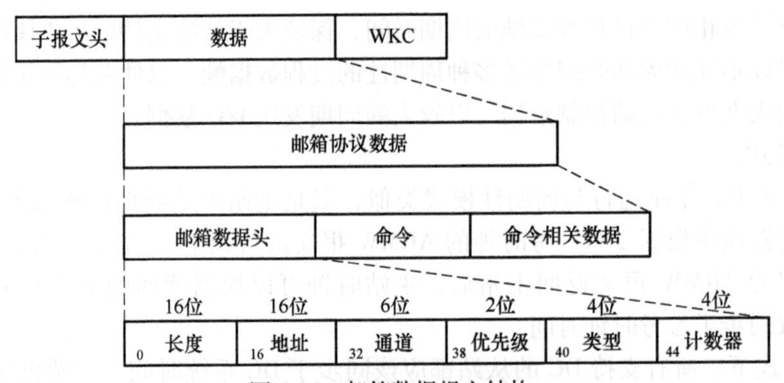

图 5-26　邮箱数据报文结构

表 5-6　邮箱数据头中各数据元素的说明

数据元素	位　数	描　述
长度	16 位	跟随的邮箱服务数据长度
地址	16 位	主站到从站通信时，为数据源从站地址；从站到从站通信时，为数据目的从站地址
通道	6 位	保留
优先级	2 位	保留
类型	4 位	邮箱类型，后续数据的协议类型。0：邮箱通信出错；2：EoE（Ethernet over EtherCAT）；3：CoE（CANopen over EtherCAT）；4：FoE（File Access over EtherCAT）；5：SoE（Servo Drive over EtherCAT）；15：VoE（Vendor profile over EtherCAT）
计数器	4 位	用于重复检测的顺序编号，每个新的邮箱服务将加 1（为兼容老版本而只使用 1~7）

（1）主站到从站通信——写邮箱命令

主站发送写数据区命令发送邮箱数据给从站。主站需要检查从站邮箱命令应答报文中的工作计数器（WKC）。如果工作计数器为1，则表示写命令成功。反之，如果工作计数器没有增加，通常因为从站没有读完上一个命令，或在限定的时间内没有响应，主站必须重发写邮箱数据命令。

（2）从站到主站通信——读邮箱命令

从站有数据要发送给主站，必须先将数据写入输入邮箱缓存区，然后由主站来读取。主站发现从站ESC输入邮箱数据区有数据等待发送时，会尽快发送适当的读命令来读取从站数据。主站有两种方法来测定从站是否已经将邮箱数据填入输入数据区。一种是使用FMMU周期性地读某一个标志位。使用逻辑寻址可以同时读取多个从站的标志位，但其缺点是每个从站都需要一个FMMU单元。另一个方法是简单地轮询ESC输入邮箱的数据区。读命令的工作计数器增加1，表示从站已经将新数据填入了输入数据区。

邮箱通信出错时，应答数据定义如表5-7所示。

表5-7　邮箱通信出错时的应答数据定义列表

数据元素	长　度	描　述
命令相关数据	16位	0x01：邮箱命令
命令相关数据	162位	0x01：邮箱语法错误 0x02：不支持邮箱协议 0x03：邮箱通道无效 0x04：不支持邮箱服务 0x05：邮箱头无效 0x06：邮箱数据太短 0x07：邮箱服务内存不足 0x08：邮箱数据数目错误

5.2.6　状态机和通信初始化

EtherCAT状态机（EtherCAT State Machine，ESM）负责协调主站和从站应用程序在初始化和运行时的状态关系。

EtherCAT设备必须支持4种状态，另外还有一个可选的状态。

1）Init：初始化，简写为I。初始化状态定义了主站与从站在应用层的初始通信关系。此时，主站与从站应用层不可以直接通信，主站使用初始化状态来初始化ESC的一些配置寄存器。如果从站支持邮箱通信，则配置邮箱通道参数。

2）Pre-Operational：预运行，简写为P。在预运行状态下，邮箱通信被激活。主站与从站可以使用邮箱通信来交换与应用程序相关的初始化操作和参数。在这个状态下不允许过程数据通信。

3）Safe-Operational：安全运行，简写为S。在安全运行状态下，从站应用程序读入输入数据，但是不产生输出信号。设备无输出，处于“安全状态”。此时，仍然可以使用邮箱。

4）Operational：运行，简写为O。在运行状态下，从站应用程序读入输入数据，主站应用程序发出输出数据，从站设备产生输出信号。此时，仍然可以使用邮箱通信。

5）Boot-Strap：引导状态（可选），简写为B。引导状态的功能是下载设备固件程序。

主站可以使用 FoE 协议的邮箱通信下载一个新的固件程序给从站。

以上各状态之间的转换关系如图 5-27 所示。从初始化状态向运行状态转换时，必须按照“初始化→预运行→安全运行→运行”的顺序转换，不可以越级转换。从运行状态返回时可以越级转换。引导状态为可选状态，只允许与初始化状态互相转换。所有的状态改变都由主站发起，主站向从站发送状态控制命令请求新的状态，从站响应此命令，执行所请求的状态转换，并将结果写入从站状态指示变量。如果请求的状态转换失败，从站将给出错误标志。

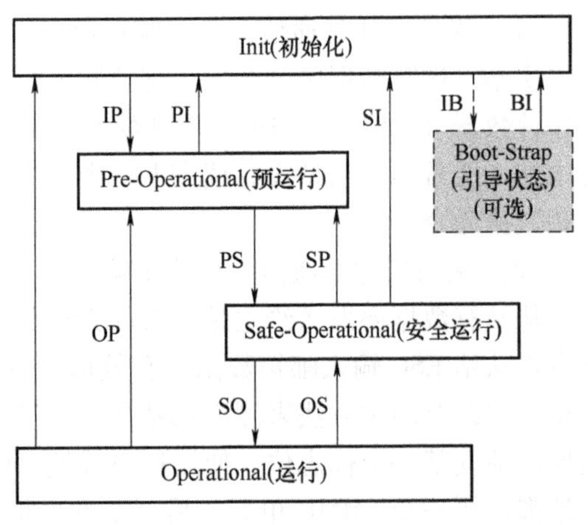

图 5-27　EtherCAT 状态转换关系

5.2.7　应用层协议

应用层（Application Layer，AL）是 EtherCAT 协议最高的一个功能层，是直接面向控制任务的一层，它为控制程序访问网络环境提供手段，同时为控制程序提供服务。应用层不包括控制程序，它只是定义了控制程序与网络交互的接口，使符合此应用层协议的各种应用程序可以协同工作，EtherCAT 协议结构如图 5-28 所示。

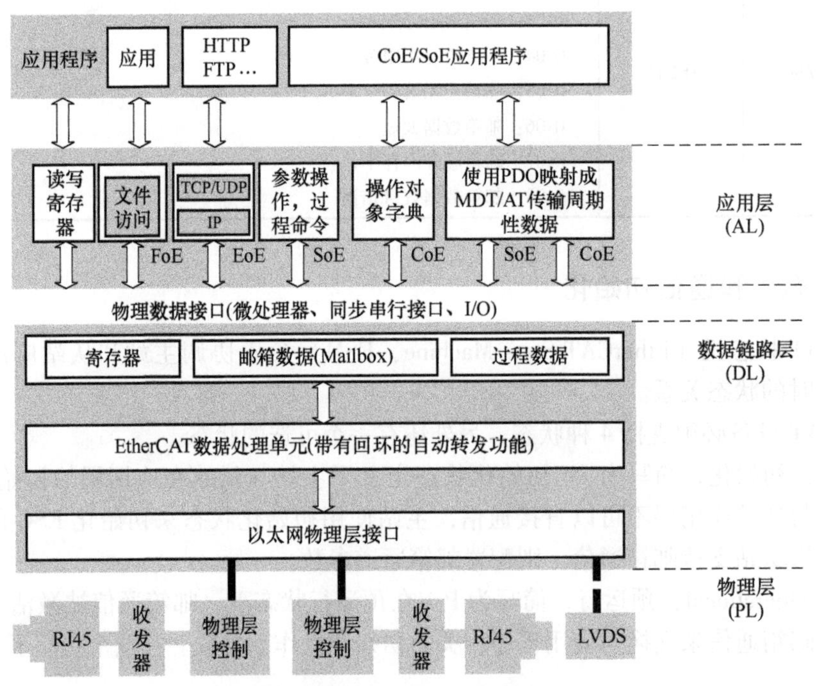

图 5-28　EtherCAT 协议结构

EtherCAT 包括以下几种应用层协议。

（1）CANopen over EtherCAT（CoE）

CANopen 最初是为 CAN（ControlAera Network）总线控制系统所开发的应用层协议。EtherCAT 协议在应用层支持 CANopen 协议，并做了相应的扩充，主要功能有：

1）使用邮箱通信访问 CANopen 对象字典及其对象，实现网络初始化。

2）使用 CANopen 应急对象和可选的事件驱动 PDO 消息，实现网络管理。

3）使用对象字典映射过程数据，周期性传输指令数据和状态数据。

（2）Servo Drive over EtherCAT（SoE）

IEC 61491 是国际上第一个专门用于伺服驱动器控制的实时数据通信协议标准，其商业名称为 SERCOS（Serial Real-time Communication Specification）。EtherCAT 协议的通信性能非常适合数字伺服驱动器的控制，应用层使用 SERCOS 应用层协议实现数据接口，可以实现以下功能：

1）使用邮箱通信访问伺服控制规范参数，配置伺服系统参数。

2）使用 SERCOS 数据电报格式配置 EtherCAT 过程数据报文，周期性传输伺服指令数据和伺服状态数据。

（3）Ethernet over EtherCAT（EoE）

除了前面描述的主从站设备之间的通信寻址模式外，EtherCAT 也支持 IP 标准的协议，比如 TCP/IP、UDP/IP 和所有其他高层协议（HTTP 和 FTP 等）。EtherCAT 能分段传输标准以太网协议数据帧，并在相关的设备完成组装。这种方法可以避免为长数据帧预留时间片，大大缩短周期性数据的通信周期。此时，主站和从站需要相应的 EoE 驱动程序支持。

（4）File Access over EtherCAT（FoE）

该协议通过 EtherCAT 下载和上传固件程序及其他文件，其使用类似于（TFTP Trivial File Transfer Protocol，简单文件传输协议）的协议，不需要 TCP/IP 的支持，实现简单。

5.3　EtherCAT 从站硬件设计

EtherCAT 主站使用标准的以太网设备，能够发送和接收符合 IEEE 802.3 标准以太网数据帧的设备都可以作为 EtherCAT 主站。在实际应用中，可以使用基于 PC 或嵌入式计算机的主站，对其硬件设计没有特殊要求。

EtherCAT 从站使用专用 ESC 芯片，需要设计专门的从站硬件。本节首先介绍 ESC 芯片 ET1100，然后给出使用 8 位并行微处理器总线接口的从站硬件和直接 I/O 控制的从站硬件设计实例。

5.3.1　EtherCAT 从站控制芯片

1. 概述

EtherCAT 从站控制芯片 ESC 是实现 EtherCAT 数据链路层协议的专用集成电路芯片。它处理 EtherCAT 数据帧，并为从站控制装置提供数据接口。ESC 结构如图 5-29 所示。

ESC 具有以下主要功能。

1）集成数据帧转发处理单元，通信性能不受从站微处理器性能限制。每个 ESC 最多可以提供 4 个数据收发端口；主站发送 EtherCAT 数据帧操作被 ESC 称为 ECAT 帧操作。

2）最大 64KB 的双端口存储器 DPRAM 存储空间，其中包括 4KB 的寄存器空间和 1～60KB 的用户数据区，DPRAM 可以由外部微处理器使用并行或串行数据总线访问，访问 DPRAM 的接口称为物理设备接口（Physical Device Interface，PDI）。

3）可以不用微处理器控制，作为数字量输入/输出芯片独立运行，具有通信状态机处理功能，最多提供 32 位数字量输入/输出。

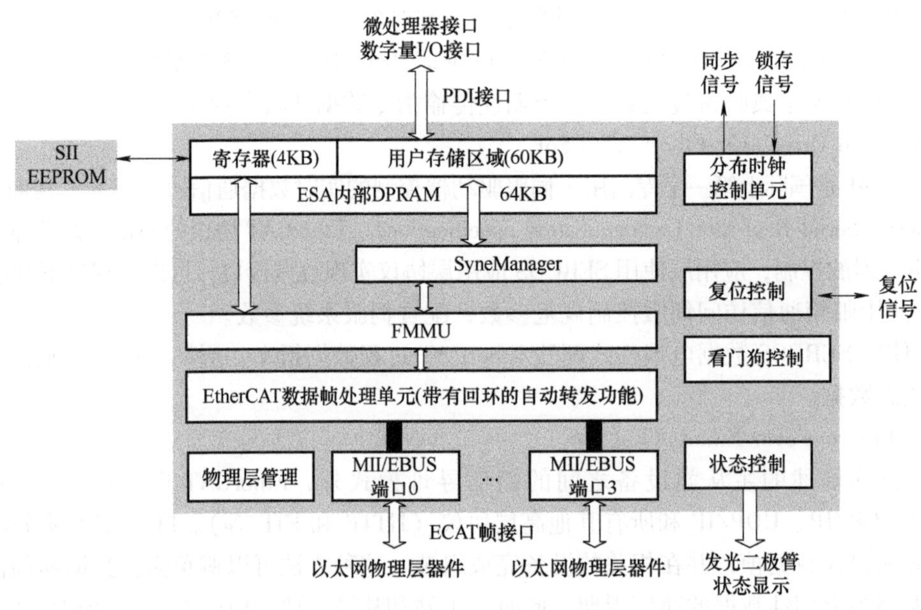

图 5-29　ESC 结构图

4）具有 FMMU 逻辑地址映射功能，提高数据帧利用率。

5）由储存同步管理器通道 SyncManager（SM）管理 DPRAM，保证了应用数据的一致性和安全性。

6）集成分布时钟（Distribute Clock）功能，为微处理器提供高精度的中断信号。

7）具有 EEPROM 访问功能，存储 ESC 和应用配置参数，定义从站信息接口（Slave Information Interface，SII）。

ESC 由德国 BECKHOFF 自动化有限公司提供，包括 ASIC 芯片和 IP-Core。典型的 ASIC 从站控制专用芯片有 ET1100 和 ET1200，如表 5-8 所示。

表 5-8　EtherCAT 通信 ASIC 芯片

特　性	ET1100	ET1200
端口数	4 个端口，使用 EBUS 或 MII 模式	3 个端口，最多一个 MII 端口
FMMU 单元	8	3
存储同步管理单元	8	4
过程数据 RAM	8KB	1KB
分布时钟	64 位	32 位
物理设备接口 PDI	32 位数字量 I/O 8/16 位异步/同步微处理器接口（Micro Controller Interface，MCI）串行接口 SPI	16 位数字量 I/O
EEPROM 容量	16kb	16k~4Mb
封装	BGA128，10mm×10mm	QFN48，7mm×7mm

用户也可以使用 IP-Core 将 EtherCAT 通信功能集成到设备控制 FPGA 中，并根据需要配置功能和规模。Altra 公司 Cyclone 系列 FPGA 的 IP-Core 的 ET18xx 功能如表 5-9 所示。

表 5-9　IP-Core 功能配置

特　　性	FPGA 的 IP-Core 的 ET18xx
端口数	两个 MII 或 RMII（Reduced MII）端口
FMMU 单元	0~8 个可配置
存储同步管理单元	0~8 个可配置
过程数据 RAM	1~60KB 可配置
分布式时钟	可配置
物理设备接口	32 位数字量 I/O；8/16 位异步/同步微处理器接口；串行外设接口（Series Periphery Interface，SPI）；Avalon/OPB 片上总线

2. ET1100 芯片

ET1100 是一种 EtherCAT 从站控制器 ESC 专用芯片。它具有 4 个数据收发端口、8 个 FMMU 单元、8 个 SM 通道、4KB 控制寄存器、8KB 过程数据存储器、支持 64 位的分布时钟功能。它可以直接作为 32 位数字量输入/输出站点，或由外部微处理器控制，组成复杂的从站设备。图 5-30 为 ET1100 的结构图，其封装为 BGA128。这里仅简单介绍其主要功能模块。

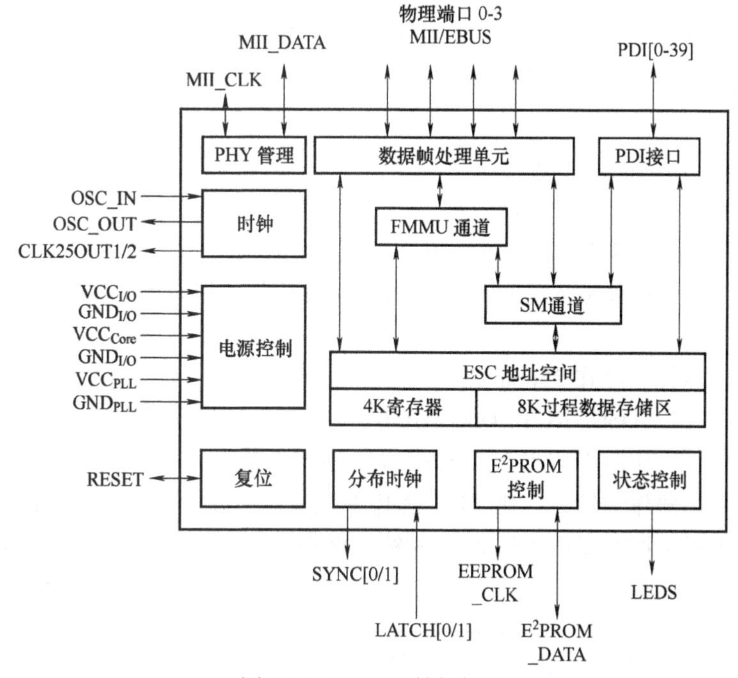

图 5-30　ET1100 结构框图

（1）物理通信接口

ET1100 有 4 个物理通信端口，命名为端口 0~端口 3，每个端口都可以配置为 MII 接口或 EBUS 接口两种形式。

ET1100 使用 MII 接口时，需要外接以太网物理层 PHY 芯片。为了降低处理/转发延时，ET1100 的 MII 接口省略了发送 FIFO。因此，ET1100 对以太网物理层芯片有一些附加的功能要求。ET1100 选配的以太网 PHY 芯片应该满足以下基本功能和附加要求。

1）基本功能。

① 遵从 IEEE 802.3 100Base-TX 或 100Base-FX 规范。

② 支持 100Mbit/s 全双工连接。

③ 提供一个 MII 接口。

④ 使用自动协商。

⑤ 支持 MII 管理接口。

⑥ 支持 MDI/MDI-X 自动交叉。

2）附加要求。

① PHY 芯片和 ET1100 使用同一个时钟源。

② ET1100 不使用 MII 接口检测或配置连接，PHY 芯片必须提供一个信号指示是否建立了 100Mbit/s 的全双工连接。

③ PHY 芯片的连接丢失响应时间应小于 15μs，以满足 EtherCAT 的冗余性能要求。

④ PHY 的 TX_CLK 信号和 PHY 的输入时钟之间的相位关系必须固定，最大允许 5ns 的抖动。

⑤ ET1100 不使用 PHY 的 TX_CLK 信号，以省略 ET1100 内部的发送 FIFO。

⑥ TX_CLK 和 TX_ENA 及 TX_D［3：0］之间的相移由 ET1100 通过设置 TX 相位偏移来补偿，可以使 TX_ENA 及 TX_D［3：0］延迟 0ns、10ns、20ns 或 30ns。

以上要求中，时钟源最为重要。ET1100 的时钟信号包括 OSC_IN 和 OSC_OUT。时钟源的布局对系统的电磁兼容性能有很大的影响，需要满足以下条件：

① 时钟源尽可能靠近 ESC 布置。

② 这个区域的地层应该无缝。

③ 电源对时钟源和 ESC 时钟低阻抗。

④ 应该使用时钟元器件推荐的电容值。

⑤ 时钟源和 ESC 时钟输入之间的电容量应该相同，具体数值取决于印制电路板几何特性。

⑥ ET1100 的时钟精度在 25ppm 以上。

使用石英晶体时，OSC_IN 和 OSC_OUT 连接到 25MHz 外部晶体的两端，ET1100 的 CLK25OUT1/2 输出作为 PHY 芯片的时钟输入，如图 5-31 所示。图中电容的值为 12pF。如果 ET1100 使用振荡器作为输入，则 PHY 芯片不能使用 CLK25OUT1/2 输出作为时钟源，必须与 ET1100 使用同一振荡器作为输入，如图 5-32 所示。图 5-33 为 ET1100 端口 0 的 MII 与 PHY 芯片连接示意图。

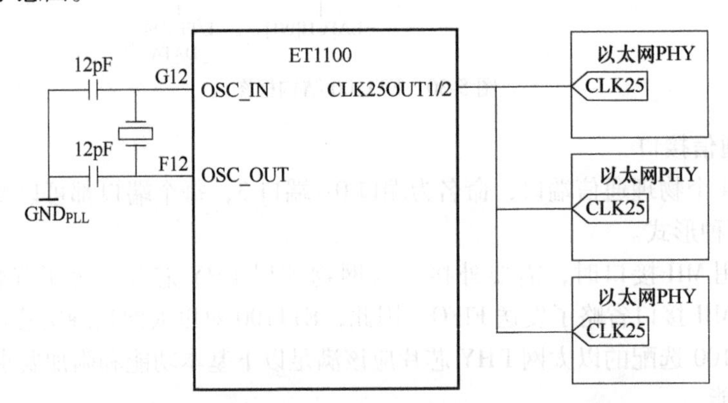

图 5-31　ET1100 使用石英晶体作为时钟源时的连接

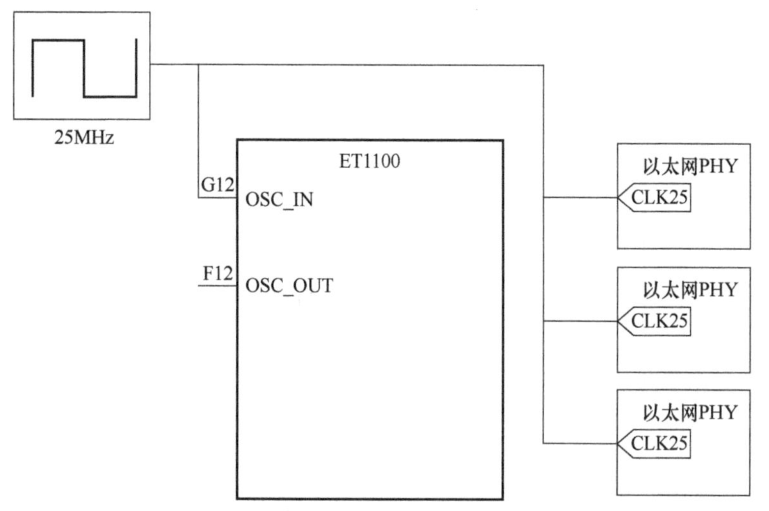

图 5-32　ET1100 使用振荡器作为时钟源输入时的连接

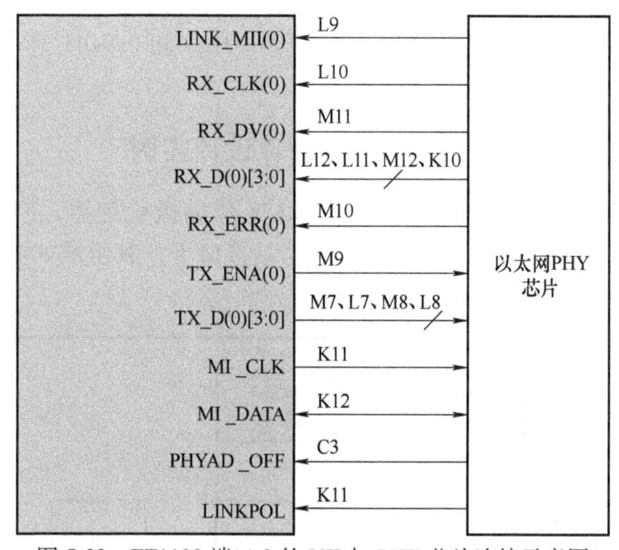

图 5-33　ET1100 端口 0 的 MII 与 PHY 芯片连接示意图

除 MII 接口之外，EtherCAT 协议自定义了一种物理层传输方式 EBUS。EBUS 传输介质使用低压差分信号（Low Voltage Differential Signaling，LVDS），由 ANSI/TIA/EIA ~ 644 的“低压差分信号接口电路电气特性”标准定义，最远传输距离为 10m。

图 5-34 为两个 ET1100 芯片使用 EBUS 连接的示意图。使用两对 LVDS 线对，一对接收数据帧，一对发送数据帧。每对 LVDS 线对只需要跨接一个 100Ω 的负载电阻，不需要其他物理层元器件，缩短了从站之间的传输延时，减少了元器件。EBUS 可以满足快速以太网 100Mbits/s 的数据波特率。它只是简单地封装以太网数据帧，所以可以传输任意以太网数据帧，而不只是 EtherCAT 帧。

（2）PDI 接口

ESC 芯片的应用数据接口称为过程数据接口（Process Data lnterface）或物理设备接口（Physical Device Interface，PDI）。ESC 提供两种类型的 PDI 接口：

① 直接 I/O 信号接口。无需应用层微处理器，最多 32 位引脚。

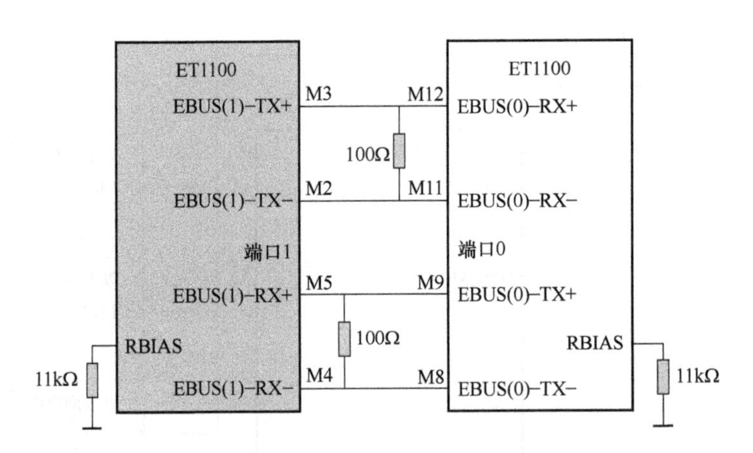

图 5-34　两个 ET1100 芯片使用 EBUS 连接的示意图

② DPRAM 数据接口。使用外部微处理器访问，支持并行和串行两种方式。

ET1100 的 PDI 接口类型和相关特性由寄存器 0x0140 和 0x0141 进行配置，详细配置定义见 ET1100 数据手册。

5.3.2　微处理器操作的 EtherCAT 从站硬件设计实例

本小节设计一款以 AVR 系列单片机 Atmega128 作为微处理器，ET1100 作为 EtherCAT 从站控制芯片，实现 EtherCAT 基本通信功能的从站接口卡，其组成如图 5-35 所示，主要由以下 5 部分组成：

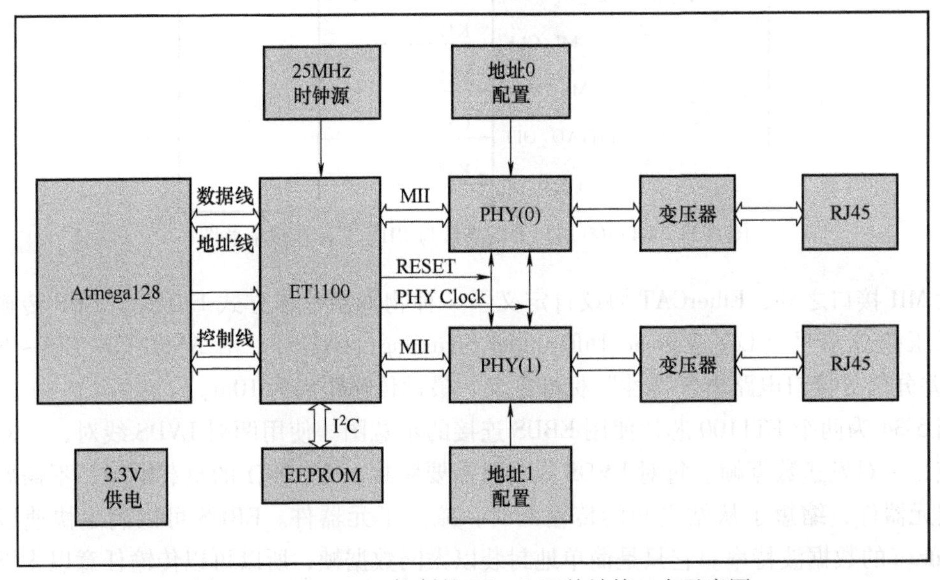

图 5-35　Atmega128 控制的 EtherCAT 从站接口卡示意图

1）Atmel 公司的 AVR 系列单片机 Atmega128，具有 4KB 内部 RAM 和 128K 片上在线可编程 FLASH 存储器。

2）EtherCAT 从站控制芯片 ET1100。

3）以太网 PHY 芯片 KS8721。

4）PULSE 公司的以太网数据变压器 H1101。

5）RJ45 连接器。

1. ET1100 的接线

在本设计中，ET1100 使用 8 位异步微处理器 PDI 接口连接两个 MII 接口，并输出时钟信号给 PHY 器件。图 5-36 给出了 ET1100 与 Atmega128 及 PHY 器件的连接图。图 5-37 给出了外部时钟源连接和 E^2PROM 连接图。本设计实例使用石英晶体振荡器作为时钟，ET1100 的 CLK25OUT1/2 输出作为 PHY 芯片的时钟输入。图 5-38 是 ET1100 的电源引脚连接图，图 5-39是从 5V 到 3.3V 的电压转换电路。

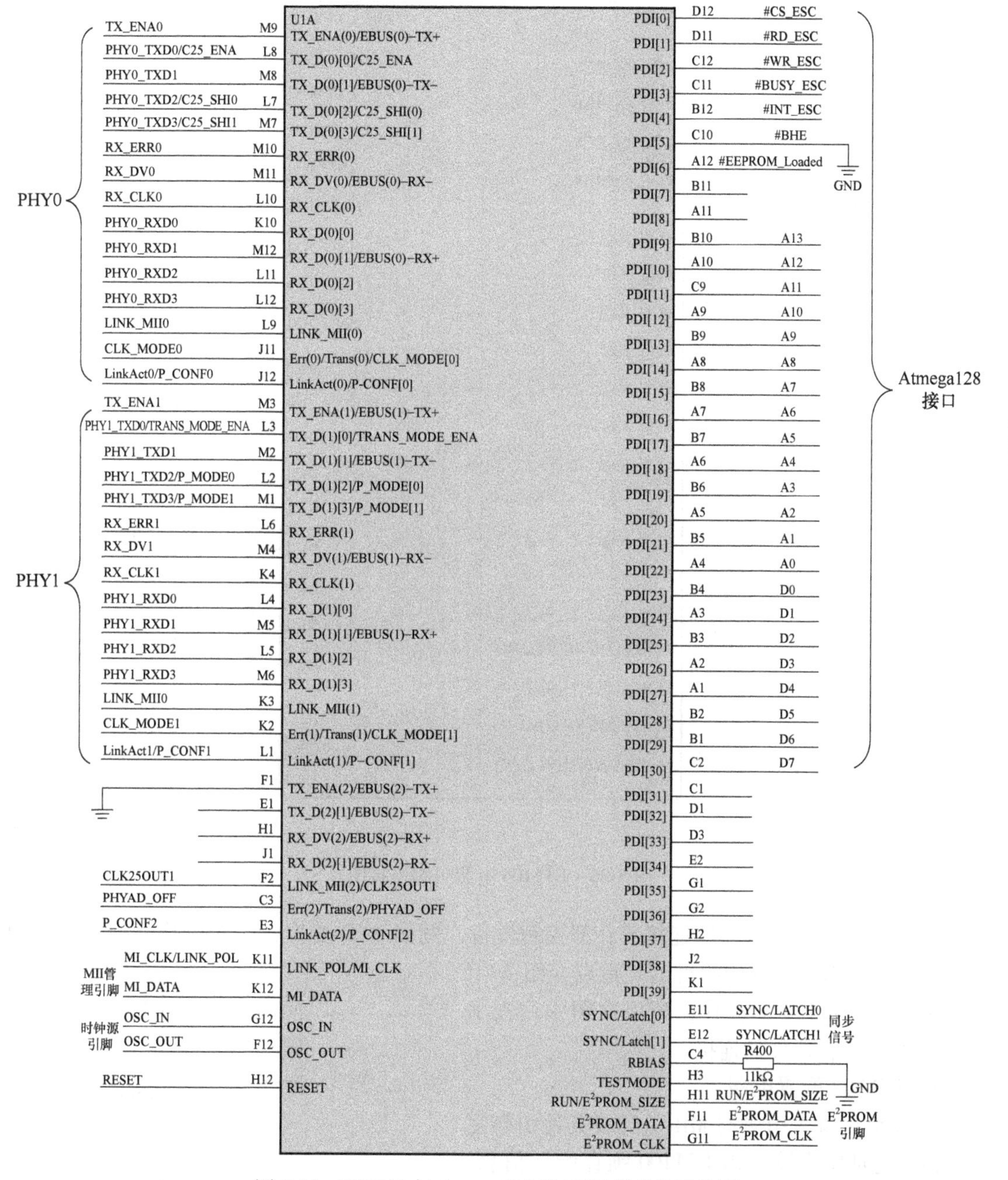

图 5-36　ET1100 与 Atmega128 及 PHY 器件的连接图

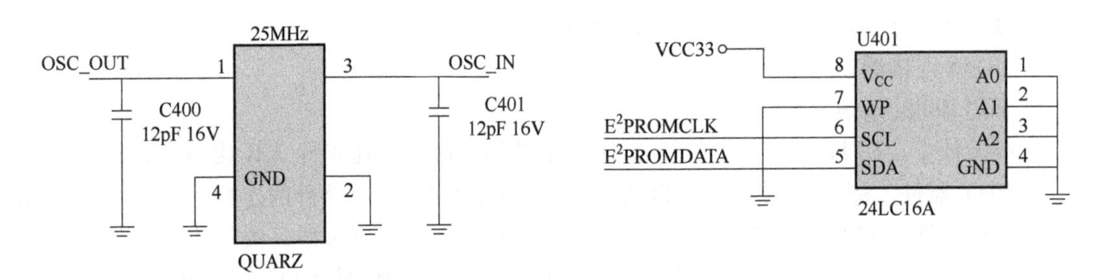

图 5-37　ET1100 外部时钟源连接和 E^2PROM 连接图

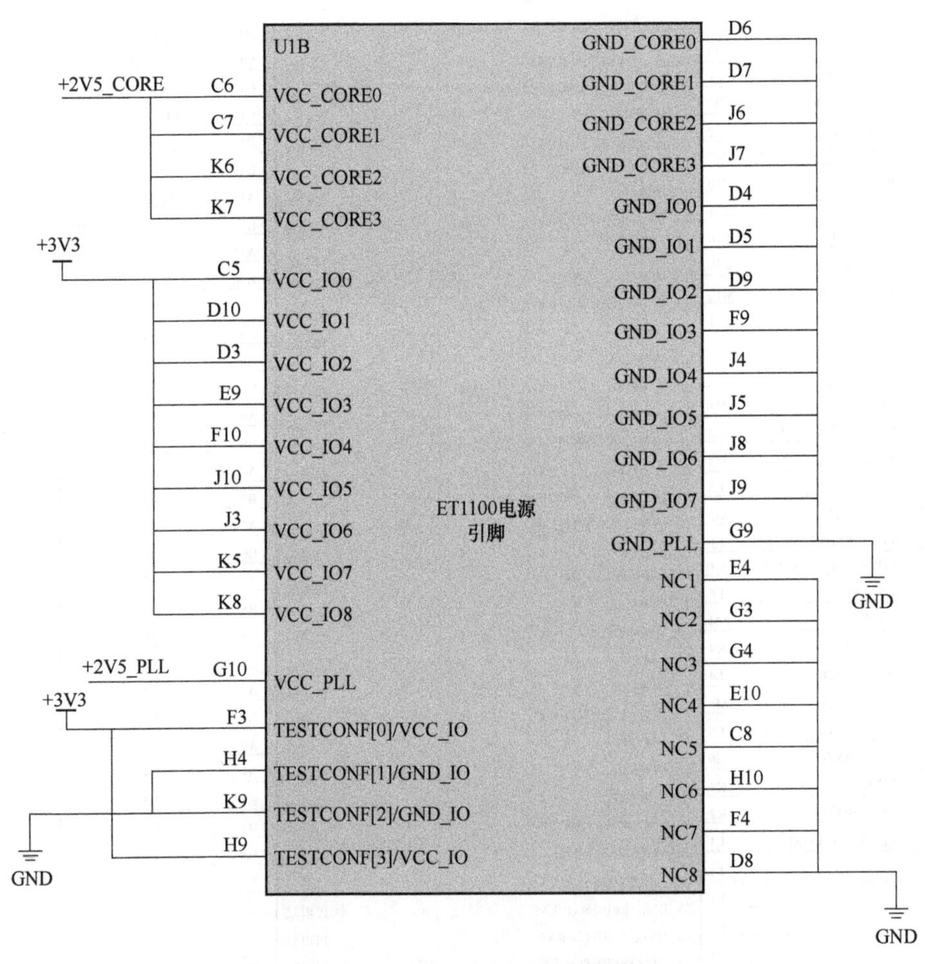

图 5-38　ET1100 电源引脚连接图

此外，AVR 微处理器还连接着外部控制设备，例如 A/D 变换、D/A 变换和控制电动机的脉冲信号输出。因本例的目的是重点介绍 AVR 微处理器对 ET1100 的操作，所以在图中略去了 AVR 与控制设备器件的连接。

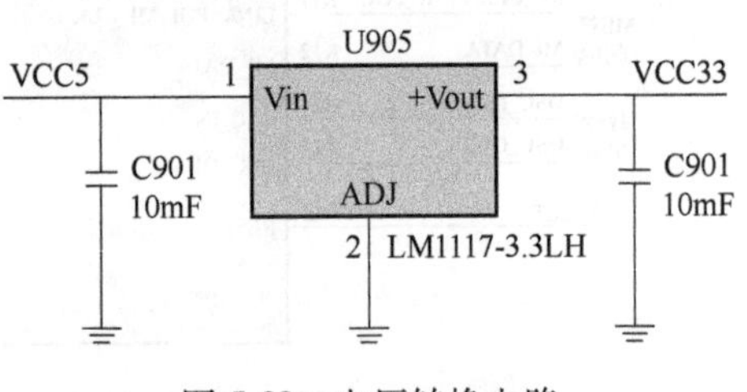

图 5-39　电压转换电路

2. ET1100 配置电路

ET1100 的配置引脚与 MII 引脚或其他引脚复用，在上电时作为输入由 ET1100 锁存配置信息。上电之后，这些引脚都有分配的操作功能，必要时引脚方向也可以改变。RESET 引脚信号指示上电配置完成。所有配置引脚的说明如表 5-10 所示。配置引脚的连接图如图 5-40所示，其中有些引脚具有 LED 状态输出功能。

表 5-10　ET1100 配置引脚的说明

编　号	名　称	引　脚	属　性	取　值	含　义
1	C25_ENA	L8	I	0	不使能 CLK25OUT2 输出
2	C25_SHI0	L7	I	0	无 MIITX 相位偏移
3	C25_SHI1	M7	I	0	
4	CLK_MODE0	J11	I	0	不输出 CPU 时钟信号
5	CLK_MODE1	K2	I	0	
6	P_CONF0	J12	I	1	端口 0 使用 MII 接口
7	TRANS_MODE_ENA	L3	I	0	不使用透明模式
8	P_MODE0	L2	I	0	使用 ET1100 端口 0 和 1
9	P_MODE1	M1	I	0	
10	P_CONF1	L1	I	1	端口 1 使用 MII 接口
11	PHYAD_OFF	C3	I	0	PHY 地址无偏移
12	LINK_POL	K11	I	0	LINK_MII（x）低有效

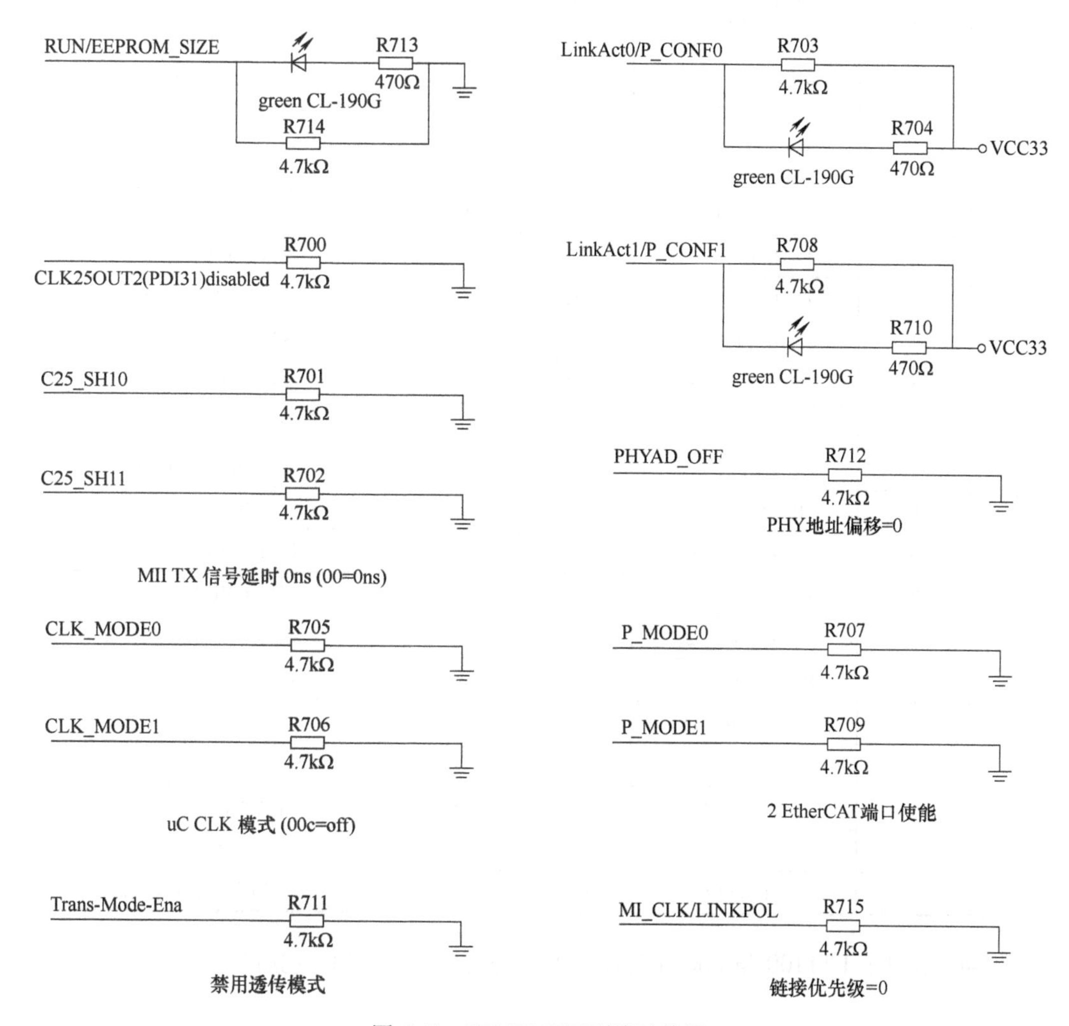

图 5-40　ET1100 配置引脚连接图

3. MII 接线

图 5-36 中，左半部分为 MII 接口相关引脚，包括两个 MII 端口引脚、相关 MII 管理引脚和时钟输出引脚等。表 5-11 列出了 MII 接线引脚的说明。

表 5-11　MII 接线引脚说明

分　类	编　号	名　称	引　脚	属　性	功　能
端口 0	1	TX_ENA (0)	M9	O	端口 0 MII 发送使能
	2	TX_D (0) [0]	L8	O	端口 0 MII 发送数据 0
	3	TX_D (0) [1]	M8	O	端口 0 MII 发送数据 1
	4	TX_D (0) [2]	L7	O	端口 0 MII 发送数据 2
	5	TX_D (0) [3]	M7	O	端口 0 MII 发送数据 3
	6	RX_ERR (0)	M10	I	MII 接收数据错误指示
	7	RX_DV (0)	M11	I	MII 接收数据有效指示
	8	RX_CLK (0)	L10	I	MII 接收时钟
	9	RX_D (0) [0]	K10	I	端口 0 MII 接收数据 0
	10	RX_D (0) [1]	M12	I	端口 0 MII 接收数据 1
	11	RX_D (0) [2]	L11	I	端口 0 MII 接收数据 2
	12	RX_D (0) [3]	L12	I	端口 0 MII 接收数据 3
	13	LINK_MII (0)	L9	I	PHY0 指示有效连接
	14	LinkAct (0)	J12	O	LED 输出，链接状态显示
端口 1	1	TX_ENA (1)	M3	O	端口 1 MII 发送使能
	2	TX_D (1) [0]	L3	O	端口 1 MII 发送数据 0
	3	TX_D (1) [1]	M2	O	端口 1 MII 发送数据 1
	4	TX_D (1) [2]	L2	O	端口 1 MII 发送数据 2
	5	TX_D (1) [3]	M1	O	端口 1 MII 发送数据 3
	6	RX_ERR (1)	L6	I	MII 接收数据错误指示
	7	RX_DV (1)	M4	I	MII 接收数据有效指示
	8	RX_CLK (1)	K4	I	MII 接收时钟
	9	RX_D (1) [0]	L4	I	端口 1 MII 接收数据 0
	10	RX_D (1) [1]	M5	I	端口 1 MII 接收数据 1
	11	RX_D (1) [2]	L5	I	端口 1 MII 接收数据 2
	12	RX_D (1) [3]	M6	I	端口 1 MII 接收数据 3
	13	LINK_MII (1)	K3	I	PHY0 指示有效连接
	14	LinkAct (1)	L1	O	LED 输出，链接状态显示
其他	1	CLK25OUT1	F2	O	输出时钟信号给 PHY 芯片
	2	MI_CLK	K11		MII 管理接口时钟
	3	MI_DATA	K12		MII 管理接口数据

图 5-41 给出了 ET1100 与 Micrel 公司的 PHY 器件 KS8721BL 连接图。

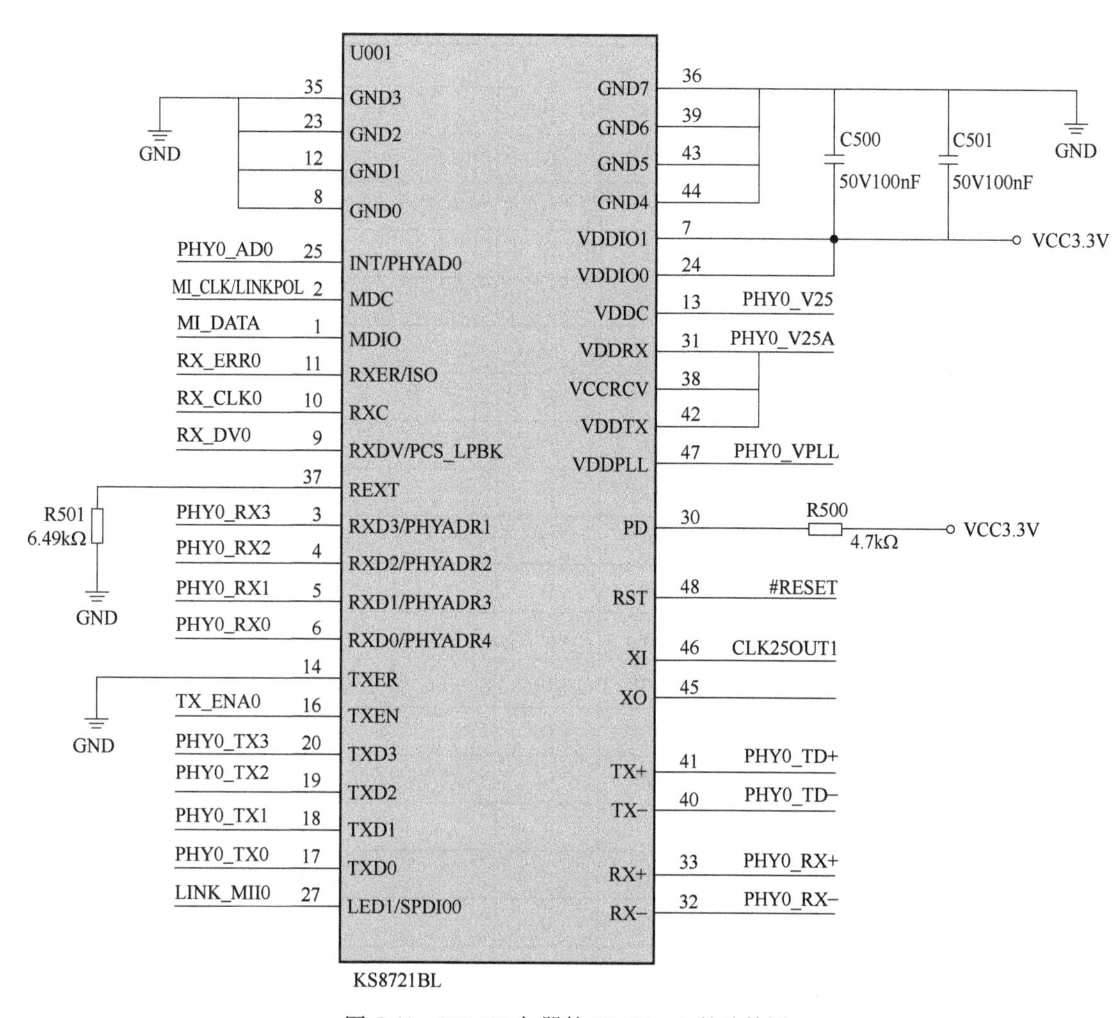

图 5-41　ET1100 与器件 KS8721BL 的连接图

4. 微处理器接口引脚接线

图 5-36 中，右半部分为微处理器接口引脚接线，包括 8 位数据线、14 位地址线和相关控制线。表 5-12 列出了这些接线的说明。

表 5-12　微处理器接口引脚接线的说明

分　类	编　号	名　称	引　脚	属　性	功　能
数据总线	1	D0	B4	I/O	数据总线位 0
	2	D1	A3	I/O	数据总线位 1
	3	D2	B3	I/O	数据总线位 2
	4	D3	A2	I/O	数据总线位 3
	5	D4	A1	I/O	数据总线位 4
	6	D5	B2	I/O	数据总线位 5
	7	D6	B1	I/O	数据总线位 6
	8	D7	C2	I/O	数据总线位 7

（续）

分　类	编　号	名　称	引　脚	属　性	功　能
地址总线	1	A0	A4	O	地址总线位 0
	2	A1	B5	O	地址总线位 1
	3	A2	A5	O	地址总线位 2
	4	A3	B6	O	地址总线位 3
	5	A4	A6	O	地址总线位 4
	6	A5	B7	O	地址总线位 5
	7	A6	A7	O	地址总线位 6
	8	A7	B8	O	地址总线位 7
	9	A8	A8	O	地址总线位 8
	10	A9	B9	O	地址总线位 9
	11	A10	A9	O	地址总线位 10
	12	A11	C9	O	地址总线位 11
	13	A12	A10	O	地址总线位 12
	14	A13	B10	O	地址总线位 13
控制线和状态线	1	#CS_ESC	D12	I	ET1100 片选
	2	#RD_ESC	D11	I	ET1100 读
	3	#WR_ESC	C12	O	ET1100 写
	4	#BUSY_ESC	C11	O	ET1100 操作忙
	5	#INT_ESC	B12	O	ET1100 中断，连接到 Atmega128 的外部中断输入
	6	#BHE	C10	I	ET1100 高字节有效输入控制
	7	#EEPROM_Loaded	A12	O	ET1100 初始化完成信号
	8	SYNC/LATCH0	E11	O	ET1100 同步信号 0
	9	SYNC/LATCH1	E12	O	ET1100 同步信号 1

5.3.3　直接 I/O 控制 EtherCAT 从站硬件设计实例

配置 ET1100 的 PDI 接口为 I/O 控制，ET1100 可以直接控制 32 位数字量 I/O 信号。本小节设计了一种 16 位数字量输入和 16 位数字量输出的 I/O 控制卡。其 MII 接口与 5.3.2 小节介绍的相同，PDI 接口直接当作 I/O 信号使用，直接 I/O 控制 ET1100 接线图如图 5-42 所示。由于 ET1100 使用 3.3V 电压供电，而外围电路为 5V 电压供电，所以在 I/O 引脚都串联了阻值为 330Ω 的电阻，使电压匹配。

ET1100 的输入和输出引脚经过光电隔离后可以直接用于外部设备的控制。图 5-43 和图 5-44分别是 8 位输出信号和 8 位输入信号的光电隔离接线图，使用 TLP521-4 光电耦合器件。

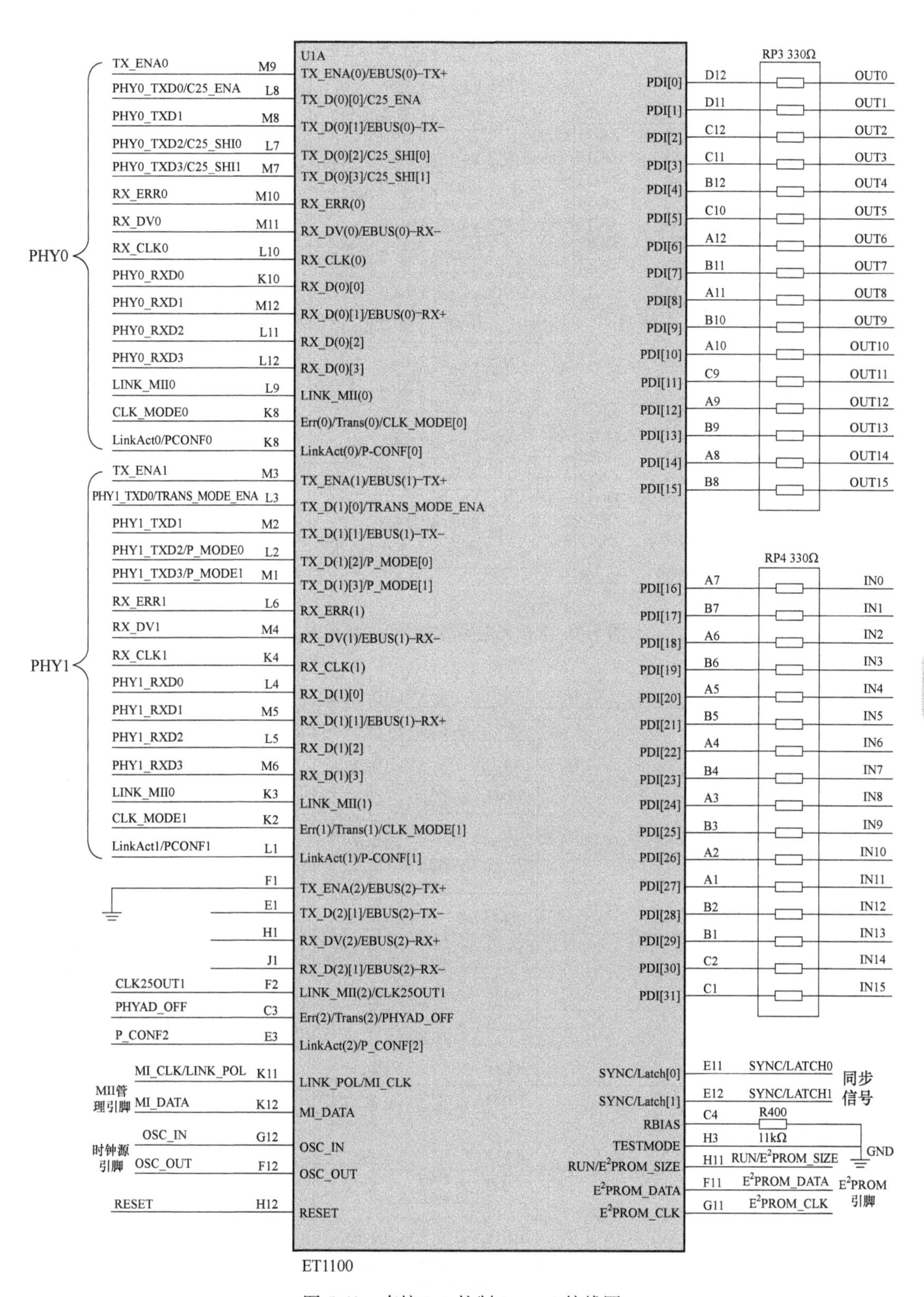

图 5-42 直接 I/O 控制 ET1100 接线图

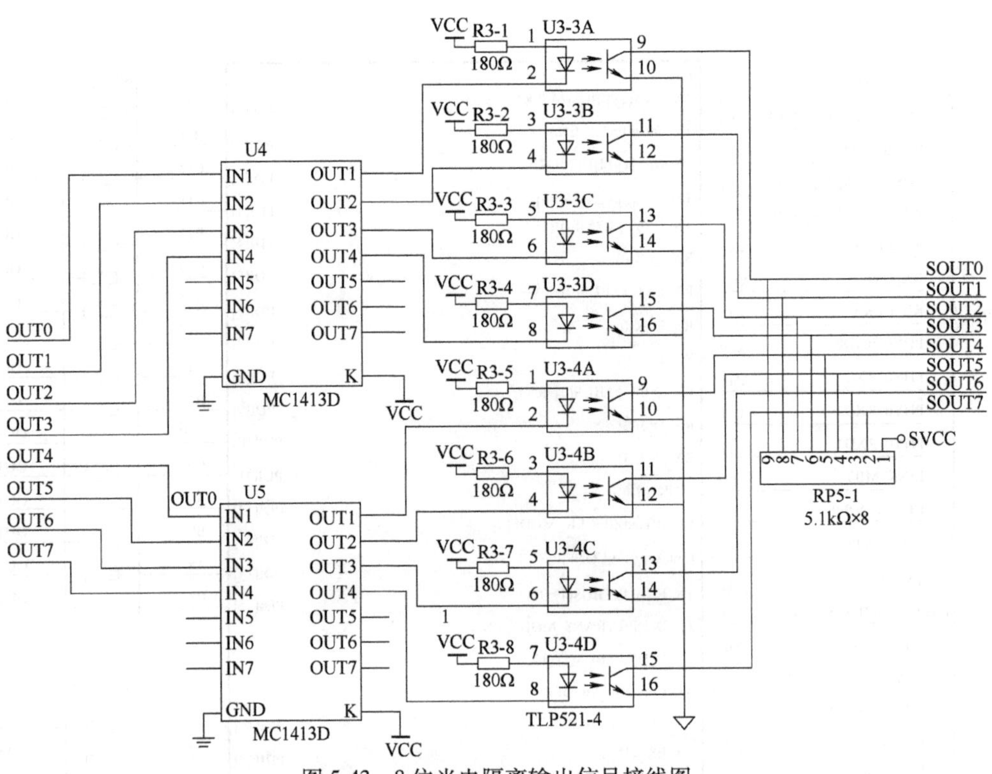

图 5-43　8 位光电隔离输出信号接线图

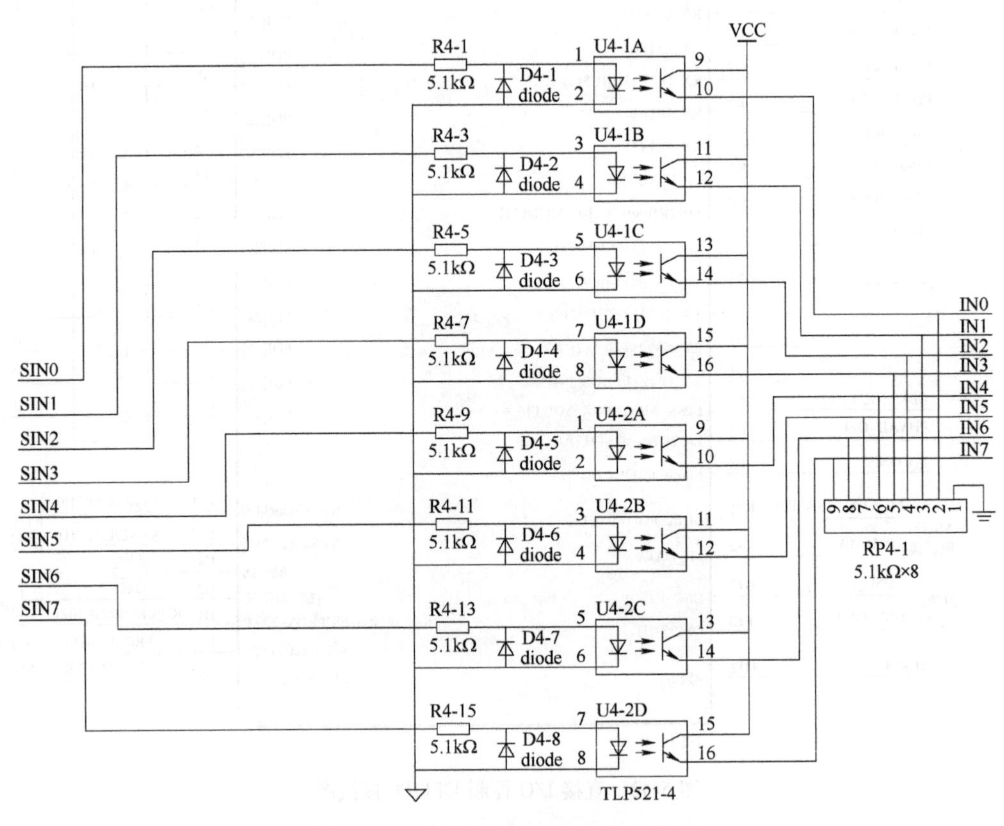

图 5-44　8 位光电隔离输入信号接线图

5.4　EtherCAT 软件设计

EtherCAT 主站可由 PC 或其他嵌入式计算机实现，使用 PC 构成 EtherCAT 主站时，通常用标准的以太网网卡作为主站硬件接口，主站功能由软件实现。从站使用专用芯片 ESC，通常需要一个微处理器实现应用层功能。EtherCAT 控制系统协议栈如图 5-45 所示。

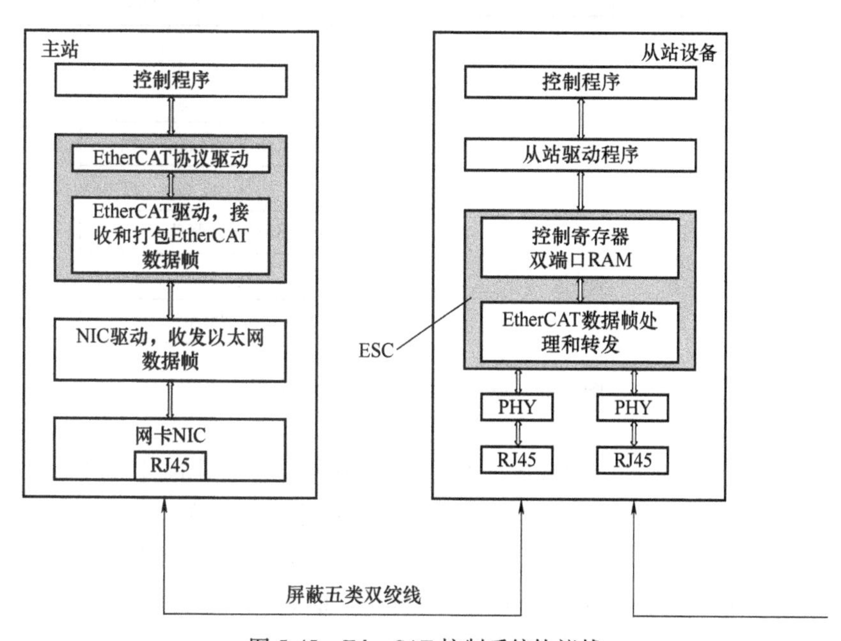

图 5-45　EtherCAT 控制系统协议栈

下面的 5.4.1 小节和 5.4.2 小节分别介绍 EtherCAT 主站和从站的软件设计方法。

5.4.1　EtherCAT 主站软件设计

EtherCAT 技术在主站方面只需要一块标准的 NIC 网卡，主站功能完全由软件实现。EtherCAT 主站程序应该包含以下几个方面：

1）读取 XML 配置文件，根据配置文件信息构造主站与从站设备。

2）管理 EtherCAT 从站，发送配置文件中定义的初始化帧，初始化从站，为通信做准备。

3）使用邮箱操作实现非周期性数据传输，配置系统参数，处理通信过程中的某些偶然性事件。

4）实现过程数据通信，完成主站与从站之间的实时数据交换，进行主站控制从站运行并处理从站实时状态的操作。主站软件结构图如图 5-46 所示。

可以用多种编程语言来编写 EtherCAT 主站程序，如 VC++、VB、Delphi 等编程语言，无需特别复杂的代码就可以实现主站的功能，并且 EtherCAT 主站不负责数据映射，而是由从站通过外围设备完成，进一步减轻了主站代码的复杂程度，减轻了主机 CPU 的负担。

EtherCAT 从站内存区的前 4KB 是配置寄存器。从站系统运行前要进行寄存器初始

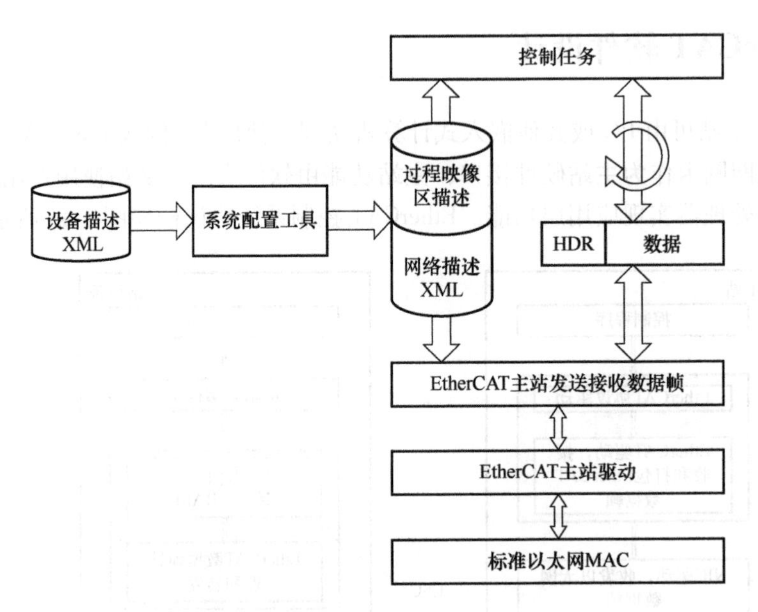

图 5-46　EtherCAT 主站软件结构图

化，包括初始化从站物理地址、配置运行方式（周期性通信、非周期性通信）、逻辑地址寄存器映射、分布时钟寄存器初始化等。由主站读取该系统的配置文件，构造初始化命令帧，当从站处于该命令要求的状态时，主站发出初始化命令。EtherCAT 配置文件采用 XML 格式，XML 语法简单，具有结构化、可扩展等特点，能实现复杂事物的描述，易于在应用程序中读/写。EtherCAT 配置文件格式如下：

```
<xml version="1.0" encoding="ISO8859-1">
-<EtherCATConfig>
  -<Config>
    -<Master>
    -主站信息(帧头定义)
    -广播寻址信息(初始化命令)
    </Master>
    -<Slave>
    -从站信息(通信信息)
    -类型定义(Mailbox/ProcessData)
    -从站初始化信息
    </Slave>
    -<Cyclic>
    …
    </Cyclic>
  </Config>
</EtherCATConfig>
```

整个配置文件分为 3 部分。

1）主站节点：主要包括主站信息和广播寻址信息，主站信息包括主站名、目的地址、源地址、以太网类型。广播寻址是用广播方式对所有从站进行相同的初始化。

2）从站节点：从站节点主要包括从站信息、类型、从站初始化信息。从站信息主要包括从站名、物理地址、位置地址等。如果从站类型信息部分为“Mailbox”，则此从站为复杂设备，从站接微处理器等设备；若为“ProcessData”，则为从站简单设备，接I/O端子。从站初始化信息部分是针对单个从站的，用位置寻址和物理寻址方式对其某些寄存器进行配置，包括应用层控制寄存器请求信息及应用层状态寄存器应答信息，以及FMMU、SMs寄存器的配置信息等。

3）周期数据信息：此部分信息是主站程序初始化过程数据帧的依据。

5.4.2 EtherCAT从站软件设计

从站控制器与主站交换两种形式的数据：一种是周期性数据，一种是非周期性数据。周期性数据传输可以采用缓冲区方式，任何一方在任何时间都可以访问此方式定义的内存，得到最新数据；非周期性数据传输采用握手方式（邮箱方式）实现，一方写入数据到定义的内存，只有完成定义内存的最后一个字节的写入，另一方才能开始从定义内存中读出数据，而且只有在读出定义内存的最后一个字节数据后，才能重新写入数据。缓冲区和邮箱由Sync-Manage寄存器（0x800～0x820）来定义。针对这两种数据通信方式，从站程序可以对非周期性数据通信采用查询方式，查询条件由SM寄存器0x805、0x80D决定，程序流程如图5-47所示；对周期性通信采用中断方式，通过查询寄存器0x221判断中断类型，程序流程图如图5-48所示。

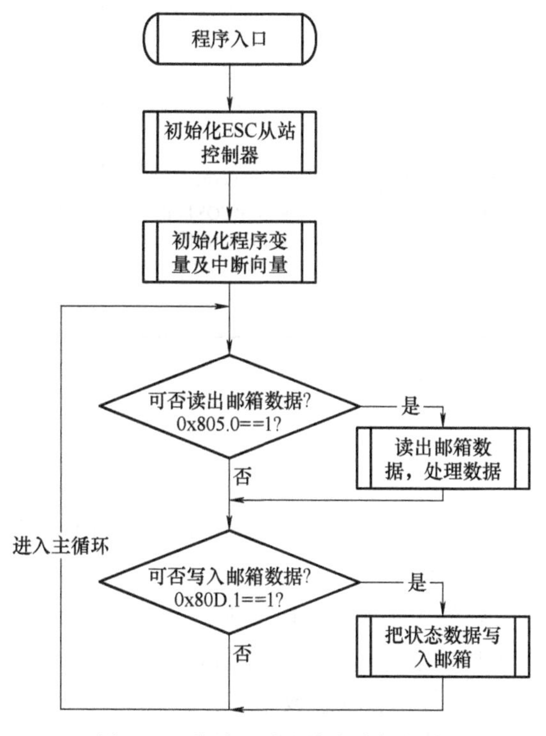

图5-47 从站通过查询方式与主站交换非周期性数据的程序流程

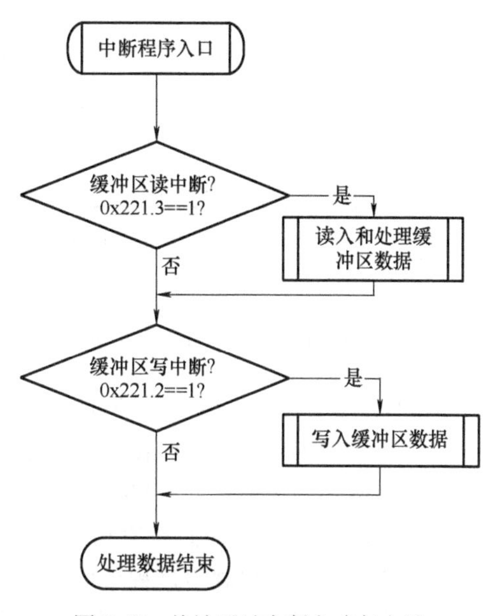

图5-48 从站通过中断方式与主站交换周期性数据的程序流程

5.5 EtherCAT 伺服驱动器控制应用协议

IEC 61800 标准系列是一个可调速电子功率驱动系统通用规范。其中，IEC 61800-7 定义了控制系统和功率驱动系统之间的通信接口标准，包括网络通信技术和应用行规，IEC 61800-7 体系结构如图 5-49 所示。EtherCAT 作为网络通信技术，支持 CANopen 协议中的行规 CiA402 和 SERCOS 协议的应用层，分别称为 CoE 和 SoE。本节将分别介绍这两种 EtherCAT 应用层协议及其对应的伺服驱动器控制行规。

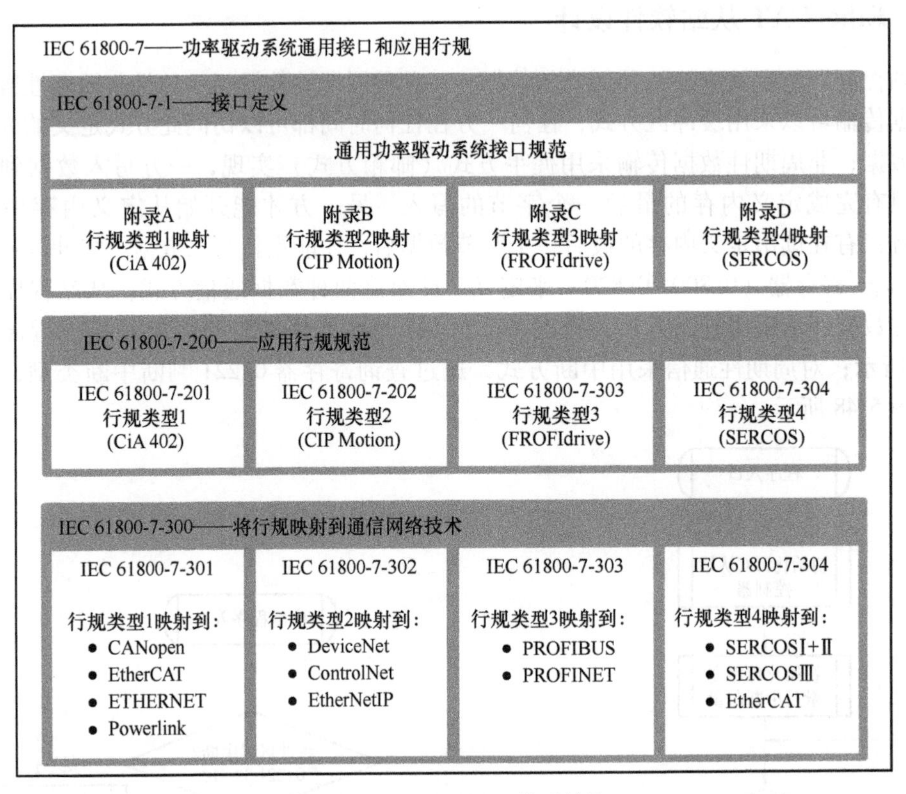

图 5-49 IEC 61800-7 体系结构

5.5.1 CoE（CANopen over EtherCAT）

CANopen 最初是为基于 CAN 总线的系统所制定的应用层协议。EtherCAT 协议在应用层支持 CANopen 协议，并做了相应的扩充，其主要功能有：

1）使用邮箱通信访问 CANopen 对象字典及其对象，实现网络初始化。

2）使用 CANopen 应急对象和可选的事件驱动 PDO 消息，实现网络管理。

3）使用对象字典映射过程数据，周期性传输指令数据和状态数据。

CoE 协议完全遵从 CANopen 协议，其对象字典的定义也相同，详细内容见本书 2.5.2 小节。其中，针对 EtherCAT 通信扩展了相关通信对象 0x1C00~0x1C4F，用于设置存储同步管理器的类型、通信参数和 PDO 数据分配。CoE 通信数据对象扩展如表 5-13 所示。

表 5-13 CoE 通信数据对象扩展

索引号	含义
0x1C00	同步管理器通信类型，子索引 0 定义了所使用的 SM 的数目，子索引 1~32 定义了相应 SM0~SM31 通道的通信类型，相关通信类型如下。 0：邮箱输出，非周期性数据通信，一个缓存区写操作 1：邮箱输入，非周期性数据通信，一个缓存区读操作 2：过程数据输出，周期性数据通信，3 个缓存区写操作 3：过程数据输入，周期性数据通信，3 个缓存区读操作
0x1C10~0x1C2F	过程数据通信同步管理器 PDO 分配 子索引 0：分配的 PDO 数目 子索引 1~n：PDO 映射对象索引号
0x1C30~0x1C4F	同步管理器参数 子索引 1：同步类型 子索引 2：周期时间，单位为 ns 子索引 3：AL 事件和相关操作之间的偏移时间，单位 ns

1. 周期过程数据通信

周期性数据通信中，过程数据可以包含多个 PDO 映射数据对象，CoE 协议使用数据对象 0x1C10~0x1C2F 定义相应 SM 通道的 PDO 映射对象列表。以周期性输出数据为例，输出数据使用 SM2 通道，由对象数据 0x1C12 定义 PDO 分配，PDO 分配示意图如图 5-50 所示。表 5-14所示为取值举例。

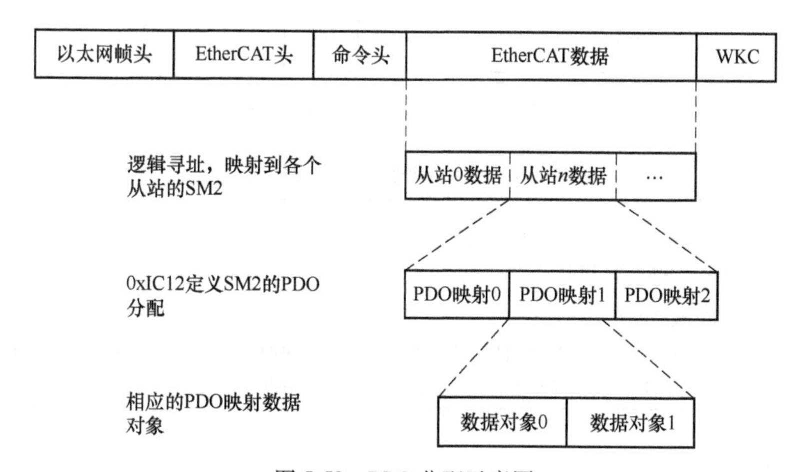

图 5-50 PDO 分配示意图

表 5-14 SM2 通道 PDO 分配对象数据 0x1C12 举例

子索引	数值	PDO 数据对象映射			
		子索引	数值	数据字节数	含义
0	3			1	PDO 映射对象数目
1	PDO0 0x1600	0	2	1	数据映射对象数目
		1	0x7000：01	2	电流模拟量输出数据
		2	0x7010：11	2	电流模拟量输出数据

（续）

子索引	数　值	PDO 数据对象映射			
		子索引	数　值	数据字节数	含　义
2	PDO1 0x1601	0	2	1	数据映射对象数目
		1	0x7020：21	2	电流模拟量输出数据
		2	0x7030：31	2	电流模拟量输出数据
3	PDO2 0x1602	0	2	1	数据映射对象数目
		1	0x7040：41	2	电流模拟量输出数据
		2	0x7050：51	2	电流模拟量输出数据

2. CoE 非周期性数据通信

EtherCAT 主站通过读/写邮箱数据 SM 通道实现非周期性数据通信，邮箱数据定义如图 5-26所示。CoE 协议邮箱数据结构如图 5-51 所示，其各元素定义如表 5-15 所示。下面以 SDO 和紧急事件信息服务为例解释 CoE 非周期性数据通信。

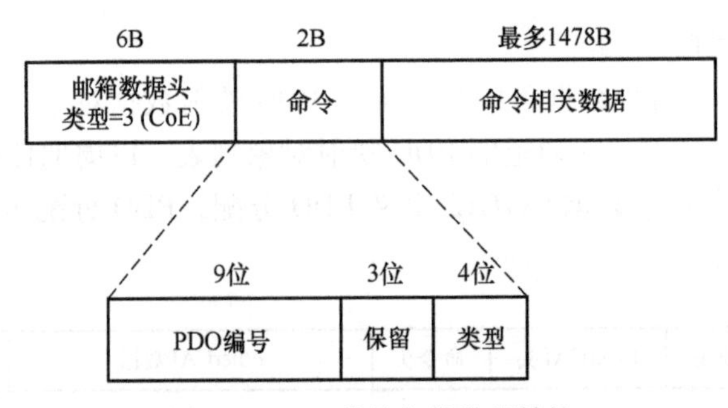

图 5-51　CoE 协议邮箱数据结构

表 5-15　CoE 命令数据元素定义

数 据 元 素	描　　述
PDO 编号	PDO 发送时的 PDO 序号
类型	CoE 服务类型 0：保留；1：紧急事件信息；2：SDO 请求；3：SDO 响应；4：TxPDO；5：RxPDO； 6：远程 TxPDO 发送请求；7：远程 RxPDO 发送请求；8：SDO 信息；9~15：保留

（1）SDO 服务

CoE 通信服务类型 2 和 3 为 SDO 通信服务，SDO 数据帧结构如图 5-52 所示。SDO 传输服务的 3 种类型如图 5-53 所示。

1）快速传输服务：与标准的 CANopen 协议相同，只使用 8B，最多传输 4B 有效数据。

2）常规传输服务：使用超过 8B，可以传输超过 4B 的有效数据，最大可传输有效数据取决于邮箱 SM 所管理的存储区容量。

3）分段传输服务：对于超过邮箱容量的情况，使用分段的方式进行传输。

SDO 传输又分为下载和上传两种，下载传输常用于主站设置从站参数，上传传输用于主站读取从站的性能参数。这两种服务在物理上是对称的，本小节不再做详细介绍，具体内容参考本书 2. 5. 2 小节中介绍的 SDO 协议或本书参考文献［5］和［6］中描述的 EtherCAT

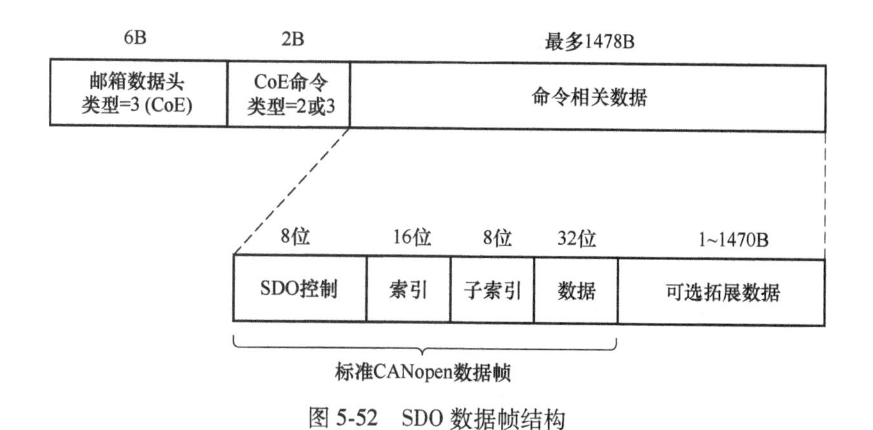

图 5-52　SDO 数据帧结构

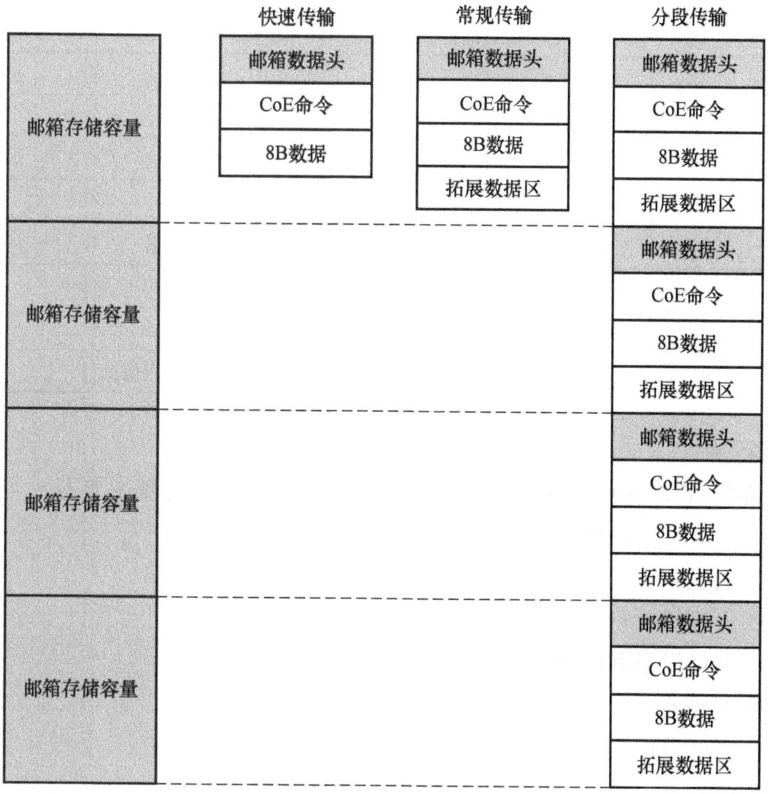

图 5-53　SDO 传输服务的类型

应用协议。

（2）紧急事件

紧急事件由设备内部的错误事件触发，将诊断信息发送给主站。当诊断事件消失之后，从站应该将诊断事件和错误复位码再发送一次。紧急事件数据帧格式如图 5-54 所示，其各个数据元素描述如表 5-16 所示。

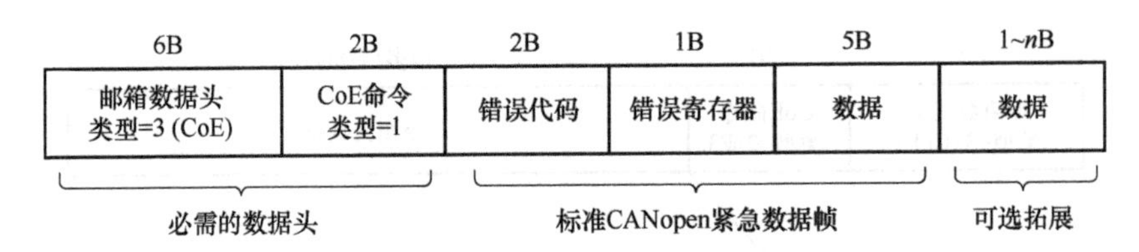

图 5-54 紧急事件数据帧格式

表 5-16 紧急事件数据元素描述

数 据 区	字节数	位 数	名 称	取值和描述
邮箱头	2B	16 位	长度	n=0x0A：后续邮箱服务数据长度
	2B	16 位	地址	主站到从站通信，为数据源从站地址 从站之间通信，为数据目的从站地址
	1B	位 0~5	通道	0x00：保留
		位 6~7	优先级	0x00：最低优先级；0x03：最高优先级
	1B	位 0~3	类型	0x03：CoE
		位 4~7	保留	0x00
CoE 命令	2B	位 0~8	PDO 编号	0x00
		位 9~11	保留	0x00
		位 12~15	服务类型	0x01：紧急数据
SDO 控制数据	2B	16 位	紧急错误码	详细见 EtherCAT 应用协议
	1B	8 位	错误寄存器	映射数据对象 0x1001
	5B	40 位	数据	制造商定义错误信息

3. 应用层行规

CoE 完全遵从 CANopen 的应用层行规，CANopen 标准应用行规主要有：

1）CiA401 I/O 模块行规。

2）CiA402 伺服和运动控制行规。

3）CiA403 人机接口行规。

4）CiA404 测量设备和闭环控制。

5）CiA406 编码器。

6）CiA408 比例液压阀等。

详细内容见相应的 CANopen 应用层行规，由于篇幅所限，本书不对该部分内容详细介绍。

5.5.2 SoE（SERCOS over EtherCAT）

SERCOS 是一种高性能的数字伺服实时通信接口协议，于 1995 年被批准为国际标准 IEC 61491。它包括通信技术和多种设备行规。SoE 是指在 EtherCAT 协议下运行 SERCOS 协议定义的伺服设备行规，使用 EtherCAT 通信网络和协议操作 SERCOS 设备行规定义的伺服参数和控制数据，EtherCAT 通信网络不传输 SERCOS 接口链路层协议。SoE 协议实现了 SERCOS 状态机（通信阶段）、同步、过程数据通信和通过服务通道访问 IDN 参数，从而允许在 EtherCAT 环境中集成基于 SERCOS 设备行规的设备。SoE 协议的内容主要包括：

1）EtherCAT 状态机与 SERCOS 通信阶段的对应。

2）SoE 对 SERCOS 协议 IDN 参数的继承。

3）SERCOS 周期性数据报文 MDT（Master Data Telegram）和 AT（Amplifier（Driver）Telegram）与 EtherCAT 周期性数据帧传输的对应。

4）取消 MST，由 EtherCAT 分布时钟实现精确同步。

5）SERCOS 服务通道与 EtherCAT 邮箱通信对应，实现 IDN 访问操作。

1. SoE 状态机

EtherCAT 状态机与 SERCOS 状态机的比较如图 5-55 所示，其特点有以下几个方面：

1）SERCOS 协议通信阶段 0 和 1 被 EtherCAT 初始化状态覆盖。

2）SERCOS 状态机的通信阶段 2 对应于 EtherCAT 状态机的预运行状态，允许使用邮箱通信实现服务通道，操作 IDN 参数。

3）SERCOS 状态机的通信阶段 3 对应于 EtherCAT 状态机的安全运行状态，开始传输周期性数据，只有输入数据有效，输出数据被忽略，同时可以实现时钟同步。

4）SERCOS 状态机的通信阶段 4 对应于 EtherCAT 状态机的运行阶段，所有的输入和输出都有效。

5）不使用 SERCOS 协议的阶段切换过程命令 S-0-0127（通信阶段 3 切换检查）和 S-0-0128（通信阶段 4 切换检查），分别由 PS 和 SO 状态转换取代。

6）SERCOS 协议只允许高级通信阶段向下切换到通信阶段 0，而 EtherCAT 允许任意的状态向下切换（如图 5-55a 所示）。例如从运行状态切换到安全运行状态，或从安全运行状态切换到预运行状态。SoE 也应该支持这种切换（如图 5-55b 中的虚线所示），如果从站不支持，则应该在 EtherCAT 状态寄存器中设置错误位。

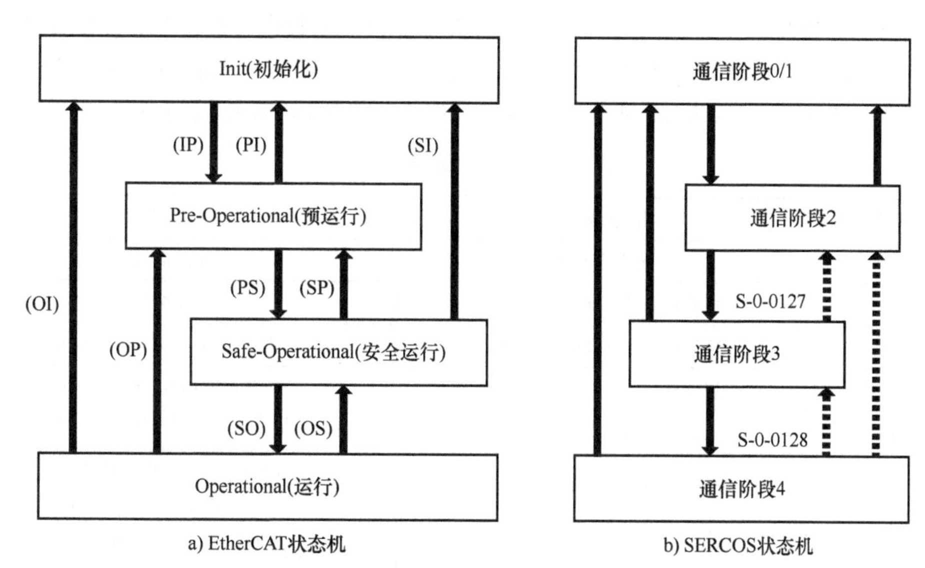

图 5-55　EtherCAT 状态机与 SERCOS 状态机比较

2. IDN 继承

SoE 协议继承 SERCOS 协议的 IDN 参数定义。每个 IDN 参数都有一个唯一的 16 位标识号 IDN，对应一个唯一的数据块，保存参数的全部信息。数据块由 7 个元素组成，如表 5-17

所示。IDN 参数分为标准数据和产品数据两部分，每部分又分为 8 个参数组，使用不同的 IDN 表示，IDN 编号定义如表 5-18 所示。

表 5-17　IDN 数据块结构

编　号	名　称	备　注
元素 1	IDN	必备
元素 2	名称	可选
元素 3	属性	必备
元素 4	单位	可选
元素 5	最小允许值	可选
元素 6	最大允许值	可选
元素 7	数据值	必备

表 5-18　IDN 编号定义

位	15	14~12	11~0
含义	分类	参数组	数据编号
取值	0：标准数据 S 1：产品数据 P	0~7：8 个参数组	0000~4095

3. SoE 过程数据映射

输出过程数据（MDT 数据内容）和输入过程数据（AT 数据内容）由 S-0-0015、S-0-0016 和 S-0-0024 配置。过程数据不包括服务通道数据，只有周期性过程数据。输出过程数据包括伺服控制字和指令数据，输入过程数据包括状态字和反馈数据。S-0-0015 设定了周期性过程数据的类型，S-0-0015 定义如表 5-19 所示。主站在“预运行”阶段通过邮箱通信写这 3 个参数（即 S-0-0015、S-0-0016 和 S-0-0024），以配置周期性过程数据的内容。

表 5-19　参数 S-0-0015 定义

<table>
<tr><th>S-0-0015</th><th>指 令 数 据</th><th>反 馈 数 据</th></tr>
<tr><td>0：标准类型 0</td><td>无指令数据</td><td>无反馈数据</td></tr>
<tr><td>1：标准类型 1</td><td>扭矩指令值 S-0-0080（2B）</td><td>无反馈数据</td></tr>
<tr><td>2：标准类型 2</td><td>速度指令值 S-0-0036（4B）</td><td>速度反馈值 S-0-0040（4B）</td></tr>
<tr><td>3：标准类型 3</td><td>速度指令值 S-0-0036（4B）</td><td rowspan="2">位置反馈值 S-0-0051（4B）
或位置反馈值 S-0-0053（4B）</td></tr>
<tr><td>4：标准类型 4</td><td>位置指令值 S-0-0047（4B）</td></tr>
<tr><td>5：标准类型 5</td><td>位置指令值 S-0-0047（4B）
速度指令值 S-0-0036（4B）</td><td>位置反馈值 S-0-0051（4B）
或位置反馈值 S-0-0053（4B）+
速度反馈值 S-0-0040（4B）</td></tr>
<tr><td>6：标准类型 6</td><td>速度指令值 S-0-0036（4B）</td><td>无反馈数据</td></tr>
<tr><td>7：自定义</td><td>S-0-0024 配置</td><td>S-0-0016 配置</td></tr>
</table>

主站输出过程数据映射如图 5-56 所示，其指令数据由 S-0-0024 配置，S-0-0024 定义如表 5-20 所示。

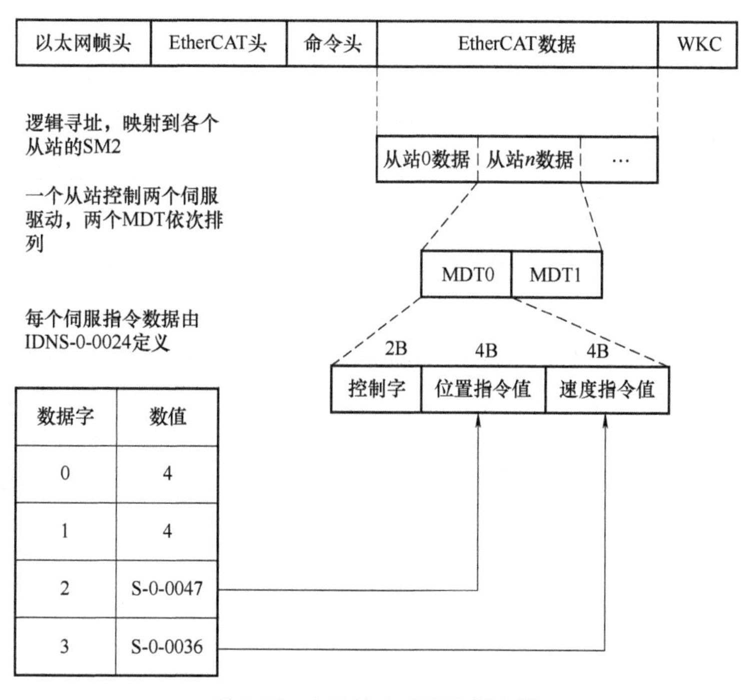

图 5-56　主站输出过程数据映射

从站反馈数据映射过程如图 5-57 所示，其反馈数据由 S-0-0016（AT 配置列表）配置，S-0-0016 定义见表 5-20。

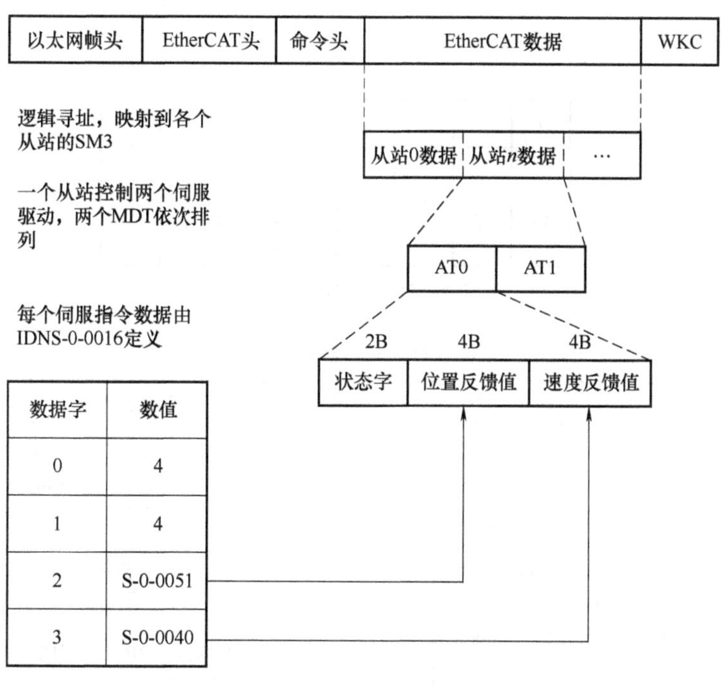

图 5-57　从站反馈数据映射

表 5-20　S-0-0024 和 S-0-0016 定义

数　据　字	S-0-0024 定义	S-0-0016 定义
0	输出数据最大长度（word）	输入数据最大长度（word）
1	输出数据实际长度（word）	输入数据实际长度（word）
2	指令数据映射的第一个 IDN	反馈数据映射的第一个 IDN
3	指令数据映射的第二个 IDN	反馈数据映射的第一个 IDN
…	…	…

4. SoE 服务通道

EtherCAT SoE 服务通道（SoE Service Channel，SSC）由 EtherCAT 邮箱通信实现，它用于非周期性数据交换，如读/写 IDN 及其元素。SoE 数据格式如图 5-58 所示。邮箱数据头定义如表 5-6 所示；之后是 4B 的 SoE 命令，它定义了 SoE 操作模式和所操作的 IDN 及其元素，如表 5-21 所示；其后是 SoE 服务通道有效数据，最多 1476B，发生错误时为 2B 的错误码。

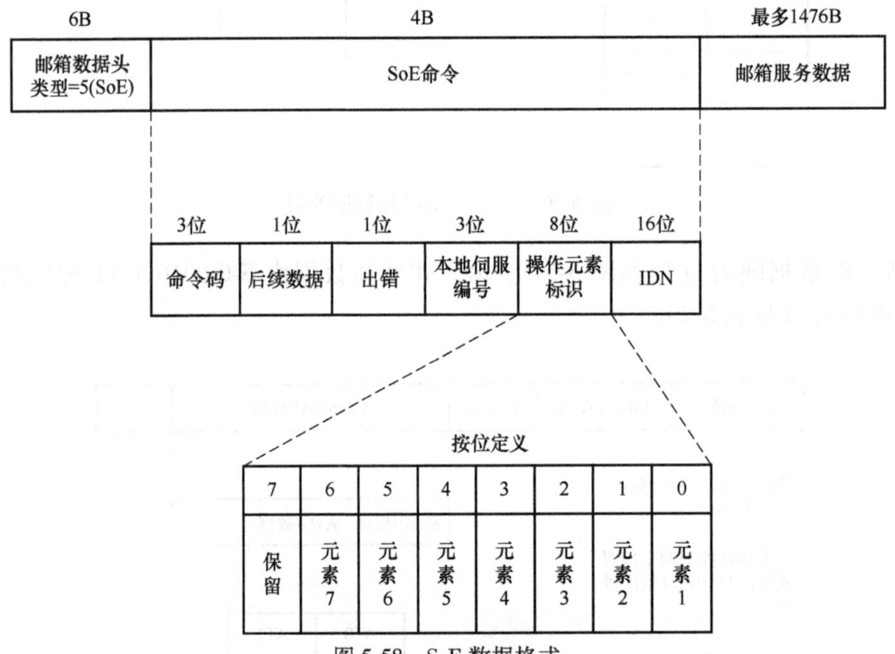

图 5-58　SoE 数据格式

表 5-21　SoE 命令格式

字　节　数	位　　数	名　　称	取值和描述
1B	位 0~2	命令码（OpCode）	0x01：读请求；0x02：读响应；0x03：写请求；0x04：写响应；0x05：通报；0x06：从站信息；0x07：保留
	位 3	未完成（Incomplete）	0x00：无后续数据帧 0x01：未完成传输，有后续数据帧
	位 4	出错（Error）	0x00：无错误 0x01：发生错误，数据区有 2B 的错误码
	位 5~7	伺服编号（DroveNo）	从站本地伺服编号

（续）

字节数	位数	名称	取值和描述
1B	8位	操作元素标识（Element Flags）	单个元素操作时为元素选择，按位定义，每一位对应一个元素；寻址结构体时为元素的数目
2B	16位	IDN	参数的IDN编号，或为分段操作时的剩余片段

（1）SSC读操作

SSC读操作由主站发起，写SSC读请求到从站。从站收到读操作请求后，用所请求的参数IDN编号和数据值作为回答，如图5-59所示。主站可以同时读多个元素，从站应该同时回答多个元素，如果从站只支持单个元素操作，则应该以所请求的第一个元素作为响应。

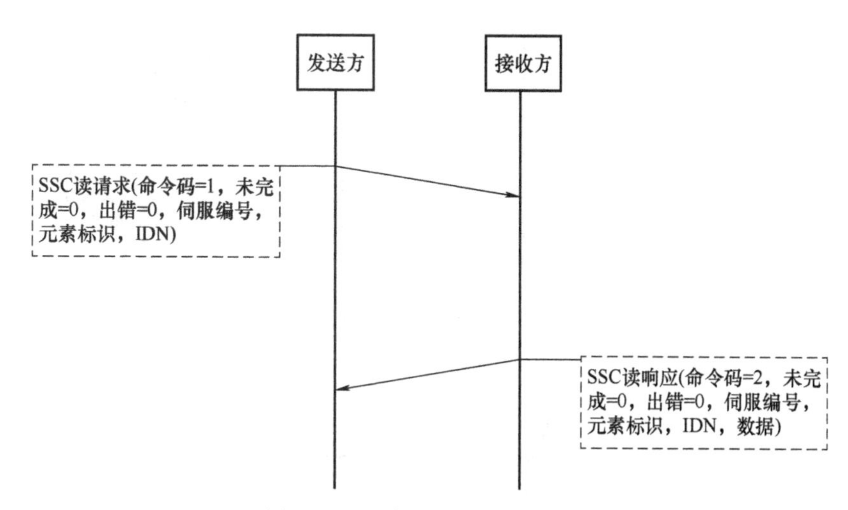

图5-59　正确的SSC读操作序列

如果所需要读的数据长度超过了邮箱容量，则必须使用分段读操作。分段读操作由一个SSC读服务请求、一个或多个SSC分段读服务响应和一个SSC读服务响应组成，如图5-60所示。从站的分段读响应中，若“未完成=1”，表示还有后续数据，此时用IDN域表示后续数据的片段数。

（2）SSC写操作

SSC写操作用于主站下载数据到从站，从站应该以写操作的结果回答，如图5-61所示。

如果需要下载的数据超出邮箱容量，则需要使用分段写操作。分段写操作由一个或多个分段写操作及一个SSC写响应服务组成，如图5-62所示。

（3）SSC过程命令

过程命令是一种特殊的非周期数据，每一个过程命令都有唯一的标识号IDN和规定的数据元素，用于启动伺服装置的某些特定功能或过程。执行这些功能或过程通常需要一段时间，过程命令只是触发其开始，随后它所占用的服务通道立即变为可用，用于传输其他非周期数据或过程命令，而不用等到被触发的功能或过程必须执行完毕。最常用的过程命令有“伺服装置控制的回原点过程命令S-0-148”。

过程命令功能由主站启动，由从站执行。通过写过程命令IDN的元素7（如表5-17所示），将“过程命令控制”发往伺服装置，用于控制过程命令的设置、启动、中断和撤销。过程命令控制字的数据格式如图5-63所示。

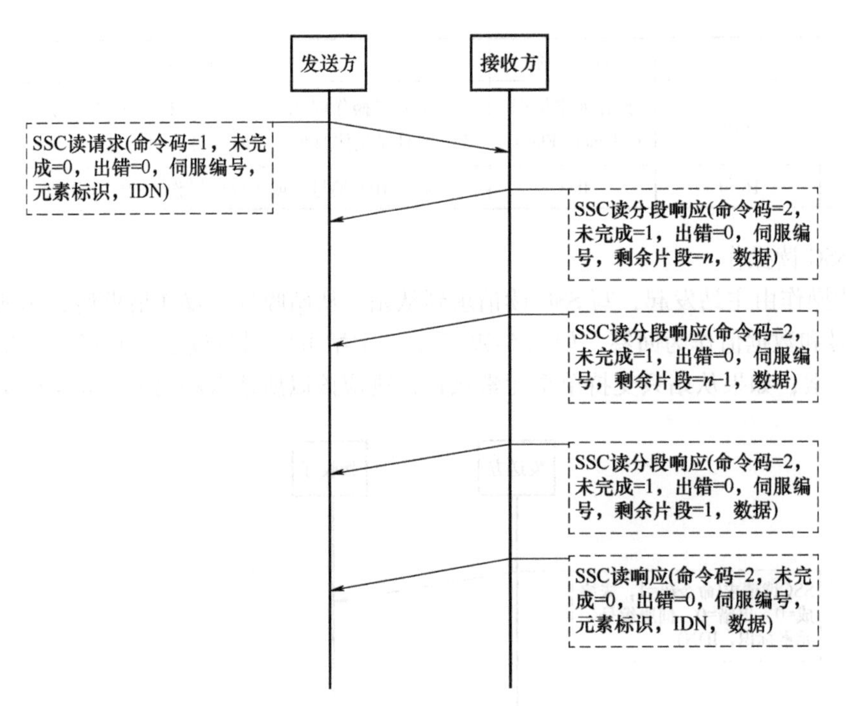

图 5-60　正确的 SSC 分段读操作序列

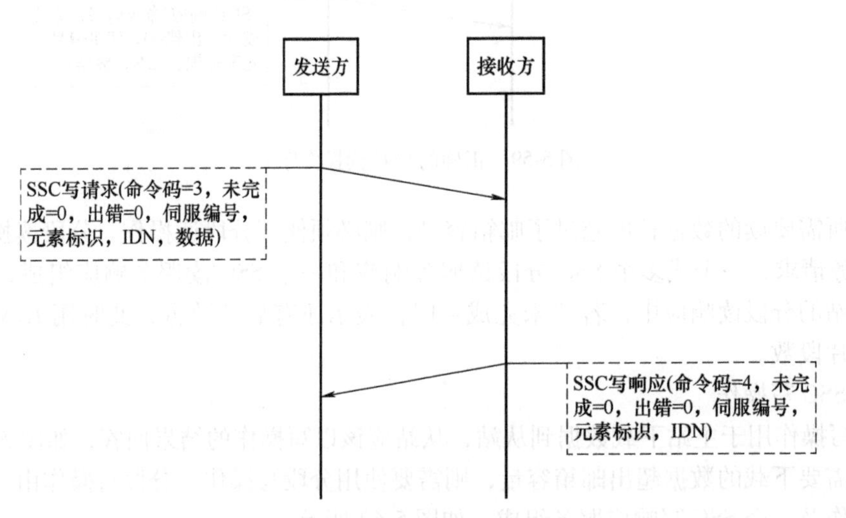

图 5-61　SSC 写操作序列

主站通过读过程命令 IDN 的元素 7 得到从站的过程命令状态字，过程命令状态字的数据格式如图 5-64 所示。

作为一个基本原则，每一个过程命令被处理以后，无论是获得正确应答，还是出现错误应答，主站都应该撤销该过程命令。具体方法是将过程命令控制字的位 0 置为“0”后发往相应的伺服装置。

过程命令由 SSC 写一个特定的 IDN 发起。在过程命令功能启动之后，从站产生一个普通的 SSC 写响应数据。此时，服务通道空闲，又可以用于传输其他非周期性数据或更多过程命令。从站在执行完过程命令之后，发起一个 SSC 通报命令，SoE 数据头中的命令码等于

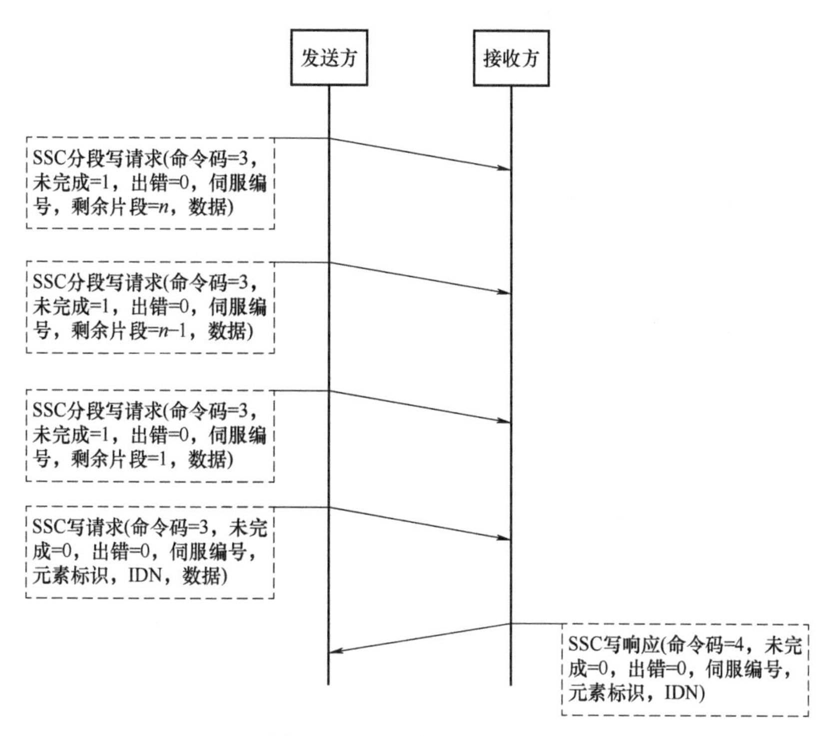

图 5-62　SSC 分段写操作序列

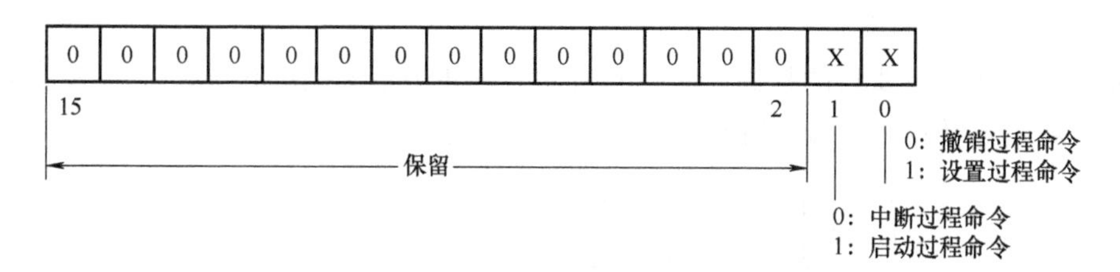

图 5-63　过程命令控制字的数据格式

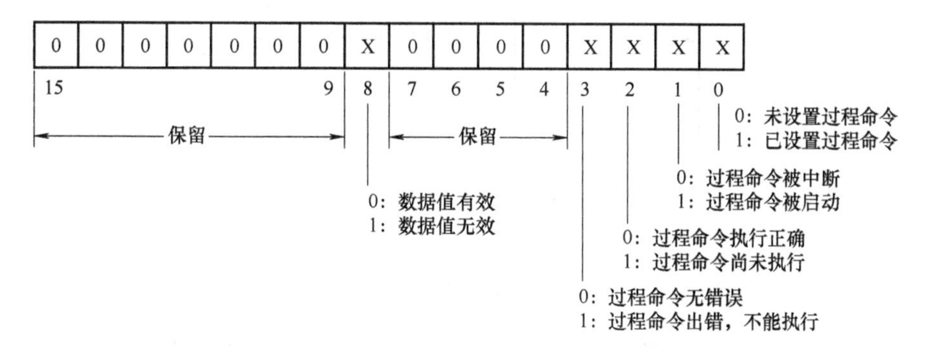

图 5-64　过程命令状态字的数据格式

5。主站在读到从站通报命令之后，发出撤销过程命令请求，并读取过程命令状态，直到过程命令被撤销，其具体执行时序如图 5-65 所示。

主站也可以在过程命令执行过程中发送撤销过程命令控制字以终止过程命令，但不能终止一次非周期数据（包括参数和过程命令）的传输过程。

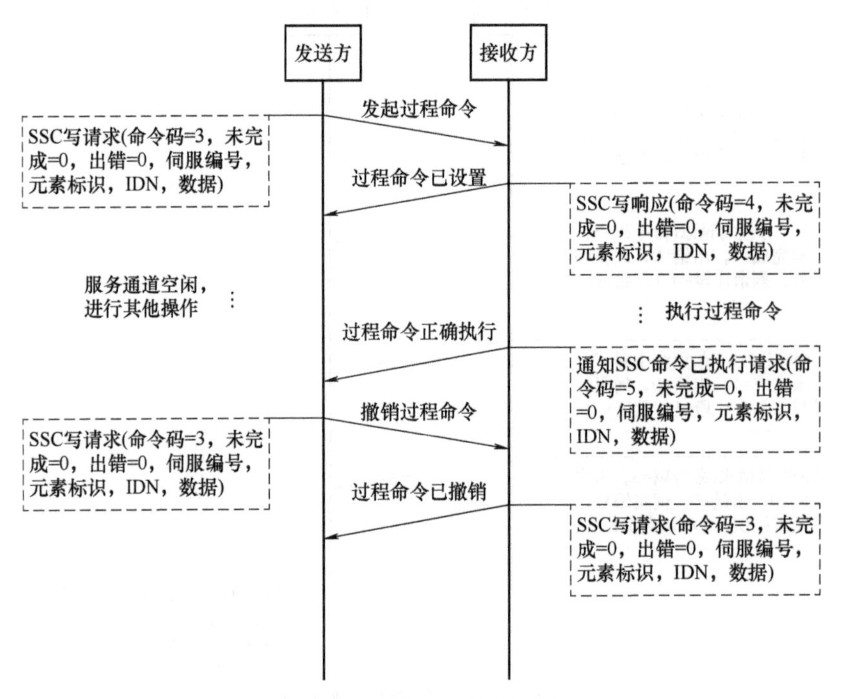

图 5-65　过程命令执行时序

（4）SSC 从站信息服务

从站信息服务的主要目的是提供从站的附加信息便于系统调试和维护。从站信息服务由从站发起，将信息数据写入输入邮箱 SM1 由主站读取，如图 5-66 所示。

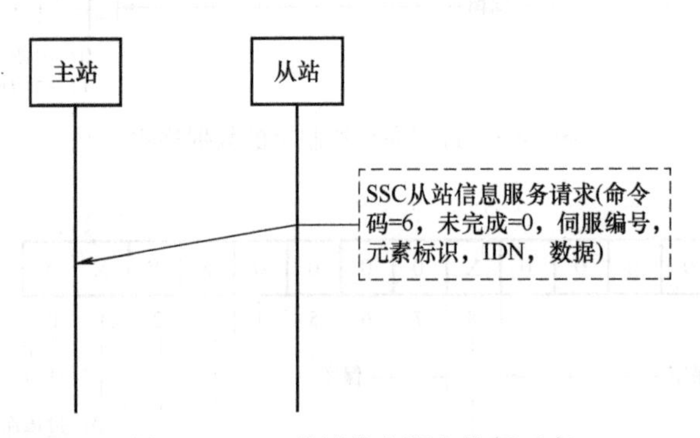

图 5-66　SSC 从站信息服务执行时序

本章小结

作为基于以太网的实时工业现场总线通信协议和标准，EtherCAT 获得了广泛应用。本章从以下几方面展开：

首先介绍了 EtherCAT 的特点和 EtherCAT 协议，后者主要包括系统组成、数据帧结构、报文寻址、通信服务、分布时钟、通信模式、EtherCAT 接口初始化以及应用层协议等，并在此基础之上介绍了 EtherCAT 硬件设计。

其次由于 EtherCAT 从站使用专用 ESC 芯片并需要设计专门的从站硬件，因此本章详细介绍了 ESC 芯片 ET1100，然后给出了使用 8 位并行微处理器总线接口的从站硬件和直接 I/O 控制的从站硬件设计实例。

最后介绍了 EtherCAT 用于伺服驱动器控制的应用协议，包括 CoE 和 SoE 两种协议形式，还着重介绍了周期性数据通信和非周期性数据通信的报文格式。

习　题

1. 简述 EtherCAT 的主要特点和应用场所。
2. EtherCAT 支持的网络拓扑结构有哪些？
3. EtherCAT 是如何实现分布时钟同步的？
4. 以 ET1100 为例说明 EtherCAT 从站的两种硬件设计方案。
5. 基于 EtherCAT 的应用层协议有哪些？各有什么特点？适用于什么典型应用？

第6章 工业无线通信标准及典型应用

无线通信指通信收发双方通过电磁波（红外线、无线电、微波等）传输信息，是一种重要的通信方式，可用于工业控制系统。无线通信技术依据通信距离分为短距离无线通信以及长距离无线通信。一般来讲，通信距离为几十米以内的为短距离通信，其通信频率大于1GHz。

Sub-GHz指通信频率在1GHz之下（重点为27~960MHz）的无线通信领域，主要优势在于在保证整体链接稳健耐用的情况下能够提供最大的范围和最低的功耗，主要用于非电子、汽车、工业和医疗等领域，是物联网（Internet of Things，IoT）中广泛应用的无线通信技术。

本章重点介绍短距离通信标准，包括IEEE 802.11、IEEE 802.15.1、IEEE 802.15.4及IEC有关射频识别（RFID）技术的标准。本章还详细介绍了用于工业的无线通信技术，包括WirelessHART、ISA 100.11a、WIA-PA以及WIA-FA。

6.1 短距离无线通信标准

电气和电子工程师协会（Institute of Electrical and Electronics Engineers，IEEE）、国际标准化组织（International Organization for Standardization，ISO）以及国际电工委员会（International Electrotechnical Commission，IEC）是国际性的标准化机构，制定了一系列无线通信标准。本节对短距离无线通信标准进行简要介绍。

6.1.1 IEEE 802.11

IEEE 802.11是世界上应用最广泛的无线网络标准，是半双工标准族。IEEE 802.11是针对物理层（PHY）和介质访问控制层（MAC）的标准，涉及所使用的无线频率范围、空中接口通信协议等技术规范，逻辑结构如图6-1所示。

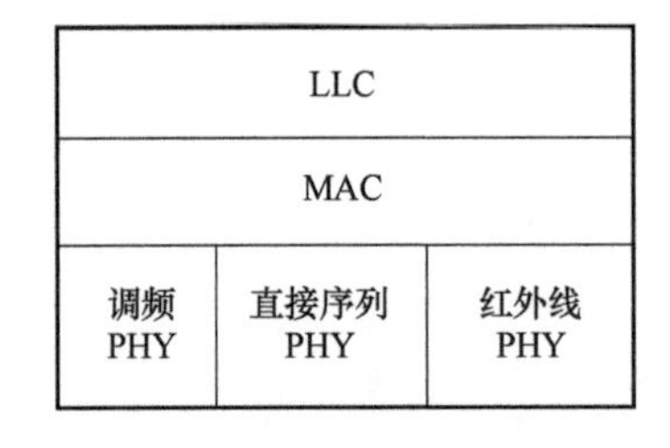

图6-1 IEEE 802.11标准的逻辑结构

与有线网络相比，IEEE 802.11标准的技术应用有以下优点：安装便捷、使用灵活、经济节约、易于扩展。IEEE 802.11有两种访问控制方式：分布式访问控制方式（DCF）以及中心网络控制方式（PCF）。

1. 分布式访问控制方式（DCF）

分布式访问采用具有冲突避免功能的载波侦听多路访问（CSMA/CA）技术，兼容工作站和访问节点（AP），是共享无线媒体的主要访问控制协议。

2. 中心网络控制方式（PCF）

PCF 是在支持业务的 DCF 方式（CSMA/CA 技术）的基础上，依照其提供的访问优先权由网络中心站（AP）控制（采用轮询方式），支持无竞争型同步或时限业务。

IEEE 802.11 定义了两种模式：Infrastructure 模式和 Ad hoc 模式。Infrastructure 模式下，无线网与有线网通过接入点进行通信；Ad hoc 模式下，带有无线设备的计算机之间直接进行通信。

Infrastructure 模式如图 6-2a 所示，包含多个基本服务集合（Basic Service Set，BSS）和一个扩展服务集合（Extended Service Set，ESS）。Ad hoc 模式如图 6-2b 所示。

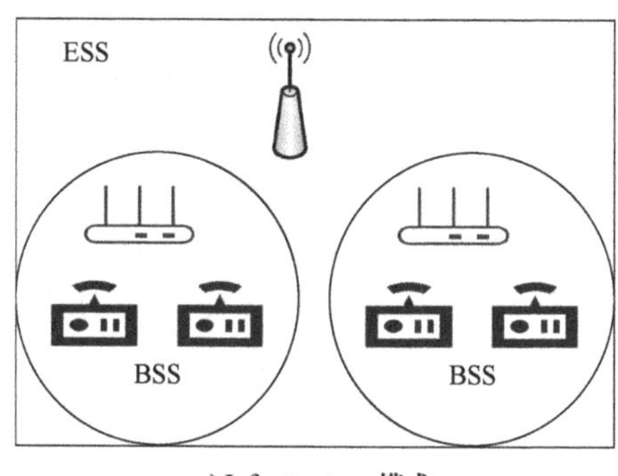

a) Infrastructure 模式

b) Ad hoc 模式

图 6-2　IEEE 802.11 的工作模式

2016 年，IEEE 802.11 进行了一次修订，增加了 ae、aa、ad、ac、af 等子标准，此外修订了 MAC 层与 PHY 层中过时的功能并进行增强。IEEE 802.11 物理层标准如表 6-1 所示。

表 6-1　IEEE 802.11 物理层标准

IEEE 802.11 标准族	频率（GHz）	带宽（MHz）	通信速率（Mbit/s）	允许多入多出流（MIMO）	调制方式	通信范围
a	5/3.7	20	6、9、12、18、24、36、48、54	N/A	OFDM	35m（室内） 120/5000m（室外）
ac	5	40/80/160	800/1733.2/3466.8	8	MIMO-OFDM	35m（室内）
ad	60	2160	6.7Gbit/s	N/A	OFDM	3.3m（室内）
ah	0.9	1~16	347	4	MIMO-OFDM	
aj	45/60					
ax	2.4/5		10.53Gbit/s		MIMO-OFDM	
ay	60	8000	20000Gbit/s	4	OFDM	10m（室内） 100m（室外）
b	2.4	22	1、2、5.5、11	N/A	DSSS	35m（室内） 140m（室外）

（续）

IEEE 802.11 标准族	频率（GHz）	带宽（MHz）	通信速率（Mbit/s）	允许多入多出流（MIMO）	调制方式	通信范围
g	2.4	20	6、9、12、18、24、36、48、54	N/A	OFDM	38m（室内） 140m（室外）
n	2.4/5	20/40	288.8/600	4	MIMO-OFDM	70m（室内） 250m（室外）

其中，IEEE 802.11b、IEEE 802.11a、IEEE 802.11g是应用非常广泛的标准，最大功耗为100mW，支持255个设备连接，传输方式均为点到多点，采用WEP加密方式。IEEE 802.11b可用于矿井无线视频传输，IEEE 802.11a可用于射频收发器的通信，IEEE 802.11g可用于列车控制（Communication-based Train Control，CBTC）通信网络。

IEEE 802.15是IEEE指定的无线个人区域网络（Wireless Personal Area Network，WPAN）标准。其中，IEEE 802.15.1定义了蓝牙（Bluetooth）技术标准的物理层（PHY）和介质访问控制层。IEEE 802.15.4是低速WPAN，用于低速率、低功耗、长时间的通信，该标准定义了OSI模型的物理层（第一层）和数据链路层（第二层）中的介质访问控制子层。OSI模型的数据链路层包括介质访问控制子层和逻辑链路控制子层。Zigbee、WirelessHART、ISA 100.11a建立在IEEE 802.15.4标准之上。

6.1.2 IEEE 802.15.1

上一小节介绍过，IEEE 802.15.1定义了蓝牙通信的物理层（PHY）和介质访问控制（MAC）层，如图6-3所示。

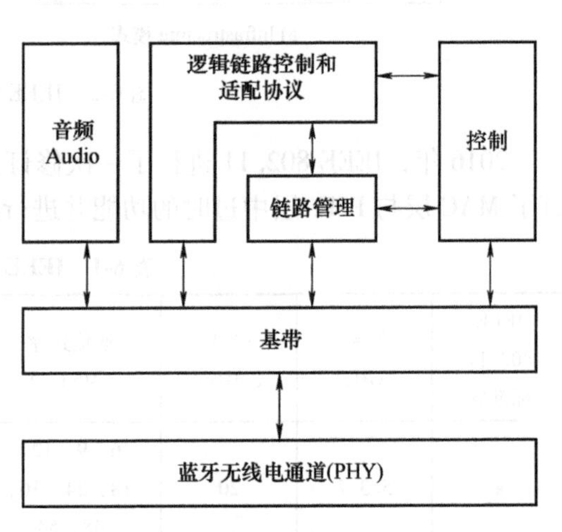

图6-3 IEEE 802.15.1逻辑结构

物理层（PHY）是OSI七层参考模型的第一层，主要包括接收来自MAC层的数据并通过无线电传输到基站，以及接收来自基站的数据并传输到MAC层。IEEE 802.15.1标准中，不同功率的通信范围不同，如表6-2所示。

表6-2 IEEE 802.15.1不同功率的通信范围

类别	最大功耗/mW	最大功率/dBm	通信范围/m
1	100	20	100
2	2.5	4	10
3	1	0	1
4	0.5	-3	0.5

基带（链路控制器）：连接建立在一个微微网，指定寻址方式、数据包格式，对功率进

行控制。

链路管理协议：负责链路建立和链路管理，包括安全方面（加密和认证）。通过载荷进行传输而不是通过逻辑链路控制和适配协议（Logical Link Control and Adaptation Protocol，L2CAP），消息由接收端的链路管理器过滤和解释。主要对两种链路进行管理：面向链接的同步链路（SCO）和面向无链接的异步链路（ACL）。ACL 支持对称/非对称数据传输，SCO 适用于语音传输。

L2CAP 提供面向连接和无连接的数据服务，具备上层协议之间的复用能力，包含分段和重组操作。L2CAP 允许更高级别的协议和应用程序发送/接收数据包，L2CAP 数据包长度最大为 64KB。

IEEE 802.15.1 主要优势在于功耗低、成本低以及辐射低，采用跳频方式进行数据收发（每秒改变 1600 次）。

IEEE 802.15.1 标准规定了蓝牙标准的 PHY 层和 MAC 层，现由蓝牙技术联盟（Bluetooth Special Interest Group，SIG）管理、认证及维护。SIG 于 2016 年推出蓝牙 5.0 版本，在信号覆盖范围（5 倍）、连接速度（2 倍）、广播数据传输速率（8 倍）均有极大提高。

蓝牙使用适配跳频（Adaptive Frequency Hopping，AFH）技术将传输的数据分割成数据包，通过 79 个指定的蓝牙频道分别传输数据包，每个频道的频宽为 1MHz，间距为 2MHz。

不同版本的蓝牙标准的数据传输速率及最大吞吐量不同，如表 6-3 所示。

表 6-3　不同版本的蓝牙标准的数据传输速率及最大吞吐量

版　本	数据传输速率	吞　吐　量
1.2	1Mbit/s	80kbit/s
2.0+EDR	3Mbit/s	80kbit/s
3.0+HS	24Mbit/s	参考 3.0+HS
4.0	24Mbit/s	参考 4.0LE

目前，蓝牙技术已经在智能工厂中得到应用，主要用于智能监控与控制。车间工人只需走到设备附近，就可以利用智能手机或平板计算机安全地连接至工业设备，可以实现全面监测（获得人眼难以观测的信息），无须敷设通信电缆，保护产品不受湿度和灰尘的影响。

6.1.3　IEEE 802.15.4

IEEE 802.15.4 标准旨在提供一种低成本、低速率的无线个人区域网络（LR-WPAN）。与 Wi-Fi 相比，其带宽更宽，功耗更低。标准版的通信距离为 10m，通信速率为 250kbit/s，低速率的版本（20kbit/s、40kbit/s、100kbit/s）正在制定。主要特点：通过预留保证时隙来保证通信的实时性、通过 CSMA/CA 避免冲突以及可对安全通信综合支持。符合 IEEE 802.15.4 标准的设备支持电源管理功能、链路质量和能量检测功能。

IEEE 802.15.4 定义了物理层（PHY）以及介质访问控制（MAC）子层。IEEE 802.15.4 协议栈如图 6-4 所示。

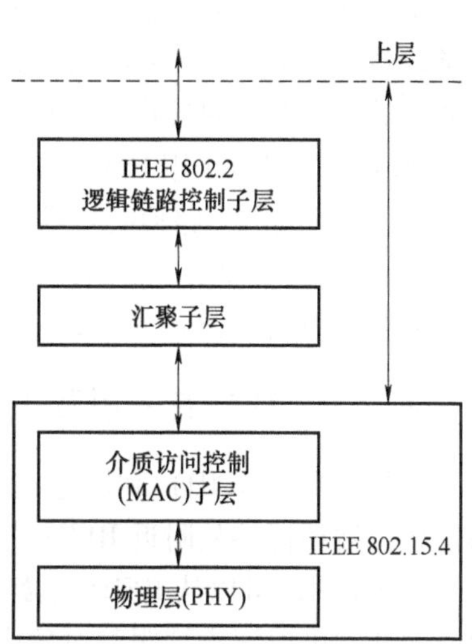

图 6-4　IEEE 802.15.4 协议栈

IEEE 802.15.4 物理层包括3个频段，27个信道：2.4GHz 用于高吞吐量、低延时或低作业周期的16个信道；915MHz 以及 868MHz 用于低速率、高灵敏度和大覆盖面积的11个信道。IEEE 802.15.4 的不同频段参数如表6-4所示。

表6-4 IEEE 802.15.4 的不同频段参数

频段（MHz）	比特率（kbit/s）	符号率（ksymbol/s）	调制方式	码片速率（kchip/s）	符号特征
868	20	20	BPSK	300	二进制
	100	25	O-QPSK	400	
	250	12.5	PSSS	400	
915	40	40	BPSK	600	二进制
	250	62.5	O-QPSK	1000	
	250	50	PSSS	1600	
2400	250	62.5	O-QPSK	2000	十六进制

IEEE 802.15.4 标准提供了一个广泛的发射机功率输出范围，符合该标准的设备必须能够发射出-3dBm 的信号。在美国，2.4GHz 频段下采用 DSSS 方式的发射机功率可以达到1W；在欧洲，相同频段的最大发射功率为100mW。

IEEE 802.15.4 的通信范围由通信过程中的损耗决定。采用偶极子天线时，随着频率增加，通信范围增大。当发射机的发射功率为0dBm 时，接收机灵敏度为-92dBm 时，最大通信距离为1km；接收机灵敏度为-85dBm 时，最大通信距离为450m。

IEEE 802.15.4 支持两种工作模式，即信标使能模式和非信标使能模式。在信标使能模式下，PAN 协调器将信道周期性划分为连续的时间段，每个时间段称为一个超帧。超帧由活跃区和非活跃区组成。其中，活跃区包括信标发送时段、竞争访问时段（Contention Access Period，CAP）和非竞争访问时段（Contention Free Period，CFP），非活跃区所有节点进入休眠状态，不发送数据以降低能耗。在非信标使能模式下，网络中所有的节点通过非时隙载波侦听地址接入算法竞争信道。非信标使能模式不需要节点间的同步，但无法提供实时性保证和良好服务质量保证。

IEEE 802.15.4 定义了3种数据传输方式：直接传输、间接传输和点对点传输。直接传输是设备发送数据给 PAN 协调器，间接传输是协调器发送数据给设备，点对点传输则是没有从属关系的两个对等设备的传输方式。

IEEE 802.15.4 采用16位/64位两种地址格式，其中，64位地址是全球唯一的扩展地址，支持冲突避免的载波多路侦听技术（Carrier Sense Multiple Access with Collision Avoidance，CSMA-CA），支持确认（ACK）机制，保证传输可靠性。IEEE 802.15.4 可用于机场地面设备（包括地面电源和地面空调）的参数监测。

6.1.4 ISO/IEC 有关射频识别（RFID）技术的标准

射频识别（RFID）利用电磁场自动识别和跟踪附在物体上的标签。标签包含电子存储的信息。被动标签从附近 RFID 读取器的询问无线电波中收集能量。有源标签有一个本地电源（如电池），可以从 RFID 阅读器上运行数百米。与条形码不同，标签不必在读者的视线内，因此它可以嵌入到跟踪对象中。RFID 是一种自动识别和数据采集（AIDC）技术。

1995年，国际标准化组织 ISO/IEC 联合技术委员会 JTC1 设立了子委员会 SC31，负责

RFID 标准化工作，主要包括 4 个方面：技术标准（ISO/IEC 18000 系列）、数据结构标准（ISO/IEC 15XXX 系列）、性能标准（ISO/IEC 18046、18047）、应用标准。其中，数据结构标准定义编码规范、数据通信协议，解决了应用程序、电子标签和空中接口多样性的要求，提供了一套通用的通信机制。RFID 系统关系图如图 6-5 所示，RFID 国际标准如图 6-6 所示。

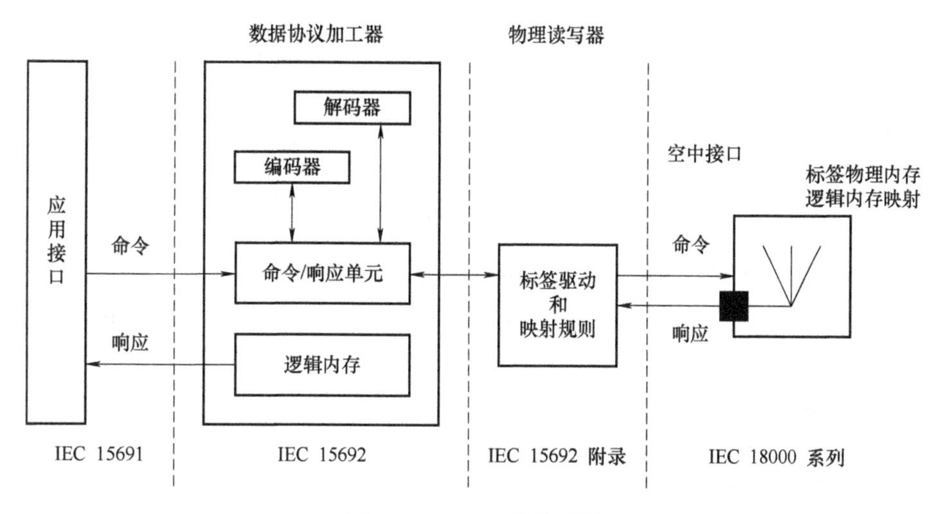

图 6-5 RFID 系统关系图

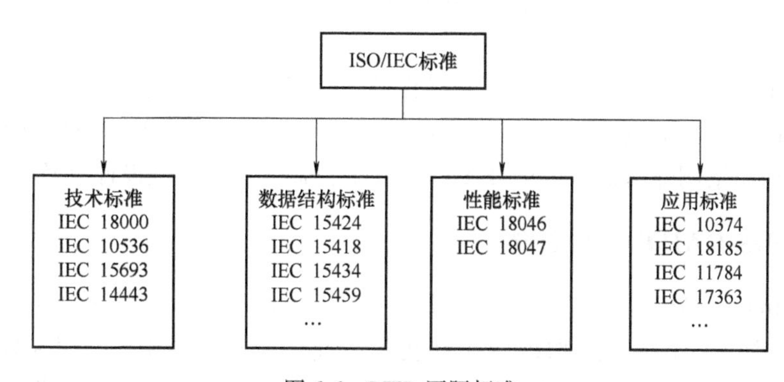

图 6-6 RFID 国际标准

ISO 11784/11785：工作在 134.2kHz，用于动物定位。

ISO 14223：射频识别动物 · 高级转发器。

ISO/IEC 14443：高频（13.56MHz）标准，RFID 的基础，近场通信也基于该标准。

ISO/IEC 15693：高频（13.56MHz）标准，应用于非接触式智能支付卡和信用卡。

ISO/IEC 18000：信息技术 · 项目管理中的设备识别。

ISO/IEC 18092：信息技术 · 电信和信息领域的通信接口及协议在系统之间交换（NFCIP-1）。

ISO 18185：433MHz 和 2.4kHz 用于跟踪货物集装箱的电子封条（印章）的行业标准。

ISO/IEC 21481：信息技术 · 通信和信息交换系统 · 近场通信接口和协议-2（NFCIP-2）。

RFID 通信距离及频率如表 6-5 所示。

表 6-5 RFID 通信距离及频率

带　宽	通信范围	通信速率	ISO/IEC 18000 规定	备　注
120~150kHz	10cm	低	第 2 部分	动物识别，工厂数据收集
13.56MHz	10cm~1m	低到中等	第 3 部分	智能卡
433MHz	1~100m	中等	第 7 部分	安防应用，采用有源标签
865~868MHz 902~928MHz	1~12m	中等到高	第 6 部分	EPC 标签；铁路信号自动识别系统
2450~5800MHz	1~2m	高	第 4 部分	有源标签，实时定位系统，不停车收费系统
3.1~10GHz	大于 200m	高	未规定	半主动或主动标签

RFID 是一项易于操控、简单实用且特别适合用于自动化控制的灵活性应用技术，可自由工作在各种恶劣环境下：短距离射频产品不怕油渍污染、灰尘污染等恶劣的环境，可以替代条码，例如用在工厂的流水线上跟踪物体；长距离射频产品多用于交通上，识别距离可达几十米，如自动收费或识别车辆身份等。其主要技术优势为：读取快捷，通信距离可达 30m；使用寿命长；安全性高；能穿透雪、雾、冰、涂料、尘垢和条形码无法使用的恶劣环境阅读标签，并且阅读速度极快，大多数情况下不到 100ms。

6.2 WirelessHART 标准及典型应用

WirelessHART 是第一个开放式的可互操作的无线通信标准，能够满足流程工业对于实时工厂应用中的可靠、稳定和安全等无线通信需求。本节对 WirelessHART 标准进行了介绍，通过一个典型案例介绍了 WirelessHART 在工业控制领域的系统设计以及软/硬件设计。

6.2.1 WirelessHART 标准简介

可以将 WirelessHART 标准理解为 HART 标准与无线技术（Wireless）的有机结合，并将该标准应用于过程工业（通过物理变化和化学变化的生产过程）。WirelessHART 工作在 2.4GHz，使用直接序列扩展（DSSS）技术和跳频信道技术保证通信的安全性和可靠性，在网络设备之间通过 TDMA 对通信进行同步，控制时延。

WirelessHART 包含网络通信的 5 个层次：物理层、数据链路层、网络层、传输层以及应用层。

1. 物理层

WirelessHART 物理层基于 IEEE 802.15.4 标准第 6 节，定义了天线、功率等级、电压变换时间、物理数据传输速率、最大发射功率等，并进行了少量修改和限制。

2. 数据链路层

数据链路层检测和校正物理层中可能发生的错误，从而为网络节点之间提供可靠的数据传输。数据链路层的主要任务是创建和管理数据帧，分为两个子层：逻辑链路控制（Logical Link Control，LLC）子层和介质访问控制（MAC）子层。逻辑链路控制子层为网络层定义服务，介质访问控制子层定义多个节点如何分享通信介质。

3. 网络层和传输层

在 OSI 7 层协议模型中，网络层负责网络路由功能，主要处理网络寻址和数据传输。传输层通过流控制、分段和合并、错误控制等机制来控制两个网络节点之间的可靠、及时的传输。会话层负责在网络节点之间建立、维持和终止通信会话。在 WirelessHART 标准中，网络层包含了上述 3 层功能。

4. 应用层

应用层可识别通信对象，确定资源可利用性。

WirelessHART 通常为网状网络，网络中的每个设备均可以作为路由器为其他设备转发报文。WirelessHART 网络管理器根据延迟、吞吐量、效率、能耗和可靠性来确定冗余路由路径。报文交替地在多条冗余路径上传递，以确保冗余路径的可用和畅通。

典型的 WirelessHART 网络中包含现场设备、手持设备、适配器、路由器以及网关，如图 6-7 所示。WirelessHART 现场设备使用电池供电，通过无线网络传输信息。适配器可以加载在有线 HART 设备上，让 WirelessHART 网络也能够获取相关数据，并通过 4~20mA 信号连接 DCS 系统。网关的作用是保证所有无线 HART 仪表和适配器之间的通信，它负责管理网络，定义路径，确保安全。网关为了实现远程设备与控制室之间的通信，对标准工业协议进行了转换，比如将 Modbus 转换为 HART。

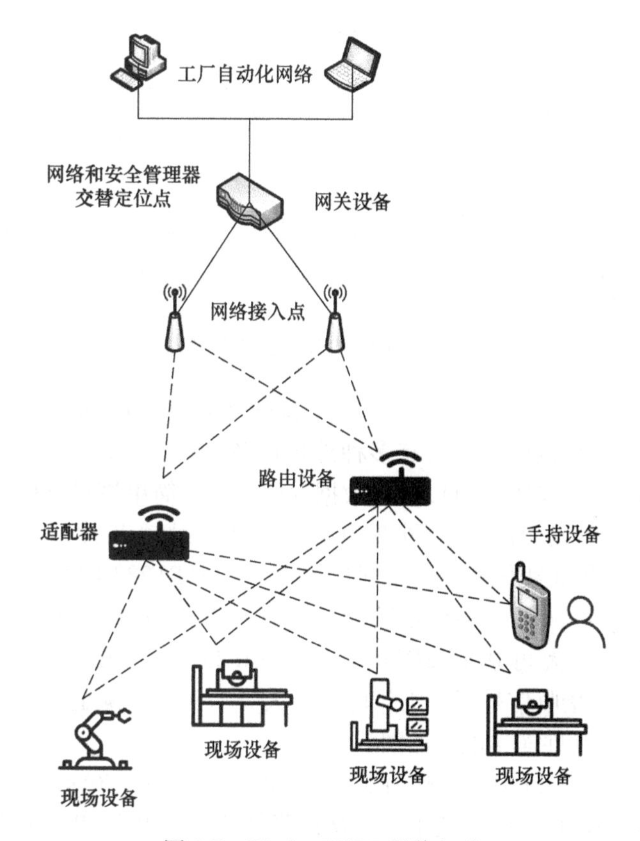

图 6-7　WirelessHART 网络组成

时分多址访问被用于 WirelessHART 网络通信调度。一个 WirelessHART 的调度被定义为一系列 10ms 的时隙，以便协调数据的传输，减少能量消耗，消除网络中的通信冲突。

6.2.2 典型应用案例

本小节介绍一种基于 WirelessHART 协议的无线传感器网络的设计与实现，主要包括主板电路、无线通信模块以及传感器模块的设计与实现，分析了系统整体性能以及通信网络性能。

1. 硬件设计

基于 WirelessHART 协议的无线传感器网络硬件设计如图 6-8 所示，主要由处理器、无线通信、传感器、电源和上位机等模块组成。微处理器采用 EFM32GG230F512 芯片，负责数据采集、处理和存储；无线通信模块选用 AT86RF233 作为收发器，负责与 WirelessHART 网关通信；电源模块为系统各模块提供稳定的电压电源；上位机可通过 WirelessHART 网关访问 WirelessHART 设备节点。

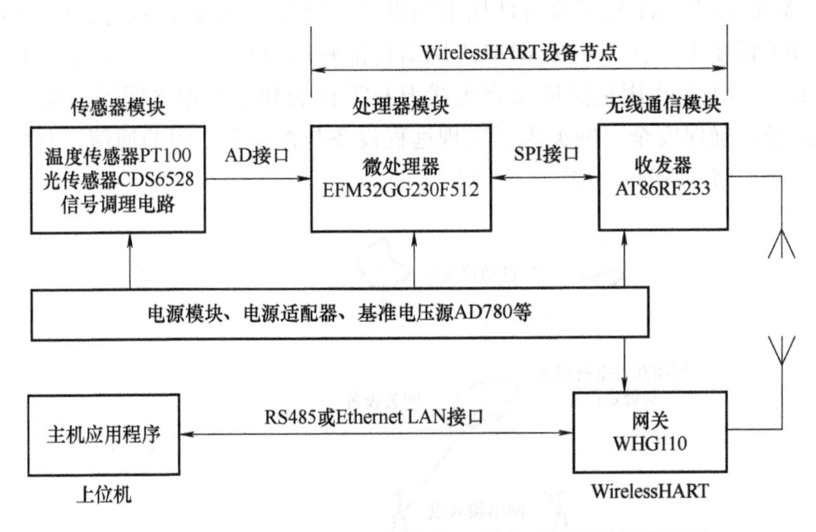

图 6-8 基于 WirelessHART 协议的无线传感器网络硬件设计

微处理器芯片 EFM32GG230F512 是一款 32 位的 ARM Cortex-M3 构架微控制器，系统采用 48MHz 的外部时钟，该微处理器具有多种外扩设备接口和灵活的系统能耗管理能力。睡眠模式下的功耗为 0.9μA/MHz，可以进行数据存储并进行简单逻辑分析。

收发器 AT86RF233 是 Atmel 公司 2.4GHz 低功耗射频芯片，支持 IEEE 802.15.4、ZigBee、WirelessHART 等无线传感器网络通信标准。AT86RF233 的 SRAM 具有 128B 缓存空间，工作电压为 1.8～3.6V，接收灵敏度为 -101dBm；可编程传输功率为 -17dBm～4dBm，数据传输速率最大可达到 2Mbit/s。AT86RF233 在深度睡眠时的待机电流仅为 0.02μA，在监听模式下接收信号时，工作电流最大为 5.9mA，满足设备节点低功耗标准。

微处理器与收发器硬件连接电路如图 6-9 所示。

微处理器 EFM32GG230F512 工作在睡眠模式，使用 32.768kHz 外部石英晶体振荡器，此时钟可在微处理器休眠时继续工作，从而降低功耗。PD2～PD5 引脚连接 FSK 专用串口，用于微处理器的配置和维护。PD0 和 PD1 为传感器模拟信号输入引脚（AD0、AD1）。将微处理器引脚 PE10～PE13 配置为 SPI 接口，将引脚 PC12～PC15 配置为控制口，与收发器 AT86RF233 相连，用于通信和控制操作。引脚 PF0～PF2 连接 JTAG 编程口，用于微控制器在线编程。引脚 PC8～PC11 连接指示灯电路，用于指示工作状态。引脚 PC2～PC5 为用户

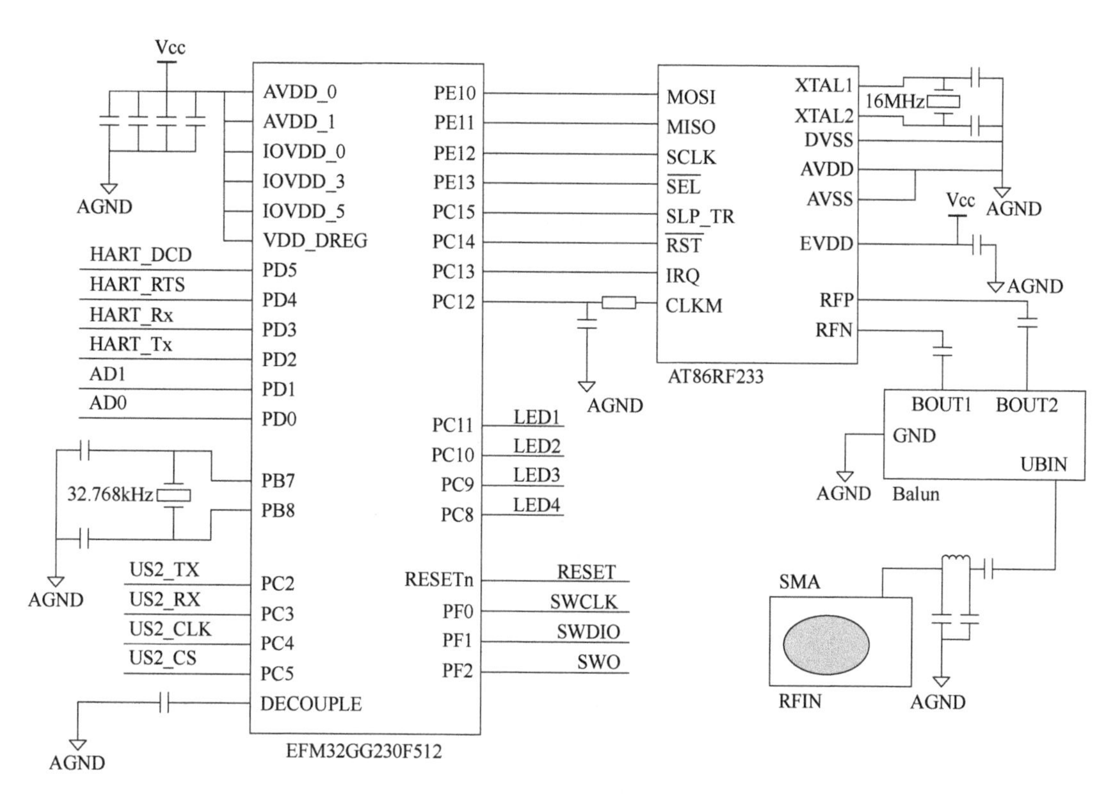

图 6-9 微处理器和收发器硬件连接电路

提供串口，用于连接数字传感器。去耦引脚 DECOUPLE 需要外接一个具有高频特性的退耦电容，减少器件产生的噪声对电源的干扰。

收发器 AT86RF233 需要外部电压电源和石英晶体振荡器，通过巴伦电路（Balun）将 RFP 与 RFN 引脚的差分 RF 信号转换为单端 RF 信号，通过标准的 SMA 接口来安置天线。

2. 软件设计

微处理器使用 μC/OS-Ⅱ操作系统，无线通信程序是核心部分，分为网关程序和收发器程序。

网关程序流程图如图 6-10 所示，首先初始化硬件和 WirelessHART 协议栈，然后网络管理器创建一个新的 WirelessHART 网络，并设定网络 ID、加入密钥和通道映射表，打开全局中断后开始进入无线监听状态，等待设备节点连接；希望加入网络的节点上电后发出入网请求并验证加入密钥，成功入网后，记录分配好的网络 ID 和通道映射表；设备节点逐个加入网络，空闲时处于休眠状态，唤醒后进入通信状态，定时向网关发送数据。

微处理器控制收发器通过 WirelessHART 网络进行数据收发，流程图如图 6-11 所示。

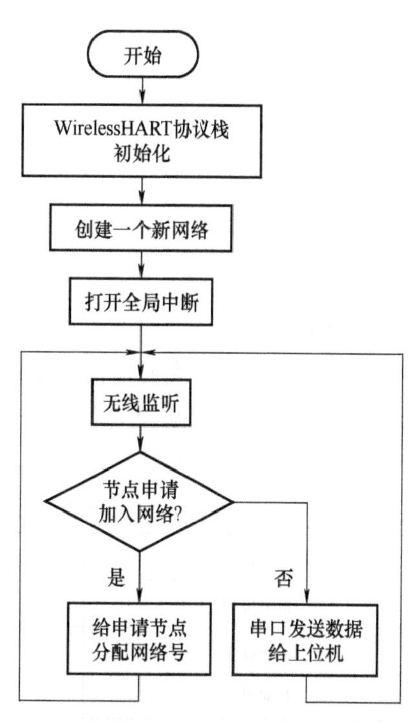

图 6-10 网关程序流程图

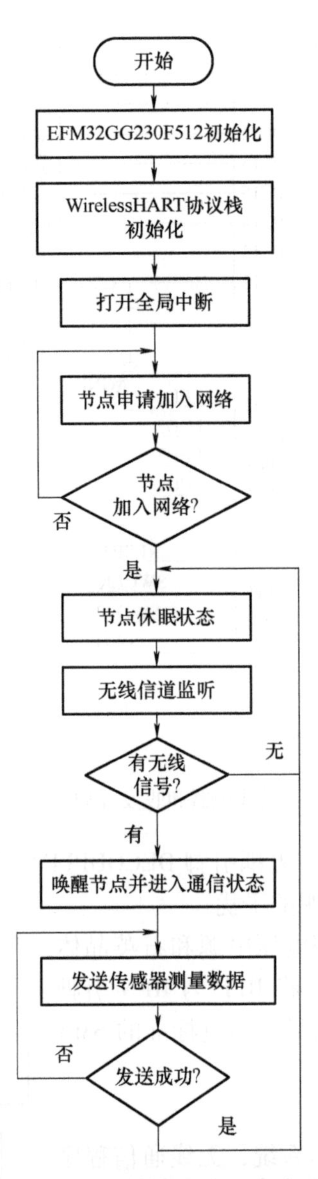

图 6-11 收发器数据收发程序流程图

3. 能耗测试

为节约能耗，在无通信情况下，WirelessHART 收发器处于休眠状态。在 10dBm 发射功率、-100dBm 接收灵敏度、2.4GHz 工作频率下，测得节点在不同工作状态下的功耗和电池寿命情况如表 6-6 所示。

表 6-6 不同状态下的 WirelessHART 设备节点功耗和电池寿命情况

节点工作状态	节点功耗	电池寿命
全速发送	47.6mA	约 63h
全速接收	45.4mA	约 66h
休眠状态	32μA	约 93750h

6.3　ISA 100.11a 标准及典型应用

ISA 100.11a 是工厂环境中允许的可寻址无线传感器网络，是为各种应用提供安全、可靠运行的第一份 ISA 100 标准。本节对 ISA 100.11a 标准进行了介绍，通过一个典型案例介绍了 ISA 100.11a 在工业控制领域的系统设计以及软/硬件设计。

6.3.1　ISA 100.11a 标准简介

ISA 100.11a 标准是用于工业传感器和执行器网络的多功能标准，它可以为众多应用提供可靠、安全的运行方案。ISA 100.11a 标准能够通过简单的无线基础结构支持多种协议：HART、PROFIBUS、Modbus、FF 等；ISA 100.11a 支持多种性能水平，以满足工业自动化的多种不同的应用需求。ISA 100.11a 与 WirelessHART、WIA-PA 标准相比，具有以下特色和优势：

1）隧道和映射技术。ISA 100.11a 能够便利地、简单地通过无线介质传输各种应用协议。

2）骨干网路由机制。通过高效的骨干网更为直接地传递数据信息，这样可以减少数据无线传输的跳数，在网络规模较大时，其优势尤其明显。

3）灵活的时隙长度和超帧长度。

ISA 100.11a 标准协议体系结构遵循 ISO/OSI 的 7 层结构，但只使用了其中的物理层、数据链路层、网络层、传输层和应用层，如图 6-12 所示。

每一层定义了两种服务实体：数据服务实体（Data Entity，DE）和管理服务实体（Management Entity，ME）。DE 用于为上层提供数据传输服务，ME 用于提供管理服务。相应地有两种服务访问点（Service Access Point，SAP）：数据实体服务访问点（DESAP）和管理实体服务访问点（MESAP）。上层通过 DESAP 使用下层提供的数据传输服务，又定义了一个具有管理功能的实体——设备管理应用进程（Device Management Application Process，DMAP），来统一地访问各层的 MESAP，从而对协议栈各层进行管理和配置。系统管理器下发的管理信息都通过设备的 DMAP 对本设备的每一层进行管理和配置。在一个设备中，DMAP 会设置一个专门的通道通向较低的协议层，目的是对这些层的操作提供直接的控制，并且能对诊断和状态信息提供直接的接口。

ISA 100.11a 有以下关键技术：精确时间同步技术，通过两级同步实现全网时间同步；自适应跳信道技术，通过时隙跳频、慢跳频和混合跳频 3 种信道模式避免信号干扰；精确性调度技术，通过竞争分配通信资源，避免冲突，提高吞吐量和带宽利用率。这些关键技术会在下小节的案例中详细介绍。

6.3.2　典型应用案例

本小节介绍一种基于 ISA 100.11a 标准的工业传感器网络的系统设计，包括工厂网络、骨干网络和无线子网 3 个部分，如图 6-13 所示。

工厂网络主要用于网关设备和控制监视系统之间的通信；骨干网络由若干个骨干路由器组成，主要功能是减少无线网络设备间的传输延时；无线子网系统主要由一个骨干路由器、多个现场路由设备和现场 I/O 设备组成。

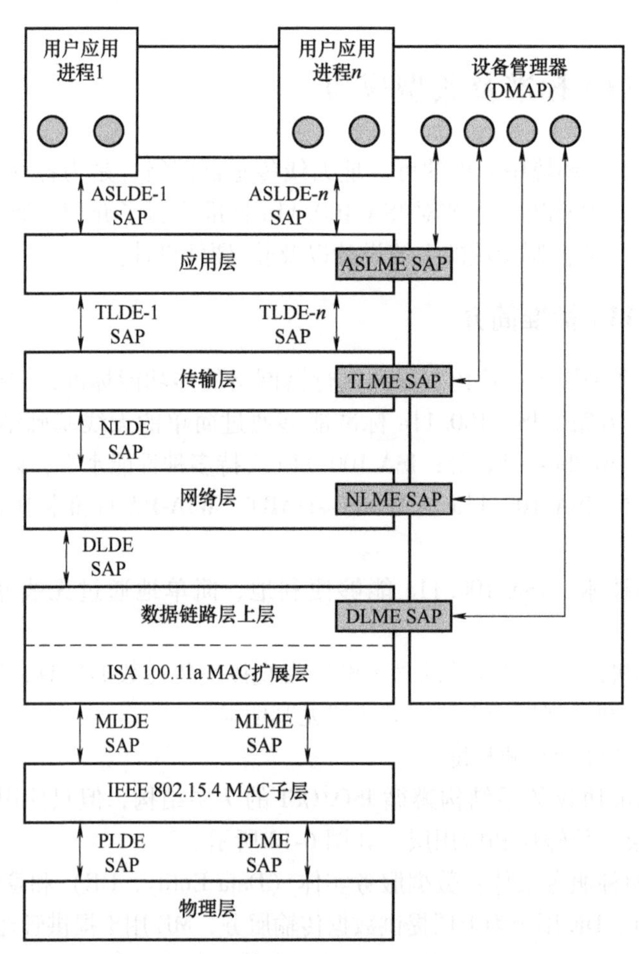

图 6-12　ISA 100. 11a 标准协议体系结构

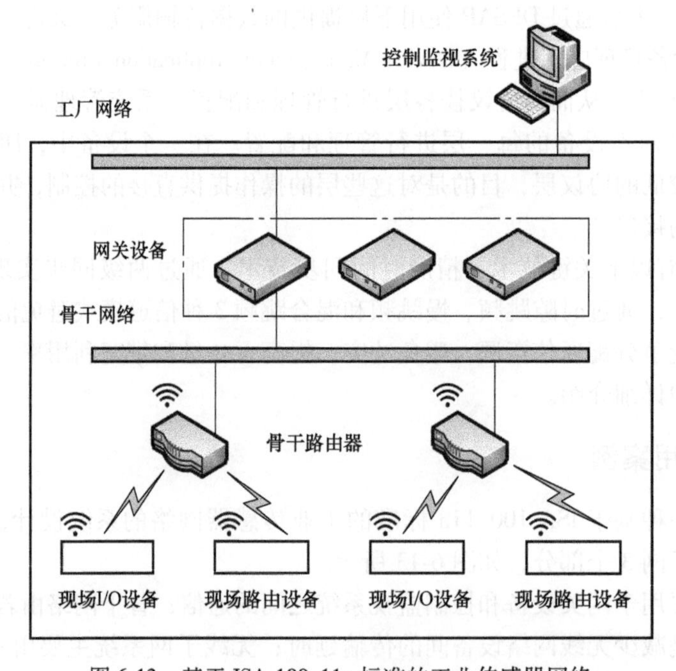

图 6-13　基于 ISA 100. 11a 标准的工业传感器网络

将系统管理器、安全管理器和网关封装在一个物理实体中，即网关设备，是系统的核心模块。其中，系统管理器负责对设备的加入、离开进行管理，对资源进行分配等；安全管理器负责对网络中的密钥进行维护、设备安全管理；网关负责外部协议和 ISA 100.11a 协议的转换，并进行数据传输。

1. 网关设备设计

将网关设备软件系统划分为网关、系统管理器、安全管理器和骨干路由传输模块等，如图 6-14 所示。

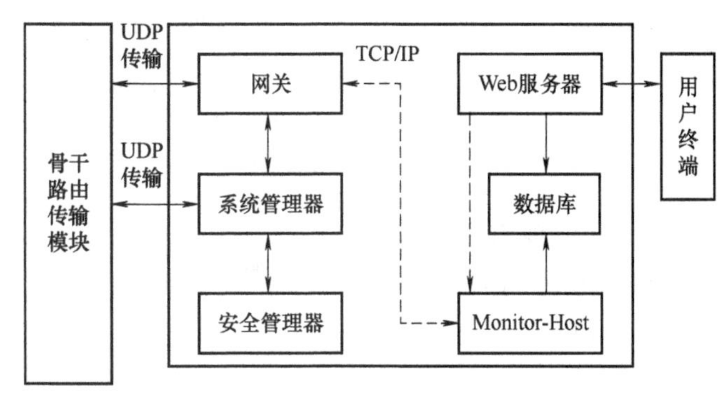

图 6-14　网关设备软件系统划分

网关设备的硬件主要由两部分组成：主板模块和核心模块。主板模块包括电源、存储器、UART 接口、以太网接口，以及工业现场总线通信（Modbus、PROFIBUS）模块等。核心模块采用 TI 公司的 DM3730 芯片，基于 ARM CORTEX-A8 内核处理器，搭载 Linux 操作系统。骨干路由器、网关和系统管理器之间通过 Socket 机制通信，采用多线程设计思路，提高运行稳定性，降低硬件资源消耗。网关设备硬件结构框图如图 6-15 所示。

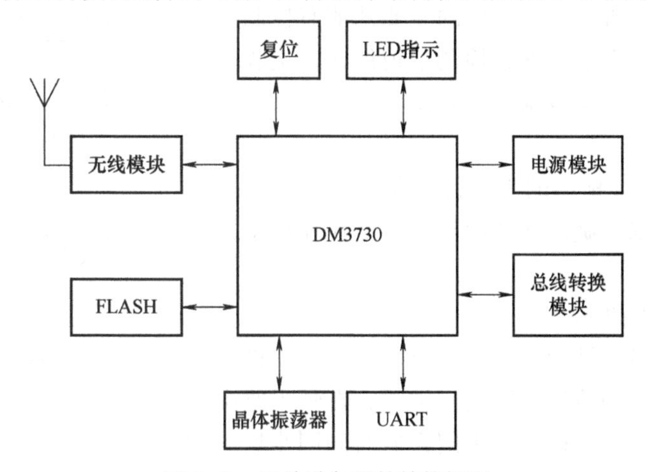

图 6-15　网关设备硬件结构框图

2. 骨干路由器设计

骨干路由器模块分为协议子栈、数据包解析和转换模块、UDP 接口模块，如图 6-16 所示。协议子栈的主要功能是与 DL 子网通信，发送广播帧，接收来自终端设备的无线帧。到其他设备的数据经协议子栈的 NL 层解析后，封装成 IPv6 包，通过 Socket 端口发送出去。

3. 终端设备设计

终端设备的主要功能是按照协议栈进行数据的发送和接收处理，分为传感采集模块和协

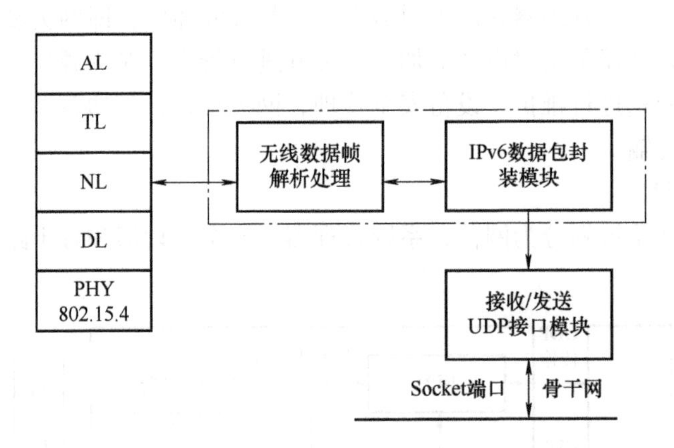

图 6-16　骨干路由器模块图

议栈核心模块。传感采集模块实现用户应用进程和感知信息处理，与协议栈之间通过 SPI/UART 接口实现数据传输。协议栈核心模块按照标准的分层设计，包含应用层（ASL）、传输层（TL）、网络层（NL）和数据链路层（DL）。终端设备模块如图 6-17 所示。

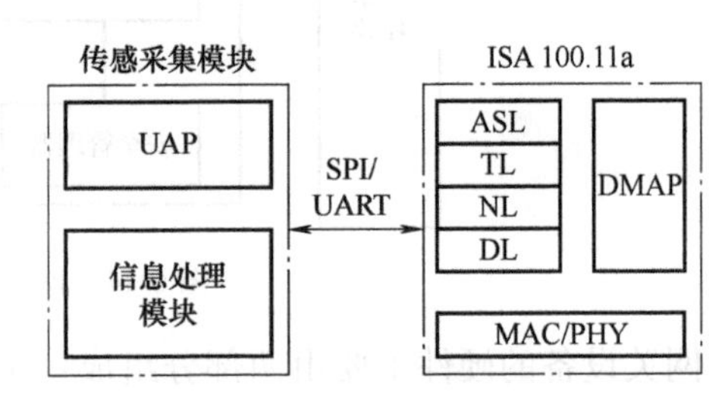

图 6-17　终端设备模块图

数据链路层包括 IEEE 802.15.4 的 MAC 层和数据链路层上层。MAC 层主要负责时间同步、跳信道和通信调度，提供点对点的重传机制。数据链路层上层主要负责帧头的装载和解析、DL 层安全、DL 子网内路由、邻居发现等。物理层的主要功能有控制射频发射器的工作状态、发射功率，检测信道能量，接收数据包的链路质量指示，以及数据包的收发。

4. 键技术

基于 ISA 100.11a 标准的工业传感器网络关键技术包括精准时间同步技术、确定性调度技术、低功耗技术以及自适应跳信道技术。

（1）精准时间同步技术

本设计根据网络的结构，基于分级同步的思想进行时间同步控制。系统管理器作为系统时钟源，在骨干路由器入网过程中进行时间同步；当骨干网完成时间同步后，骨干路由器便向其子网内的终端设备发送广播帧，对终端设备进行时间同步。

（2）确定性调度技术

实现确定性调度技术的核心是协议栈在实现时间同步的基础上必须能够提供精确的时隙。时隙的划分为协议栈的调度运行提供时间基准。当一个新的时隙到来之后，协议栈将判断在该时隙是否有链路触发，流程如图 6-18

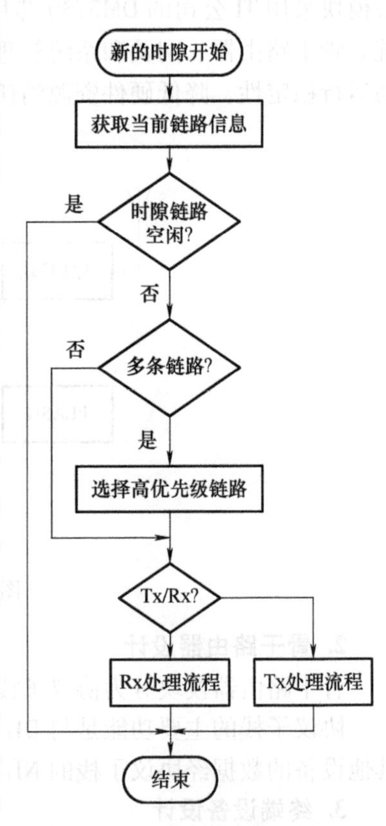

图 6-18　确定性调度技术流程

所示。

（3）低功耗技术

该技术主要涉及微处理器模块和射频模块，微处理器模块采用 32.768kHz 时钟频率，工作在休眠模式下，仅当中断到达时唤醒。射频模块在发送或接收到帧后及时关闭收发机来降低射频功耗。

（4）自适应跳信道技术

ISA 100.11a 网络支持与其他无线短距离网络的共存，如 IEEE 802.11 网络。ISA 100.11a 网络通过采用跳信道技术减少设备在同一条信道上工作的时间，因而减小了对其他无线设备的影响；同时在其他信道重发数据包，进而增加了网络的抗干扰能力。跳信道技术可以提高与其他射频系统的共存能力，增加系统的可靠性。ISA 100.11a 网络包括时隙跳频、慢跳频和混合跳频 3 种信道模式。时隙跳频为 TDMA 帧在每个时隙频点更换一次发送信号频率，时隙跳频时，BCCH 所在的 TRX 中的 TCH 可以参加跳频，时隙跳频可以在较大程度上提高与其他射频系统的共存能力。

6.4　面向工业过程自动化的 WIA-PA 标准及应用

面向工业过程自动化的工业无线网络标准技术（Wireless Networks for Industrial Automation Process Automation，WIA-PA）标准是中国工业无线联盟针对过程自动化领域制定的 WIA 子标准，是基于 IEEE 802.15.4 标准的用于工业过程测量、监视与控制的无线网络系统。本节对 WIA-PA 标准进行了介绍，并通过一个典型案例介绍了 WIA-PA 在工业控制领域的系统设计以及硬件设计。

6.4.1　WIA-PA 标准简介

WIA-PA 标准遵循 OSI 7 层参考模型，但仅对数据链路子层（DLSL）、网络层以及应用层进行了定义，其物理层和介质访问控制子层基于 IEEE 802.15.4 标准，OSI 基本参考模型与 WIA-PA 网络协议层映射关系如图 6-19 所示。

WIA-PA 标准数据链路层支持基于时隙的跳频机制、重传机制、时分多路访问（TDMA）和载波侦听多路访问（CSMA）混合信道访问机制，保证传输的可靠性和实时性。WIA-PA 数据链路层采用 MIC 机制和加密机制保证通信过程的完整性和保密性。

在 WIA-PA 协议栈中，数据在现场设备和工厂控制系统之间的传输路径如图 6-20 所示。

在现场设备到控制系统的路径中，数据流可分为簇内段、簇间段和网关到主控计算机段。在簇内段，数据从簇成员的应用层被传送到簇首的应用层。如果支持聚合，则簇成员和簇首的设备管理应用进程（DMAP）将实现包的聚合、加密等。在簇间段，数据将通过多个簇首被传送到网关。包在不同簇首之间传输时仅在网络层转发，不再经过应用层。在网关到主控计算机段，数据经过网关的协议转换后到达主控计算机。

WIA-PA 通过网关实现与其他网络的互联。WIA-PA 网关除了通过与网络管理者和安全管理者通信来完成 WIA-PA 网络的网络管理和安全管理工作以外，还可以与 WIA-PA 网络中的其他设备通信，交换设备间的信息。同时，WIA-PA 网关可以连接现场总线等外部网络。WIA-PA 网关的框架如图 6-21 所示。

WIA-PA 网关包括以下部分。

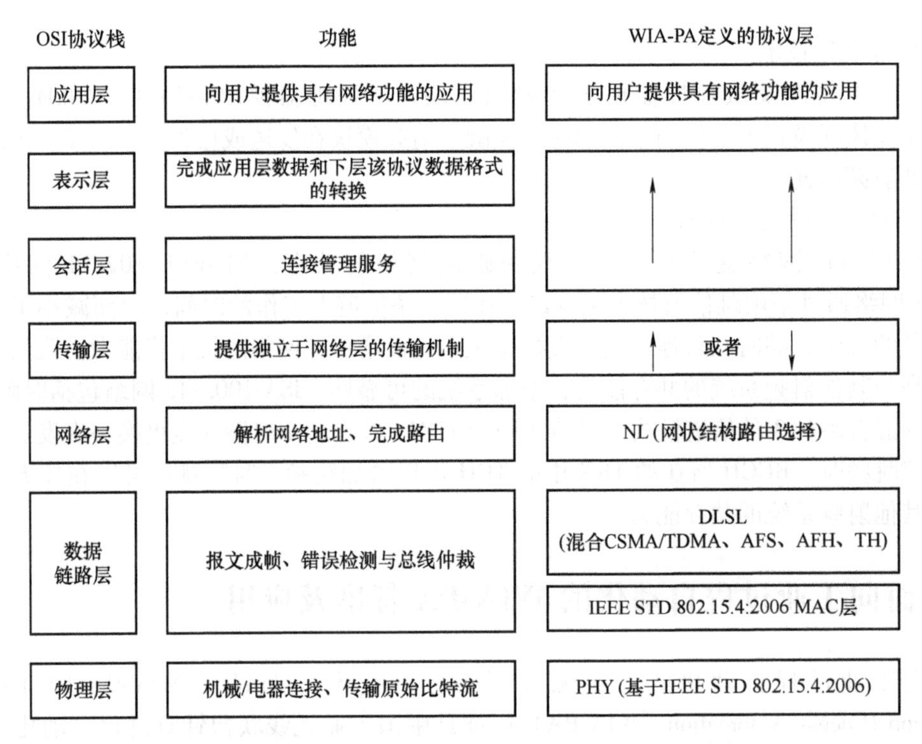

图 6-19　OSI 基本参考模型与 WIA-PA 网络协议层映射关系

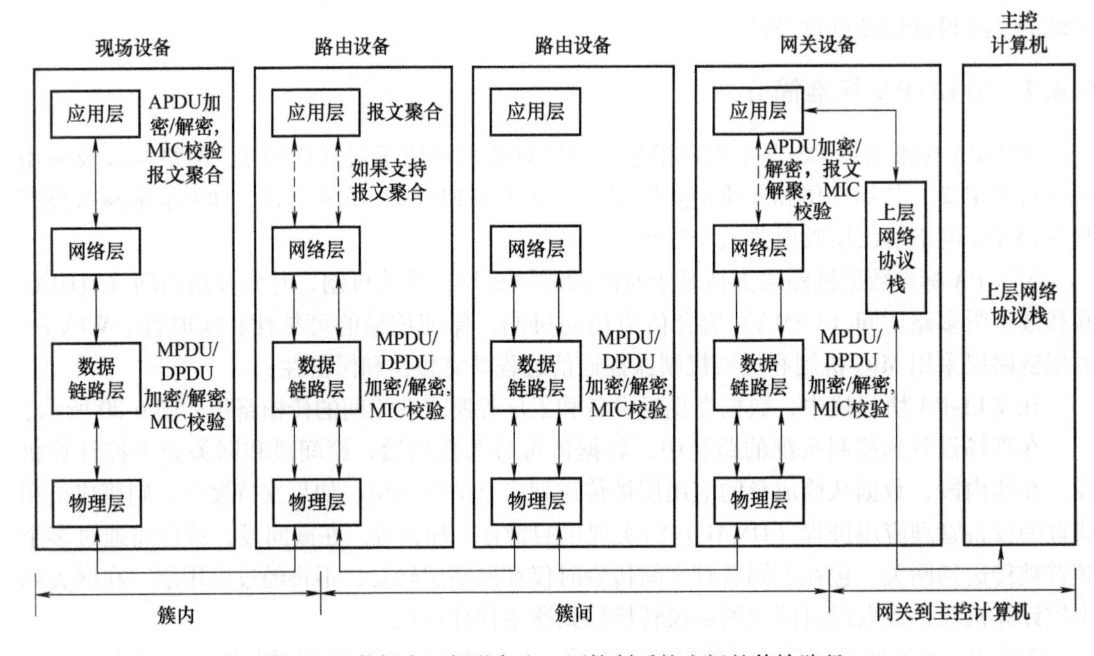

图 6-20　数据在现场设备和工厂控制系统之间的传输路径

1）WIA-PA 接入点：实现与 WIA-PA 网络的物理连接，完成信息管理和数据的传输。

2）虚拟设备：定义了与现场总线等其他网络的通信接口，该接口可将其他网络中的数据源映射到 WIA-PA 设备，满足其他网络与 WIA-PA 网络的通信需求。

3）解聚对象：用于解聚由 WIA-PA 路由设备和现场设备聚合后的包。

4）数据镜像模块：用于存储 WIA-PA 网络中设备的数据，为其他网络提供数据访问接口。

6.4.2　典型应用案例

本小节介绍一种基于 WIA-PA 标准对工业健康、安全和环境体系（HSE）进行监测，预防可能发生危害的应用案例。HSE 系统网络结构如图 6-22 所示，包括支持 WIA-PA 协议的节点设备、WIA-PA 无线网关以及 PC。

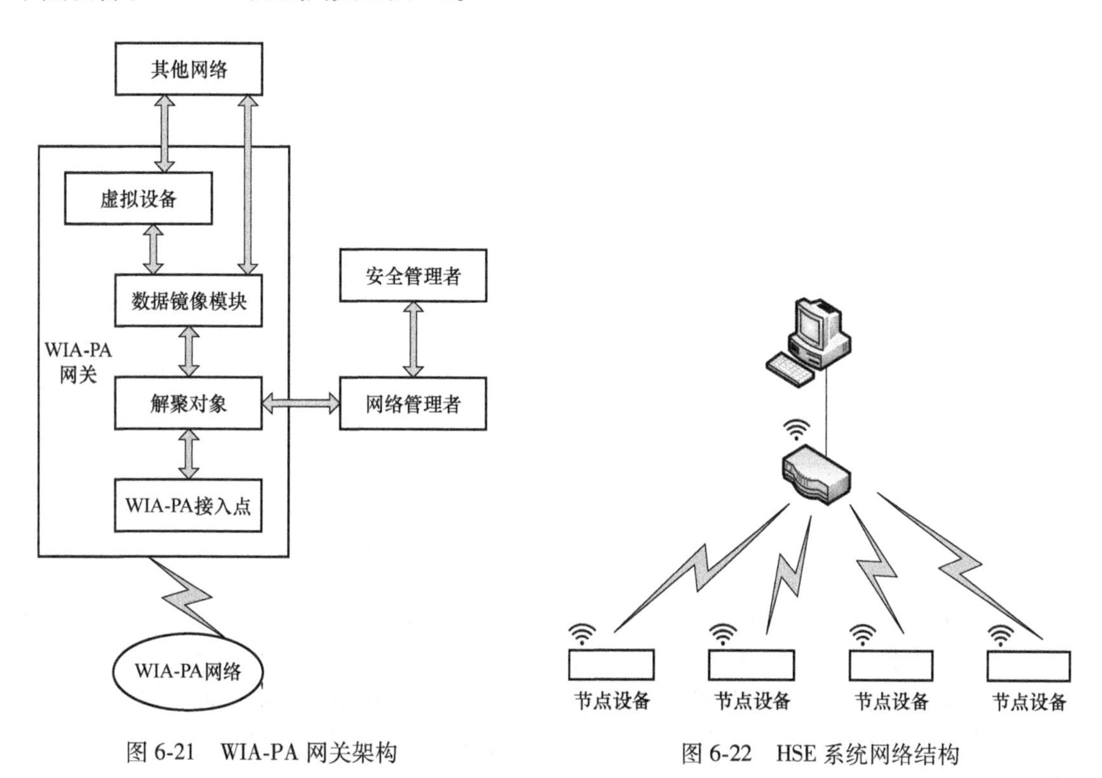

图 6-21　WIA-PA 网关架构

图 6-22　HSE 系统网络结构

WIA-PA 无线网关通过广播网络超帧组建网络，节点设备初始化后搜索超帧，并申请加入网络。网关对节点设备进行管理。

1. 节点设备硬件设计

WIA-PA 节点设备硬件包括核心模块、传感器模块、电源模块等电路。

核心模块采用 MSP430F1611 微处理器，工作电源为 1.8~3.6V，最大工作频率为 8MHz，拥有 8MIPS 数据处理能力。MSP430F1611 可以在低功耗模式（μA）下长时间连续工作，有 5 种不同的低功耗模式，适用范围广。在低功耗模式下，所有 I/O、RAM、寄存器内容不会丢失。节点设备硬件框图如图 6-23 所示，主要包括传感器模块、无线通信模块和电源模块。

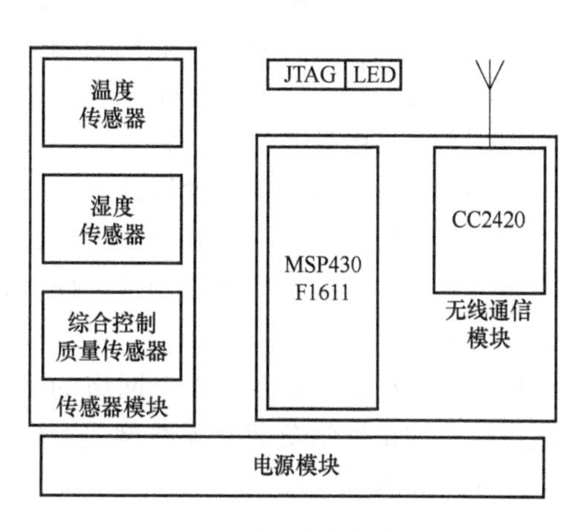

图 6-23　节点设备硬件框图

无线射频模块采用CC2420芯片，是符合IEEE 802.15.4标准的低功耗RF收发芯片，工作在2.4GHz，工作电压为2.1~3.6V，具有250kbit/s通信速率和2M Chip/s码片速率，充分满足HSE系统中监测终端的数据发送速率要求。CC2420Rx接收功耗为19.7mA，TX发送功耗为17.4mA，超低工作功耗可以保证监测终端的长时间稳定工作。CC2420具有较高的接收灵敏度（-95dBm）、强抗交替频道能力（53/54dB）和强抗邻频道干扰能力（30/45dB），上述性能保证了HSE系统节点在分散或恶劣条件下，监测终端仍能保持网络通信畅通，增加了系统稳定性。微处理器与无线射频芯片硬件连接如图6-24所示。

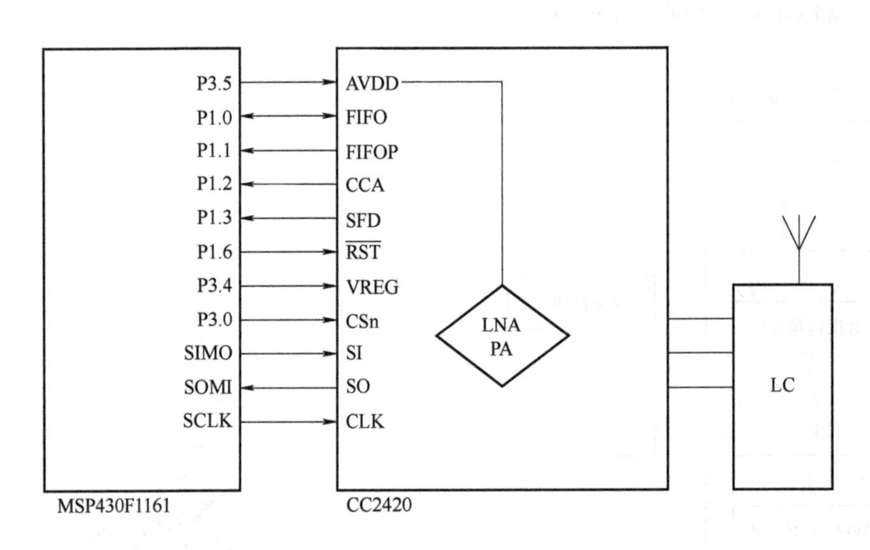

图6-24　微处理器与无线射频芯片硬件连接

CC2420的SFD向微处理器传递数据的发送/接收状态；FIFOP用于产生中断信号，通知微处理器接收数据；FIFO用于指示数据传输是否结束；CCA用于指示信道状态（忙/闲）。虽然CC2420内部集成了压控振荡器、低噪声放大器、功率放大器，但在典型的Mesh网络中最小工作电流为30μA，因此，微处理器通过SPI总线访问CC2420，以满足芯片工作需求。

在电路板设计中，需要合理布局射频电路模块：一是射频电路区域的未布线区域需敷铜并接地，大面积的敷铜可以提供屏障，达到减少电磁干扰的目的；二是芯片底部应接地和地层相连，用于减少通信串扰，确保高频信号准确无误地传输；三是射频电路器件要紧密地分布在四周，减少器件分布参数对射频电路造成的通信串扰；四是射频天线电路需符合阻抗匹配要求，本文采用单极天线方案。

2. WIA-PA无线网关硬件设计

WIA-PA无线网关硬件主要由无线模块、存储模块、通信调试接口模块等组成，硬件框架如图6-25所示。

WIA-PA无线网关负责整个网络的管理、时间同步以及均衡网络负载。无线网关逻辑架构符合WIA-PA标准。

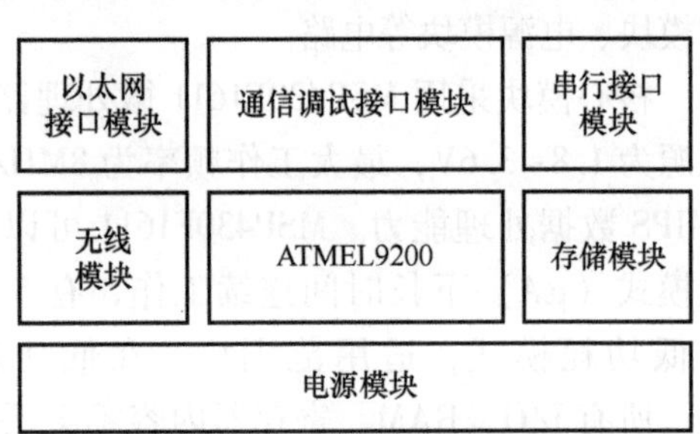

图6-25　WIA-PA无线网关硬件框架

6.5 面向工厂自动化的 WIA-FA 标准及应用

面向工厂自动化的工业无线网络标准技术（Wireless Networks for Industrial Automation Factory Automation，WIA-FA）标准是中国科学院沈阳自动化研究所制定的 WIA 子标准，现已成为 IEC 国际标准和产品体系。本节对 WIA-FA 标准进行介绍，并通过一个典型案例介绍 WIA-FA 在工业控制领域的系统设计以及硬件设计。

6.5.1 WIA-FA 标准简介

WIA-FA 标准遵循 OSI 7 层参考模型，但仅对数据链路子层（DLSL）、网络层以及应用层进行了定义，其物理层和介质访问控制子层基于 IEEE 802.11 标准，WIA-FA 协议栈结构如图 6-26 所示。

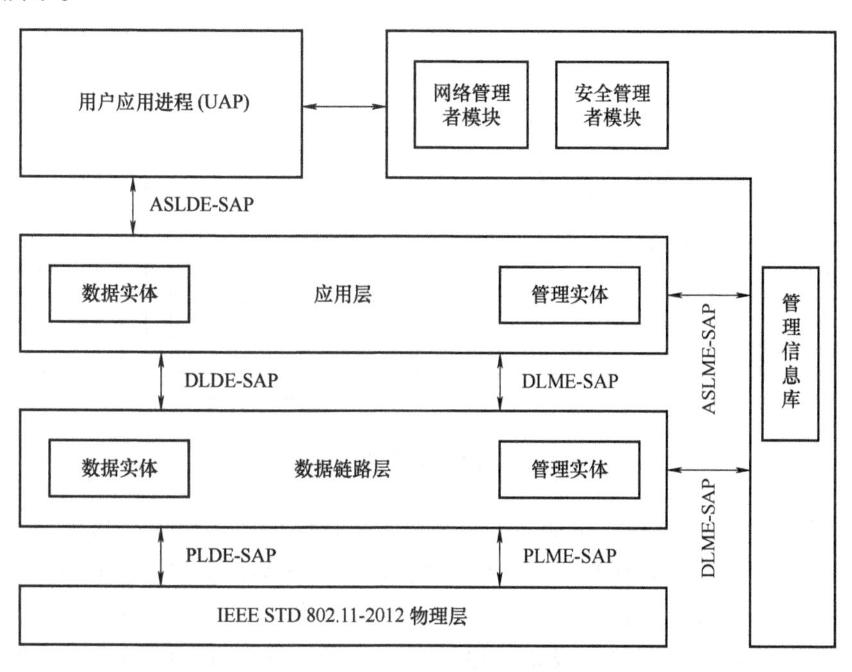

图 6-26 WIA-FA 协议栈结构

WIA-FA 协议栈主要包括协议层、协议层内部实体、协议层接口。协议层包括物理层、数据链路层、应用层；协议层内部实体包括各层的数据实体 DLDE/ASLDE 和管理实体 DLME/ASLME；协议层接口包括层与层之间的通信接口 SAP 等。

WIA-FA 设备的传输功率定义为等效各向同性辐射功率 EIRP，为 10dBm（10mW）±3dBm，传输速率与调制方式有关，如表 6-7 所示。

表 6-7 WIA-FA 传输速率

调制方式	传输速率（Mbit/s）
FHSS	1、1.5、2、2.5、3、3.5、4
DSSS	1/2
HR/DSSS	1、2、5.5、11

（续）

调制方式		传输速率（Mbit/s）
ERP	ERP-DSSS	1、2
	ERP-CCK	5.5、11
	ERP-OFDM	6、9、12、18、24
HT	No-Ht 模式	支持 ERP PHY 的速率
	Mix 模式	无定义
	HT 模式	不支持

WIA-FA 数据链路层采用基于超帧的 TDMA 机制，保证数据无碰撞，支持帧聚合/解聚。

WIA-FA 网络设备的数据流如图 6-27 所示。现场设备经适配器（接入设备）到达网关设备，由主控计算机进行分析。

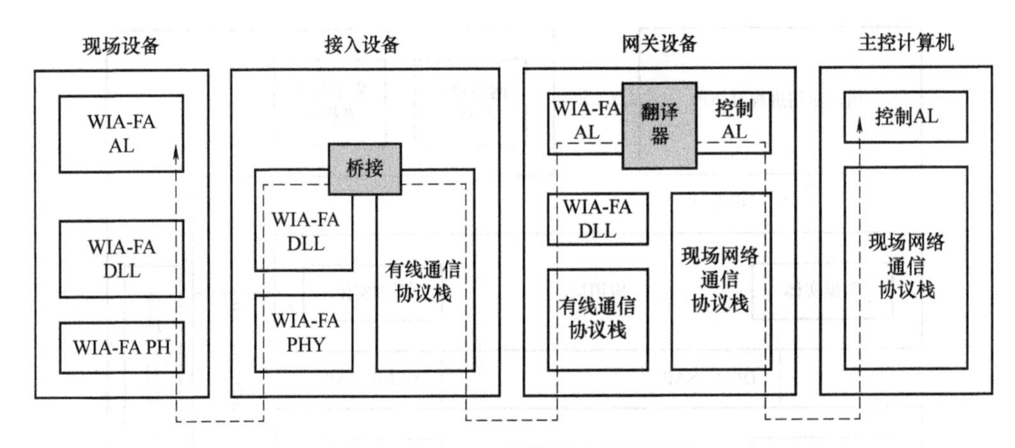

图 6-27　WIA-FA 网络设备的数据流

WIA-FA 网络为星形结构，包括一个中心及若干现场设备，如图 6-28 所示。现场设备分为两类：一类是节点内部有 WIA-FA 无线通信模块，此类设备可直接接入 WIA-FA 无线网络；另一类现场设备不具备无线通信功能，但具有串口或以太网有线通信接口，该类设备需通过有线通信连接到接入设备，通过接入设备与 WIA-FA 网络中的其他设备进行通信。

WIA-FA 网络中的第一类现场设备、接入设备和网关设备都有一个全球唯一的 64 位长地址和一个 8 位或 16 位短地址。当网络中的现场设备数量小于 252 时，采用 8 位短地址，否则采用 16 位短地址。长地址由厂商按照 EUI-64 标准分配并设置。

WIA-FA 支持基于数据优先级的通信调度，包括紧急数据、周期性过程数据、非周期性非紧急数据、周期性管理数据以及非实时数据。针对不同优先级数据，定义调度、抢占和竞争 3 种通信资源的占用方式。

WIA-FA 支持 3 种通信模式：客户机/服务器（C/S）模式、发布者/预订者（P/S）模式，以及报告源/汇（R/S）模式。C/S 通信模式适用于非周期、非实时的读/写访问和报警确认；P/S 通信模式适用于周期性过程数据发布；R/S 通信模式适用于非周期的报警报告和紧急命令。

WIA-FA 通过数据包重传保证通信的可靠性，支持如下重传方式。

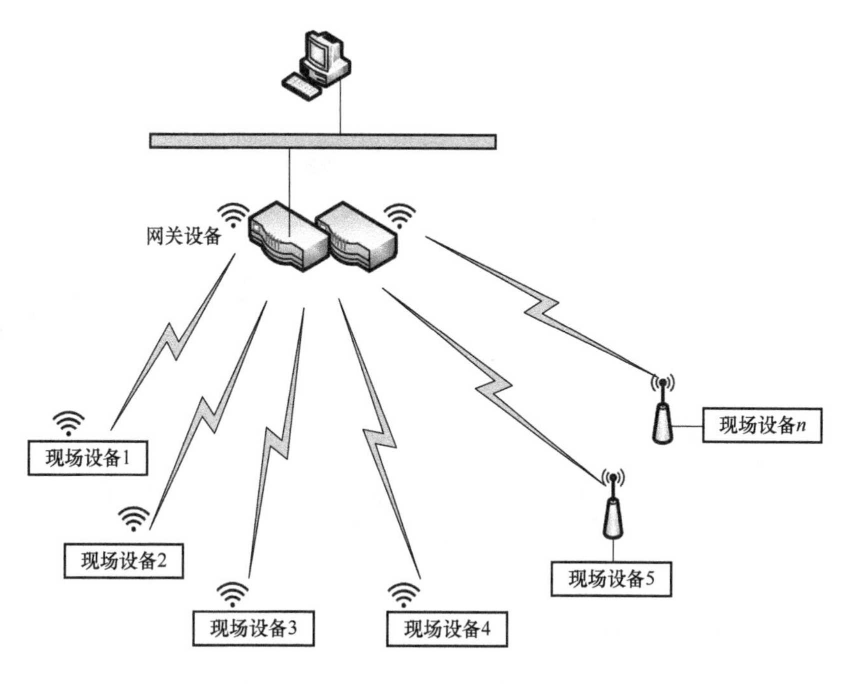

图 6-28　WIA-FA 星形网络拓扑结构

1）基于 NACK 的重传方式：现场设备向网关设备发送周期性数据时，采用基于否定应答帧（NACK）的重传方式。

2）多次单播重传方式：网关设备向现场设备周期性发送非聚合数据时，采用多次单播重传方式。

3）多次广播重传方式：网关设备向现场设备周期性发送聚合数据时，采用聚合帧广播重传方式。

4）基于 GACK 的时隙退避重传方式：现场设备向网关设备发送非周期性数据帧或管理帧时，如远程读属性、远程属性配置、双向时间同步，现场设备根据网关设备广播的 GACK 帧采用基于时隙退避的重传方式。

6.5.2　典型应用案例

本小节介绍 WIA-FA 网络在工业机器人中的应用，该系统可以降低布线和维护成本。系统由机器人、WIA-FA 网络、主控制柜与服务器组成，如图 6-29 所示。

系统主要性能如下。

1）速率：机器人与主控制柜间的通信（站间通信）包括信息统计与故障诊断，平均负载可达 100KB/s。

2）实时性：高实时的无线网络接入，进行动作控制与状态监测，以确保机器人的可靠运行，延时小于 50ms。

3）可靠性：无线网络的可靠性达到 99.99%以上。

4）其他性能：由于厂房面积约 20000m^2，因此通信距离设计为 150m 以上。厂房内有近百台机器人，间隔距离不大于 10m，因此每个主控制柜可至少与 10 个机器人通信，且保证相互之间无干扰。

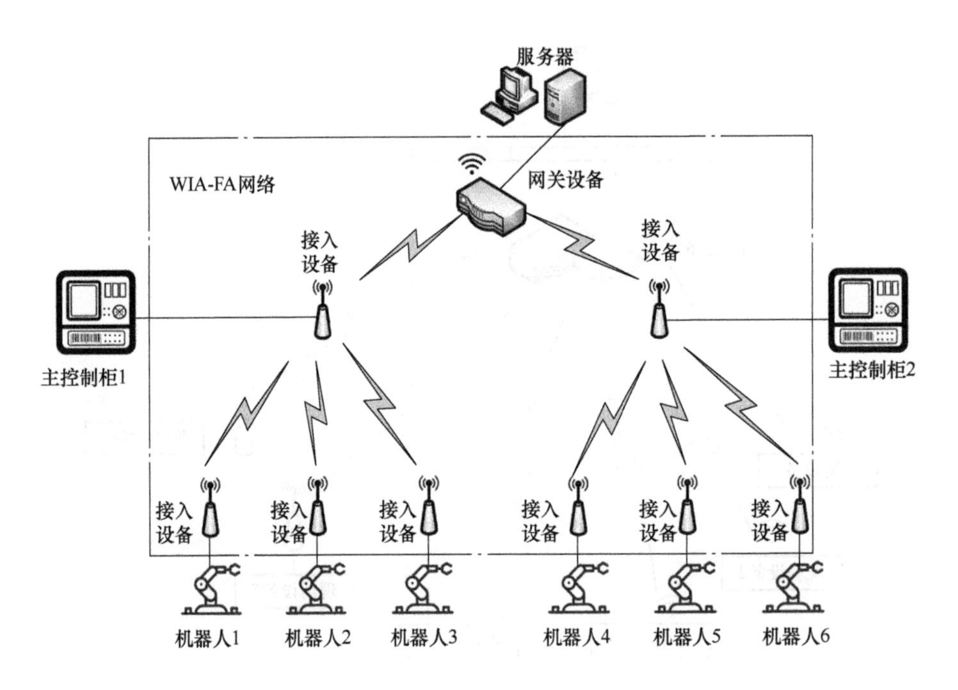

图 6-29 WIA-FA 网络在工业机器人中的应用

6.6 基于 WIA-PA 的隧道施工安全监控系统研发实例

隧道施工安全监控系统是一个复杂的系统工程，主要目标是监测有害气体浓度，预防塌方事故，保护施工人员身体健康。有线网络布线复杂，难以随隧道施工进度不断扩展延伸，因此采用无线传感器网络。

无线网络主要需要考虑实时性、可靠性、抗干扰能力以及通信质量，因此选择 WIA-PA 标准。WIA-PA 标准采用载波侦听多路访问技术（CSMA）与时分多址接入技术（TDMA）相结合的混合接入方式，保证数据传输的实时性和可靠性，同时加强了灵活性。

在 WIA-PA 标准基础上，系统融合了对窄带干扰有很好抑制作用的直序扩频（DSSS）技术和跳频扩频（FHSS）两种扩频技术，能够根据信道的状态自适应跳频，对突发性干扰有着有效的抑制作用，消除了频率的选择性衰减；采用智能的 Mesh 网络技术，当一条路径由于干扰被中断时，确保设备可以自动切换到其他通信质量好的路径。系统网络拓扑图如图 6-30所示。

系统采用星形+网状的网络拓扑结构。终端节点与路由设备之间是星形结构，该结构降低传感器节点与路由设备之间的通信延迟，减少网络中的冗余数据，减少了网络出现拥塞的概率；路由设备之间采用网状的结构，该结构使网络拥有很强的自愈能力，信息传输的可靠性更强，网络的可扩展性也大大提升。

隧道施工分为多个标段，设备布局如图 6-31 所示。

系统包括 60 个检测设备、15 个路由设备以及 4 个网关，如表 6-8 所示。

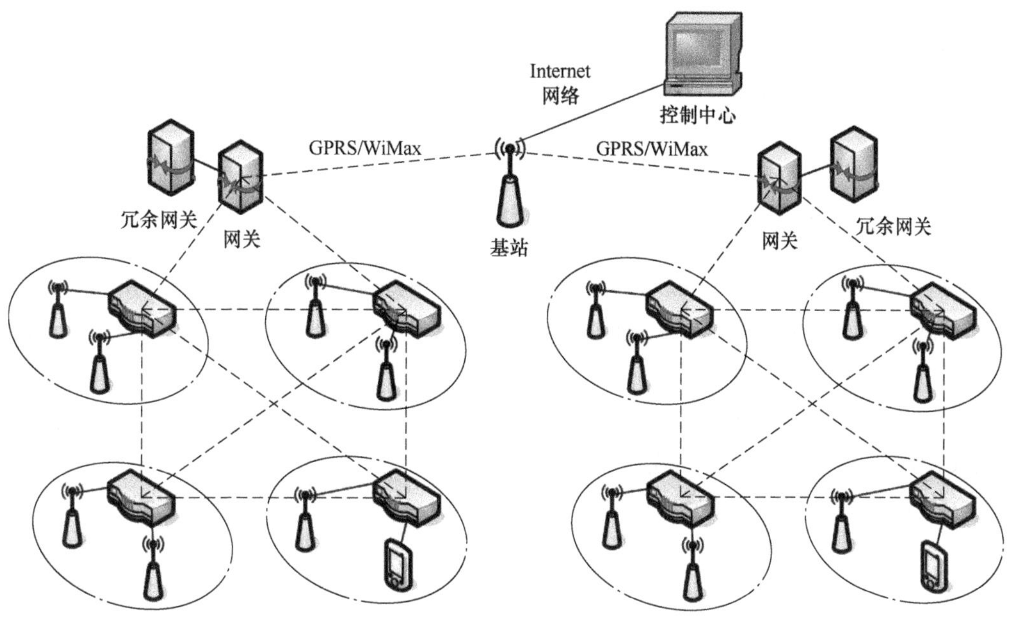

图 6-30　隧道施工安全监控系统网络拓扑图

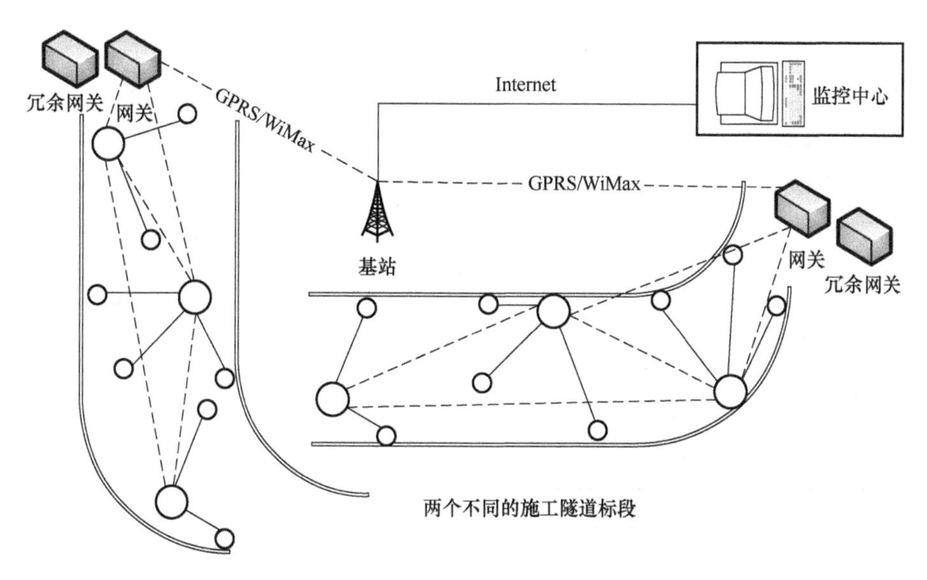

图 6-31　隧道安全监控系统设备布局

表 6-8　隧道安全监控系统硬件一览表

设 备 名 称		设备数量/个
环境监测	通风、降温、照明、噪声监测节点	8
	施工隧道防水、排水监测节点	5
人员安全	火灾监测报警节点	8
	防尘、防有害气体监测节点	8
	施工人员定位装置	10

（续）

设 备 名 称		设备数量/个
施工量监测	振动监测节点	5
	应力监测节点	8
	位移监测节点	8
路由设备		15
网关（含冗余网关）		4

节点设备主要分为 3 个模块，即无线通信模块、数据采集模块、主板模块，如图 6-32 所示。

数据采集模块主要完成对节点周围环境的采集工作，并将采集的信息经过一定的处理之后通过 UART 口传递给无线通信模块。

其中，烟雾传感器如图 6-33 所示。

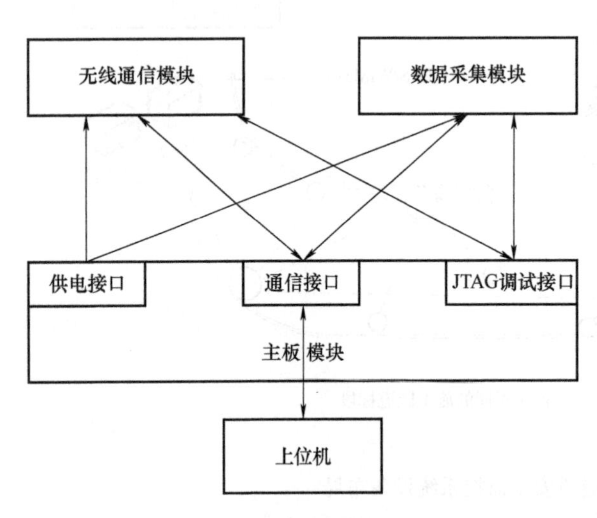

图 6-32　节点设备硬件功能图

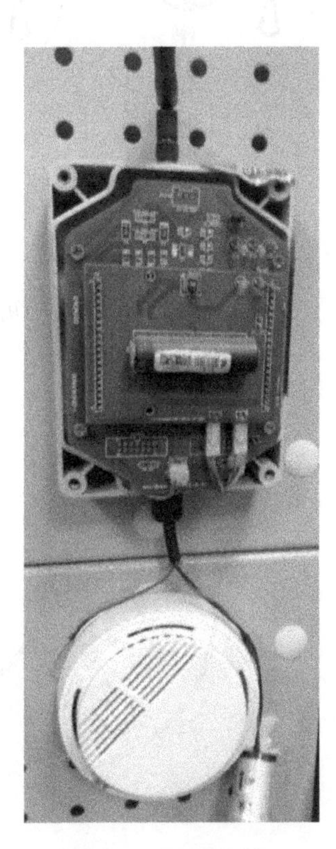

图 6-33　烟雾传感器

网关节点与传感器节点的无线通信模块如图 6-34 所示。

无线传感器节点与路由设备的无线通信模块完全一样，WIA-PA 网络中的每一个无线传感器节点都具有路由功能，便于网络搭建及遇到紧急情况时网络重构。

在施工隧道监测中，所需测量的量繁多，如果每个无线终端节点只连接一个传感器，会增加开销，造成不必要的浪费，因此考虑将一些监测量的监测集成在一起，然后连接到无线终端设备上，这样会有效地减少需要使用的 WIA 适配器的数量，节省开支。

图 6-34　无线通信模块

本章小结

短距离无线通信技术在工业通信领域有广泛的应用。本章首先简要介绍了 IEEE 802.11、IEEE 802.15.1、IEEE 802.15.4 以及 RFID 这 4 种典型的短距离无线射频通信标准；然后重点介绍了工业领域广泛应用的 WirelessHART、ISA 100.11a，以及我国自主研发的工业无线通信协议 WIA-PA、WIA-FA，针对每种协议都介绍了其协议栈的基本结构和典型网络结构，并给出了部分软/硬件设计方案和典型应用案例。通过本章的学习，读者能够对工业无线通信标准技术及应用有较全面的理解和掌握。

习　　题

1. 用图表示 IEEE 802.11 标准的逻辑结构组成。
2. IEEE 802.11 的访问控制方式有哪些?
3. 与有线网络相比，IEEE 802.11 标准下的技术有哪些应用特点?
4. 用图表示 IEEE 802.15.1 逻辑结构。
5. 简述 IEEE 802.15.4 标准的主要特点。
6. 简要介绍 RFID 技术。
7. 简述 ISA100.11a 标准的特色和优势。
8. ISA100.11a 标准协议体系遵循 ISO/OSI 的 7 层结构，但只用了其中的哪几层?
9. ISA 100.11a 标准的工业传感器网络关键技术有哪些?
10. 简述电路板设计中合理布局射频电路模块的好处。
11. WIA-FA 如何保证通信的可靠性?

第7章 工业网络集成技术

本书第2~6章分别阐述了工业现场的有线/无线通信标准，并给出了典型应用案例。本章主要介绍工业网络集成技术，分为3个部分。

首先介绍了典型工业控制系统层次化网络体系结构，引出工厂内部网络集成的需求。其次介绍现场设备与控制网络集成技术和以太网无源光网络（Ethernet Passive Optical Network，EPON）技术。EPON技术采用模块化设计思路，其核心思想是通过硬件将不同工业现场的网络协议转换为通用以太网协议。接着介绍了控制网络与信息网络的集成——OPC技术，主要包括OPC DA以及OPC UA。最后介绍了工业网络发展趋势及先进技术。

7.1 工业控制系统网络集成需求分析

典型工业控制系统是一个层次化网络结构，如图7-1所示。

现场设备层实现制造过程的传感和执行，定义参与感知和执行生产制造过程的活动。时间分辨粒度可为秒、毫秒、微秒。各种传感器、变送器、执行器，以及数控机床、工业机器人、无人搬运车（Automated Guided Vehicle，AGV）、输送线等智能制造装备在此层运行。通过有线/无线网络以总线方式或点对点方式进行数据传输。

现场控制层对生产过程进行测量和控制，采集过程数据，进行数据转换与处理，输出控制信号，实现逻辑控制、连续控制和批次控制功能。

过程监控层以操作监视为主要任务，兼有高级控制策略、故障诊断等部分管理功能，主要包括可视化的数据采集与监视控制系统（Supervisory Control And Data Acquisition，SCADA）、HMI、分布式控制系统（Distributed Control System，DCS）操作员站、实时数据库服务器等。

企业管理层实现工厂内生产管理，定义生产预期产品的工作流/配方控制活动，包括维护记录、详细排产、可靠性保障等。时间分辨粒度可为日、班次、小时、分、秒。企业管理层主要包括制造执行系统（Manufacturing Execution System，MES）、仓储管理系统（Warehouse Management System，WMS）、质量管理系统（Quality Management System，QMS）、能源管理系统（Energy Management System，EMS）。

典型工业控制系统信息流如图7-2所示。

（1）下行数据

下行数据包括MES、SCADA、HMI等向可编程控制设备（如PLC、DCS控制器、专用控制器）、现场设备（执行器、伺服驱动器或智能制造装备）等发送的作业指令、控制指

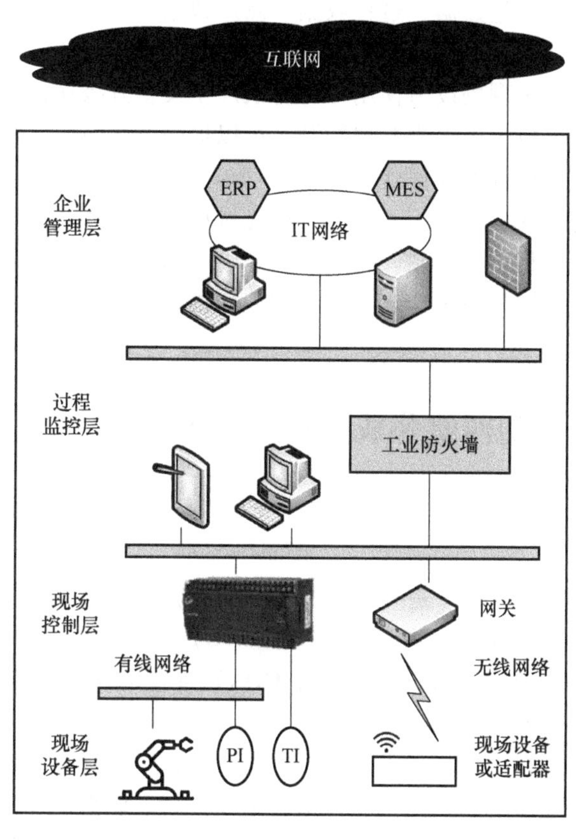

图 7-1　典型工业控制系统层次化网络结构

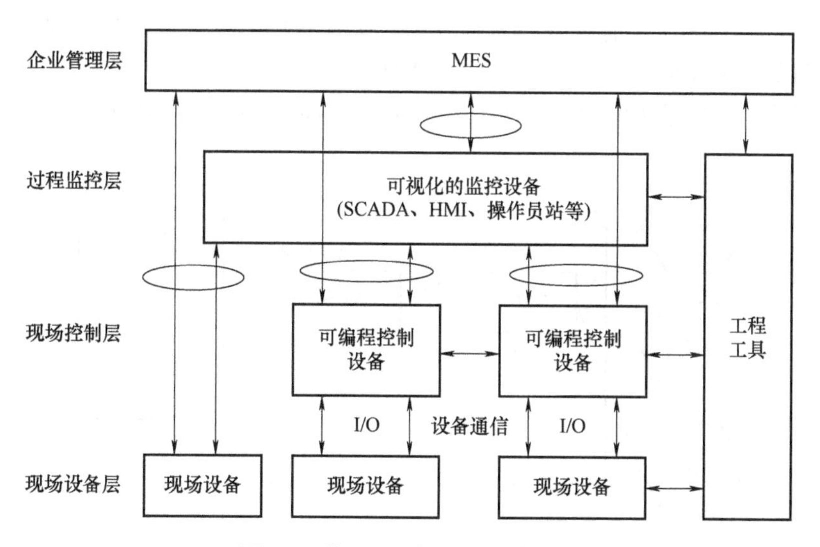

图 7-2　典型工业控制系统信息流

令、参数配置、工艺数据等，以及可编程控制设备向现场设备发送的控制指令、参数配置等。

（2）上行数据

上行数据包括下层现场设备向上层可编程控制设备和 MES、SCADA、HMI 等发送的与生产运行相关的数据，如质量数据、过程数据、测量数据、设备状态以及诊断报警信息。

典型工业控制系统通过层次结构实现工厂内部网络的互联互通。工业控制系统由孤立走向互联，有以下优点：避免现场设备使用专有协议产生设备升级换代的二次开发成本与时间成本；通过采集现场数据对生产过程监视控制，可以提高产品质量，降低次品率；通过透明的数据访问方式实现生产过程整体优化。

此外，受资源相对短缺、环境压力加大、产能过剩等外界环境影响，传统的以能量转换工具为推动力的工业经济将难以维系。为了解决这些问题，工厂外部通过网络技术满足用户个性化定制需求，缩短从原材料采购、加工、制造到销售的周期，不断提供优质服务，提高工厂综合竞争实力。

7.2 现场设备与控制网络集成——EPON 技术

7.2.1 EPON 技术简介

以太网无源光网络（EPON）是一种应用于接入网、局端设备（Optical Line Terminal，OLT）与多个用户端设备（Optical Network Unit，ONU）之间的由无源的光缆、光分/合器等组成的光分配网（Optical Distribution Network，ODN）连接的网络，是为了支持点到多点应用而发展起来的光接入技术。

相较于以太网技术，在工业场景下，EPON 技术具有以下优点：EPON 通过无源器件组网，不受电磁干扰和雷电影响；采用自愈环形网络，支持并联型，切换时间短，抵抗失效能力强；采用点到多点传输架构，终端并行接入，部署灵活；仅需单根光纤线传输，最远覆盖 20km 的范围；多业务承载，支持数据、视频、语音、时间同步等多种业务；高安全性，EPON 网络设置 ONU 安全注册机制，下行数据传送具备加密能力，采用点对多点广播方式（TDM），上行数据采用时分多址接入技术（TDMA）。

一个典型的 EPON 系统由 OLT、ONU 以及 ODN 组成，如图 7-3 所示。

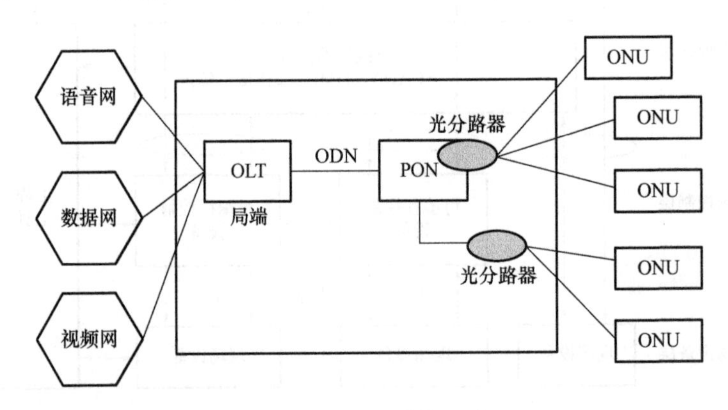

图 7-3 EPON 系统组成

在 EPON 系统中，OLT 既是一个交换机或路由器，又是一个多业务提供平台。它是无源光网络的局端设备，提供面向无源光纤网络的光纤接口，是 EPON 系统的核心部件。OLT 的主要功能有通过广播方式向 ONU 发送以太网数据；发起并控制测距过程，记录测距信息；发起并进行 ONU 功率控制；为 ONU 分配带宽，控制 ONU 发送数据的起始时间和发送窗口大小等。

EPON 中的 ONU 处于用户侧，用于连接用户终端设备。在配电自动化系统中连接配电终端、集中器等电力设备。上行接口是 PON 口，通过光纤连接无源光网络，下行接口可依据接入设备进行选择。ONU 采用了技术成熟而又经济的以太网协议，实现第二层、第三层的交换功能。ONU 的主要功能有选择接收 OLT 发送的广播数据；响应 OLT 发出的测距及功率控制命令，并做相应的调整；对用户的以太网数据进行缓存，并在 OLT 分配的发送窗口中向上行方向发送等。

ODN 是一个连接 OLT 和 ONU 的无源设备，功能是分发下行数据并集中上行数据，具备一定的抗干扰能力。

EPON 协议栈如图 7-4 所示，EPON 系统使用符合 ITU-TG. 625 要求的单模光纤，采用单纤波分复用技术实现单纤双向传输，上行波长为 1260~1360nm，下行波长为 1480~1500nm；PMD 子层基于 IEEE 802. 3—2005 和 YD/T 1475 规定；支持 10/20km 的最大传输距离，采用 8B/10B 线路编码和标准的上下行对称 10Gbit/s 数据速率。

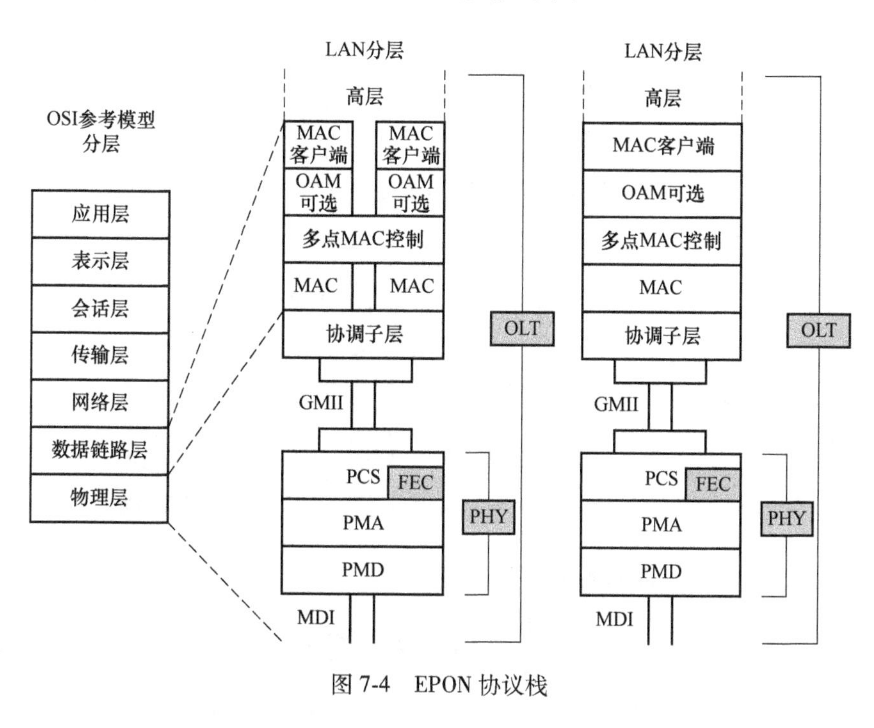

图 7-4　EPON 协议栈

在数据链路层，多点 MAC 控制协议（MPCP）的功能是在一个点到多个点的 EPON 系统中实现点到点的仿真，支持点到多点网络中多个 MAC 客户层实体，并支持对额外 MAC 的控制功能。

在 EPON 网络中，ONU 设备实现控制系统中不同网络协议的转换功能，主要包含 FE 接口、GE 接口、CAN 接口、RS 485/RS 232 接口、CVBS 接口、POTS 接口、WiFi 接口等通信接口。

典型的 EPON 网络拓扑结构有“手拉手”式和星形，如图 7-5、图 7-6 所示。

7. 2. 2　协议转换器设计及实现

协议转换器与 EPON 网络技术的 ONU 有异曲同工之效。本小节介绍一种能够实现

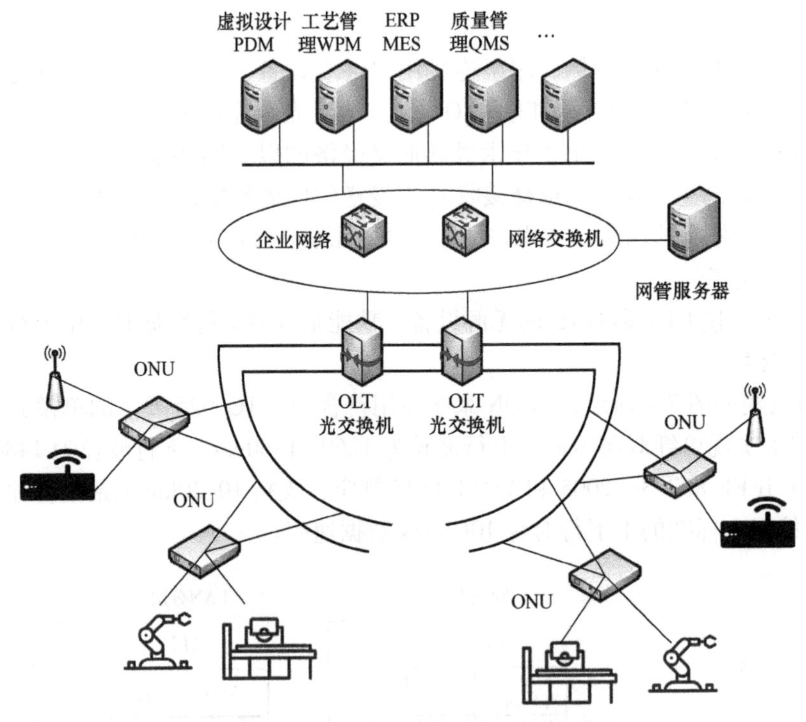

图 7-5　EPON 网络“手拉手”式网络结构

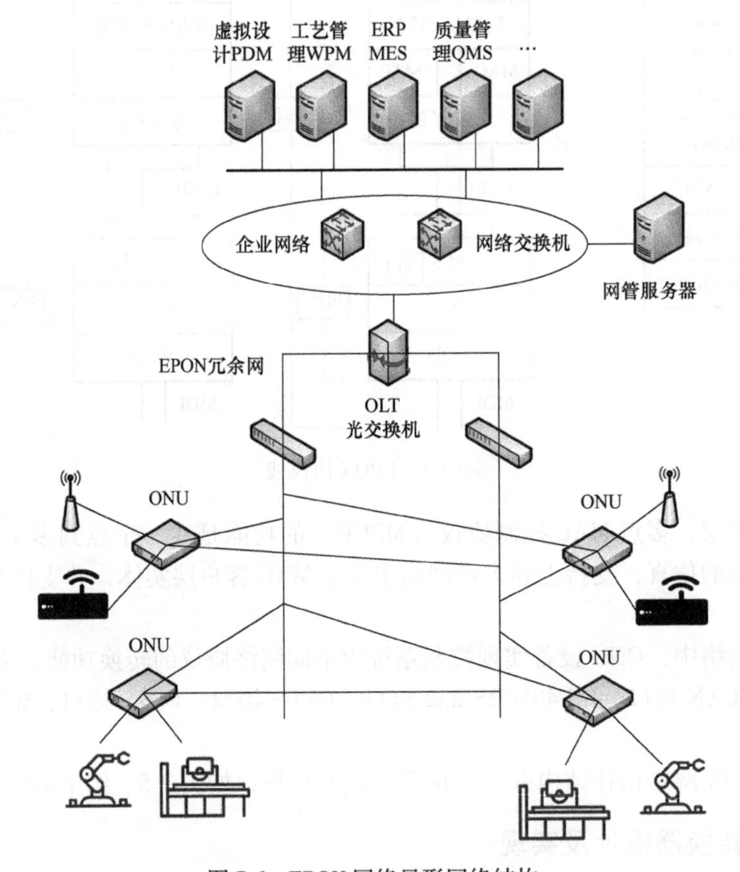

图 7-6　EPON 网络星形网络结构

Modbus 总线协议、CAN 总线协议、以太网协议之间数据交互的协议转换器，硬件结构如图 7-7所示。

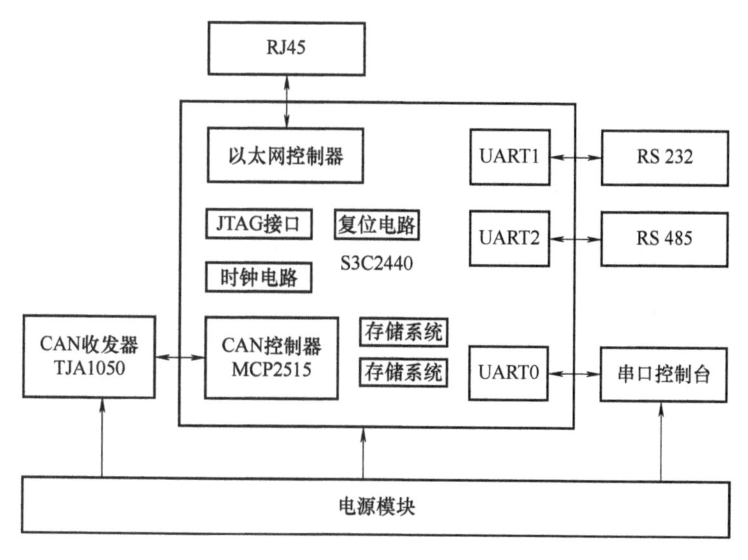

图 7-7　协议转换器硬件结构

协议转换器的微处理器选用 SAMSUNG 公司的 S3C2440，运行 Linux 操作系统，配合电源模块、复位电路、时钟电路、存储系统以及 JTAG 接口组成最小系统。

以太网接口由 MAC 和 PHY 两部分组成，采用 DM9000 作为微处理器的以太网控制器，该芯片满足 10M/100Mbit/s 通信速率要求。以太网接口电路如图 7-8 所示。

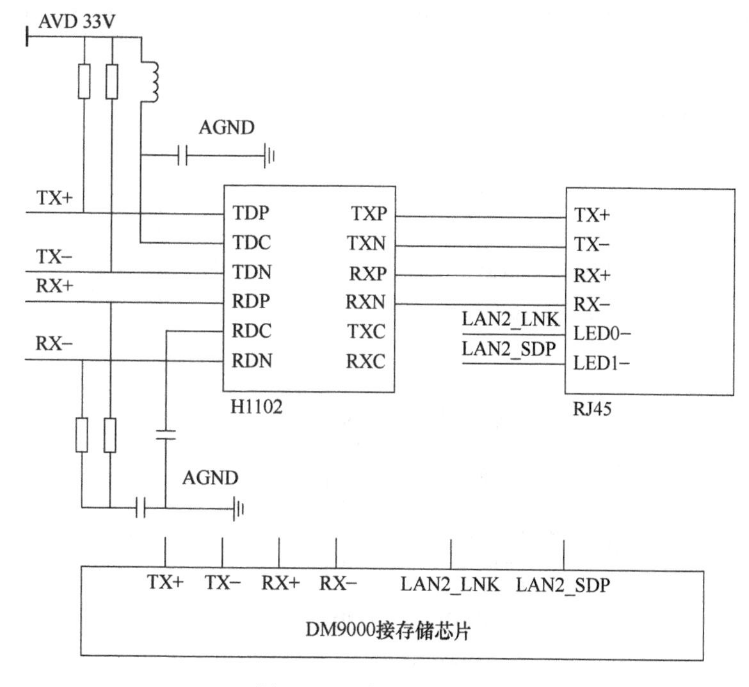

图 7-8　以太网接口电路

DM9000 芯片将数据保存至存储芯片。

采用 Microchip 公司的 MCP2515 作为微处理器的 CAN 总线控制器，CAN 总线收发器选用 TJA1050。CAN 总线模块电路如图 7-9 所示。

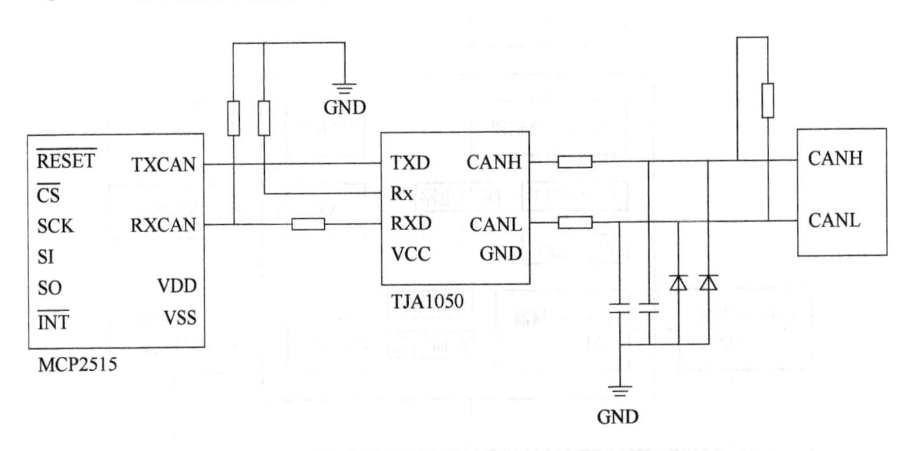

图 7-9　CAN 总线模块电路

MCP2515 可以接收和发送 CAN 协议的标准格式、扩展模式的数据帧以及远程帧。芯片拥有两个验收屏蔽寄存器和 6 个验收滤波寄存器，可以减小微处理器的消耗。芯片通过 SPI 接口与微处理器连接。为了防止电磁辐射干扰，在收发器的 CANH 和 CANL 引脚与地之间分别并联一个大小为 30pF 的电容；在 CANH 和 CANL 引脚处分别串联一个大小为 5Ω 的电阻，进行限流保护；在 CAN 总线接入端和接地之间各反接一个二极管 IN4148，进行过电压保护。

Modbus 总线进行通信时一般采用 RS 485 或 RS 232 串行接口。RS 485 总线接口电路如图 7-10 所示。

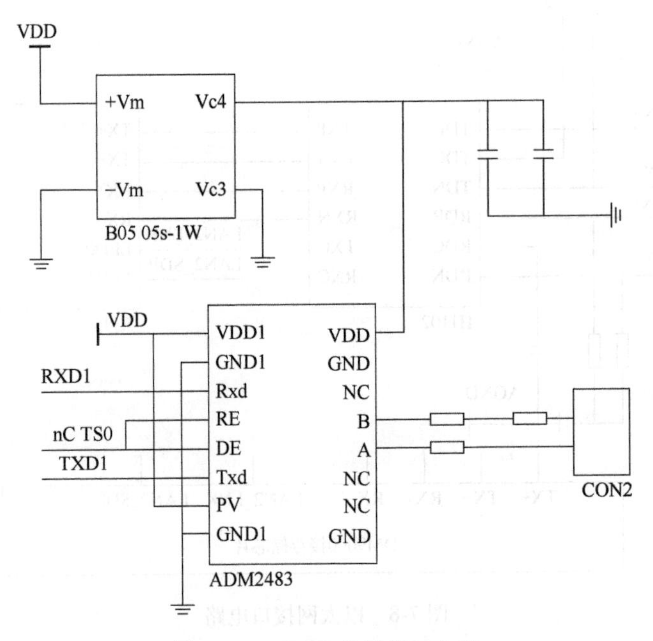

图 7-10　RS 485 总线接口电路

微处理器 UART 外接电平转换芯片，满足 RS 485 标准。采用 AnalogDevices 公司的半双工 RS 485 隔离收发器 ADM2483，该芯片集成了 3 个单通道的光耦和一个 RS 485 收发器，最高传输速率可达 500kbit/s。其中，RE 和 DE 引脚分别是接收和发送的使能端。

RS 232 采用 DB9 标准进行数据收发，使用 HIN232CP 作为数据收发转换芯片，电路如图 7-11 所示。

协议转换器主处理程序的结构如图 7-12 所示。

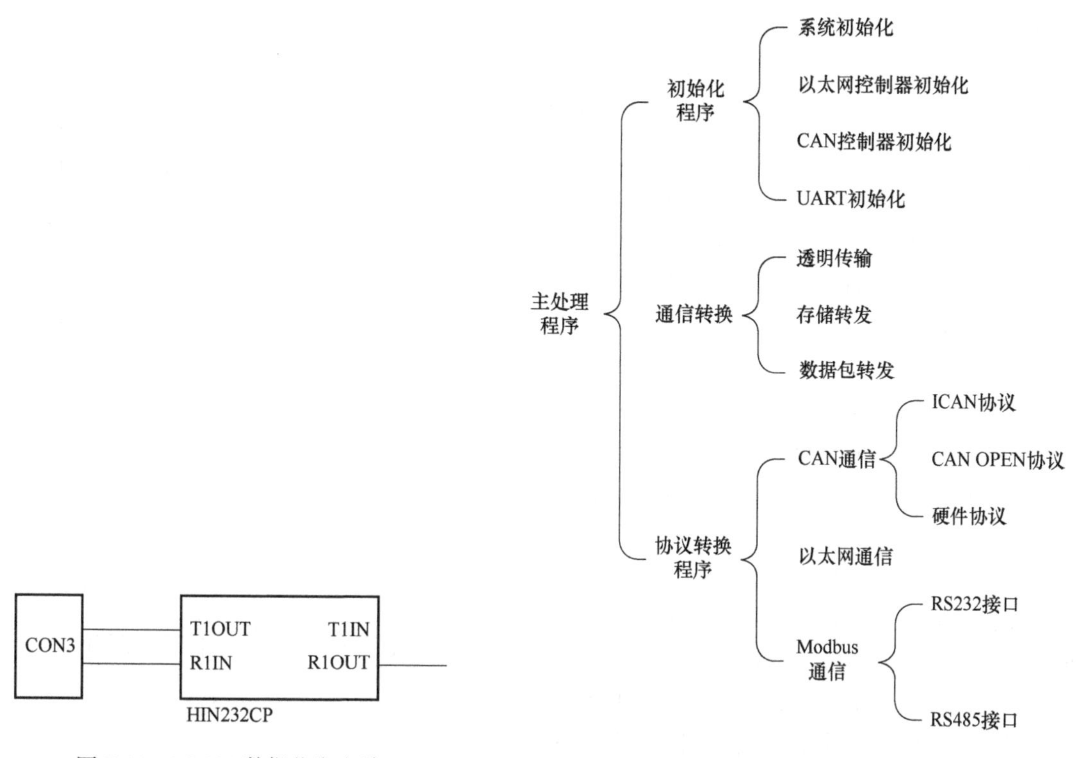

图 7-11 RS 232 数据收发电路

图 7-12 协议转换器主处理程序的结构

7.3 控制网络与信息网络的集成——OPC 技术

7.3.1 OPC 技术简介

用于过程控制的 OLE（OLE for Process Control，OPC）是一个工业标准，是对动态数据交换机制（Dynamic Data Exchange，DDE）技术的改进。在工业控制系统网络集成方面，OPC 技术已经取代 DDE 技术。DDE 技术是基于 Windows 的消息机制，实现控制层中监控软件与通用网络编程语言的交互，以及监控层与控制层的网络通信。在使用过程中，通过 DDE 技术在设备和控制系统之间传递实时信息并不理想，DDE 技术在传输性能和可靠性等方面存在诸多限制。开发商不得不对 DDE 标准进行扩展，以满足各种专用的信息格式，提供客户应用程序的性能和通信吞吐量。与此同时，DDE 不适用于大量数据的高速采集，不能为数据交换提供可靠的机制。上述原因促使工业界重新制定更为高效、可靠的数据访问标准，即 OPC 标准。

与 DDE 相比，OPC 最主要的优势体现在数据传输速率上。由于 OPC 服务器每秒能管理成百上千个事务，而且与 DDE 不同的是它的每个事务都能包含多个数据项，因此采用 OPC

传输数据要比 DDE 快得多。与此同时，OPC 定义了大量软件接口，用来标准化从过程层到管理层的信息流，主要用于工业自动化系统接口，如 HMI 和 SCADA 系统。

经典 OPC 依据工业应用的不同需求，已经制定了 3 个主要 OPC 规范：数据访问（DA）、报警和事件（A&E）、历史数据访问（HDA）。DA 规范描述了访问过程数据的当前值。A&E 描述了基于事件的信息接口，包括过程报警确认。HDA 描述了访问历史数据的函数。所有接口提供通过地址空间浏览的方法，并提供可用数据的信息。经典 OPC 采用客户端/服务器方式进行信息交换，如图 7-13 所示。

经典 OPC 基于微软的 OLE（现在的 Active X）、COM（部件对象模型）和 DCOM（分布式部件对象模型）技术，无须定义网络协议或进程间通信机制，减少了为不同的特定需求定义不同的 API 时的规范化工作，很好地解决了硬件设备间的互通性问题，但未提供企业层面的通信标准化问题。基于微软的 COM/DCOM 技术，则会给新增层面的通信带来不可根除的弱点。加上经典 OPC 技术不够灵活、平台局限等问题的逐渐凸显，OPC 基金会（OPC Foundation）发布了最新的数据通信统一方法——OPC 统一架构（OPC UA），涵盖了 OPC DA、OPC HDA、OPC A&E 和 OPC Security 的不同方面，并在其基础之上进行了功能扩展。OPC UA 是在经典 OPC 技术取得很大成功之后的又一个突破，让数据采集、信息模型化以及工厂底层与企业层面之间的通信更加安全、可靠。OPC UA 的几大优势：与平台无关，可在任何操作系统上运行，为未来的先进系统做好准备；与保留系统继续兼容，配置和维护更加方便，基于服务的技术可见性增加，通信范围更广；不再基于 COM/DCOM 技术，更加安全、可靠；可以穿越防火墙，实现 Internet 通信。

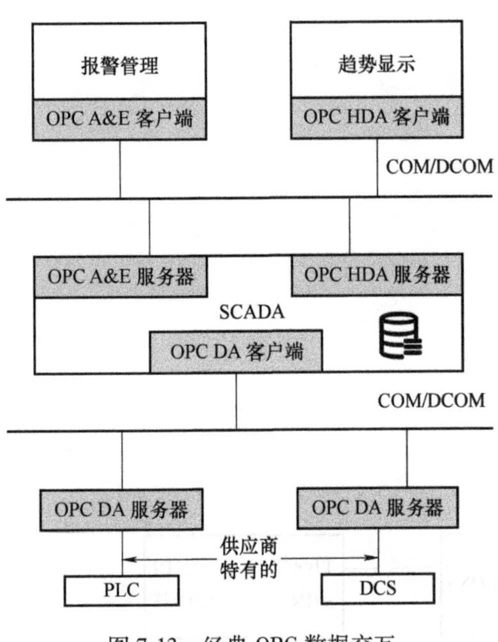

图 7-13　经典 OPC 数据交互

OPC UA 标准体系如表 7-1 所示，包括核心规范、访问类型规范、应用规范及其他相关规范。

表 7-1　OPC UA 标准体系

概　　述	标　　准	OPC UA 规范
核心规范	IEC/TR 62541-1	Part 1：总览与概念
	IEC/TR 62541-2	Part 2：安全模型
	IEC 62541-3	Part 3：地址空间模型
	IEC 62541-4	Part 4：服务
	IEC 62541-5	Part 5：信息模型
	IEC 62541-6	Part 6：映射
	IEC 62541-7	Part 7：行规

（续）

概　述	标　准	OPC UA 规范
访问类型规范	IEC 62541-8	Part 8：数据访问
	IEC 62541-9	Part 9：报警与状态
	IEC 62541-10	Part 10：编程
	IEC 62541-11	Part 11：历史访问
应用规范	IEC 62541-12	Part 12：Discovery
	IEC 62541-13	Part 13：集合
	IEC 62541-14	Part 14：Pub/Sub 发布者/订阅者
其他相关规范	IEC 62541-100	PLCopen IEC 61131-3

OPC UA 包含了通用信息模型，如图 7-14 所示。

其中，数据访问（DA）信息模型定义了传感器、控制器和编码器产生的过程数据，数据访问（DA）信息将这些数据提供给网络中的所有用户进行后期处理；报警和状态（AC）信息模型定义了如何处理报警和状态变化；历史获取（HA）信息模型让客户可以获取历史的变量值和事件，并对数据进行读/写编辑操作；程序（Prog）信息模型包括了程序和功能，可用于进行批处理。

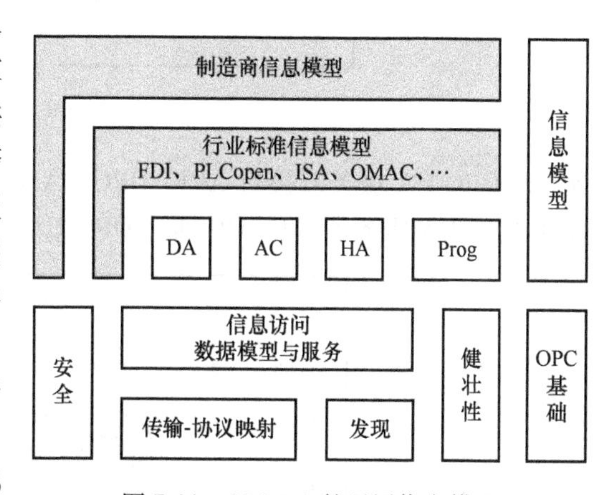

图 7-14　OPC UA 的通用信息模型

OPC UA 的体系结构与 OPC DA 都是 C/S 模式的，且 OPC 服务器与客户端可以互为服务器或客户端。但 OPC UA 的通信是基于消息机制的，每个系统都可以包含多个客户端和服务器，OPC UA 系统架构如图 7-15 所示。

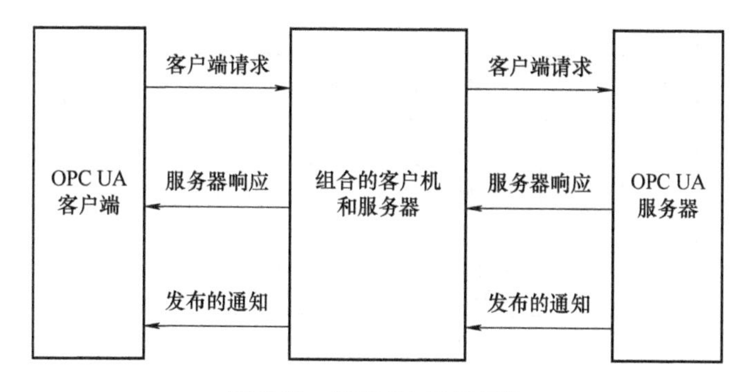

图 7-15　OPC UA 系统架构

OPC UA 的客户端结构包括 OPC UA 客户端应用程序、OPC UA 通信栈、OPC UA 客户端 API，OPC UA 客户端架构如图 7-16 所示。它使用 OPC UA 客户端 API 与 OPC UA 服务器端发送和接收 OPC UA 服务请求和响应。

OPC UA 服务器包括 OPC UA 服务器应用程序、真实对象、OPC UA 地址空间、发布/订

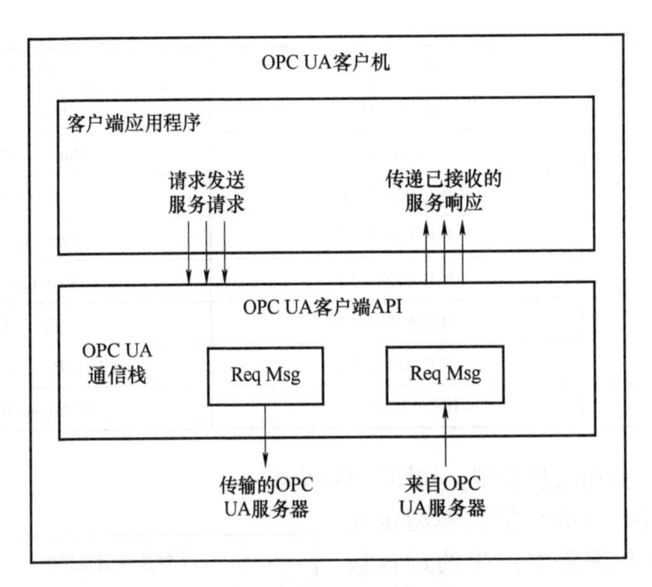

图 7-16　OPC UA 客户端架构

阅实体、OPC UA 服务器接口 API、OPC UA 通信栈，OPC UA 服务器架构如图 7-17 所示。它使用 OPC UA 服务器接口 API 通过 OPC UA 客户端来传送和接收消息。

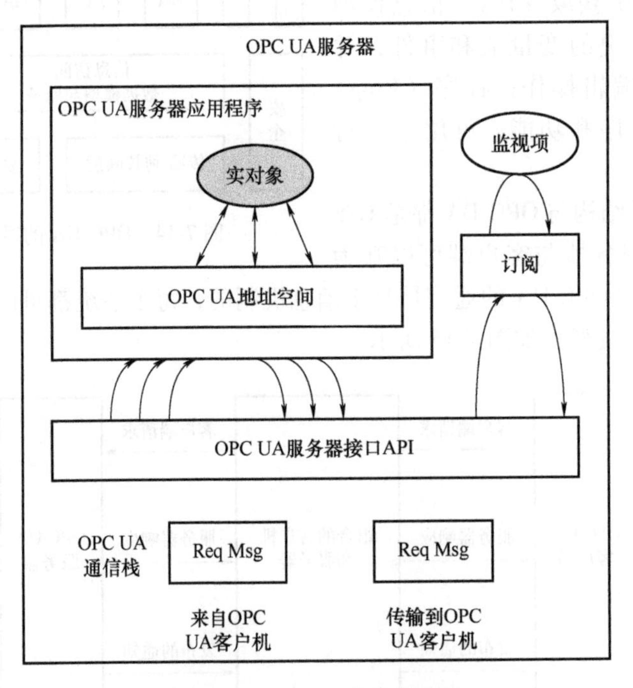

图 7-17　OPC UA 服务器架构

客户端与服务器之间的交互是通过 UA 的通信栈进行的，基于消息响应机制，支持二进制、混合模式、Web 服务，主要交互过程如下：

1）客户发送服务请求，经底层通信实体发送给 OPC UA 通信栈，并通过 OPC UA 服务器接口调用请求/响应服务，在地址空间的一个或多个节点上执行指定任务之后返回一个响应。

2）客户发送请求，经底层通信实体发送给 OPC UA 通信栈，并通过 OPC UA 服务器接口发送给预定，当指定的监测项探测到数据变化或者事件/警报发生时，监测项生成一个通知发送给预定，并由预定发送给客户。

现有 OPC API 定义的对象是相互分离且独立的，OPC UA 通过其对象模型实现了对各个对象服务的集成。OPC UA 的对象模型集成了对象的变量、方法、事件及其相关的服务，如图 7-18 所示。OPC UA 通过对象模型将数据、报警、事件以及历史数据集成到一个单独的 OPC UA 服务器中。

1）变量表示对象的数据属性，它可以是简单值或构造值。变量有值特性、质量特性和时间戳特性。值特性表示变量的值，质量特性表示生成的变量值的可信度，时间戳特性表示变量值的生成时间。

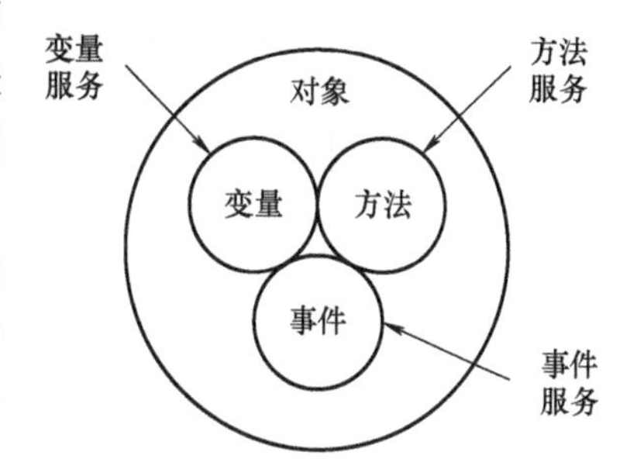

图 7-18　OPC UA 对象模型

2）方法是被客户调用执行的操作，它分为状态的和无状态的。无状态是指方法一旦被调用，必须执行到结束，而状态是指方法在调用后可以暂停、重新执行或者中止。

3）事件表示发生了系统认为的重要事情，其中表现异常情况的事件被称为报警。通过对象模型实现了将数据、报警、事件以及历史数据集成到一个单独的 OPC UA 服务器中。

OPC UA 提出了集成地址空间的概念，将各个规范的地址空间集成在一个平台上，这样可以使不同的规范在同一地址空间中调用服务。

为了提高客户端与服务器的互操作性，OPC UA 地址空间的节点都是以层次结构进行组织的。节点间可以互相引用，把地址空间组织成一个相互联系的网状结构。

为了简化客户访问地址空间，OPC UA 服务器创建了一个视点（View）。视点就是地址空间的一个子集，默认值就是整个地址空间。视点就是简化了地址空间的层次结构，其将地址空间分成若干块。视点对客户可视，客户通过浏览节点确定其结构。服务器可以在地址空间里定义它们自己的视点，或者可以通过客户调用 OPC UA 服务来创建视点。

此外，OPC UA 通过地址空间支持信息模型：

1）节点引用使得地址空间的对象能够相互联系。

2）对象类型定义的节点为真实对象提供了语义信息。

3）对象类型节点的层次结构支持子类的类型定义。

4）数据类型定义的节点实现了对工业特定数据类型的使用。

5）OPC UA 配套标准允许工业组织定义如何在 OPC 服务器地址空间表示其特定信息模型。

OPC UA 的集成服务将现存 OPC 规范的所有服务集成在一起，这些服务被组织到称为服务集的逻辑组中。OPC UA 把客户端和服务器之间的接口定义为一组服务，通过接口功能提供服务。OPC UA 服务器对客户端提供两个功能，它们允许客户端向服务器发出请求并从服务器接收响应，也允许客户端向服务器发送通知。而服务器使用通知来报告事件，如报警、数据值变化、事件和程序的执行结果。

OPC UA 服务集提供了数据间会话建立、安全通信等方面的服务功能集成，包括发现服务集（Discovery Service Set）、安全通道服务集（Security Channel Service Set）、会话服务集

(Session Service Set)、节点管理服务集（Node Management Service Set)、视图服务集（View Service Set)、查询服务集（Query Service Set)、属性服务集（Atrribute Service Set)、方法服务集（Method Service Set)、监视项服务集（Monitoredltem Service Set）和订阅服务集（Subscription Service Set)。其中，安全通道服务集用于建立客户端与服务器端的安全通信通道，保证与服务器交换报文的机密性和完整性。与其他服务不同的是，安全通道服务不是直接由 OPC UA 的应用程序实施的，而是由应用程序之下的通信栈来提供的。安全通道服务集如图 7-19 所示。

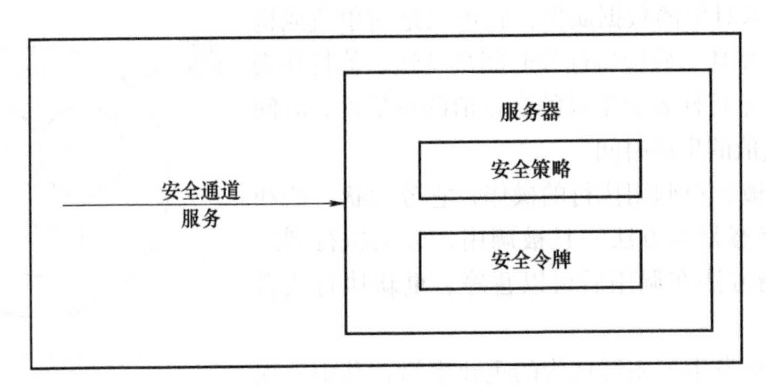

图 7-19　安全通道服务集

OPC UA 会话服务集设定用户规范连接；节点管理服务集可为命名空间增加、改变、删除节点；视图服务集使客户端能够浏览命名空间或命名空间的子集；查询服务集使客户端能够获取命名空间或视图的子集；数据属性服务集使客户端读/写节点属性；方法服务集调用节点的方法；监测项服务集监测值属性的变化；订阅服务集设定信息监控项。

7.3.2　OPC DA 技术应用

本小节以西门子 WinCC V7.3 为例介绍 OPC DA 的配置方法。

WinCC 之间建立 OPC 连接后，就会通过 WinCC 变量进行数据交换。WinCC OPC DA 客户端会通过 OPC 连接来读取 WinCC OPC DA 服务器上的 WinCC 变量“OPC_Server_Tag”。为了简化过程，系统使用 OPC 条目管理器。系统连接如图 7-20 所示。

1）在 WinCC OPC DA 服务器的 WinCC 项目中组态一个数据类型为“有符号 16 位数”、名为“OPC_Server_Tag”的内部变量。

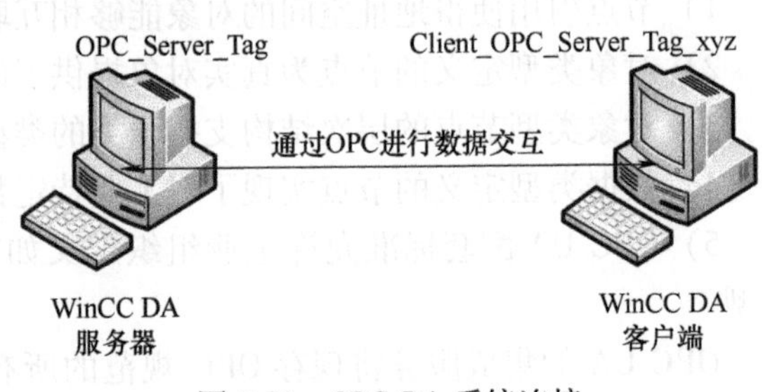

图 7-20　OPC DA 系统连接

2）在 WinCC OPC DA 客户端上，从“OPC 组（OPCHN Unit#1)”通道单元的快捷菜单中选择“系统参数”命令，打开“OPC Item Manager”（OPC 条目管理器)。选择 WinCC OPC DA 服务器名称，如图 7-21所示。

3）在 WinCC OPC DA 客户端选中服务器所建变量，如图 7-22 所示。

4）在 WinCC OPC DA 客户端上新建/选择一个连接，对变量进行重命名，如图 7-23 所示。

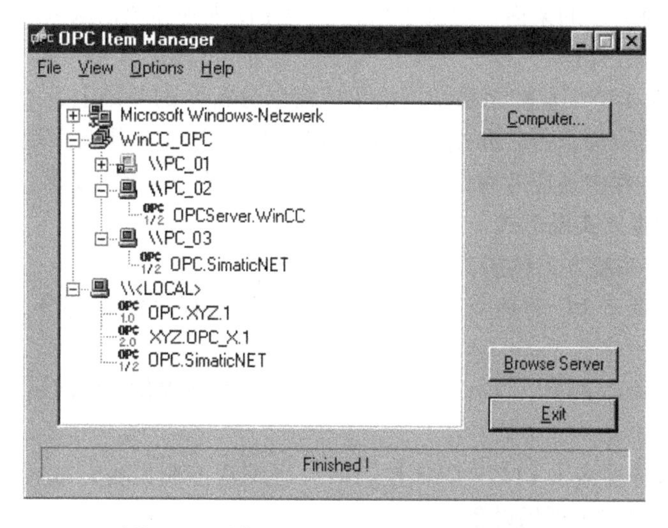

图 7-21　选择 WinCC OPC DA 服务器名称

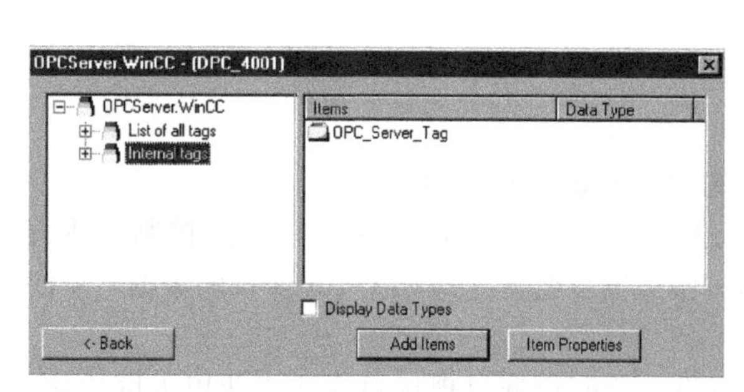

图 7-22　选中服务器所建变量

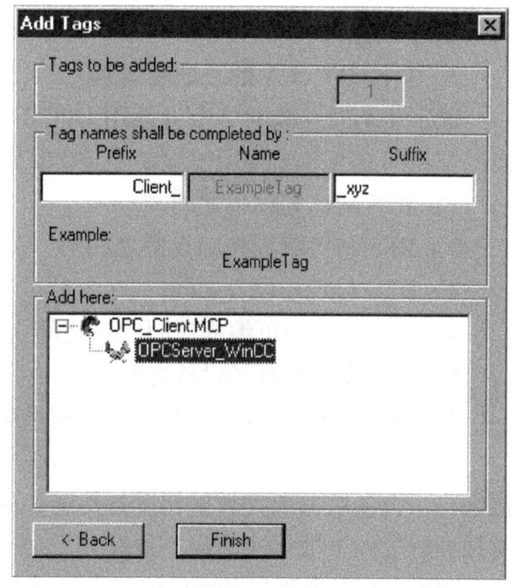

图 7-23　OPC DA 变量重命名

7.3.3　基于 OPC UA 的数字化车间互联网络架构

智能制造要求数字化车间的各层网络实现互联互通，以打破原有业务流程与过程控制流程相脱节的局面，使得分布于不同生产制造环节的各系统和设备不再是“信息孤岛”。信息交换从底层设备层贯穿至控制层和管理层网络，例如，生产管理系统（ERP、MES 系统）的生产调度、工作指令、工艺参数和控制参数等向下传递给控制设备和制造装备，生产现场的工况信息、设备状态、测量参数等向上传递给监控系统和生产管理系统，再加上各种智能制造装备相互连接、协同操作，形成智能单元。这就是智能制造数字化车间中的纵向集成。这种需求要求通信不仅仅是数据的传输，而且还是基于语义的信息交换。OPC UA 采用基于语义和面向服务（SOA）的架构，定义了信息模型建模规则和通信服务，非常适合数字化车间互联网络的集成与互操作。

本小节将在“7.1节工业控制系统网络集成需求分析”的基础上，给出基于OPC UA的数字化车间互联网络架构，然后介绍一种基于SDK的OPC UA开发实现方法，并指出在开发和应用OPC UA过程中还应考虑资源使用、实时性和安全性等的要求。

1. OPC UA的主要实现形式

OPC UA的主要实现方式包括：

1）OPC UA是基于PC的独立可执行程序或可执行程序的一部分，可与ERP、MES、SCADA共同使用。

2）网络上单独存在的OPC UA协议网关，向上层网络提供OPC UA服务器，向下层网络采集现场数据。

3）OPC UA服务器嵌入PLC、DCS控制器等可编程控制设备，或者嵌入数控机床、工业机器人、RFID读写器等现场设备。

当OPC UA服务器嵌入可编程控制设备或现场设备时，处于监视控制层或车间层的OPC UA客户端应用程序可直接获取现场数据，期间无任何数据格式变化，避免了由于协议转换而带来的延迟。

2. 基于OPC UA的互联网架构

数字化车间互联网络中可使用OPC UA实现不同层级系统、设备之间的集成与信息交换。常见的OPC UA作用位置如图7-2的椭圆框表示，包括：

1）MES与监控设备之间。

2）MES与可编程控制设备之间。

3）MES与现场设备之间。

4）监控设备与可编程控制设备之间。

5）监控设备与现场设备之间。

基于OPC UA的数字化车间互联网络架构示意图如图7-24所示。

MES、SCADA、HMI之间一般通过LAN或以太网连接。OPC UA将汇总到控制层或直接来自于设备层的现场数据和设备信息，通过服务器转换为支持OPC UA协议的数据，从而实现控制层以上数据通信的一致性。

OPC UA服务器与可编程控制设备或现场设备之间可通过现场总线或工业以太网连接。OPC UA服务器与底层网络（现场总线或工业以太网）之间的通信是与实现相关的，不属于OPC UA范围。

此外，现场设备与现场设备之间、现场设备与可编程控制设备之间、工程工具与ERP/MES之间、ERP与MES之间的集成与信息交换也可通过OPC UA实现。

3. OPC UA开发实现

（1）OPC UA应用架构

OPC UA具有平台无关性，可以在任何操作系统上运行，甚至可以基于芯片而无需操作系统，开发可以使用任何编程语言与开发环境，如Ansi C/C++、.NET和Java等语言。

为实现组件或构件重用，OPC UA应用的开发应按照功能层次进行划分，图7-25给出OPC UA客户端与服务器之间相交互的软件功能层次模型，包括相应的OPC UA应用程序、OPC UA API以及OPC UA通信栈。

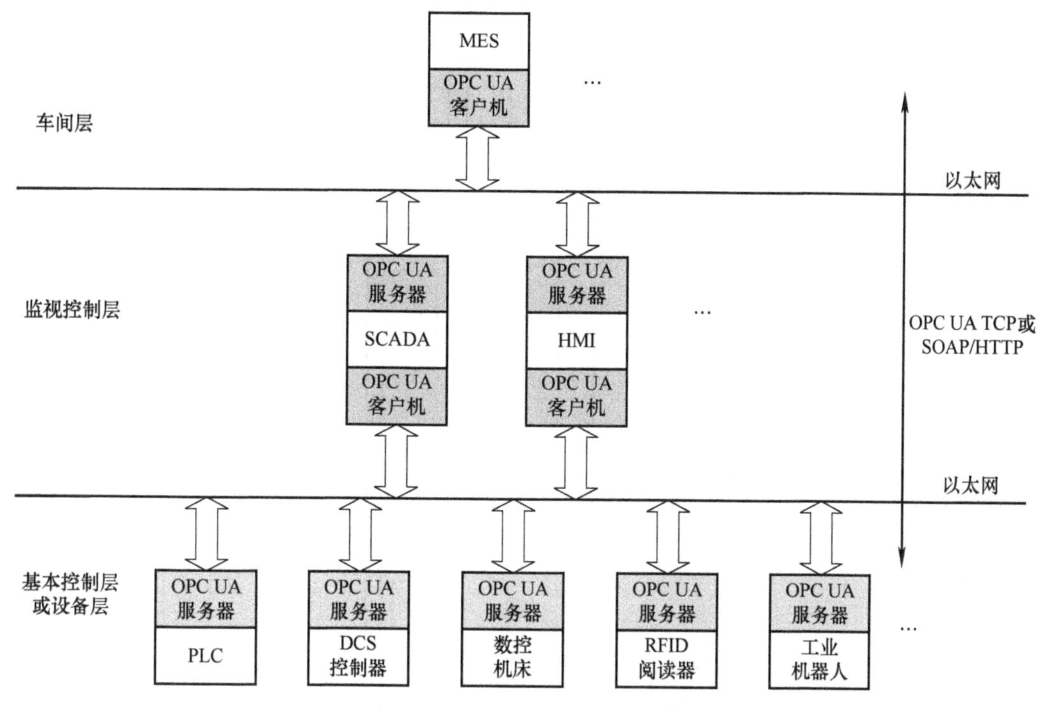

图 7-24 基于 OPC UA 的数字化车间互联网络架构示意图

1）OPC UA 客户端/服务器应用。实现作为 UA 客户端/服务器设备的或业务功能的程序或代码；客户端应用使用 OPC UA 客户端 API 向 OPC UA 服务器发送和接收 OPC UA 服务请求和响应；服务器应用使用 OPC UA 服务器 API 发送和接收来自 OPC UA 客户端的 OPC UA 消息。

2）OPC UA 客户端/服务器 API。用于分离 OPC UA 客户端/服务器应用代码与 OPC UA 通信栈的内部接口，实现管理连接（会话）和处理服务报文等功能。

3）OPC UA 通信栈。实现 OPC UA 通信通道，包括消息编码、安全机制和报文传输。

4）实际对象。OPC UA 服务器应用可访问的或 OPC UA 服务器内部维护的硬件或软件对象，如物理设备和诊断计数器。

5）OPC UA 地址空间。客户端使用 OPC UA 服务（接口和方法）可以访问的服务器内节点集；节点用于表示实际对象、对象定义和对象间的引用。

（2）基于 SDK 的 OPC UA 开发实现

这里推荐 OPC UA 服务器和客户端的开发采用基于软件开发包 SDK 的开发方式。SDK 实现了 OPC UA 规范定义的概念和服务，向应用开发者隐藏了 OPC UA 通信和服务的细节，并为之提供相应的 API。常见的 OPC UA SDK 供应商包括加拿大的 MatrikonOPC、德国的 Softing、Prosys、UnifiedAutomation 等公司。这些公司的 SDK 一般以库的形式提供，但可能限定编译机器和运行机器的个数。有些 SDK 还能以源码的方式提供，但使用要求受限。如 OPC UA 基金会会员，可以免费获取有限的 OPC UA 开源代码，但客户必须在其基础上进一步开发。

OPC UA SDK 包括服务器 SDK 和客户端 SDK，其中 OPC UA 服务器 SDK 提供的功能主要如下：

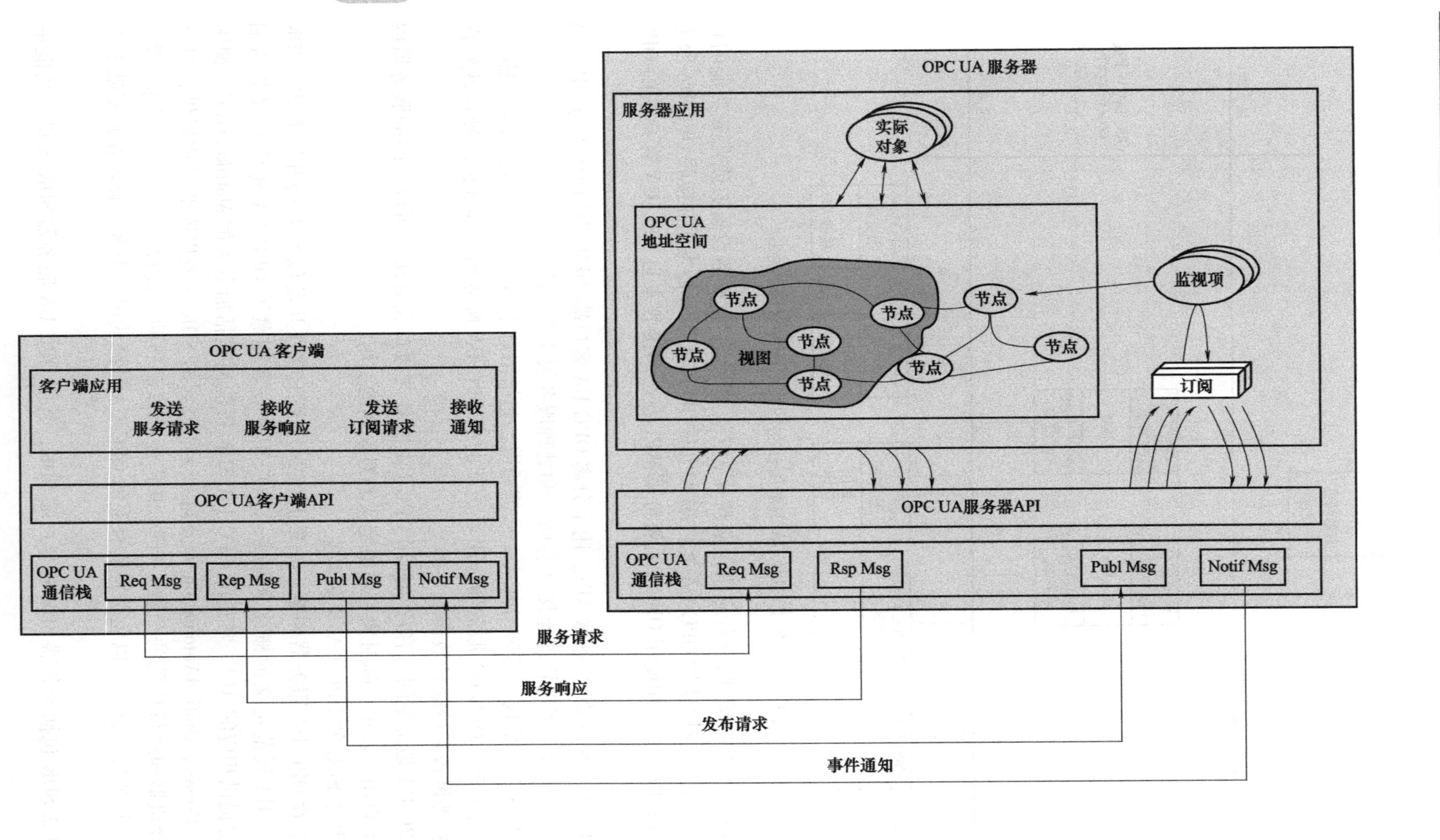

图 7-25　OPC UA 客户端与服务器之间相交互的软件功能层次模型

1）提供包括基于 UA TCP 和 SOAP/HTTP 的 OPC UA 通信，如作为服务器进行客户端报文的接收。

2）提供安全模型功能，如签名校验、解密等。

3）提供读/写属性、浏览结构等相关的服务，如作为服务器对客户端的读、写、订阅进行响应。

4）提供创建地址空间相关的各类接口，如创建结构节点、创建数据节点（一般数据点、模拟量、离散量、多态等）。

5）提供这些与节点相关联的支持以形成节点之间的关系。

OPC UA 客户端 SDK 提供的功能主要如下：

1）提供基于 UA TCP 和 SOAP/HTTP 的 OPC UA 通信，如作为客户端进行连接操作。

2）提供安全模型功能，如签名、加密等。

3）提供浏览地址空间、读/写节点属性、订阅数据改变和属性等相关服务的接口。

开发者需要在 SDK 提供的功能基础上，设计并实现与 OPC UA 服务器和客户端业务相关的特定功能，其中服务器端的业务功能包括：

1）构建用户的地址空间模型。

2）对用户地址空间节点数据进行管理和维护，如地址空间中模拟量数据节点的值如何更新。

3）通信相关驱动的开发（主要针对嵌入设备的 OPC UA 服务器）。

4）其他必要的工作。

客户端的业务功能包括：

1）一般的用户接口，用户可以进行输入和输出。

2）配置管理，用户可以选择访问服务器的哪些数据以及访问方式，如轮询、订阅等不同方式。

3）其他必要的功能。

对于基于 SDK 的 OPC UA 服务器开发，大部分工作量在于地址空间的建立、管理与维护。OPC UA 提供了标准地址空间结构，但是服务器开发者应根据不同的系统或设备功能需求构建自己的地址空间或信息模型，例如，数控机床信息模型与 PLC 模型不同。

下面介绍一种基于国产可控 PLC 的 OPC UA Server 系统的设计，系统架构如图 7-26 所示。

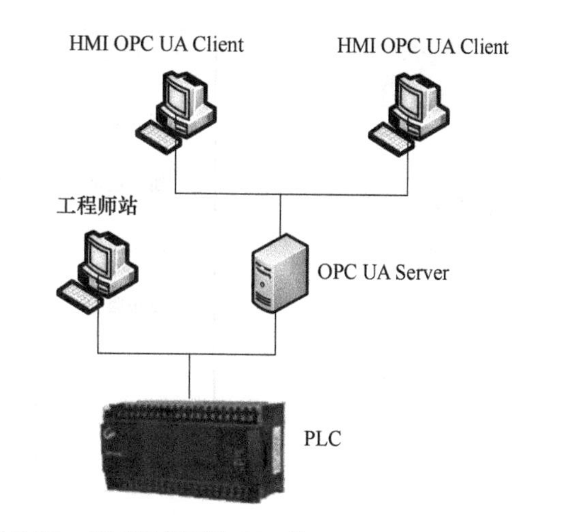

图 7-26 基于国产可控 PLC 的 OPC UA Server 系统架构

OPC UA Server SDK 架构如图 7-27 所示。

OPC UA Server 底层架构的主要功能模块包括基础模块（Base）、核心模块（Core Module）、UA 模块（UA Module）、服务器应用（Server Application）、系统集成（System Integration）5 部分，如图 7-28 所示。

Base 模块使用 UA 结构和定义的平台层 OPC UA 堆栈实现 OPC UA 客户机和服务器应用

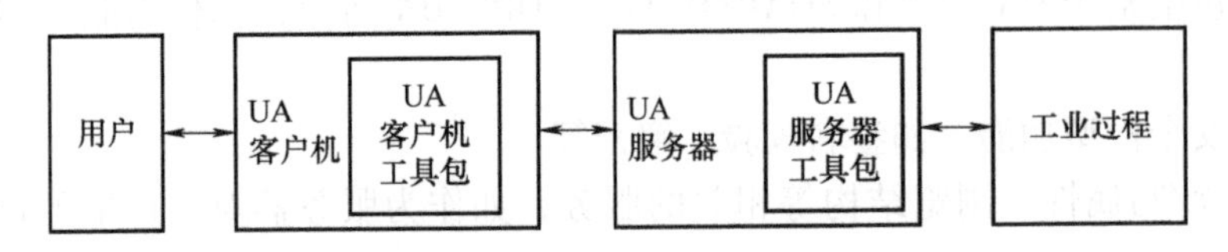

图 7-27　OPC UA Server SDK 架构

程序的基本功能，包含包装类系统功能的线程、互斥信号量和包装类等 UA 类型字符串、扩展对象或其他常用的 UA 结构。

Core Module 管理 OPC UA 会话地址空间。

UA Module 可实现 Core Module 访问 OPC UA 服务器。UA 模块使用 OPC UA 堆栈与 OPC UA Client 通信。

实现 OPC UA Server 与 Client 之间的通信，首先要建立两者之间的连接。当客户端想要访问服务器的某项服务时发起请求，OPC UA Server 提取请求的有效数据信息进行解析，在自己的注册信息表中找到对应的 IP 地址及请求信息，完成相应的函数调用及应答服务，具体流程如图 7-29 所示。

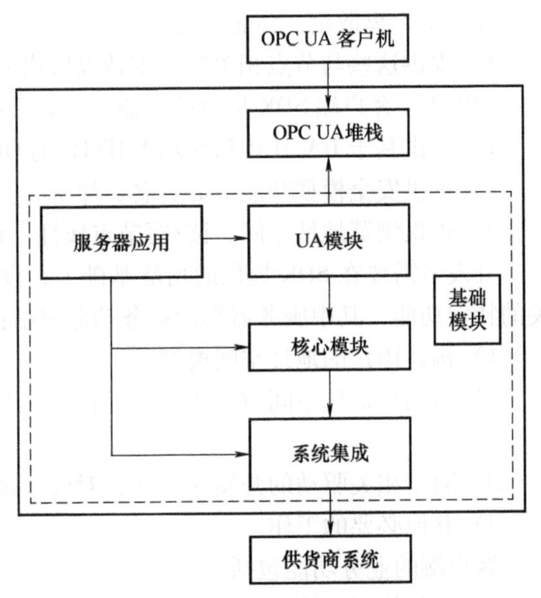

图 7-28　OPC UA Server 架构模式

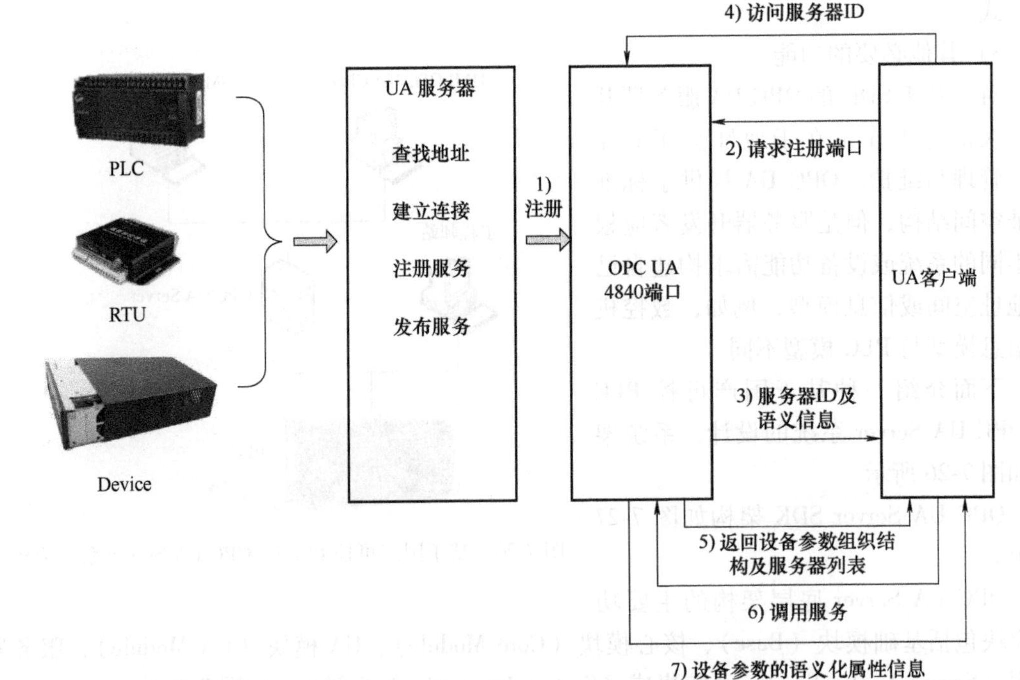

图 7-29　OPC UA Server 通信连接机制具体流程

OPC UA Server 作为该系统的核心子系统，当与客户端建立好连接后，最重要的就是实现 OPC UA 信息交互。OPC UA Server 软件的主要功能包括登录服务、退出登录服务、读变量、写变量。

（3）OPC UA 开发和应用考虑

OPC UA 开发应考虑如下方面：

1）资源受限。对于嵌入式 OPC UA 服务器，设备开发商需考虑由于使用 OPC UA 技术或通信栈带来的诸如内存、CPU 等的资源受限问题，例如，在单片机等低资源硬件平台上开发最好进行资源评估。

2）实时性。当现场设备与管理层如 MES 系统通过 OPC UA 直接集成时，应考虑管理层对现场设备操作的合理性，如不宜过度频繁操作以影响现场设备的实时性。

3）安全性。OPC UA 提供安全模型，支持用户认证鉴别、报文加密、安全会话等功能，但安全性对系统资源有一定要求，也会影响实时性，因此，对于实时性要求不高的应用，例如 500ms 量级，从管理层（如 MES 系统）对现场设备进行 OPC UA 操作可以考虑使用安全机制。

7.4 工业网络发展趋势及典型技术

7.4.1 工业网络发展趋势

《中国制造 2025》《国务院关于深化“互联网+先进制造业”发展工业互联网的指导意见》等一系列政策指导文件推动了互联网与制造业的深度融合。这些政策指导文件在工业领域最终演变为对工业互联网的探索与尝试。本小节主要介绍工业网络的发展趋势。

互联网与制造业的深度融合贯穿于设计、生产、管理、服务等各个环节，其具有平台支撑、软件定义、数据驱动、服务增值、智能主导五大特征。

当前，网络及政策上常提及的“互联网+”是一种新的经济形态，是互联网广泛应用于生产、服务各领域，实现智能化生产与服务、泛在化互联，提供个性化产品，最终表现为虚拟化企业的新的经济发展形态。“互联网+先进制造业”的内涵如图 7-30 所示。

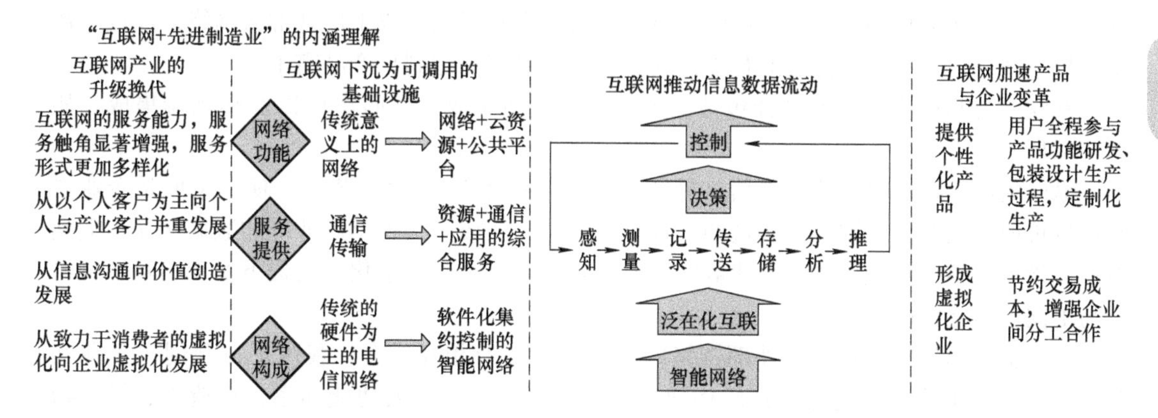

图 7-30 “互联网+先进制造业”的内涵

在此背景下，传统的层次性网络结构将互联网、企业信息网络以及工业控制网络相互割裂，各网络功能单一：互联网仅用于商业信息交互；企业信息网络难以延伸到生产系统；大量的生产数据沉淀、消失在工业控制网络。层次性网络结构难以胜任互联网与制造业深度融合的发展需求。

工业云技术打通工业控制网络、企业信息网络以及互联网之间的壁垒，将 3 个网络有机结合起来，组成工业互联网，工业云技术下的工业网络如图 7-31 所示。

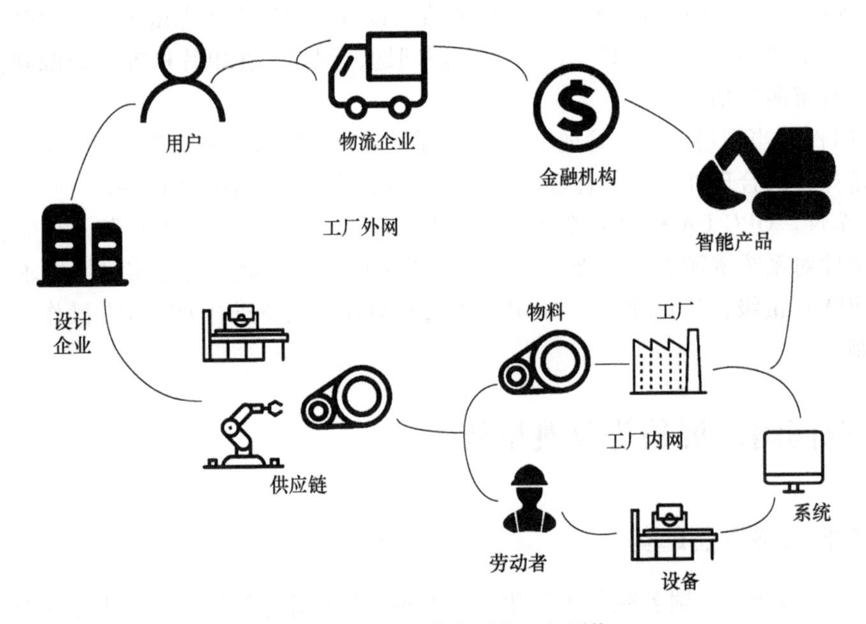

图 7-31　工业云技术下的工业网络

工业云技术在工厂外网中实现生产企业与智能产品、用户、协作企业等工业全环节的广泛互联；在工厂内网中实现工厂内生产装备、信息采集设备、生产管理系统和人等生产要素的广泛互联。应用工业云技术实现的工业互联网实现人、机器、车间、企业等主体以及设计、研发、生产、管理、服务等产业链各环节的全要素的泛在互联。

在工业现场，设备、传感器通过协议转换器（自带安全防护功能）进入工厂内部云网络；经过边缘处理（边缘计算、雾计算）以及工业数据建模与分析，到达企业管理层，实现实时监控与智能控制；各个工厂的公有云网络配合互联网组成工厂外部云网络，经过大数据分析与计算，实现全产业链的智能协同，可以满足用户定制化产品需求。

互联网与制造业的深度融合包括三大集成：横向集成、纵向集成以及端到端集成，如图 7-32所示。

纵向集成主要解决企业内部信息孤岛的问题，实现工业网络 IP 化；横向集成是企业之间通过价值链以及信息网络所实现的一种资源整合，实质是实现全产业链的数据交互；端到端集成指贯穿整个价值链的工程化数字集成，是在所有终端数字化的前提下实现的基于价值链与不同公司之间的一种整合。

通过工厂内外联以及工厂外部网络的不断集成以及相互融合，我国正在开创“工业互联网”时代。工业互联网通过系统构建网络、平台、安全三大功能体系，打造人、机、物全面互联的新兴网络基础设施，形成智能化发展的新兴业态和应用模式。

什么是工业互联网？

1）工业互联网是互联网和新一代信息技术与全球工业系统全方位深度融合所形成的产

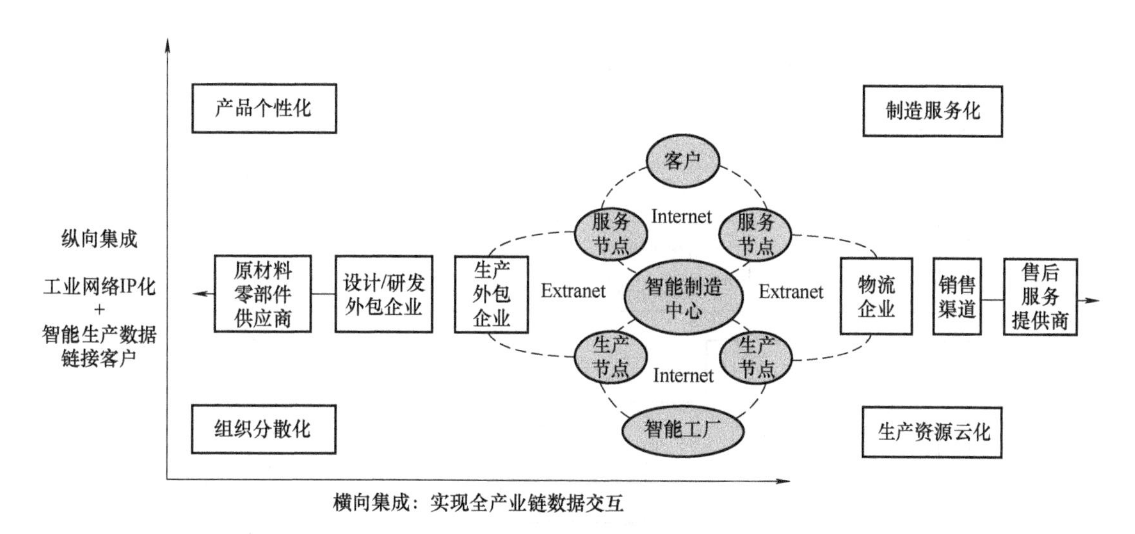

图 7-32 互联网与制造业的深度融合

业和应用生态，是工业智能化发展的关键综合信息基础设施。

2）工业互联网是网络，实现机器、物品、控制系统、信息系统、人之间的泛在连接。

3）工业互联网是平台，通过工业云和工业大数据实现海量工业数据的集成、处理、分析。

4）工业互联网是新模式新业态，可实现智能化生产、网络化协同、个性化定制和服务化延伸。

工业互联网的最终目标是实现端到端的集成，如图 7-33 所示。

工业互联网包括网络体系、平台体系以及安全体系。

1）网络体系是基础，将连接对象延伸到工业全系统、全产业链、全价值链，实现泛在深度互联。

全要素：人、物品、机器、车间、企业等。

各环节：设计、研发、生产、管理、服务。

2）平台体系是核心。包括海量数据汇聚与建模分析；制造能力标准化与服务化；工业知识软件化与模块化；各类创新应用开发与运行；支撑生产智能决策、业务模式创新、资源优化配置、产业生产培育。

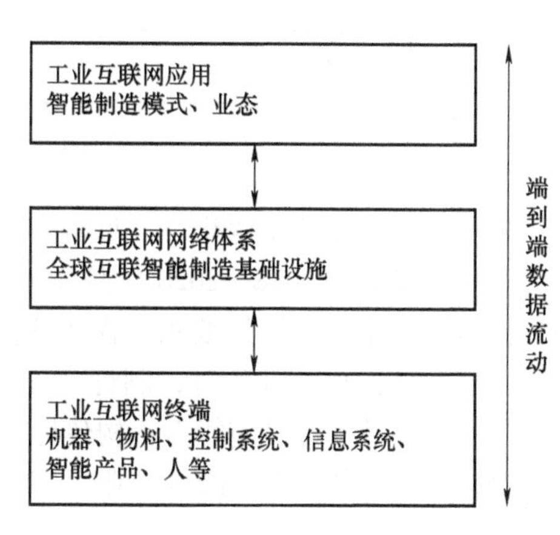

图 7-33 工业互联网发展目标

3）安全体系是保证。建设满足工业需求的安全技术和管理体系；增强设备、网络、控制、应用和数据的安全保障能力；识别和抵御安全威胁；化解各种安全风险。

工业互联网体系如图 7-34 所示。

2018 年 2 月，国家制造强国建设领导小组设立工业互联网专项工作组，主要职责为统筹协调我国工业互联网发展的全局性工作，审议推动工业互联网发展的重大规划、重大政策、重大工程专项和重要工作安排，加强战略谋划，指导各地区、各部门开展工作，协调跨地区、跨部门重要事项，加强对重要事项落实情况的督促检查。

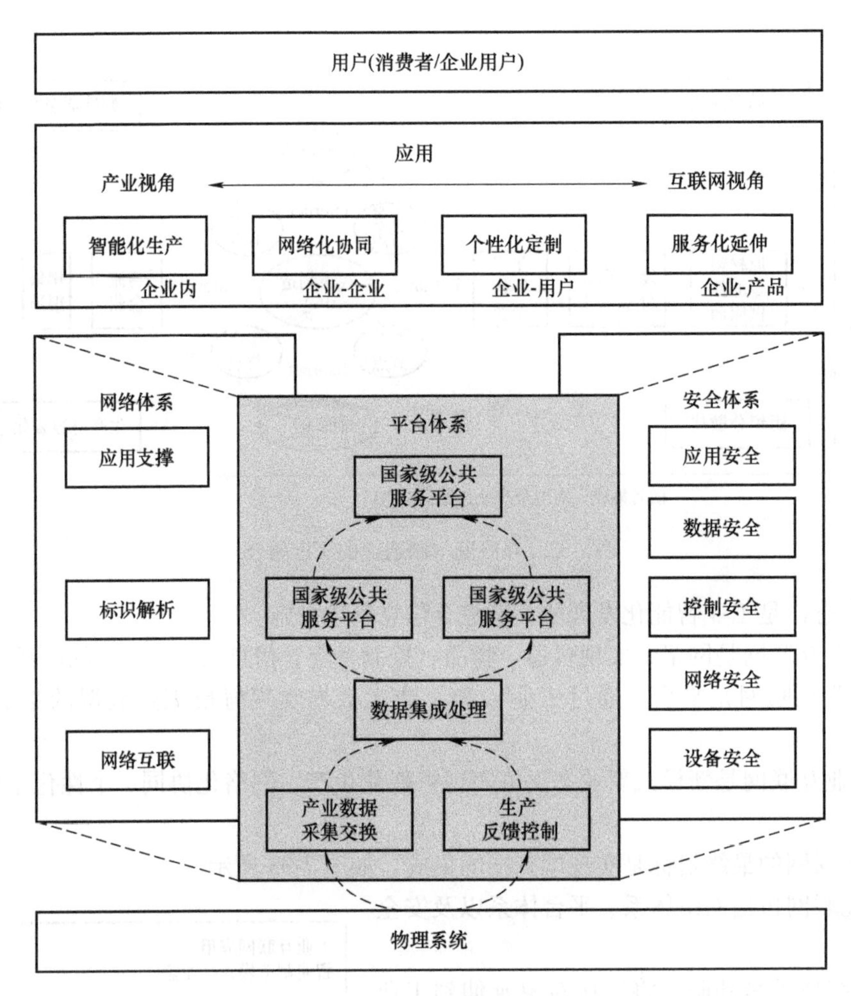

图 7-34　工业互联网体系

根据《国务院关于深化“互联网+先进制造业”发展工业互联网的指导意见》（以下简称《指导意见》），2018—2020 年是我国工业互联网建设的起步阶段，对未来发展影响深远。为贯彻落实《指导意见》要求，深入实施工业互联网创新发展战略，推动实体经济与数字经济深度融合，2018 年 6 月，制订《工业互联网发展行动计划（2018—2020）》，主要包含八大任务：提升基础设施能力；构建标识解析体系；建设工业互联网平台；撰写核心技术标准；培育新模式新业态；融合产业生态；增强安全保障水平；推行开放合作。

7.4.2　典型技术

工业网络发展趋势下的典型技术包括时间敏感网络（Time Sensitive Network，TSN）、软件定义网络（Software Defined Network，SDN）、虚拟化技术、窄带物联网（Narrow Band Internet of Things，NB-IoT）、边缘计算技术等。

1. 时间敏感网络

速度、实时的通信和真正的确定性对于当今工业应用的成功至关重要。随着工业物联网（IIoT）的兴起和相应的数据涌入，人们发现流量和带宽问题变得越来越突出。自动化网络在一定程度上始终存在着实时的要求，但是随着现场层面接入的传感器越来越多，可用带宽和不同流量类型共存成为工厂骨干网络上行信道的一个重要问题。当时间关键型流量和后台流量共享相同的网络基础设施时，标准以太网就无法提供可靠的实时保证。

电气和电子工程师协会（IEEE）目前正在参与开发时间敏感网络（TSN），它是一种新技术，旨在使用容错机制以及时间关键型流量和背景流量的共存方法，提高标准以太网的可靠性。

TSN 可为标准 IEEE 802.1 和 IEEE 802.3 以太网提供全新水平的确定性。在 IIoT 应用中工作的自动化网络设计人员能够更加简便地扩展工艺流程，更好地提供实时的信息，并且能够传输和充分利用其以太网的可用带宽，而不用担心时间关键型通信出现中断情况。

TSN 包含一系列的标准和机制，能够满足确定性数据传输的各种要求。人们必须通过一种标准的配置方式在网络及各种网络设备上实施这些不同的机制。

IEEE 提出了 3 种不同的 TSN 配置模式，目前均处于标准化的过程中。不同的模式在网络基础设施要求的传达和处理方面有着细微的差别。

1）集中模式：在逻辑化的集中配置情况下，送话器和受话器通过直接的端到端连接进行通信。集中网络配置（CNC）基于网络拓扑上的信息和已分配的预留资源计算新数据流的时隙，然后对有关的网络参与者进行相应的配置。

2）分散模式：与集中模式全然不同的是，分散模式通过网络分发终端设备要求。TSN 机制的常见配置基于每台设备的本地信息。终端设备向第一台网络设备（交换机）提交其要求，然后通过该设备将信息分发至网络的其余部分。

3）混合模式：这种模式将集中模式和分散模式结合在一起，并保留了终端设备向第一台以太网交换机提交要求的概念。实际的 TSN 配置以集中的方式进行，因为第一台交换机可将要求转发至 CNC。这种方法的优势在于终端设备只需要支持单一的配置协议，而网络则能够以集中或分散的方式进行管理。

这 3 种模式的共同之处在于自动化的配置，它可以确保 TSN 网络的处理能够保持可管理性。

TSN 为基于以太网的数据通信增添了一定的确定性，甚至能够满足控制网络的最高要求。TSN 拥有各种强大的组件，使得 TSN 能够在工业应用中大获成功。

1）时间感知调度器：根据 IEEE 802.1Qbv 的要求，TSN 的核心组件之一“时间感知整形器（TAS）”引入了一种可能性，即基于服务类型（CoS）优先级和传输时间来调度常规以太网帧的数据传输。它可以保证在界定的时间点进行数据的转发和交付。

TAS 将时间分成等长的离散片段，称为周期，这样就能够按照实时的要求为数据包的传输提供专门的时隙。

2）尽力而为（Best Effort）以太网流量：在 TAS 的辅助下，人们可以暂时中断常规尽力而为以太网流量的传输，以便在为高优先级流量保留的时隙内转发时间敏感型数据流量。TAS 允许对常规尽力而为数据流量的周期性实时数据进行优先级排序，以便只有实时数据包才能够在为高优先级流量保留的时隙内访问网络媒体。

TAS 利用以太网报头的虚拟局域网标签中的服务类型优先级来区分高优先级流量和后台流量。

3）门控列表：门控列表确定在周期内的特定时间点发送哪个流量队列。该组件可以显示特定条目将处于活动状态的时间长度，它是 TAS 的重要组成部分，可以在每台网络设备的每个端口上进行配置。

4）隐式保护带：该保护带与TAS一起引入，它能够在传输门关闭之前的最大以太网帧传输所需时间内抑制数据包的传输，以防止当前传输可能侵入后续时隙，从而破坏实时保证的尽力而为报文的传输。当使用存储—转发切换功能时，可以先考虑准备传输的数据包的长度，然后决定是否在传输门关闭之前开始发送。

5）精确时间协议：时间同步对于TSN网络来说是一项强制性的要求。所有网络设备如果没有对时间的统一理解，TAS等调度机制就无法发挥作用，因为时隙也需要同步。TSN可以利用任何方法进行时间同步，但是根据IEEE 1588的要求，精确时间协议是自动化网络分发时间的推荐解决方案。

6）流量整形器：流量整形器是优先级排序机制，它允许保留最大的带宽，以便在界定的观察时段内传输时间敏感型数据。随后，有待传输的数据流量由相应的流量整形器转换为某种类型和形式，从而保证达到一定的延迟限制。TSN及其前身技术“音频视频桥接（AVB）”目前给出了3种整形器，有的已经全面规范化，而有的正在进行标准化。

1）IEEE 802.1Qav：来自于AVB技术的基于信用量的整形器（The Credit-based Shaper）可以保证在观察时段内为音频/视频传输提供最大所需带宽，而同时传输的尽力而为数据流量不会发生明显的中断情况。不过，这种整形器无法给出精确的时间保证。

2）IEEE P802.1Qch：循环队列和转发整形器（The Cyclic Queuing and Forwarding Shaper）对传输的时间精度要求显著降低。这种流量整形器的作用是收集一个周期内通过保留带宽接收到的数据帧，并在下一个周期开始时作为“优先”流量发送。举例来说，它非常适用于过程自动化中发生的循环数据传输。

3）IEEE P802.1Qcr：异步流量整形器（The Asynchronous Traffic Shaper）不需要时间同步机制，因此最适合于时间同步本身所需的优先数据包传输。

正在开发中的其他新机制，如IEEE P802.1Qci，允许丢弃分配给错误时隙的数据帧。它还允许监管和丢弃使用超过其预留带宽的实时数据流。

随着TSN的不断发展，必将带来标准化的、普遍可互操作的以太网，这些网络可以提供可计算的、有保证的端到端延迟，高度有限的延迟波动，以及极低的丢包率。这些优势对于IIoT应用来说是无价的，并且在实施实时以太网时能够节约成本和保障安全。

2. 软件定义网络

软件定义网络（Software Defined Network，SDN）是一种新型网络架构，其核心思想是通过管控软件化、集中化，使网络更加开放、灵活、高效。具体表现为将网络的控制平面与转发平面（即数据平面）相分离：在控制平面为用户提供标准的编程接口，便于集中部署网络管控应用；转发平面仍保留在硬件中，通过标准协议接口（如OpenFlow）接收并执行转发策略。

典型SDN架构如图7-35所示，网络控制决策集中在基于软件的SDN控制功能实体中。SDN网络通过网络资源虚拟化实现客户定制化网络，通过集中管理和协同控制实现网络资源的高效利用，通过开放的网络控制层和数据转发层接口实现新技术的快速应用。通过SDN，网络的运营商和各种用户可以获得与网络设备商无关的网络控制能力。

SDN的典型架构共分3层：最上层为应用层，包括各种不同的业务和应用；中间的控制层一方面抽象了底层网络设备（即数据层）的具体细节，另一方面为上层应用（应用层）提供了统一的管理视图和编程接口；最底层的基础设施层负责基于流表的数据处理、转发和状态收集。用户基于SDN架构可以开发各种应用程序，通过软件来定义逻辑上的网络拓扑，以满足对网络资源的不同需求，而无须关心底层网络的物理拓扑结构。

SDN 将实现设备商编程向运行商编程，以及设备可编程向网络可编程的转变，网络和应用将无缝集成。SDN 的基本思想和主要特征包括：

1）网络控制面与数据转发面分离，支持第三方网络控制设备通过标准协议对数据转发设备进行控制。

2）逻辑集中的网络控制面功能，提高路由管理等网络控制的灵活性，加快业务开通速度，简化运维。

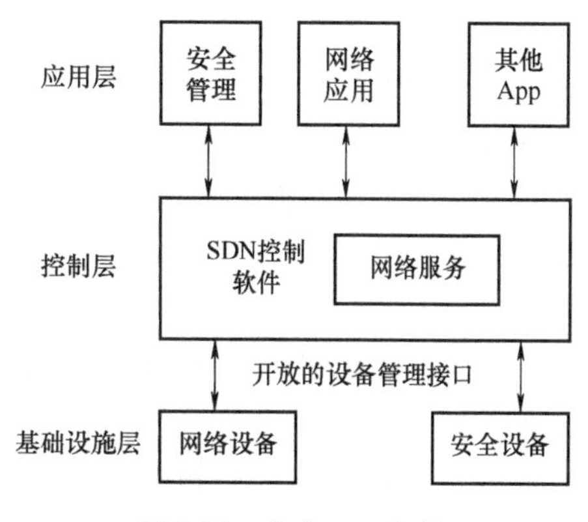

图 7-35　典型 SDN 架构

3）数据转发面设备通用化，多种路由交换设备能共享通用的硬件平台。

4）网络控制软件可编程，通过可编程软件满足用户定制化需求。

OpenFlow 是 SDN 的一种典型应用，主要功能是网络数据转发。流表是 OpenFlow 数据转发的核心，包括包头域、计数器和动作 3 部分。

当数据终端间进行传递时，基于 OpenFlow 协议的 SDN 网络中的数据信息通信过程主要包括以下步骤（以甲、乙两个终端数据通信为例）：

1）终端甲向交换机组传递数据包，数据包在交换机中根据存储的流表信息进行匹配，如果匹配失败则将数据包转发至控制器；传输可以以 TCP 方式直接发送到控制器，或者以 TLS 方式加密传送。

2）数据包由交换机组传送到控制器后生成应答策略，并通过 Packet-out 转发到交换机组中的其他设备。

3）重复以上步骤直到交换机流表中含有匹配项，则按照相应的转发规则传送数据包到终端乙。

在 SDN 网络中，控制器负责处理原本属于交换机部分的控制策略，而交换机只进行数据包的转发，因此 SDN 提高了信息交换效率，基于流表的传输规则避免了交换机与控制器的重复交互。SDN 关键技术集中在数据层和控制层面，下面分别进行讨论。

（1）数据层关键技术：数据层设计与转发规则

数据层设计问题主要涉及交换机对数据流的转发，一般情况下软件或硬件转发均可，但后者速度较快、成本较低而且耗能较低。常用的交换机处理速度比 CPU、NP 快，但灵活性远不及 CPU 与 NP 等可编程器件。RMT、FlowAdapter 等模型的问世大大提高了硬件处理数据的速度和灵活性。软件数据层设计主要侧重于 CPU 或 NP 处理的选择上。

SDN 采用“两段式更新规则”解决节点或链路失效问题。其实质是用 High-Level 的管理方式替代 Low-Level 方式。两段式更新规则的主要步骤如下：在新旧转发规则交接时，由交换机检查旧规则流处理是否完成（通过检查新旧策略版本号的标签），已经完成旧规则流处理的交换机进行规则更新；转发更新完成以所有交换机全部更新完成为标志，否则取消更新。

（2）控制层关键技术

控制层是软件定义网络中实现交换机控制、进行数据转发、安全管理网络的重要部分，横向控制模式与纵向控制模式的联合使用能够使控制层扁平化和层次化，解决控制层出现的各种问题。

1）控制器设计。

控制器是SDN的“调配室”，提供编程平台和基本接口，对全局信息进行收集与管理，科研人员能够根据这些信息编写程序实现各种所需功能，以往常使用NOX平台。NOX-MT为NOX的升级版，具有多线程处理功能，而且能够解决平台更换引发的不一致问题。

2）接口语言。

具备优化性能北向接口的控制器是提升用户配置网络效率的关键，Nettle、Procera、Maple、Frenetic、Netcore、NetKAT等语言的应用能够有效提升控制器的可编程性，并且能够优化控制器性能，提高负荷转移效率。

3）控制层特性。

控制层需解决一致性、可用性、容错性三者之间的平衡性问题，根据实际应用突出其某一方面的特性。例如对于集中控制的一致性问题，首先要得到理论上网络配置的一致，然后实现全局状态的一致，从而确保控制器响应能够及时、迅速。

尽管大部分SDN的研究围绕OpenFlow展开，但OpenFlow并非实现SDN的唯一方法。就目前而言，要实现SDN，除了OpenFlow以外，还有以下途径。

1）命令行接口（CLI）：CLI是交换机和路由器的常用接口，人们常用它来配置交换机，激活或者禁用某些服务。

2）SNMP：即简单网络管理协议，是网络管理的一个重要部分。在各项活跃的管理任务中，SNMP常被用来修正和应用新的配置，而且是通过远程修正配置信息实现的。

3）XMPP：即可扩展的消息处理现场协议，是处理现场和消息路由的一个XML流协议。它还可提供安全且方便的可编程语言，用于耦合多种不同的网络。

4）Netconf：IETF的Netconf旨在减少与自动化设备配置有关的编程工作量。Netconf可使用XML来配置设备，实现更高效的分路状态，并在设备上存储配置数据。

5）OpenStack：OpenStack是Rackspace/NASA为云计算而建立的一个开源项目，这个模块化的开源软件可用域开发公有云/私有云计算架构和控制器。目前已有超过135家公司参与了OpenStack项目。

6）虚拟化软件API：Hypervisor中的API和其他虚拟化软件（如VMware的vSphere）、虚拟化服务器、存储资源和网络资源等都可以按需集中并分配给各种应用。它们包含可定义资源池的工具及可定义服务等级的业务工具，并能自动强制执行服务等级，以确保应用的可用性、安全性和扩展性。

3. 窄带物联网

窄带物联网（Narrow Band Internet of Things，NB-IoT）的研究和标准化工作是根据3GPP标准组织进行的，是对LTE/EPC网络的改进。NB-IoT与传统LTE/EPC相比，具有显著的差别：终端数量众多，终端节能要求高，以收发小数据包为主，数据包可能是非IP格式的。

NB-IoT的网络架构和4G网络架构基本一致，如图7-36所示。

在NB-IoT的网络架构中，包括NB-IoT终端（NB-IoT User Equipment）、E-UTRAN基站、服务网关（Serving Gateway，SGW）、PDN网关（Packet Data Network Gateway，PGW）、归属用户签约服务器（Home Subscribe Server，HSS）、移动性管理实体（Mobility Management Entity，MME）等。和传统4G网络相比，NB-IoT网络主要增加了业务能力开放单元（Service Capability Exposure Function，SCEF），以支持控制面优化方案和非IP数据传输。

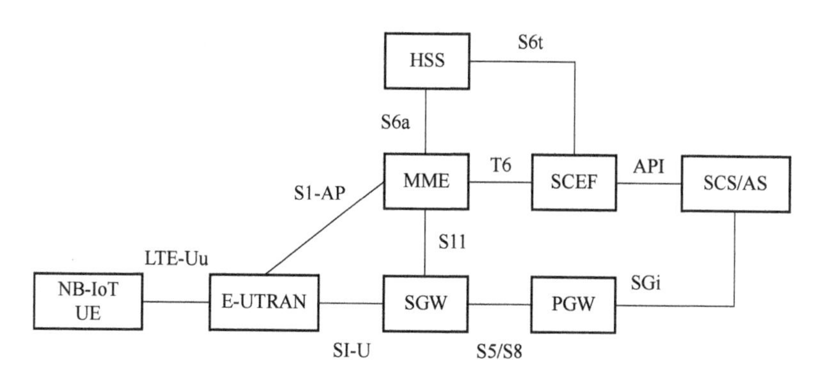

图 7-36　NB-IoT 网络架构

NB-IoT 采用的空口控制面协议栈如图 7-37 所示，主要负责对无线接口的管理和控制，包括 RRC、PDCP、RLC、MAC 以及 PHY 协议。其中，对于仅支持控制面优化传输方案的 NB-IoT 终端，将不使用 PDCP；对于同时支持控制面优化传输方案和用户面优化传输方案的 NB-IoT 终端，在接入层安全激活之前不使用 PDCP。

NB-IoT 空口控制面各协议子层功能主要包括：

1）无线资源控制（Radio Resource Control，RRC）子层执行系统消息广播、寻呼、RRC 连接管理（连接建立、恢复、释放、挂起）、无线承载控制、无线链路失败恢复、空闲态移动性管理、与非接入层（Non-access Stratum，NAS）间的交互、接入层安全管理以及对各底层协议提供参数配置等功能。

2）分组数据汇聚协议（Packet Data Convergence Protocol，PDCP）子层执行对信令无线承载的加密和完整性保护等功能。

3）无线链路控制（Radio Link Control，RLC）子层、MAC 子层和 PHY 子层执行数据传输的相关功能。

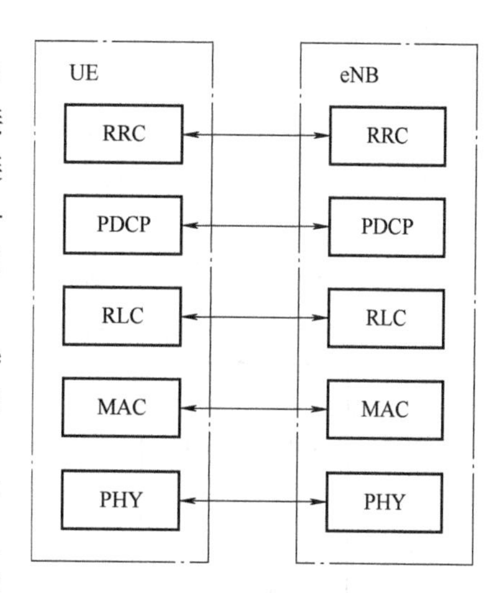

图 7-37　空口控制面协议栈

NB-IoT 空中用户面协议包括媒体接入控制（MAC）、无线链路控制（RLC）、分组数据汇聚协议（PDCP）层。

1）媒体接入控制（MAC）的关键过程包括调度请求（SR）、缓存状态报告（BSR）、功率余量上报（PHR）、非连续接收（DRX）、随机接入和 HARQ 部分。

2）无线链路控制（RLC）协议的主要目的是将数据交付给对端的 RLC 实体，有 3 种模式：透明模式、非确认模式和确认模式。

3）分组数据汇聚协议（PDCP）层的主要目的是发送或接收对等 PDCP 的分组数据，主要功能包括 IP 包头压缩与解压缩、数据与信令的加密以及信令的完整性保护。PDCP 层协议模型如图 7-38 所示。

在控制平面，加密和完整性保护是必选功能；在用户平面，可靠包头压缩（Robust Header Compression，ROHC）为必选功能，数据加密为可选功能。

根据 NB-IoT 的系统需求，物理层的下行链路射频带宽为 180kHz，采用 15kHz 的子载波

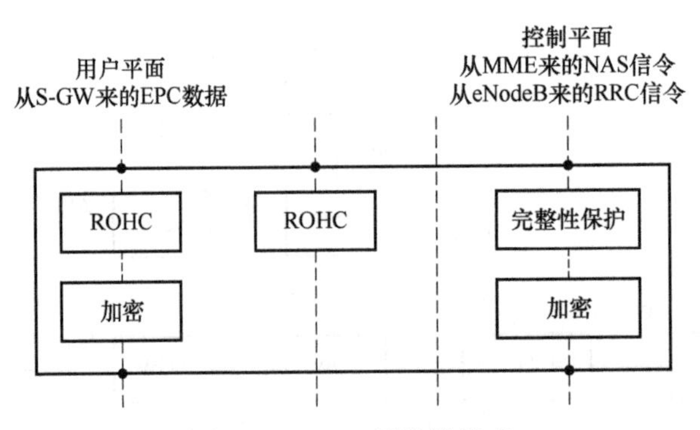

图 7-38　PDCP 层协议模型

间隔，NB-IoT 系统的下行多址方式、帧结构和物理资源单元等设计尽量沿用现有的 LTE 设计。针对 180kHz 系统带宽的特点，NB-IoT 系统重新设计了窄带物理广播信道、窄带物理共享信道、窄带物理下行控制信道、窄带同步信号和窄带参考信号，不再支持物理控制格式指示信道，子帧中的起始 OFDM 符号根据操作模式和 SIBI 中的信令指示。另外，为了简化设计，采用上行授权来进行 PUSCH 的重传，不再支持物理混合重传指示信道。

物理层的上行链路发射带宽为 180kHz，支持两种子载波间隔：3. 75kHz 和 15kHz。对于覆盖增强场景，3. 75kHz 子载波间隔与 15kHz 子载波间隔相比，可以提供更大的系统容量。但是在 In-band 场景下，15kHz 子载波间隔比 3. 75kHz 子载波间隔具有更好的 LTE 兼容性。

NB-IoT 与其他低功耗广域网的各项技术对比如表 7-2 所示。虽然在一些指标上 NB-IoT 落后于其他的一些广域网技术，但是就整体情况来说，针对物联网小数据、多终端的数据传输特征，NB-IoT 是目前应用在物联网场景中最为合适的技术。

表 7-2　NB-IoT 和其他低功耗广域网的各项技术对比

	NB-IoT	eMTC	EC-GSM	LoRa	UNB
频谱范围	LTE 和 2G 波段	LTE 波段	2G 波段	免执照 433/868MHz	免执照 902MHz
调制/解调	Pi/4 QPSK	QPSK	GMSK	Chirp 扩频	FSK
数据速率	65kbit/s	375kbit/s	70kbit/s	100kbit/s	100kbit/s
射频带宽	200kHz	1. 08MHz	200kHz	125～500kHz	100kHz
发射功率	23dBm	20dBm 或 23dBm	23dBm 或 33dBm	14dBm	14dBm
网络建设	S/W Upgrad	S/W Upgrad	S/W Upgrad	Green Field	Green Field
覆盖范围	164dB～15km	163dB～15km	164dB～15km	157dB～10km	16dB EU～12km
国际标准	3GPP	3GPP	3GPP	LoRa 联盟	Na

低功耗模式（Power Saving Mode，PSM）是 3GPP R12 引入的技术，其原理是允许 UE 在进入空闲态一段时间后关闭信号的收发和 AS（接入层）相关功能，相当于部分关机，从而减少天线、射频、信令处理等的功耗消耗。

PSM 特点概括如下：

1）在节电状态时，终端不可达，但保留登记信息；寻呼在非节电状态进行。

2）时间常数 PSM Time：10min～310h。

3）目标 10 年的电池寿命（2xAA），极大地降低了维护、部署成本，并促进 IoT 的应用，减少了系统信令负载。

4）非连续接收（Extended Discontinuous Reception，eDRX）。eDRX 是 3GPP R13 引入的新技术。R13 之前已经有 DRX 技术，从字面上即可看出，eDRX 是对原 DRX 技术的增强，即支持的寻呼周期可以更长，从而达到节电目的。

eDRX 特点概括如下：

1）目标达 10 年的电池寿命对 IoT 应用很关键。

2）eDRX 从规范的角度延长了终端与无线系统间的不连续接收时间，节省终端电源。

3）可配置时间常数为 2.5s~44min。

本章小结

本章主要介绍了工业控制网络集成的典型技术及其应用。首先介绍了典型工业控制系统层次化网络体系结构，引出工厂内部网络集成的需求。其次介绍了用于现场设备与控制层网络集成的 EPON 技术，EPON 网络技术采用模块化设计思路，通过硬件将不同的工业现场网络协议转换为通用以太网协议；本章还介绍了能够实现 Modbus 总线协议、CAN 总线协议、以太网协议之间数据交互的协议转换器的设计与实现。接着介绍了控制网络与信息网络的集成——OPC 技术，主要包括 OPC DA 以及 OPC UA。最后介绍了工业网络发展趋势、工业互联网的基本概念及一些典型的先进技术，如 TSN、SDN 及 NB-IoT 等。

习　　题

1. 相较于以太网技术，在工业场景下，EPON 技术具有哪些优点？
2. 工业控制系统由孤立走向互联会带来什么收益？
3. 简述 OPC UA 的客户端与 OPC UA 服务器的交互过程。
4. ONU 有哪些主要功能？
5. 什么是工业互联网？
6. 简述工业互联网三大体系结构。
7. 什么是软件定义网络？

第 8 章 工业控制系统信息安全防护技术

在控制设备、控制组件网络化逐步深入的今天，工厂内部网络与工厂外部网络联系愈发紧密。工业控制系统向“数字化”“智能化”“网络化”迈进，在给企业带来丰厚利润的同时，也将病毒、木马等信息安全问题引入工业控制网络。

8.1 工业控制系统信息安全概述

8.1.1 工业控制系统信息安全的脆弱性和威胁

大多数的工业控制系统均在个人计算机和互联网普及以前开发并使用，设计之初主要用于解决高效、稳定、可靠、安全等需求。通常情况下，它们与外部网络物理隔离，并且运行在专有的、具有基本错误检测和处理能力的软/硬件平台和通信协议上。

伴随着网络实时连接、大数据收集与分析、云端智能化控制等一系列技术的发展，工业控制系统由封闭走向开放，由孤立走向互联。工业控制系统的互联互通可以实现信息资源共享，提高生产力，减少能源与资源的消耗，助力产业模式转型升级。然而，工业控制系统在设计之初却对信息安全问题考虑不足，管理人员意识薄弱，缺乏技术保障队伍，面临着来自内部和外部的各种信息安全威胁。

1. 工业控制系统与传统 IT 系统比较

工业控制系统与传统 IT 系统在网络边缘、体系结构和传输内容三大方面有着不同。

网络边缘：工业控制系统在地域上分布广泛，其边缘部分是智能程度不高的具有传感和控制功能的远动装置，而不是 IT 系统边缘的通用计算机，两者在物理安全需求上的差异很大。

体系结构：工业控制网络的结构纵向高度集成，主站节点和终端节点之间是主从关系。传统 IT 网络则是扁平的对等关系，两者在脆弱节点分布上的差异很大。

传输内容：工业控制网络传输的是工业设备的“四遥信息”，即遥测、遥信、遥控、遥调。

此外，还可以从性能要求、部件生命周期和可用性要求等多方面进一步对两者进行对比，具体如表 8-1 所示。

2. 工业控制系统信息安全脆弱性

在 ICS 分层网络结构的较低层次中，工业以太网、DCS、PLC 以及现场总线等技术早已渗透到控制系统的各个方面。ICS 的核心组件采用的是工控 PC，大多数基于 Windows-Intel

平台，组件之间广泛使用工业以太网进行通信，同时现场总线技术将单片机/嵌入式系统应用到了现场控制仪表上。ICS 使用的这些复杂技术加上自身的复杂结构产生的脆弱性使得 ICS 具有脆弱性。

表 8-1　工业控制系统与传统 IT 系统的进一步对比

对比项目	工业控制系统	传统 IT 系统
性能需求	实时通信 响应时间很关键 适度的吞吐量 延迟/抖动限定在一定水平	非实时通信 响应必须是一致的 高吞吐量 高延迟/抖动是可以接受的
防护优先级（高→低）	系统可用性→数据及通信内容完整性→数据及通信内容保密性	数据及通信内容保密性→数据及通信内容完整性→数据及通信内容可用性
可用性要求	高可用性 连续工作，一年 365 天不间断 中断必须有计划和提前预定时间	重新启动之类的响应可以接受 可用性的缺陷往往可以容忍
风险管理要求	人身安全是最重要的，其次是过程保护 容错是必不可少的，即使是瞬间的停机或许无法接受 主要的风险影响是不合规，环境影响，生命、设备或生产损失	数据保密性和完整性是最重要的 容错是不太重要的，临时停机不是一个主要的风险 主要的风险影响是业务操作的延迟
操作系统	与众不同且可能是专有的操作系统，操作较复杂 修改或升级需要不同程度的专业知识	系统被设计为使用典型的操作系统，采用自动部署工具，使得升级非常简单
部件生命周期	15~20 年生存期、全天候不间断运行，实时系统	3~5 年生存期，偶尔停机可以接受、非实时
资源限制	系统被设计为支持预期的工业过程，可能没有足够的内存和计算资源支持附加的安全功能	系统被指定足够的资源来支持附加的第三方应用程序，如安全解决方案
通信	许多专有的和标准的通信协议使用多种类型的传播媒介，专用的有线和无线（无线电和卫星）网络是复杂的，有时需要控制工程师的专业知识	标准通信协议 主要是有线网络，稍带一些本地化的无线功能的典型 IT 网络实践
变更管理	软件变更必须进行彻底的测试，以递增方式部署到整个系统，以确保控制系统的完整性。ICS 的中断必须有计划，并提前预定时间（天/周）。ICS 可以使用不再被厂商支持的操作系统	在具有良好的安全策略和程序时，软件变更是自动完成并及时应用的

（1）工业以太网脆弱性

工业以太网协议在本质上仍基于以太网技术，在物理层和数据链路层均采用了 IEEE 802.3 标准，在网络层和传输层则采用 TCP/IP 协议族，它们构成了工业以太网的低四层。在高层协议上，工业以太网协议通常省略了会话层、表示层，而定义了应用层，有的工业以太网协议还定义了用户层（如 HSE）。工业以太网组成的系统已经成为整个 ICS 信息交换的平台，工业以太网的实现基础是 TCP/IP 协议族，TCP/IP 协议族的开放性和自身的脆弱性使得工业以太网自身很容易遭受恶意攻击。工业以太网存在的脆弱性主要表现在以下方面：

1）工业以太网使用的协议本身具有不同程度的脆弱性，通过发起针对这些脆弱性的入侵，攻击者可以获得各种重要的数据和权限。

2）在组网时，出于对成本的考虑，集线器还在被使用，因此还存在通信介质引起的脆弱性。

3）在内部网络中的不同网段，具有不同功能的单元有着不同的安全需求，因此存在着管理配置上的脆弱性。

4）工业以太网与信息网络互联，使得在连接控制上存在大量脆弱性。

（2）现场总线脆弱性

根据现场总线是否采用 TCP/IP，可以将现场总线分为基于 TCP/IP 的总线和普通总线。基于 TCP 的总线在控制网络中也被广泛地使用，下文所指的现场总线为基于 TCP/IP 的总线。现场总线存在的脆弱性分为两类：一类是由于总线协议自身的安全缺陷引起的脆弱性；另一类是总线协议在实现过程中的不当行为引起的脆弱性。现场总线的出现，是为了解决工业现场的实时通信问题，它的设计从实时性和本质安全的角度出发，因此几乎没有考虑网络安全问题；同时，在对现场总线协议的软件实现过程中也可能存在着编码错误，使得实现的总线协议栈带有脆弱性。现场总线协议（如 Modbus）已被发现使用很脆弱的认证和完整性检查，有些时候甚至无任何的完整性检查。同时，在现场总线协议的实现中存在着大量的内存崩溃脆弱性，它包含的协议特定内存崩溃，是指与攻击特定控制应用程序有关的内存崩溃脆弱性；通用内存崩溃脆弱性，是指与具体应用程序无关的普遍存在的内存崩溃脆弱性。在工业现场总线的协议栈实现中，所采用的计算机语言，如 C/C++，大量存在着通用内存崩溃脆弱性，具体而言包括数组溢出、栈和堆溢出、指针损坏、格式错误、整型溢出等。

（3）工控 PC 的脆弱性

控制网络中大量使用工控 PC，这些 PC 大多同样基于 Windows-Intel 平台，工控 PC 的处理器发展经历了从 80386 到 80486，再到 Pentium，甚至到 Pentium Ⅲ的过程；操作系统平台从原来的 MS-DOS 发展到 Windows，采用 Windows 95、Windows NT，其实时多任务处理功能更强，人机界面更丰富，这些系统本身存在着脆弱性。在可靠性方面，工控 PC 通常用于控制不间断的生产过程，在运行期间不允许停机检修，一旦发生故障将会导致质量事故，甚至生产事故；在实时性方面，工控 PC 对生产过程进行实时控制与监测，因此要求它必须实时地响应控制对象各种参数的变化。可靠性和实时性的要求使得工控 PC 的任何脆弱性被利用都可能引起严重的后果。因此，大量基于 Windows-Intel 平台的工控 PC 引入的脆弱性正在严重地威胁着控制网络的安全。

（4）工业控制软件的脆弱性

控制网络应用软件主要分为监控软件和组态软件。监控软件用于人机界面，其主要功能包括图形的显示、对操作员操作命令的解释与执行、对现场状态的监视及异常报警、历史数据的存档和报表处理等。组态软件安装在工程师站中，用于工控 PC 开发的大多数配置，这是一组软件工具，是为了将通用的、有普遍适应能力的控制系统变成针对某一个具体应用的专门的控制系统。为此，系统要针对这个具体应用进行一系列定义，如硬件配置、数据库的定义、控制算法程序的组态、监控软件的组态、报警报表的组态等。

这些软件一般为少数公司所垄断，在开发过程中由于考虑不周，使得软件存在着脆弱性，针对这些专业软件的攻击可以从根本上破坏测控体系。例如，“Stuxnet”的攻击目标正是西门子的 WinCC 组态软件。

8.1.2 工业控制系统信息安全所面临威胁的特点

工业控制系统信息安全面临的威胁具有以下特点。

(1) 工业控制系统攻击入口多样

工业控制系统由于应用场景的特殊性和重要性，大都采用封闭网络建设。随着工业互联网的发展，工业控制系统和设备通过企业网或直接联入互联网的情况逐渐增多，为攻击者渗透接入提供了便利。从工业控制攻击事件的统计可看出，目前针对工业控制系统的攻击接入方式包括移动设备摆渡、企业网渗透跳板接入、工作人员便携式运维终端摆渡、社会工程学攻击（钓鱼邮件)、水坑攻击、联网工业控制服务/终端漏洞直接利用等。

(2) 工业控制系统攻击广度宽泛

工业控制系统的攻击对象覆盖了工业控制系统的专业应用软件、通信协议、控制设备等多类目标，目标范围广泛。同时，利用工业控制系统基础网络、硬件/软件环境存在的漏洞实施综合攻击，最终达到信息窃取、攻击破坏的目的。

(3) 工业控制系统攻击深度升级

工业控制系统攻击类型包括以 Havex 为代表的敏感信息窃取类攻击、以 BlackEnergy 和 Industroyer 为代表的工业控制系统破坏并造成一次系统停工类攻击、以 Stuxnet 和 TRITON 为代表的物理损毁目标类攻击。随着时间轴线的发展，攻击者对目标业务的理解不断深入，攻击深度不断升级。

另外，2018 年 1 月，英特尔、AMD 等主流芯片厂商 CPU 发现“熔断” “幽灵”漏洞，影响广泛。针对设备的信息安全攻击向芯片的信息安全攻击发展，工业控制系统面临的威胁显示出新的动向。

因此，国内外积极出台相关政策，制定相关工业控制系统信息安全标准，促进工业控制系统信息安全技术研发，提高信息安全管理水平和安全意识。

8.2 工业控制系统信息安全防护标准

IEC/TC65/WG10（工业过程测量、控制与自动化网络与系统信息安全工作组）与国际自动化协会 ISA 99 成立联合工作组，共同制定 IEC 62443《工业过程测量、控制和自动化网络与系统信息安全》系列标准。该标准系统从用户、系统集成商、部件制造商 3 个方面研究了工业控制系统信息安全工作。

美国国家标准与技术研究院（National Institute of Standards and Technology，NIST）于 2015 年 5 月发布了《工业控制系统（ICS）安全指南》第二版（SP800-82 Revision2)，主要从工业控制系统风险管理与评估、安全程序开发及部署、安全结构设计 3 个方面对工业控制系统信息安全防护进行指导。

2016 年 10 月，我国工业和信息化部印发《工业控制系统信息安全防护指南》，从 11 个方面指导工业企业提升工业控制系统信息安全防护能力。

8.2.1 IEC 62443 系列标准

1. 概述

IEC 62443 系列标准目前分为通用、信息安全程序、系统技术和部件技术 4 个部分，共包含 12 个文档，每个文档描述了工业控制系统信息安全的不同方面。IEC 62443 系列标准结构如图 8-1 所示。

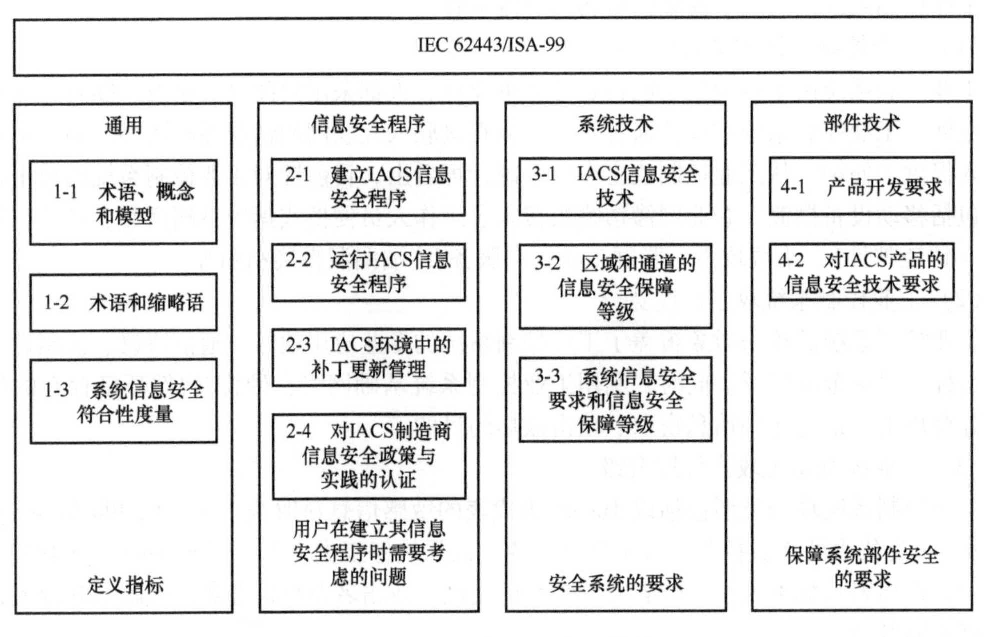

图 8-1 IEC 62443 系列标准结构

第 1 部分描述了信息安全的通用方面，包含 3 个标准，主要是常用的定义及指标，作为 IEC 62443 其他部分的基础。

1）IEC 62443-1-1 术语、概念和模型：为其余各部分标准定义了基本的概念和模型，从而更好地理解工业控制系统的信息安全。

2）IEC 62443-1-2 术语和缩略语：包含了该系列标准中用到的全部术语和缩略语列表。

3）IEC 62443-1-3 系统信息安全符合性度量：包含建立定量系统信息安全符合性度量体系所必需的要求，提供系统目标、系统设计和最终达到的信息安全保障等级。

第 2 部分主要针对用户的信息安全程序。它包括整个信息安全系统的管理、人员和程序设计方面，是用户在建立其信息安全程序时需要考虑的。

1）IEC 62443-2-1 建立 IACS 信息安全程序：描述了建立网络信息安全管理系统所要求的元素和工作流程，以及针对如何实现各元素要求的指南。

2）IEC 62443-2-2 运行 IACS 信息安全程序：描述了在项目已设计完成并实施后如何运行信息安全程序，包括测量项目有效性的度量体系的定义和应用。

3）IEC 62443-2-3 IACS 环境中的补丁更新管理。

4）IEC 62443-2-4 对 IACS 制造商信息安全政策与实践的认证。

第 3 部分针对系统集成商保护系统所需的技术性信息安全要求。它主要是系统集成商把系统组装到一起时需要处理的内容。它包括将整体工业自动化控制系统设计分配到各个区域和通道的方法，以及信息安全保障等级的定义和要求。

1）IEC 62443-3-1 IACS 信息安全技术：提供了对当前不同网络信息安全工具的评估、缓解措施，可有效地应用于基于现代电子的控制系统，以及用来调节及监控众多产业和关键基础设施的技术。

2）IEC 62443-3-2 区域和通道的信息安全保障等级：描述了定义所考虑系统的区域和通道的要求，用于工业自动化和控制系统的目标信息安全保障等级要求，并对验证这些要求提供信息性的导则。

3）IEC 62443-3-3 系统信息安全要求和信息安全保障等级：描述了与 IEC 62443-1-1 定义的 7 项基本要求相关的系统信息安全要求，以及如何分配系统信息安全保障等级。

第 4 部分针对制造商提供的单个部件的技术性信息安全要求。它包括系统的硬件、软件和信息部分，以及当开发或获取这些类型的部件时需要考虑的特定技术性信息安全要求。

1）IEC 62443-4-1 产品开发要求：定义了产品开发的特定信息安全要求。

2）IEC 62443-4-2 对 IACS 产品的信息安全技术要求：描述了对嵌入式设备、主机设备、网络设备等产品的技术要求。

IEC 62443 系列标准通过 4 个部分涵盖了所有的利益相关方，即资产所有者、系统集成商、组件供应商，以尽可能地实现全方位的安全防护。为了避免标准冲突，IEC 62443 同时涵盖了业内相关国际标准的内容，例如荷兰石油天然气组织 WIB 标准和美国电力可靠性保护协会标准 NERC CIP 标准，它们包含的附加要求也被整合在 IEC 62443 系列标准中。

2. 全生命周期的信息安全

工业控制系统信息安全贯穿于系统的全生命周期，但由于各阶段实施的内容、对象、安全需求不同，实施信息安全侧重点、要求也有所差异。具体而言，通过风险评估来确定系统的安全目标；在建设验收阶段，侧重预期的安全目标是否达到；在运行维护阶段，不断识别系统的风险及脆弱性，加以防护，确保信息安全目标的实现。

工业控制系统信息安全生命周期主要包括评估阶段、开发和实施阶段、维护阶段。

评估阶段主要确定工业控制系统区域边界以及组织的风险容忍准则，如图 8-2 所示。

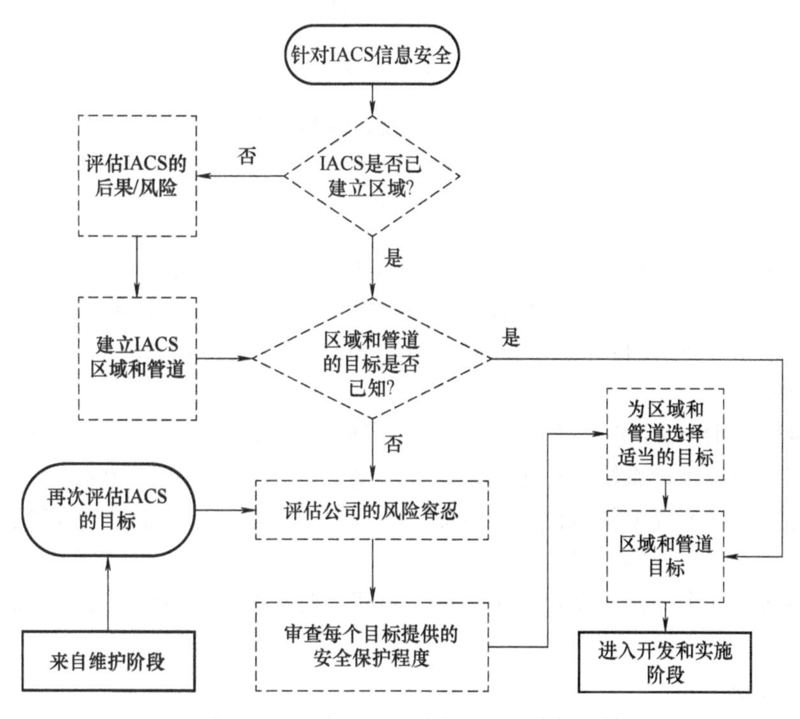

图 8-2　信息安全生命周期——评估阶段

其中，虚线框部分是供应商和用户的任务。

信息安全等级生命周期的开发和实施阶段如图 8-3 所示，描述了新建或现有 IACS 区域的有关活动。

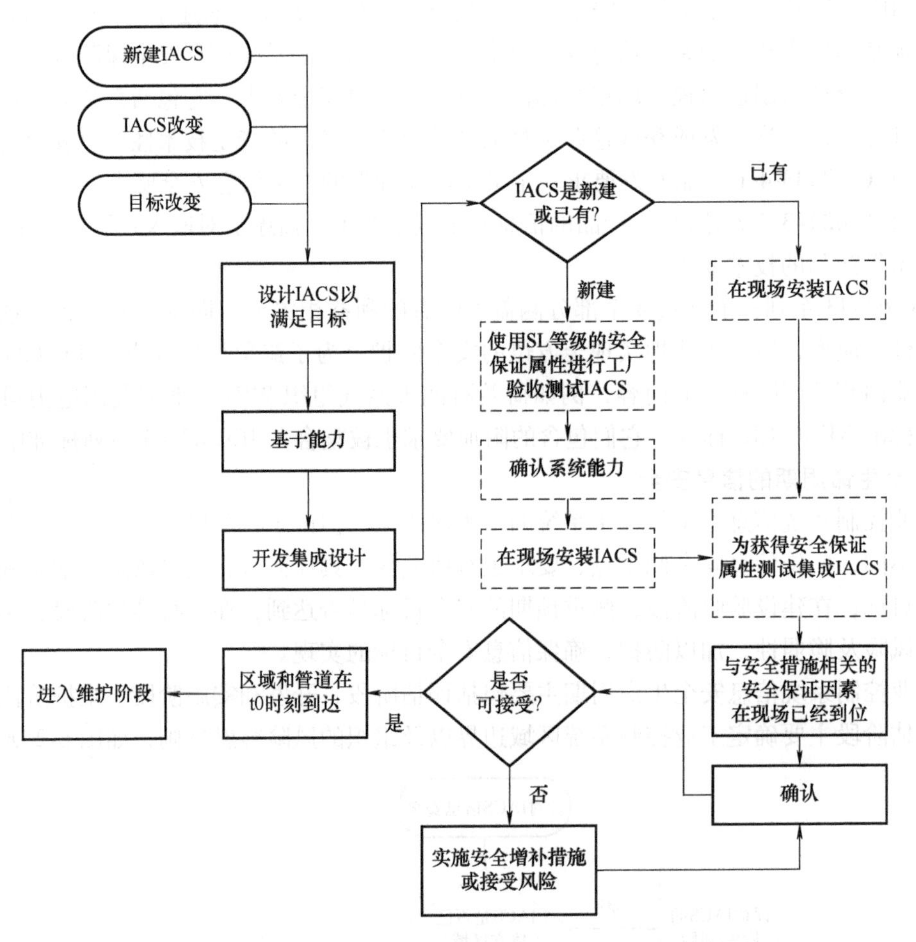

图 8-3 信息安全生命周期——开发和实施阶段

设备和系统的对抗措施和固有安全属性会随时间而降级。区域（包括与区域相关的管道）的安全属性应定期或者在发现新脆弱性时进行审计或测试，以确保区域的 SL（到达的）始终大于或等于 SL（目标）。与维护区域的 SL（到达的）相关的活动如图 8-4 所示。

3. 参考模型

IEC 62443 系列模型主要包括参考模型、资产模型、参考架构以及区域模型。参考模型描述了集成制造商或生产系统的通用视图；资产模型描述 IACS 内资产间的关系；参考架构描述资产的配置；区域模型依据已定义特征将参考架构元素进行分组，为政策、规程和指南的定义提供环境。这里介绍参考模型。

参考模型包括 5 个层次：企业系统、运营管理、监督控制、本地或基本控制、过程，如图 8-5 所示。

（1）企业系统

企业系统定义了包括管理制造组织所需的商业相关活动的功能，功能包括企业或区域财务系统和其他企业架构组件，如用于企业中单个工厂或现场的生产计划、运营管理和维护管理。

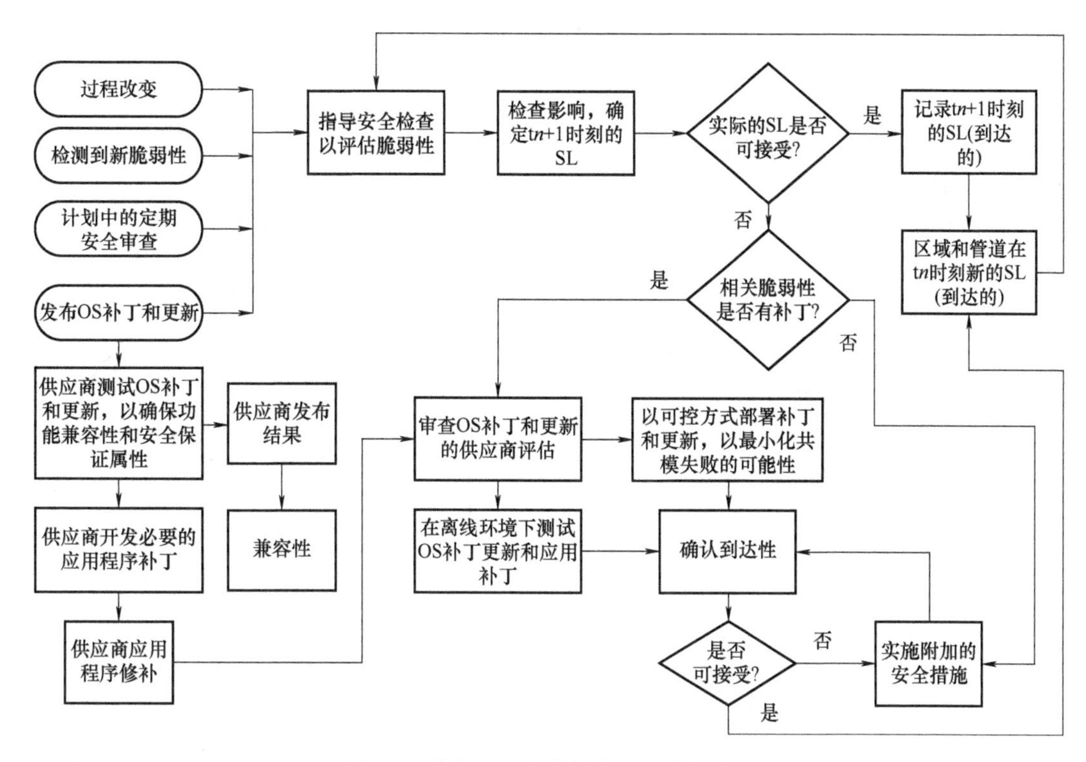

图 8-4　信息安全生命周期——维护阶段

（2）运营管理

运营管理包括生产调度、详细生产计划、可靠性保证等生产所要求的最终产品的工作流程的功能。

（3）监督控制

监督控制指监督和控制物理过程，主要包含操作员人机界面、操作员报警和警报、过程历史数据采集等。

（4）本地或基本控制

过程监视设备从传感器读取数据，必要时执行算法，并维护过程历史记录。过程控制设备与此类似，从传感器读取数据，执行控制算法，将输出发送到终端元件。控制器直接连接到过程中的传感器和执行器。

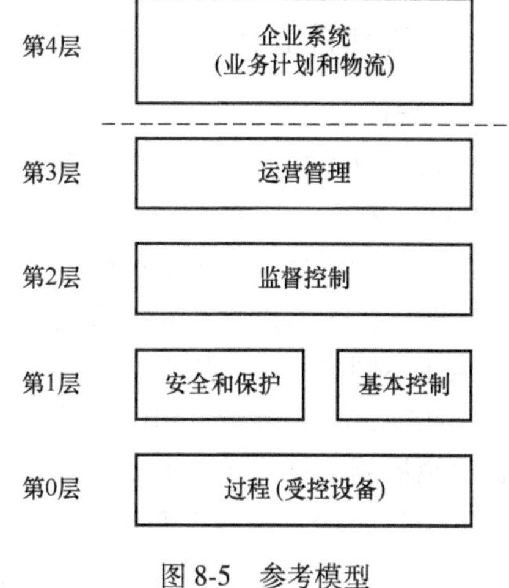

图 8-5　参考模型

本地或基本控制包括连续控制、顺序控制、批控制和离散控制等。本地或基本控制也包括安全和保护系统，这些系统监视过程，并在超出安全限值时将过程自动返回安全状态，将可能发生的非安全状态向操作员报警。

（5）过程

过程层包括直接连接到过程和过程设备的传感器及执行器。

4. 风险评估与安全保障

IEC 62443 定义了资产模型，资产模型的确定是为了明确信息安全保护的对象，分析对象特征，进行安全防护。IEC 62443 系列模型主要包括风险评估与安全保障两个部分，这里进行简要介绍。

风险评估与安全保障是相互关联的动态过程，使用资产、威胁、脆弱性进行威胁/风险评估，如图 8-6 所示。使用威胁与脆弱性可分析资产遭受安全攻击的可能性以及信息攻击发生后可能产生的破坏。

从管理及技术两个层面进行信息安全保护，安全保障如图 8-7 所示。

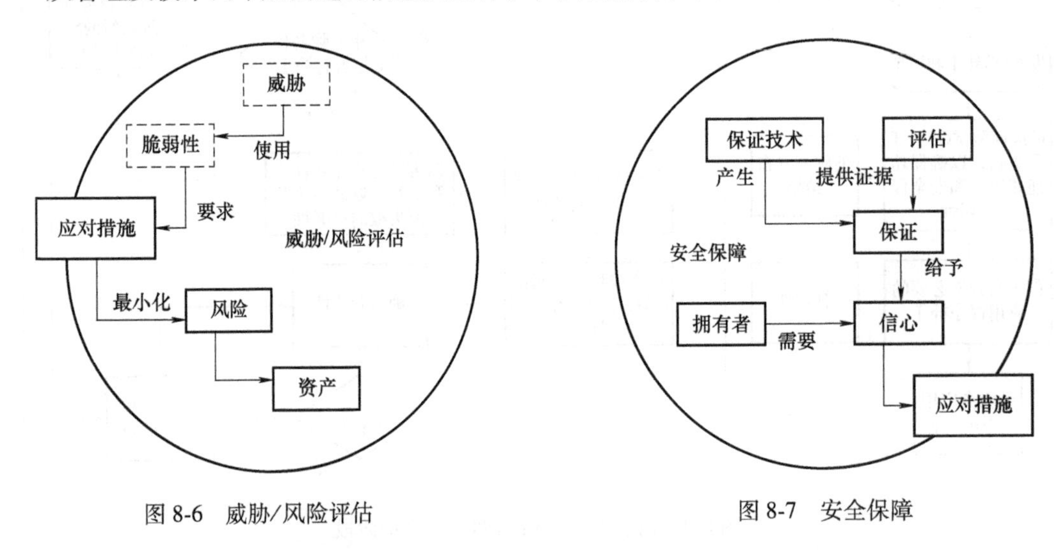

图 8-6　威胁/风险评估　　　　图 8-7　安全保障

技术保证是信任政策实施的基础；保证是一个持续的过程，需要持续性投入。

8.2.2　工业控制系统安全指南

1. 概述

SP800-82 V2 可为工业控制系统（ICS）的安全保障提供指导，包括监控和数据采集（SCADA）系统、分布式控制系统（DCS）及其他执行控制功能的系统，提供了对 ICS 和典型系统拓扑的概述，确定了这些系统的典型威胁和漏洞，并提供建议的安全对策，以减轻相关的风险。因为有许多不同类型的 ICS，因此具有不同程度的潜在风险和影响，为 ICS 的安全提供了不同的方法和技术。

该指南适用于电、水和污水处理、石油和天然气、化工、制药、纸浆和造纸、食品和饮料以及离散制造（汽车、航空航天和耐用品）等行业应用的 ICS。

2. ICS 系统安全程序开发与部署

安全程序开发及部署需要建立和培训跨职能团队、定义章程和范围、定义 ICS 安全策略和程序、实现 ICS 安全风险管理框架。

（1）建立和培训跨职能团队

跨职能信息安全团队必须分享各种领域知识和经验，以评估和降低 ICS 中的风险。信息安全团队至少应包括组织的 IT 员工、控制工程师、控制系统操作员、安全主题专家以及企业风险管理人员。安全知识和技能应包括网络架构和设计、安全流程和实践以及安全的基础架构设计和操作。为了连续性和完整性，信息安全团队还应包括控制系统供应商、系统集成商。信息安全团队应直接向任务/业务流程或组织层的信息安全管理者报告，任务/业务流程或组织层的信息安全管理者又向任务/业务流程管理者或企业信息安全管理者报告。

风险执行职能部门与最高管理层合作，接受 ICS 信息安全的剩余风险和责任。管理层的问责制将有助于确保对信息安全工作的持续承诺。虽然控制工程师将在保护 ICS 方面发挥重要作用，但如果没有 IT 部门和管理层的协作和支持，他们将无法做到这一点。IT 通常具有多年的安全经验，其中大部分适用于 ICS。由于控制工程和 IT 的文化往往明显不同，因此它们的集成对于协作安全设计和操作的开发至关重要。

（2）定义章程和范围

信息安全管理者应该制定政策来定义信息安全组织的指导宪章和系统所有者、任务/业务流程管理者和用户的角色、职责和责任。信息安全管理者应决定并记录安全计划的目标、受影响的企业组织、涉及的所有计算机系统和网络、所需的预算和资源以及职责划分。范围还可以涉及业务、培训、审计、法律和法规要求，以及时间表和职责。信息安全组织的指导章程是信息安全体系结构的组成部分，它是企业架构的一部分。

ICS 信息安全管理者应确定要利用哪些现有实践以及哪些实践特定于控制系统。长远来看，如果团队可以与组织中具有类似目标的其他人共享资源，则会更容易获得积极的结果。

（3）定义 ICS 安全策略和程序

政策和程序是每个成功的安全计划的根本。ICS 特定的安全政策和程序应尽可能与现有的运营/管理政策和程序相结合。策略和过程有助于确保安全保护既一致又可以保护，以防范不断演变的威胁。在执行信息安全风险分析之后，信息安全管理员应检查现有的安全策略，以确定它们是否充分解决了 ICS 的风险。如果需要，应修订现有政策或制定新政策。安全策略的制定应基于风险评估，该风险评估将为组织设定安全优先级和目标，以便充分减轻威胁带来的风险。需要制定支持政策的程序，以便为 ICS 充分和适当地实施政策。应根据策略、技术和威胁变化定期记录、测试和更新安全程序。

（4）实现 ICS 安全风险管理框架

安全程序开发及部署需要实现 ICS 安全风险管理框架，包括对 ICS 系统和网络资产进行分类、选择 ICS 安全控制、进行风险评估、实施安全控制。

1）对 ICS 系统和网络资产进行分类。

信息安全团队应定义、清点和分类 ICS 内的应用程序和计算机系统，以及 ICS 内部和与 ICS 连接的网络。重点应放在系统上，而不仅仅是设备上，应包括 PLC、DCS、SCADA 和使用监控设备（如 HMI）的基于仪器的系统。应记录使用可路由协议或可拨号访问的资产。团队应在每次添加或删除资产后每年检查和更新 ICS 资产列表。

使用工具识别 ICS 资产之前必须小心，团队应首先评估这些工具的工作原理以及它们对连接控制设备可能产生的影响。工具评估可以包括在类似的非生产控制系统环境中进行测试，以确保工具不会对生产系统产生不利影响。影响可能是由于信息的性质或网络流量的大小而造成的。虽然这种影响在 IT 系统中可能是可以接受的，但在 ICS 中可能是不可接受的。

2）选择 ICS 安全控制。

基于 ICS 安全分类选择的安全控制记录在安全计划中，以提供 ICS 信息安全计划的安全要求的概述，并描述为满足这些要求而准备或计划的安全控制。安全计划可以是一个文档，也可以是解决系统安全问题的所有文档集以及解决这些问题的计划。

成功实施组织信息系统的安全控制取决于组织范围的计划管理控制的成功实施。组织实施计划管理控制的方式取决于具体的组织特征，包括各组织的规模、复杂性和任务/业务要求。程序管理控制补充了安全控制，并专注独立于任何特定信息系统的程序化、组织范围的信息安全要求，对于管理信息安全程序至关重要。

3）进行风险评估。

风险评估将有助于识别导致信息安全风险的任何弱点和减少风险的缓解方法。在系统的生命周期中进行多次风险评估。细节和细节水平因系统的成熟度而异。

4）实施安全控制。

组织应分析详细的风险评估以及对组织运营（即任务、职能、形象和声誉）、组织资产、个人、其他组织和国家的影响，并优先选择缓解控制措施。组织应该专注于降低风险及产生最大的潜在影响。安全控制实现与组织的企业体系结构和信息安全体系结构一致。

ICS 信息安全管理员应记录和传达所选控件，以及使用控件的过程，可以通过“快速修复”解决方案来识别可以减轻的一些风险。

3. 安全网络结构设计

安全网络结构设计包括网络分段和隔离、边界保护、防火墙等。

（1）网络分段和隔离

网络分段和隔离是组织可以实施的保护其 ICS 的最有效的架构概念之一。分段建立安全域或安全区，通常定义为由相同的权限管理实施相同的策略，并具有统一的信任级别。ICS 通信和设备配置的访问方法及级别可以使恶意网络攻击者更加困难，并且可以包含非恶意错误和事故的影响。一个区域执行相同的策略，由相同的权限进行管理。网络分段和隔离的目的是保证敏感信息的最小访问权限，同时确保组织能够继续有效地运行。网络分段和隔离通常是通过域之间的网关实现的。网络隔离涉及开发和实施规则集，控制通过边界允许哪些通信。规则通常基于源和目标标识以及要传输的数据类型或内容。

正确实施网络分段和隔离时，可以最小化对敏感信息的访问方法和级别。这可以使用各种技术和方法来实现。根据网络的体系结构和配置，使用的一些常用技术和方法包括：

1）通过加密或网络设备强制分区强制执行的逻辑网络分离。

① 虚拟局域网（VLAN）。

② 加密的虚拟专用网络（VPN）使用加密机制来分离在一个网络上组合的流量。

③ 单向网关将连接之间的通信限制为单向，因此对网络进行分段。

2）物理网络分离可完全防止域之间的任何流量互联。

3）网络流量过滤，可以利用各种网络层的技术来强制执行安全要求和域。

① 网络层过滤，根据 IP 和路由信息限制哪些系统能够与网络上的其他系统通信。

② 基于状态的过滤，限制哪些系统能够根据其预期功能或当前操作状态与网络上的其他系统进行通信。

③ 端口/协议级别过滤，限制每个系统可用于与网络上其他人通信的服务的数量和类型。

④ 应用程序过滤，通常过滤应用程序层系统之间的通信内容。这包括应用程序级防火墙、代理和基于内容的过滤器。

以下 4 个原则可以通过提供良好的网络分段和隔离来实现纵深防御的概念：

1）不仅仅是在网络层应用隔离技术，应尽可能地将每个系统和网络从数据链路层分段并隔离，直至并包括应用层。

2）使用最小特权原则，如果系统不需要与另一个系统通信，则应该禁止它们之间的通信。如果系统只需要与特定端口或协议上的另一个系统通信，则应该传输一组有限的标记或固定格式数据来进行限制。

3）根据安全要求分离信息和基础设施。它可以包含基于每个系统或网络段运行的不同威胁和风险环境使用不同的硬件或平台。最关键的组件需要与其他组件进行更严格的隔离。除了网络分离之外，还可以使用虚拟化来实现所需的隔离。

4）实施白名单而不是黑名单。也就是说，授予对已知安全程序的访问权限，而不是拒绝已知不安全程序的访问。在 ICS 中运行的应用程序集基本上是静态的，使白名单更加实用。这还将提高组织分析日志文件的能力。

（2）边界保护

边界保护设备控制互联安全域之间的信息流，以保护 ICS 免受恶意网络攻击者和非恶意错误及事故的影响。边界保护设备是实施特定安全策略的特定体系结构解决方案的关键组件。组织可以隔离执行不同任务/业务功能的 ICS 和业务系统组件。这种隔离限制了系统组件之间的未授权信息流，并且还提供了为所选组件部署更高级别保护的机会。使用边界保护机制分离系统组件可以增强对各个组件的保护，并更有效地控制这些组件之间的信息流。边界保护设备包括网关、路由器、防火墙、警卫、基于网络的恶意代码分析和虚拟化系统、入侵检测系统（网络和基于主机的）、加密隧道、管理接口、邮件网关和单向网关，限制了系统组件之间未经授权的信息流。边界保护设备通常通过检查数据或相关元数据来确定是否允许数据传输。

1）边界保护设备可以为域间通信执行的其他架构考虑因素和功能包括默认拒绝所有通信流量，只允许特定流量通过的策略以确保某些被支持的连接被允许，即白名单策略。

2）执行代理服务器，该代理服务器充当外部域从 ICS 域请求信息系统资源（如文件、连接或服务）的中介。通过与代理服务器的初始连接建立的外部请求被评估以管理复杂性，并通过限制直接连接来提供额外的保护。

3）防止未经授权的信息泄露。技术包括深度包检测防火墙和 XML 网关。这些设备可验证应用层对协议格式和规范的遵守情况，并用于识别在网络或传输层运行的设备无法检测到的漏洞。有限数量的格式，特别是禁止在电子邮件中使用自由格式文本，可以简化在 ICS 边界使用此类技术的过程。

4）仅允许组织、系统、应用程序、个人中的一个及多个在授权及经过身份验证的源和目标地址对之间进行通信。

5）实施物理访问控制以限制对 ICS 组件的授权访问。

6）禁用控制和故障排除服务及协议，尤其是那些可以促进网络探索的广播消息传递。

7）使用单独的网络地址配置安全域。

8）当协议验证格式出现错误时，禁止向发件人发送反馈以防止攻击者获取信息。

9）实现单向数据流，尤其是在不同安全域之间。

10）建立 ICS 网络的被动监控，以主动检测异常通信并提供警报。

（3）防火墙

防火墙是在不同安全域之间控制网络流量的设备或系统，也可以用于限制内部网络与内部网络之间的连接。防火墙按主要功能可分为 3 类：包过滤、状态监测、应用代理。在 ICS 环境中，防火墙通常部署在 ICS 网络和企业网络之间。正确配置它们，可以极大地限制对控制系统主机和控制器的不期望的访问，从而提高安全性。它们还可以通过去除来自网络的非必要业务，潜在地提高控制网络的响应性。

1）以下内容是一般防火墙规则集的推荐做法：基本规则集应该拒绝所有。

2）应启用控制网络环境和公司网络之间的端口及服务，并根据具体情况授予权限。对于每个允许的传入或传出数据流，应该有风险分析的文档化业务理由和负责人。

3）所有“许可”规则应该是IP地址并特定于TCP/UDP端口，如果合适则应该是有状态的。

4）所有规则都应限制到特定IP地址或地址范围的流量。

5）应该防止流量直接从控制网络转移到公司网络。

6）从控制网络到公司网络的所有出站流量都应该是服务和端口限制的源及目标。

7）只有当这些数据包具有分配给控制网络的正确源IP地址时，才应允许来自控制网络的出站数据包。

8）不应允许控制网络设备访问Internet。

9）即使通过防火墙进行保护，控制网络也不应直接连接到Internet。

10）所有防火墙管理流量应该在单独的安全管理网络（如带外）或通过多因素认证的加密网络上承载。流量也应受到特定管理站的IP地址的限制。

11）应定期测试所有防火墙策略。

12）所有防火墙都应在调试前立即备份。

以上这些应仅视为指导原则。在实施任何防火墙规则集之前，需要仔细评估每个控制环境。

8.2.3 集散控制系统（DCS）网络安全防护要求

通常，DCS系统应用是一种纵向分层的网络结构，自上到下依次为过程监控层、现场控制层和现场设备层。各层之间由通信网络连接，层内各个装置之间由本级的通信网络进行通信，其典型网络结构如图8-8所示。

本部分将在对DCS总体要求和原则介绍的基础上，对DCS系统过程监控层、现场控制层和现场设备层的网络安全防护要求做更具体的介绍。

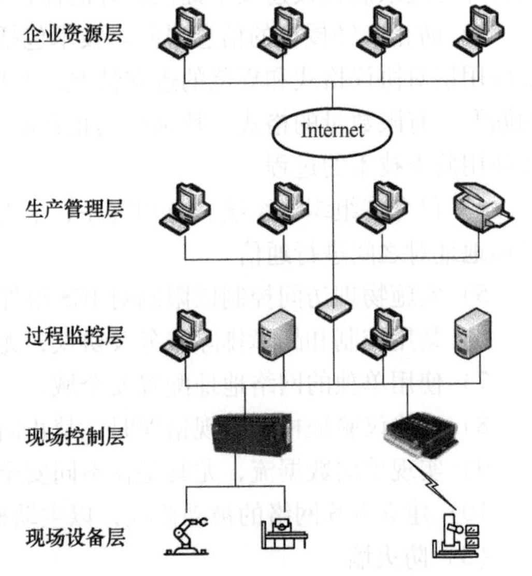

图8-8 典型DCS系统的网络结构

1. DCS防护总体要求和原则

（1）DCS安全要求

1）外部网络隔离要求。

DCS用户企业全网拓扑结构可采用分层的方式进行布局，如果DCS系统网络与外部网络存在直接或间接互联，那么DCS系统网络与外部网络之间应使用物理或逻辑隔离技术措施进行防护。

2）网络链路要求。

对部署于多地区并通过网络进行互联的DCS系统应用，应保证互联网链路资源充足，即在企业业务量达最大峰值时，链路数据通信正常且网络延时仍能满足DCS系统应用要求。

对于网络互通性和稳定性要求非常高的企业，用户可采用物理线路冗余的方式部署企业的核心业务网络、骨干网、核心控制网络，并且冗余线路网络可采用与主网络相同的构建方式。

3）数据备份要求。

一般 DCS 系统应具有实时数据、OPC 数据、组态数据、控制方案等重要数据的备份和定期措施；对于数据安全性要求高的 DCS 系统应用，可以采用对系统正常运行的数据进行完整备份的措施，备份周期应不大于 3 个月；对于数据安全性要求非常高的 DCS 系统应用，可以建立异地灾难数据备份中心，配备灾难恢复所需的通信线路、网络设备和数据处理设备。

（2）DCS 系统防护原则

工业控制系统信息安全防护以区域划分、纵深防御为基础，主要手段包括防护软件的部署、防护设备的部署、技术防护以及纵深防御。

1）防护软件部署原则。

防护软件部署主要是指在 DCS 系统的各个单元上安装安全补丁、病毒防护、入侵监测、入侵防御等具有病毒查杀和阻止入侵行为的软件。

在部署上述防护软件前，应采用线下测试等手段，确保其上线后不影响正常 DCS 运行的可用性、实时性、可靠性和安全性。

2）防护设备部署原则。

防护设备部署主要是指在 DCS 系统网络上接入具有防护功能的设备，如防火墙、网闸、安全交换机、入侵检测系统、入侵防御系统等。

在部署防护设备前，应采用线下测试等手段，确保其上线后不影响正常 DCS 运行的可用性、实时性、可靠性和安全性。

3）技术防护原则。

技术防护主要是指以技术的手段进行 DCS 安全防护，如访问控制、边界管理、管道通信等。在防护技术应用前，应采用线下测试等手段在相同的 DCS 系统上进行系统测试，确保其上线后不影响正常 DCS 运行的可用性、实时性、可靠性和安全性。

4）纵深防御原则。

单一的安全产品、技术或者解决方案无法有效保护 DCS，所以需要一种包含两个或者多个不同机制的多层防护策略。纵深防御架构策略包含了防火墙的使用、安全分区的建立等。

在使用纵深防御技术的各项设备或技术应用 DCS 前，应采用线下测试等手段，确保其上线后不影响正常 DCS 运行的可用性、实时性和安全性。

2. 过程监控层网络安全

（1）区域划分

应根据过程监控层网络中各系统的安全等级划分不同的安全区域，并以方便管理和控制为原则为各安全区域分配网段地址。过程监控层各网段应相互隔离，原则上不直接连接在一起。

1）重要设备不直接与外层网络相连，应在工程师站、操作员站与 MES 层网络间采用数据隔离措施。另外，不宜将工程师站与操作员站放置在同一物理区域内。

2）不宜将不同等级的服务器软件安装在同一台主机上；如果需要安装在同一台主机上，需要考虑安全措施。各个控制系统网段的服务器不宜直接连接在同一个网络上。另外，应在服务器与实施数据库通信处部署隔离设备。

（2）访问与使用控制

应在过程监控层与上层网络边界部署访问控制设备，启用访问控制功能，设定访问控制策略，对从上层发起的访问进行源地址、目的地址、源端口、目的端口和协议等项目的检查，以允许/拒绝数据包的出入。对账户要提供账户管理分配功能，能够新建、添加、修改、删除账户信息。此外应在会话处的非活跃期间或者会话结束后终止会话，终止链接动作可以由被请求数据的设备或程序执行，也可以由防护设备执行。

1）物理或逻辑安全隔离。应在过程控制层网络与上层网络之间部署隔离设备或使用其他隔离技术手段，保证两个层次间的物理或逻辑隔离。

2）用户权限安全。应对多用户共同操作的主机进行用户权限划分，根据用户的工作职责分配相应的访问权限，授予用户所需的最小权限，并实现操作系统和数据库系统特权用户的权限分离。对重要设备内的重要信息资源，应设置敏感标记，依据安全策略严格控制用户对敏感标记重要信息资源的操作，严格控制访问权限。

3）移动代码限制。对可能对系统造成破坏的移动代码技术（如 Java、VB Script 等）的使用提供限制功能，包括防止移动代码的执行、对提供代码的源进行身份认证、限制移动代码与控制系统进行通信、监控移动代码的使用、对移动代码的完整性进行检查等。

4）应用协议检查。应对进出网络的协议数据进行过滤，实现对 HTTP、FTP、TELNET、SMTP、POP3 等通用协议以及其他工业协议的命令级控制，以允许/拒绝数据包的出入。

5）基于角色授权。应对用户组态软件、系统组态软件、图形化编程软件、流程制作软件、实时监控软件、数据服务软件、数据通信软件、报警记录软件、趋势记录软件、OPC 数据通信软件、OPC 服务器软件等工控应用软件中的所有角色提供授权执行功能。

（3）入侵防御

宜在过程监控层与网络监控层部署入侵防护设备，这样能够监视边界处的常见网络攻击行为，并能够在检测到攻击行为时实时记录攻击源 IP、攻击类型、攻击目标、攻击时间，并报警。

1）系统最小化安装。应在工程师站、操作员站、OPC 服务器、实时数据库服务器、监控计算机等主机的设备操作系统采用最小化安装原则，只安装与自身业务相关的操作系统组件及应用软件。

2）重要系统病毒防护。应在工程师站、操作员站、OPC 服务器、实时数据库服务器、监控计算机等重要系统部署经过验证的防病毒软件，病毒库和补丁的更新需在线下模拟系统中进行严格的验证，在不影响系统的可用性、实时性、稳定性的前提下实施更新。

3）移动存储接口管理。应在工程师站、操作员站、OPC 服务器、实时数据库服务器、监控计算机等系统的物理接口进行限制，禁止 USB 端口或使用 USB 端口设备绑定；部署文件复制到中转设备，对通过存储介质中转的数据进行病毒和木马的查杀。

4）边界完整性监测。应能够对非授权设备私自连接到过程监控网络的行为和内部网络用户私自连接到外部其他层次网络的行为进行检查，并对非法接入部位进行准确定位，进行有效的隔离和阻断。

（4）身份鉴别与认证

1）应对工程师站、操作员站、OPC 服务器、实时数据库服务器、监控计算机等的所有设备提供用户身份登录认证功能，并提供用户身份信息修改、增加、删除等操作功能。

2）应提供用户身份认证反馈功能，将身份认证结果向用户反馈；身份认证的密码应具有一定的强度，身份鉴别信息不易被冒用，口令应有复杂度要求并定期更换；登录失败时可采取结束会话、限制非法登录次数、自动退出和网络登录连接超时自动退出等措施。

3）限制默认账户的访问权限，重命名系统默认账户，修改默认口令，禁止在工程师站、操作员站、OPC 服务器、实时数据库服务器、监控计算机使用默认账户。并且应对网络管理员的登录地址进行限定。

4）应及时删除多余的、过期的账户，避免共享账户的存在。

（5）安全审计

应对过程监控网络中的网络设备运行状况、网络流量进行安全审计，审计记录包括日期和时间、类型、主体标示、客体标示等。

1）应对工程师站、操作员站、OPC 服务器、实时数据库服务器等重要系统的操作系统用户、数据库用户和控制应用软件（用户组态软件、系统组态软件，图形化编程软件、流程制作软件、实时监控软件、数据服务软件、数据通信软件、报警记录软件、趋势记录软件、OPC 数据通信软件、OPC 服务器软件等）的运行事件（包括用户登录事件、组态事件、编程事件、程序上传/下载事件、控制操控事件、系统进程事件、客户端请求事件、数据传输事件、OPC 服务器进程事件、系统资源的异常使用、重要命令的使用等）进行安全审计，并能生成审计报表及进行分析。

2）应根据系统的统一安全策略实现集中审计，并与时钟服务器同步。

（6）资源控制

应能够监视过程控制层网络和上层网络接口处的网络流量、连接数等网络资源信息，定义整体网络最大资源使用限定阈值。整体网络使用的资源超过此阈值时将终止用户或网络的资源占用行为。

1）网络资源控制。应通过设定终端接入方式、网络地址范围等条件限制终端登录，并根据安全策略设置登录终端的操作超时锁定。

2）角色资源控制。应根据控制应用软件（用户组态软件、系统组态软件、图形化编程软件、流程制作软件、实时监控软件、数据服务软件、数据通信软件、报警记录软件、趋势记录软件、OPC 数据通信软件、OPC 服务器软件、历史数据传输软件、网络文件传输软件等）的用户角色进行资源访问的限制，防止角色之间的交叉访问。

3）用户资源控制。应限制单个用户对系统资源的最大或最小使用限度，对单个用户的多重并发会话进行限制。

4）主机资源控制。应对工程师站、操作员站、OPC 服务器、实时数据库服务器等重要系统进行监视，包括监视服务器的 CPU、硬盘、内存等资源的使用情况；应对用户组态软件、系统组态软件、图形化编程软件、流程制作软件、实时监控软件、数据服务软件、数据通信软件、报警记录软件、趋势记录软件、OPC 数据通信软件、OPC 服务器软件、历史数据传输软件、网络文件传输软件等的进程进行监视，分配最大限额和最小限额。

（7）数据安全

1）必要信息保护。应能够检测过程监控层网络内所有的系统管理数据、系统指令数据、上传/下载程序数据、监控数据等在存储过程中是否受到破坏，并在检测到破坏时及时采取必要的恢复措施。

2）剩余信息保护。应保证操作系统和数据库系统用户的身份鉴别信息所在的存储空间被释放或被重新分配给其他用户前得到完全清除，无论这些信息是存放在硬盘上还是在内存中；应保证系统内的文件、目录和数据库记录等资源所在的存储空间被释放或被重新分配给其他用户前得到完全清除；应保证工程组态文件、系统组态文件、控制程序文件等的资源所在的存储空间被释放或被重新分配给其他用户前得到完全清除。

3）数据保密。应能够采用加密技术或其他有效技术手段实现系统管理数据、现场实时数据、控制指令数据、上传/下载程序数据、监控数据在数据传输和存储过程中的保密性。

4）数据备份及恢复。应对数据库服务器、OPC 服务器、组态服务器、历史数据服务器等重要服务器等进行硬件冗余。启用数据备份功能，保证当主服务器出现故障时冗余设备能够切换并恢复数据。

5）私有通信。能够对重要通信提供专用通信协议或安全通信协议服务，避免来自基于通信协议的攻击破坏数据的完整性。

3. 现场控制层网络安全

（1）区域划分

应根据现场控制层的安全等级进行安全区域划分，并以方便管理和控制为原则为各安全区域分配网段地址。不宜将不同控制系统的数据服务器软件安装在同一主机上；各个控制系统网段上的数据服务器不宜直接连接在同一网络上，应在数据服务器与事实数据库通信处部署隔离设备。现场控制层各网段相互隔离，原则上不直接连在一起。

（2）访问与使用控制

应在现场控制层网络与过程控制层网络间设置访问控制措施，对从过程监控层发起的访问进行源地址、源端口、目的地址、目的端口和协议等项目的控制。

对于安全接入，应对接入现场控制层的设备进行身份认证，拒绝未经认证的设备访问网络；现场控制层对于已经使用的无线连接，应至少启用 MAC 地址过滤白名单功能。

应提供针对工程师站、操作员站、OPC 服务器、实时数据库服务器等用户发送行为的操作行为的授权验证功能，如读写数据、下载程序、用户组态、设备操作命令设置、设备配置等行为。

1）敏感信息访问控制。对 DCS 控制器内的配置信息、控制程序、数据块等重要信息资源设置敏感标记，并依据安全策略严格控制用户对敏感信息资源的操作。

2）移动代码限制。对可能对系统造成破坏的移动代码技术（如 Java、VB Script 等）的使用提供限制功能，包括防止移动代码的执行、对提供代码的源进行身份认证、限制移动代码与控制系统进行通信、监控移动代码的使用，对移动代码的完整性进行检查等。

3）敏感文件使用限制。应对控制器内的组态文件、控制程序代码、实时数据等关键敏感文件的访问进行限制。

（3）入侵防御

1）控制器软件容错。控制器软件（如嵌入式软件）应提供数据有效性检验功能，对通过通信接口输入的数据格式和长度、功能码等进行实时检查，保证其符合系统要求。当控制器出现故障后能够自动保存当前所有状态，并采取恢复措施。

2）通信检测。应能够对总线上的网络流量及网络负载进行监测，对现场控制层设备接入网络具有识别能力。

3）总线恶意服务指令识别与阻断。应在控制器入口端部署控制器防护功能和设备，能够识别针对控制器的操控服务指令（包括组态服务、数据上传服务、数据下载服务、读服务、写服务、控制程序下载服务、操控指令服务等），并能够根据安全策略要求对非法的服务请求进行报警，能在必要时断开非认证设备的连接。

4）入侵监测。应在现场控制层与过程监控层间旁路部署入侵检测设备，能够监视边界处的常见网络行为（包括端口扫描攻击、暴露攻击、木马后门攻击、DoS 攻击、缓冲区溢出攻击、IP 碎片攻击、网络蠕虫等），并能够在检测到攻击行为时实时记录攻击源 IP 、攻击类型、攻击目标、攻击时间，并提供报警。

（4）身份鉴别与认证

应对工程师站、操作员站、OPC 服务器、实时数据库服务器的网络地址进行限制，现场控制层网络可以根据网络标识对服务请求的发送方进行识别。采用身份标识手段，能够对工程师站、操作员站、OPC 服务器和实时数据库服务器发送的服务操作指令（包括数据读服务、数据写服务、程序上传服务、程序下载服务、开关控制指令等）发送方的角色身份进行验证和鉴别。

（5）安全审计

应对现场控制层网络中关键系统（如控制核心生产工艺的系统）的网络设备运行状况、网络流量等进行审计，审计记录应包括日期和时间、用户、事件类型等。

应对审计记录进行保护，应保证无法单独中断审计进程，无法删除、修改和覆盖审计记录。

应对嵌入式控制器内的修改事件（包括配置修改事件、算法修改事件、控制程序修改事件、关键变量修改事件等）和控制器服务事件（包括组态服务、数据块下载服务、程序下载服务、写服务等）进行安全审计，并生成审计报表以进行分析。

应根据系统的统一安全策略实现集中审计。注意：审计任务时钟应保持与系统主时钟同步。

（6）资源控制

应能够监视现场控制层网络与过程监控层网络接口处的网络流量、连接数等网络资源信息，并根据安全策略要求对流量、连接数进行限制。

应通过设定设备接入方式、网络地址范围等条件限制设备接入网络。

应对嵌入式控制器的运行状态进行监控，包括系统的 CPU 、内存、堆栈等，对存储于内存中的配置、控制程序、数据进行监控，限制对关键控制系统数据（包括控制程序代码、组态配置信息等）的访问。

（7）数据安全

应能够检测现场控制层网络内所有的用户组态数据、上传/下载程序数据等在传输过程中的完整性是否受到破坏；应保证数据在现场控制层传输过程中的完整性，包括防止数据包被插入、被删除、被超期延迟、被重排序和重放。

1）控制器存储数据完整性。应保证存储于嵌入式控制系统内的数据完整性，包括静态数据保护、关闭无用端口、写保护、可执行代码保护、应用程序配置保护、应用程序语法检查、操作系统配置保护、可执行代码注入保护等。

2）控制系统实时数据完整性。应能够检测现场控制层网络内所有的现场实时数据、控制指令数据、监控数据等在传输过程中的完整性是否受到破坏。应具备利用密码技术或其他同等功效的技术检测数据包被修改的能力。

3）点对点通信加密。在点对点通信的过程中，应保证会话的建立有相应的身份认证机制，会话过程中应提供加密机制或其他等效技术手段保证会话不会被窃听，在会话目的达到后及时关闭会话，在会话超时时提供会话超时响应功能，如可关闭会话，也可重新进行会话认证。

4. 现场设备层网络安全

（1）区域划分

应根据现场设备层的安全等级进行安全区域划分，并以方便管理和控制为原则为各安全区域分配网络地址；应限制将不同安全等级的控制装置和现场设备连接到同一个安全区域内的现场总线网络。

（2）访问与使用控制

应在各安全区域之间部署安全网关设备，建立各区域之间的网关路径，保证各子区域之间访问的相对独立性。应对危险区域、关键装置中的执行机构（如压力执行机构、温度执行机构等）的操作行为进行限制，对装置的手动操作区域应采用物理防护措施进行防护，但不应影响紧急操作。

应在现场控制层与现场设备层网络的边界部署访问控制设备，设定访问控制策略。对从现场控制层发起的访问进行现场总线协议和服务功能等项目的检查，以允许/拒绝数据包的出入。应提供对控制器发送操控指令的操作行为进行授权验证的功能，如开关操作、电磁阀操作等。

（3）入侵防御

1）智能仪表软件检测。智能仪表嵌入式软件应对输入数据提供有效性检验功能，保证通过通信接口输入的数据格式、长度符合系统要求，当出现异常情况时能够提供异常处理功能。

2）总线负载检测。应能够对现场总线上的网络流量及网络负载数量进行监测，当发现网络负载异常时能够提供报警信息。

3）控制指令识别。应能够对关键装置、关键执行机构（如压力控制机构、温度控制机构、流量控制机构等）的控制指令进行识别。

4）恶意指令防护。应在现场设备层与现场控制层网络的边界部署安全防护设备，并能够监视过滤网络中的恶意控制指令行为，根据安全策略对恶意指令进行阻断。

（4）身份鉴别与认证

应能够对发送操作数据和指令的现场设备进行身份识别。

（5）安全审计

应对现场设备层网络中的现场总线运行状况、网络流量等进行审计，审计记录应包括日期和时间、控制器、事件类型等。应对审计记录进行保护，应保证无法单独中断审计进程，无法删除、修改和覆盖审计记录。

（6）数据安全

应采用监测或管理手段保证现场设备层网络内所有的现场实时数据、控制指令数据、监控数据等在传输过程中的完整性不受到破坏。如果数据被破坏则能够及时发现。应保证数据在现场设备层传输过程中的完整性，包括防止数据被插入、被删除、被超期延迟、被重排序和重放。应具备利用密码技术或其他同等功效的技术检测数据被修改的能力。

8.3 工业控制系统信息安全防护技术

工业控制系统信息安全防护可以采用包过滤、状态监测以及加密认证等传统 IT 信息安全防护技术，也可以采用白名单等基于行为的安全防护技术。

8.3.1 传统信息安全防护技术

传统的信息安全防护机制通过对关键网络节点和数据出入口采取必要的访问控制及权限控制来达到信息安全防护的目的。传统的被动式防护体系主要采用“封”“堵”“查”“杀”的策略对保护系统环境进行安全过滤，主要依赖以下防护手段实现。

（1）区域边界隔离

区域边界隔离包括物理区域隔离以及逻辑区域隔离。物理区域隔离常用工业网闸阻断内网和外网之间的通信，逻辑区域隔离常用 VLAN 或网络防火墙对两个网络进行虚拟分割。

（2）边界防护

边界防护是被动防御体系的核心所在，通常通过网闸设备和防火墙实现。通常来讲，工业控制系统采用纵深防御机制在外部网络与工业核心网络之间构建多层次的防护层，在层与层之间实施边界防护。

传统信息安全防护技术主要包括身份认证和授权技术、过滤/阻止/访问控制技术、加密技术和数据验证、白名单、入侵检测和纵深防御体系等。

1. 身份认证和授权技术

只要人类拥有值得保护的资产，授权的概念就会一直存在。授权是保护 IACS 系统及其关键资产免受不必要破坏的初始步骤。这是一个确定允许谁和什么进入或退出系统的过程。一旦确定了这些信息，就可以实施深度防御访问控制措施，以验证只有授权人员和设备才能真正访问 IACS 系统。第一个措施通常是对试图访问 IACS 系统的人或设备进行身份验证。

授权和身份认证是 IACS 访问控制的基础。它们是截然不同的概念，但由于两者之间的密切关系，因此常常被混淆。实际上，正确的授权依赖于身份认证。身份认证描述了使用标识因素或凭据组合来积极标识潜在网络用户、主机、应用程序、服务和资源的过程。然后，这个认证过程的结果成为允许或拒绝进一步行动的基础。根据收到的响应，系统可能允许或不允许潜在用户访问其资源。

IACS 环境中的计算机系统通常依赖传统的密码进行身份验证。控制系统供应商通常为系统提供默认密码。这些密码通常容易猜测或不经常更改，因此会造成额外的安全风险。

下面列出了几种身份认证和授权技术。

（1）基于角色的授权工具

基于角色的访问控制是一种吸引大量关注的技术和工具，因为它有可能降低具有大量智能设备（如某些 IACS 系统）的网络中安全管理的复杂性和成本。在基于角色的访问控制下，通过使用角色、层次结构和约束来组织用户访问级别，简化了安全性管理。基于角色的访问控制降低了组织内的成本，因为它接受控制操作员工的变更频率高于职位内的职责。

（2）密码认证

密码认证技术基于对请求访问 IACS 的设备或控制操作员应该知道（即秘密）的某些事物的测试来确定真实性，如个人识别号码（PIN）或密码。密码验证方案是最简单和最常见的。

（3）质询/响应身份认证

质询/响应认证要求服务请求者、IACS 操作员和服务提供者事先知道“秘密”代码。当请求服务时，服务提供者将随机数或字符串作为质询发送给服务请求者。服务请求者使用密码为服务提供者生成唯一的响应。如果响应符合预期，则证明服务请求者可以访问“秘密”而无须在网络上暴露秘密。

（4）物理/令牌认证

物理或令牌认证类似于“密码认证”，这些技术通过测试请求访问的人应具有的设备或令牌（如安全令牌或智能卡）来确定真实性。PKI密钥越来越多地嵌入物理设备中，如通用串行总线（USB）。有些令牌仅支持单因素身份验证，因此只需拥有令牌即可进行身份验证。其他人支持双因素身份验证，即除了拥有身份验证令牌外，还需要知道PIN或密码。

（5）智能卡身份认证

智能卡与令牌身份验证类似，但可以提供其他功能。智能卡可以配置为运行多个板载应用程序，以支持单个卡上的楼宇访问、计算机双因素或三因素身份验证以及无现金自动售货，同时还可以充当个人的公司照片ID。

（6）生物特征认证

生物特征认证技术通过确定请求访问的人的可能的独特生物特征来确定真实性。可用的生物特征包括手指细节、面部几何、视网膜和虹膜特征、声音模式、打字模式和手部几何。

（7）基于位置的身份认证

基于位置的认证技术根据设备空间中的物理位置或请求访问的人来确定真实性。例如，这些系统可能使用GPS技术来确保请求者是其声称的或已知物理安全的区域内。

（8）设备到设备认证

设备到设备身份认证确保可以识别在两个设备之间传输的数据的恶意更改。真实数据已由始发设备验证为真实的数据，并且已被接收设备验证为可信。设备到设备身份认证不会阻止数据的恶意篡改，但会表示数据何时被修改。

2. 过滤/阻止/访问控制技术

访问控制技术是指过滤和阻塞技术，用于在确定用户授权后指导和管理设备或系统之间的信息流。防火墙是该技术最常用的形式。

（1）网络防火墙

网络防火墙是一种用于控制对网络的访问和保护连接的计算机免受未授权使用的机制。网络防火墙使用阻止或允许某些类型流量的机制来实施访问控制策略，从而调节信息流。

网络防火墙通常阻止保护区域外部的流量到保护区域内部，同时允许内部用户与外部服务进行通信。还有其他更严格的配置限制受保护网络内的外部访问。更具限制性的策略也是可能的，并且可能适用于IACS环境。虽然将网络防火墙与公司的企业网络从Internet分离是非常重要的，但在企业网络和工业自动化与控制系统LAN之间安装防火墙更为重要。此外，最好的网络安全实践是让控制系统LAN需要在企业网络上访问的服务器放置在非军事区（DMZ）安排的防火墙之间。

防火墙有以下三大类。

1）数据包过滤防火墙：这种类型的防火墙在转发数据包之前检查每个数据包中的地址信息。此方法有时也称为静态过滤。

2）状态检查防火墙：状态检查防火墙过滤网络层的数据包，确定会话数据包是否合法，并评估应用程序层的数据包内容。此方法有时也称为动态包过滤。

3）应用程序代理防火墙：此类型的防火墙检查应用程序层的数据包，并根据特定的应用程序规则［如指定的应用程序（例如，浏览器）或协议（如文件传输协议（FTP）］过滤流量。

（2）基于主机的防火墙

基于主机的防火墙是部署在工作站或控制器上的软件解决方案，用于控制进入或离开该特定设备的流量。这种类型的防火墙通过在将数据包呈现给主机上运行的其他应用程序之前阻止或允许网络接口卡或 IP 堆栈级别的某些类型的流量来实施本地访问控制策略。

（3）虚拟网络

虚拟局域网（VLAN）将物理网络划分为更小的逻辑网络，以提高性能，改善可管理性，并简化网络设计。VLAN 是通过配置以太网交换机实现的。每个 VLAN 由一个广播域组成，用于隔离来自其他 VLAN 的流量。正如用交换机替换集线器减少了以太网冲突域一样，使用 VLAN 限制了广播域，并允许逻辑子网跨越多个物理位置。

VLAN 通常需要使用 IEEE 802.1Q 的以太网帧标记或交换机间的链路等专有标准，因此只有那些属于 VLAN 的帧才能传输到该网络上配置的端口或从该网络上配置的端口接收。交换机通常提供中继特性和 VLAN 数据库信息的交换，以便更新多个互联的交换机传播。

有以下两类 VLAN。

静态 VLAN：通常称为“基于端口”，其中交换机端口分配给 VLAN，以便对最终用户透明。

动态 VLAN：终端设备与交换机协商 VLAN 特性，或根据 IP 或硬件地址确定 VLAN。

3. 加密技术和数据验证

加密是对数据进行编码和解码的过程，以确保只有授权访问的人才能访问信息。数据验证技术可保证工业过程中使用的信息的准确性和完整性。

（1）对称（秘密）密钥加密

对称（或秘密）密钥加密涉及将数字消息（称为明文）转换为明显不相关的比特流，称为密文。具有两个输入的定义良好的算法执行可逆转换：明文（用于加密）或密文（用于解密）；一个称为密钥的秘密位串。

拥有相同算法和密钥的接收设备可以将密文转换回原始明文消息。没有密钥，逆变换在计算上是不可行的。名称“对称加密”是由于相同的密钥和可逆算法用于加密原始明文消息和解密密文消息的事实而得到的。

（2）公钥加密和密钥分发

密钥密码术以对称方式使用单个密钥用于加密和解密。在公钥加密中，一对不同但相关的密钥（通常称为公钥—私钥对）替换该单个密钥。私钥和公钥在数学上是相关的，使得其他人可以使用公钥来加密要发送给相应私钥的持有者的消息，然后可以用该私钥解密该公钥。类似地，私钥可用于签署文档的加密散列，之后其他人可通过相应的公钥验证签名。密钥持有者通常将公钥传播给同一社区中的其他用户，但不向其他用户透露相应的私钥。

系统的安全性取决于私钥的保密性。公钥和私钥对可以由用户直接生成，或者可以通过用户从某个中央密钥生成机构接收。当存在合法或公司密钥托管要求时，后一种方法特别合适，因为这些要求通常要求密钥生成器在密钥使用之前托管密钥。

4. 白名单

白名单的概念与“黑名单”相对应。“黑名单”默认允许所有通信数据流通过，仅阻止与名单相匹配的通信数据流；白名单默认阻止所有通信数据流，仅允许与名单相匹配的通信数据流。白名单相比，“黑名单”更加严格。

"黑名单"一般用于传统 IT 系统，其通信数据流具备一定的随机性（无限集合）；白名单一般用于工业控制系统的控制网络，其通信数据流是可以被遍历的（有限集合）。

在工业控制系统中，发送指令控制端的 IP、执行端的 IP 和端口号等都相对固定；控制网络往往使用消息—响应机制，Modbus 协议功能码、OPC 协议中的通用统一标识符（UUID）和数据包类型（PT）、DNP3 协议功能码短序列特征与 DNP3 协议中的功能码都是存在特定规律的，可以通过机器学习方法进行学习，建立白名单。

5. 入侵检测

这里介绍工业控制系统中入侵检测系统的原理、方法及实现。综合来看，有两类主流的入侵检测系统实现方式：基于网络的入侵检测系统（Network Intrusion Detection System，NIDS）以及基于主机的入侵检测系统（Host-based Intrusion Detection System，HIDS）。

HIDS 将探头（代理）安装在受保护系统中，它要求与操作系统内核和服务紧密捆绑在一起，监控各种系统事件，如对内核或 API 的调用，以此来防御攻击并对这些事件进行日志操作；还可以监测特定的系统文件和可执行文件调用，以及 Windows NT 下的安全记录和 UNIX 环境下的系统记录。对于特别设定的关键文件和文件夹也可以进行适时轮询的监控。HIDS 能对检测的入侵行为、事件给予积极的反应，比如断开连接、封掉用户账号、杀死进程、提交警报等。

HIDS 技术要求非常高，要求开发 HIDS 的企业对相关的操作系统非常了解，而且安装在主机上的探头（代理）必须非常可靠，系统占用空间小，自身安全性好，否则将会对系统产生负面影响。HIDS 关注的是到达主机的各种安全威胁，并不关注网络的安全。

NIDS 则以网络包作为分析数据源。它通常利用一个工作在混杂模式下的网卡来实时监视并分析通过网络的数据流，其分析模块通常使用模式匹配、统计分析等技术来识别攻击行为。一旦检测到了攻击行为，IDS 的响应模块就做出适当的响应，比如报警、切断相关用户的网络连接等。与 SCANER 收集网络中的漏洞不同，NIDS 收集的是网络中的动态流量信息。因此，攻击特征库数目的多少以及数据处理能力，就决定了 NIDS 识别入侵行为的能力。大部分 NIDS 的处理能力还是 100M 级的，部分 NIDS 已经达到 1000M 级。NIDS 设在防火墙后的一个流动岗哨，能够适时发觉网络中的攻击行为，并采取相应的响应措施。

在入侵检测系统中，核心软件一般使用 Snort，该软件可抓取网络数据包，依据其定义的规则进行响应及处理。该软件适用于多种平台，源代码开放。

6. 纵深防御体系

纵深防御体系主要包含网络间的隔离、网络链路的防护以及数据备份的防护。

（1）外部网络隔离要求

工业控制系统用户企业全网的拓扑结构可采用分层的方式进行布局，如果工业控制系统网络与外部网络存在直接或间接互联，工业控制系统网络与外部网络之间应使用物理或逻辑隔离技术措施进行防护。

（2）网络链路要求

对部署于多地区并通过网络进行互联的工业控制系统应用，应保证互联网链路资源充足，即在企业业务量达最大峰值时，链路数据通信正常且网络延时仍能满足工业控制系统应用要求。

对于网络互通性和稳定性要求非常高的企业用户，可采用物理线路冗余的方式部署企业的核心业务网络、骨干网、核心控制网络，并且冗余线路网络可采用与主网络相同的构建方式。

（3）数据备份要求

一般工业控制系统应具有实时数据、OPC 数据、组态数据、控制方案等重要数据的定期备份措施；对于对数据安全性要求高的工业控制系统应用，可以采用对系统正常运行的数据进行完整备份的措施，备份周期应不大于 3 个月；对于对数据安全性要求非常高的工业控制系统应用，可以建立异地灾难数据备份中心，配备灾难恢复所需的通信线路、网络设备和数据处理设备。

纵深防御体系通过部署防护软件、防护设备以及采取防护手段/技术实现多层次安全防护。

西门子公司的基于纵深防御理念的安全工控系统如图 8-9 所示，包含 6 个部分。物理安全：控制对工厂与设备的物理访问；策略与流程：安全管理流程、安全操作指南、业务连续性管理、灾难恢复；安全单元与非军事区：基于网络分区的安全架构；防火墙与 VPN：将防火墙作为对安全单元的唯一访问点；系统加固：将默认系统配置提升为安全配置；用户账户管理：管理操作员及用户的权限。

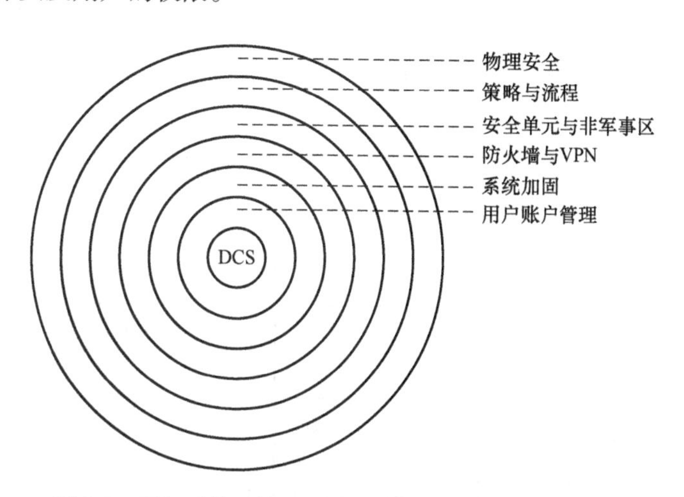

图 8-9　西门子公司的基于纵深防御理念的安全工控系统

8.3.2　工业控制系统信息安全防护新技术

传统的被动防护机制和纵深防护机制的融合对建立工业控制系统的信息安全防护体系起到了关键作用，融合后的工业信息安全防护体系主要依靠固定的防护策略和静态防护体系对威胁进行检测和抵御，虽然在一定程度上满足了对外部网络威胁的抵御需求，但针对未知威胁和来自于内部的威胁却难以发挥作用。在面对接口复杂、协议大量私有化的工业控制系统时难免会捉襟见肘。

本小节首先介绍了基于可信计算技术体系的工业控制系统主动免疫的安全防护理论及技术，其次介绍了拟态防御理论及技术。基于可信计算技术体系的信息安全防御是从密码体系、芯片、硬件设备、通信链路以及通信网络的可信出发来确保系统安全，是从根本上解决信息安全问题。拟态防御技术是在布满漏洞的工业控制系统的基础上，通过布置具备拟态防御功能的防火墙、网闸、路由器、交换机等硬件设备，使得攻击者难以通过扫描的方式探测漏洞，难以对漏洞进行有效挖掘，难以植入攻击或植入的攻击难以持续，能够在一定程度上允许工业控制系统或设备“带毒含菌”运行。

1. 可信计算—工业控制系统主动免疫安全防护体系

沈昌祥院士提出的可信计算 3.0 体系构建在安全管理中心支持下的计算环境、区域边界、通信网络。实现通信网络安全互联、区域边界安全防护以及计算环境可信免疫。

可信计算是指计算运算的同时进行安全防护，计算全程可测可控，不被干扰。可信计算以自主密码为基础、以控制芯片为支柱、以双融主板为平台、以可信软件为核心、以可信连接为纽带，策略管控成体系，安全可信保应用，其体系结构如图 8-10 所示。

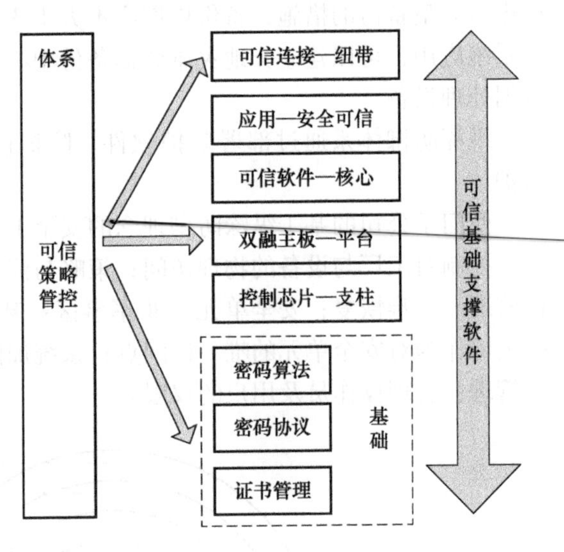

图 8-10　可信计算体系结构

在可信计算支撑下，将信息系统安全防护体系划分为安全计算环境、安全边界、安全通信网络 3 个部分，从技术和管理两个方面进行安全设计，建立可信安全管理中心支持下的安全防护框架（见图 8-11），实现国家等级保护标准要求（GB/T 25070—2010），做到可信、可控、可管。

主动免疫是在“宿主—可信”双节点下构建的免疫体系。

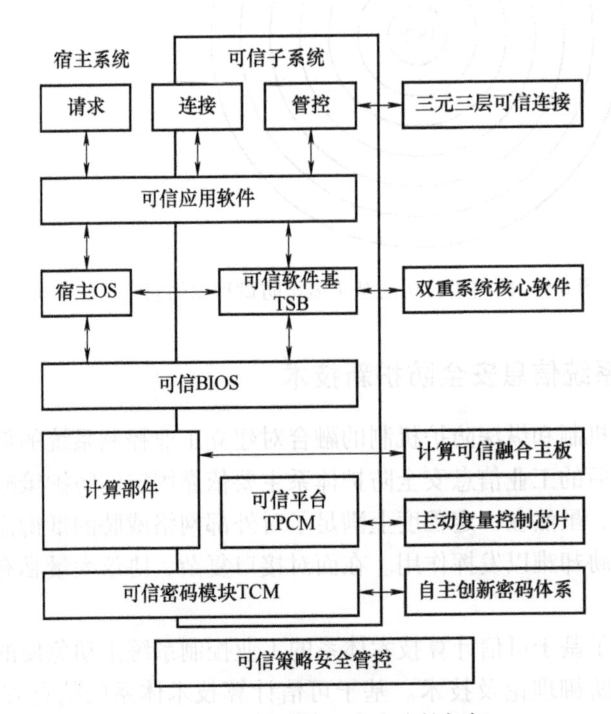

图 8-11　可信计算—安全防护框架

1）采用自主创新的对称/非对称相结合的密码体制作为免疫基因。

2）通过主动度量控制芯片（TPCM）植入可信源根，在 TPCM 基础上添加信任根控制功能，实现密码与控制相结合，将可信平台控制模块设计为可信计算控制节点，实现了

TPCM 对整个平台的主动控制。

3）在可信平台主板中增加了可信度量节点，实现了计算和可信双节点融合。

4）软件基础层实现宿主操作系统和可信软件基的双重系统核心，通过在操作系统核心层并接一个可信的控制软件接管系统调用，在不改变应用软件的前提下实施主动防御。

5）网络层采用三元三层对等的可信连接架构，在访问请求者、访问控制者和策略仲裁者之间进行三重控制和鉴别，对访问请求者和访问控制者实现统一的策略管理，提高系统整体的可信性。

针对工业控制系统的特点，依据 GB/T 17859 要求，构建在安全管理中心支持下的计算环境、区域边界、通信网络。实现通信网络安全互联、区域边界安全防护以及计算环境可信免疫。建立三重防御多级互联技术框架，如图 8-12 所示。

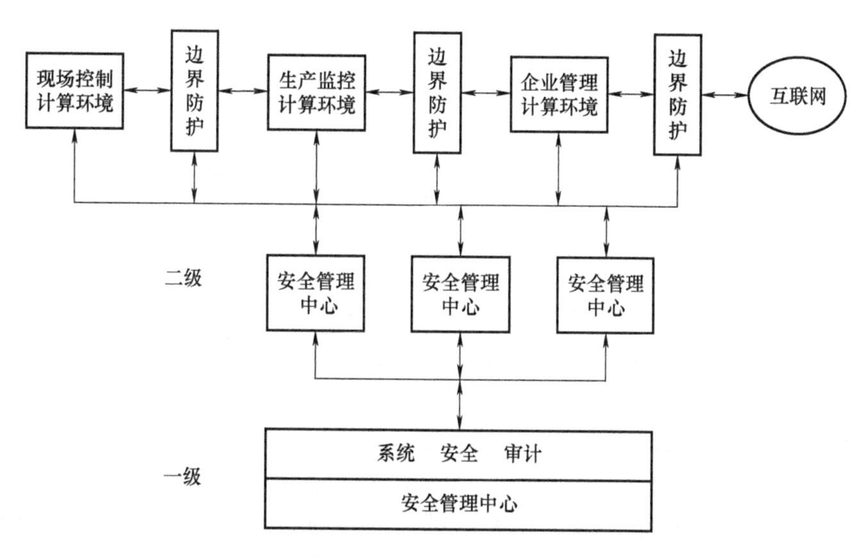

图 8-12 可信计算—三重防御多级互联技术框架

（1）计算环境

计算环境包括现场控制计算环境、生产监控计算环境、企业管理计算环境。安全保护环境为应用系统（如安全 OA 系统等）提供安全支撑服务。实施三级安全要求的业务应用系统，使用安全保护环境所提供的安全机制，可为应用提供符合三级要求的安全功能支持和安全服务。

节点子系统通过在操作系统核心层、系统层设置严密牢固的防护层，以及通过对用户行为的控制，有效防止非授权用户访问和授权用户越权访问，确保信息和信息系统的保密性和完整性。

（2）应用区域边界

应用区域边界是各计算环境之间的边界，通过对进入和流出安全保护环境的信息流进行安全检查，确保不会有违背系统安全策略的信息流经过边界，是三级信息系统的第二道安全屏障。

（3）通信网络

通信网络指连接各个计算环境的网络，通过对通信数据包的保密性和完整性进行保护，确保其在传输过程中不会被非授权窃听和篡改，是三级信息系统的外侧安全屏障。

（4）管理中心

安全管理子系统是信息系统的控制中枢，主要实施标记管理、授权管理及策略管理等。安全管理子系统通过制定相应的系统安全策略，并且强制节点子系统、区域边界子系统、通信网络子系统及节点子系统执行，从而实现对整个信息系统的集中管理，为三级信息系统安全提供了有力保障。

审计子系统是系统的监督中枢，安全审计员通过制定审计策略，强制节点子系统、区域边界子系统、通信网络子系统、安全管理子系统等执行，从而实现对整个信息系统的行为审计，确保用户无法抵赖违背系统安全策略的行为，同时为应急处理提供依据。

系统管理子系统负责对安全保护环境中的计算节点、安全区域边界、安全通信网络实时集中管理和维护，包括用户身份管理、资源管理、应急处理等，为三级信息系统的安全提供基础保障。

2014 年 8 月，国家发改委印发了［2014］第 14 号令《电力监控系统安全防护规定》，并且同步修订了《电力监控系统安全防护总体方案》等配套技术文件，将可信计算技术应用于智能电网调度控制系统。

三元对等模型设计工业控制系统，主要使用可信计算的访问控制、数据加密、日志管理技术。可信计算工业控制系统网络结构如图 8-13 所示，包括可信安全管理中心、可信工程师站、可信控制站以及连接各硬件设备的工业以太网。

可信计算工业控制系统的设计基础建立在可信链接架构的三元对等模型思想之上，系统和模型之间的对应关系如下所述。

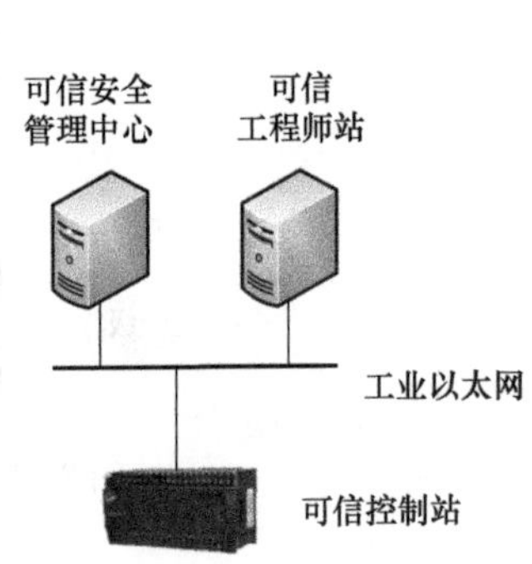

图 8-13　可信计算工业控制系统网络结构

3 个实体层：第一个是访问控制器，它表示可信控制站，完成数据采集、回路控制，以及工业设备信号的输入/输出；第二个是访问的请求者，它表示可信工程师站，主要用于控制应用软件的组成状态、系统监控、系统维护和对整个可信网络监控；第三个是策略管理器，即安全管理中心，提供整个可信工业控制系统的安全策略，授权可信工程师站，采用安全策略库调用的方式生成安全策略。

3 个抽象层：第一个是完整性度量层，工程师站内部安置 TPCM 模块，系统启动后运行服务，TPCM 开始获取度量值，并将该值发送到策略管理器，产生可信度量日志和对应的 Hash 散列值。策略管理器可根据模块提供的度量日志以及保存在可行配置寄存器内的散列值完成度量值的完整性校验，确保其未被篡改；第二个是可信平台评估层，主要用于策略管理器对工程师站的可信评估。策略管理器接收访问控制器传递的可信工程师站的度量信息，作为申请者的可信工程师站通过度量信息完整性的判断来进行启动过程的可信评估；第三个是网络访问控制层，当访问请求发出后，策略管理器对可信工程师站提交的信息进行完整性度量和可信评估，通过后授予其可信控制站的访问控制权限，从而能够通过对可信控制站的控制来对工业设备下达指令。

可信计算工业控制系统机制主要包括以下 3 点：可信工业控制系统度量过程；可信工程师站身份鉴别认证过程；安全管理中心功能设计。

可信安全管理中心是可信根的来源，其可信性由本地度量机制进行保证。可信安全管理中心的作用是保证系统的安全。可信模块在实体层中存在，本地可信根的作用是保证系统的安全，这是可信网络多级信任根机制的基础，通过本地的可信根能够记录启动过程中的特征值，从而对实体层进行度量和评估。

在组建系统的过程中，如果各个流程的结果能够被预期，比如启动的过程、加载的过程等，那么由此组建的系统就能够被认为属于静态安全范围。可信安全管理中心中存储的是硬件配置信息、操作系统特征信息、引导程序特征信息等，多级信任机制依据上述信息评估系统中的每个实体。

可信工程师站身份鉴别认证协议过程主要分为两部分：可信计算工程师站注册、可信工程师站身份鉴别认证。系统的可信认证关键流程如图 8-14 所示。

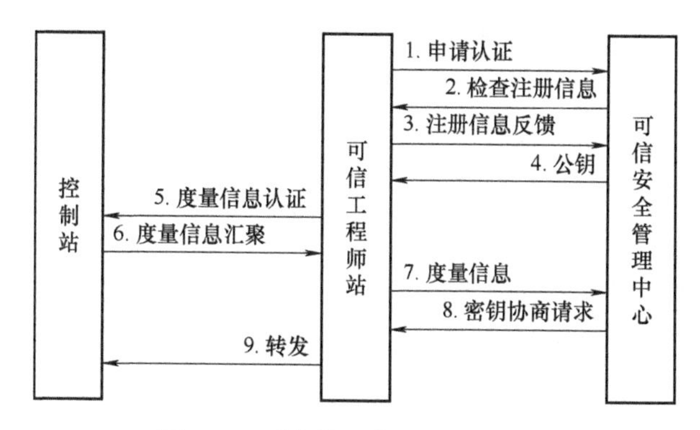

图 8-14　系统的可信认证关键流程

经过以上 9 个步骤，实现控制站、可信工程师站的身份认证。

2. 拟态防御—对布满漏洞的工业控制系统进行防护

邬江兴院士提出的拟态安全防御理念，在功能等价的条件下，以提供目标环境的动态性、非确定性、异构性和非持续性为目的，通过网络、平台、环境、软件、数据等结构的主动跳变或快速迁移来实现拟态环境，以防御者可控的方式进行动态变化，对攻击者则表现为难以观察和预测目标变化，从而大幅度增加包括未知的可利用的漏洞和后门在内的攻击难度和成本。

拟态防御核心架构通过构建异构的具备冗余特性的组件实现动态安全防护。其组件内部通过表决器对异构结构集合进行表决，决定组件的输出。拟态防御原理如图 8-15 所示。

拟态防御通过异构构件集合，使用动态选择算法将构建组合成不同的执行体集，使用表决器对执行体集进行表决，得到最终输出。采用具有拟态防御功能的防火墙、网闸、路由器、标识解析服务器等网络设备对工厂内部网络进行主动安全防护，借助拟态防御的动态异构特性，使攻击者难以通过扫描的方式探测漏洞，难以对漏洞进行有效挖掘，难以植入攻击或植入攻击难以持续，能够在一定程度上允许工业控制系统或设备“带毒含菌”运行，为工厂安全升级赢得时间。

一种基于拟态防御的路由器设计方案如下。

对于路由器软件系统，无论是管理软件还是控制软件，其功能流程都可以概括为“输入—处理—输出”模型（Inputs Process Outputs，IPO）。将进行消息处理的单元定义为功能执行体，路由器软件系统包含各种路由协议的功能执行体和各种管理软件的功能执行体。功能执行体存在的漏洞和后门可以被攻击者扫描探测并利用，进而进行提权、系统控制和信息

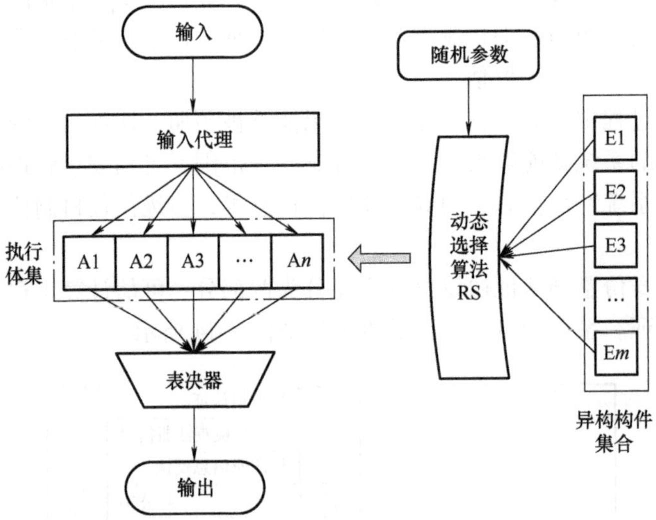

图 8-15　拟态防御原理

获取。针对攻击者对路由器各功能执行体的攻击步骤，文献［62］基于邬江兴院士提出的拟态防御机制设计了基于动态异构冗余的路由器拟态防御体系（Router Architecture for Defense，DHR）模型，简称 DHR2 模型，如图 8-16 所示。

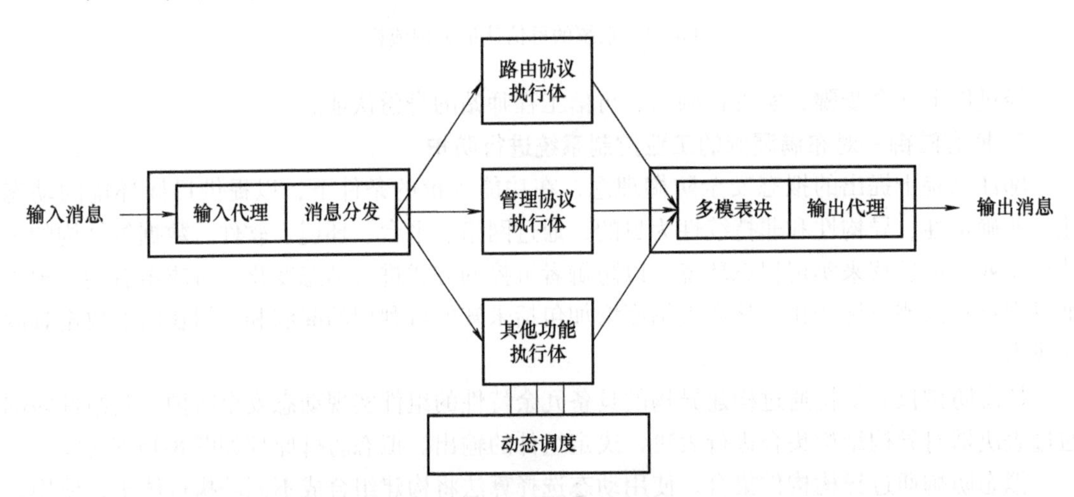

图 8-16　基于动态异构冗余的路由器拟态防御体系模型

该结构模型针对每一种软件系统的功能引入多个异构冗余的功能执行体，对同一输入进行处理，并对多个功能执行体输出的消息进行多模表决，识别功能执行体输出消息异常，进而进行路由系统的安全防御。

基于动态异构冗余的路由器防御体系结构模型内含移动目标防御机制，是一种主动防御模型，可以有效地应对已知和未知的安全威胁。这是由该结构的异构性、冗余性、动态性决定的。

DHR2 模型构建内嵌主动防御机制的路由器，主要难点如下：一是功能执行体的异构性构建；二是功能执行体的动态调度；三是消息处理路径上的分发代理和多模表决点的插入。

DHR2 路由器系统架构如图 8-17 所示，分为硬件层面和软件层面。硬件层面包括标准的 Openflow 交换机（Openflow Switch，OFS），软件层面包括 OFC、代理插件、多模表决、异构执行体池、动态调度以及感知决策单元（这些单元统称为拟态插件）。

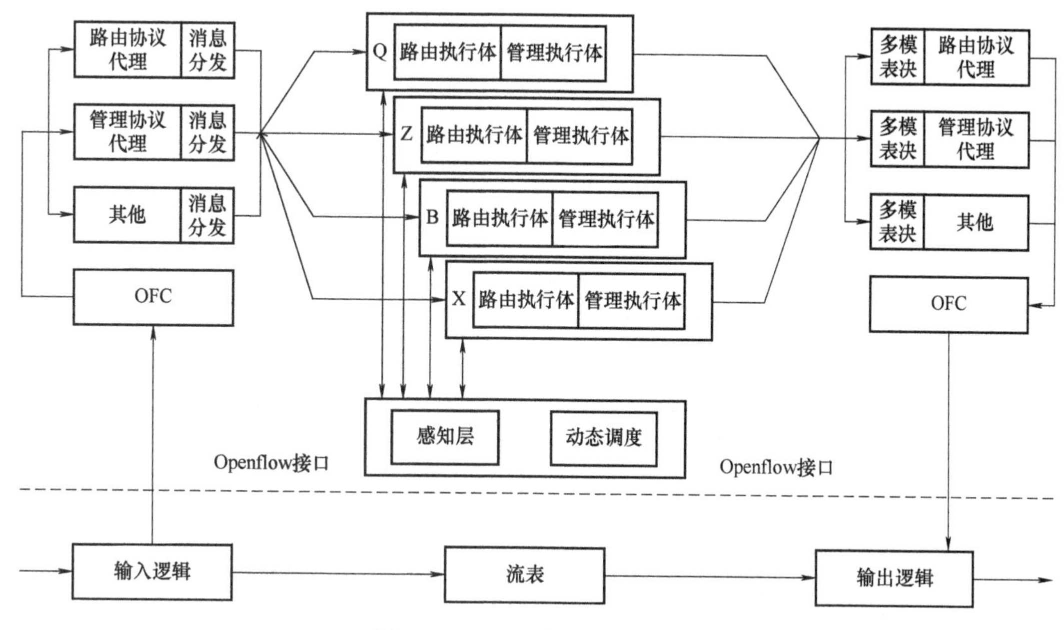

图 8-17　DHR2 路由器系统架构

OFC 基于进入消息的协议类型进行消息分发，分发至不同的代理插件，由代理插件基于各自的协议机制进行有状态或者无状态处理，并对产生的多份副本消息进行分发；各个执行体的协议软件对收到的消息进行处理，产生流表信息和对应的输出消息；多份输出消息到达多模表决，进行判决后经由 OFC 承载，并通过 OFS 发送到线路上；同时各个执行体产生的路由表信息到达多模表决，经由路由表多模表决后产生最终的表项，经由 OFC 下发给 OFS。主要功能单元包括代理插件单元、多模表决单元、动态调度单元、异构执行体池、感知决策单元。

本章小结

本章详细介绍了工业控制系统所面临的信息安全威胁、相关的安全防护标准以及安全防护技术。首先对工业控制系统信息安全问题进行了概述，包括工业控制系统信息安全问题的由来、工业控制系统信息安全问题的特殊性，列举了近年来工业控制系统典型信息安全事件及造成的严重破坏；其次介绍了工业控制网络信息安全国际标准 IEC 62443 及工信部颁布的工业控制系统信息安全防护指南；最后介绍了工业控制系统典型信息安全防护技术，包括从 IT 系统引入的“封”“堵”“查”“杀”传统安全防护技术以及我国自主可控的可信计算技术、拟态防御技术等新型安全防护技术在工业控制系统中的应用。

习　题

1. 工业控制脆弱性及面临的威胁有哪些?
2. 集散控制系统防护原则是什么?
3. 工业控制系统信息安全常见防护技术有哪些?
4. 什么是可信计算? 它有什么优势?
5. 什么是拟态防御? 它的防御原理是什么?

附录　缩略语对照表

序　号	缩 略 语	全　称	中文术语
1	DDC	Direct Digital Control	直接数字控制
2	DCS	Distributed Control System	分布式控制系统
3	3C	Computer，Control and Communication	计算机、控制与通信
4	HART	Highway Addressable Remote Transducer	可寻址远程传感器高速通道
5	FCS	Fieldbus Control System	现场总线控制系统
6	COTS	Commercial Off-the-Shelf	商用现成品
7	FTP	File Transfer Protocol	文件传输协议
8	CPS	Cyber-Physical System	信息物理融合系统
9	PLC	Programmable Logic Controller	可编程逻辑控制器
10	OSI	Open System Interconnection	开放系统互联
11	EPA	Ethernet for Plant Automation	工厂自动化以太网
12	GSM	Global System for Mobile Communications	全球移动通信系统
13	GPRS	General Packet Radio Service	通用无线电分组服务
14	ISA	Instrumentation，System and Automation	仪表、系统和自动化
15	WIA-PA	Wireless Networks for Industrial Automation-Process Automation	面向过程自动化的工业无线网络
16	WIA-FA	Wireless Networks for Industrial Automation-Factory Automation	面向工厂自动化的工业无线网络
17	IEC	International Electro technical Commission	国际电工委员会
18	IEEE	Institute of Electrical and Electronics Engineers	电气和电子工程师协会
19	ISO	International Organization for Standardization	国际标准化组织
20	CAN	Controller Area Network	控制器局域网
21	UCMM	Unconnected Message Manager	未连接报文管理
22	HMI	Human Machine Interface	人机接口
23	CSMA/CD	Carrier Sense Multiple Access with Collision Detection	载波监听多路访问/冲突检测

（续）

序　号	缩 略 语	全　　称	中文术语
24	VLAN	Virtual Local Area Network	虚拟局域网
25	QoS	Quality of Service	服务质量
26	IRT	Isochronous real-time	同步实时
27	HSE	High Speed Ethernet	高速以太网
28	ERP	Enterprise Resource Planning	企业资源规划
29	ASIC	Application Specific Integrated Circuit	专用集成电路
30	HTTP	Hyper Text Transfer Protocol	超文本传输协议
31	DHCP	Dynamic Host Configuration Protocol	动态主机配置协议
32	SNMP	Simple Network Management Protocol	简单网络管理协议
33	SNTP	Simple Network Time Protocol	简单网络时间协议
34	ARP	Address Resolution Protocol	地址解析协议
35	ICMP	Internet Control Message Protocol	网际控制报文协议
36	IGMP	Internet Group Management Protocol	网际组管理协议
37	ETG	EtherCAT Technology Group	EtherCAT 技术组
38	PDO	Process Data Object	过程数据对象
39	FPGA	Field Programmable Gate Array	现场可编程门阵列
40	DLL	Data Link Layer	数据链路层
41	CIP	Control and Information Protocol	控制和信息协议
42	ODVA	Open DeviceNet Vendors Association	开放 DeviceNet 供货商协会
43	CI	ControlNet International	ControlNet 国际组织
44	IAONA	Industrial Automation Open Network Alliance	工业自动化开放网络联盟
45	ICT	Information and Communication Technology	信息通信技术
46	ICS-CERT	Industrial Control System-Computer Emergency Response Team	工业控制系统—计算机应急响应小组
47	MAC	Media Access Control	介质访问控制
48	CRC	Cyclic Redundancy Check	循环冗余码校验
49	ACK	Acknowledgement	确认
50	SoF	Start of Frame	帧起始
51	RTR	Remote Transmission Request	远程发送请求
52	SRR	Substitute Remote Request	替代远程请求
53	IDE	Identifier Extension	标识符扩展
54	DLC	Data Length Code	数据长度码
55	NRZ	Non-Return-to-Zero	不归零制
56	TQ	Time Quantum	时间额度

（续）

序　　号	缩 略 语	全　　称	中文术语
57	IML	Interface Management Logic	接口管理逻辑
58	FIFO	First In First Out	先入先出
59	ACF	Acceptance Filter	验收滤波器
60	BTL	Bit Timing Logic	位定时逻辑
61	BSP	Bit Stream Processor	位流处理器
62	EML	Error Management Logic	错误管理逻辑
63	SPI	Serial Peripheral Interface	串行外设接口
64	SRAM	Static Radom Access Memory	静态随机访问存储器
65	FSM	Finite State Machine	有限状态机
66	CAL	CAN Application Layer	CAN 应用层
67	CiA	CAN in Automation	自动化 CAN
68	OSEK/VDX	Open Systems and the Corresponding Interfaces for Automotive Electronics/Vehicle Distributed Executive	汽车电子类开放系统和对应接口/汽车分布式执行
69	SAE	Society of Automotive Engineers	美国汽车工程师协会
70	SDS	Smart Distribution Systems	智能分布系统
71	COB-ID	Communication Object Identifier	通信对象标识
72	SDO	Service Data Object	服务数据对象
73	NMT	Network Management	网络管理
74	TTCAN	Time Triggered CAN	时间触发 CAN
75	XBWS	x-by-wire System	线控系统
76	NTU	Net Time Unit	网络时间单元
77	TUR	Time Unit Ratio	时间单元比
78	LSAP	Link Service Access Point	链路服务接入点
79	FDL	Fieldbus Data Link layer	现场总线数据链路层
80	FLC	Fieldbus Link Control	现场总线链路控制
81	FMA1/2	Fieldbus Management layer 1and 2	现场总线管理层 1/2
82	DDLM	Direct Data Link Mapper	直接数据链路映射
83	TRT	Token Rotation Time	令牌循环时间
84	TTRT	Target Token Rotation Time	目标令牌循环时间
85	LAS	List of Active Master Stations	活动主站表
86	DSAP	Destination Service Access Point	目的服务访问点
87	SSAP	Source Service Access Point	源服务访问点
88	GSD	Gerate Stamm Datei	标准的设备描述
89	DP	Decentral Periphery	分散式外设

（续）

序　　号	缩　略　语	全　　称	中文术语
90	CBA	Component-Based Automation	基于组件的自动化
91	RTC	Real Time Category	实时类型
92	PTCP	Precision Time Clock Protocol	精确时钟协议
93	TDC	Time Data Cycle	时间数据周期
94	API	Application Process Identifier	应用进程标识
95	CR	Communication Relationship	通信关系
96	AR	Application Relationship	应用关系
97	CM	Context Management	上下文关系管理
98	CL RPC	Connectionless Remote Procedure Calls	无连接远程调用
99	ACP	Alarm Consumer Provider	报警消费提供者
100	DCP	Discovery and basic Configuration Protocol	发现和组态协议
101	EDD	Ethernet Device Driver	以太网设备驱动
102	MIB	Management Information Base	管理信息库
103	LLDP	Link Layer Discovery Protocol	链路层发现协议
104	ACCO	Active Control Connection Object	活动控制连接对象
105	DCOM	Distributed Component Object Model	分布式组件对象模型
106	PCD	PROFINET Component Description	PROFINET 组件描述
107	UUID	Universal Unique Identifier	全球唯一标识符
108	OB	Organization Block	组织块
109	DB	Data Block	数据块
110	MII	Media Independent Interface	媒介独立接口
111	NIC	Network Interface Card	网络接口卡
112	WKC	Working Counter	工作计数器
113	FMMU	Fieldbus Memory Management Unit	现场总线内存管理单元
114	ESC	EtherCAT Slave Controller	EtherCAT 从站控制器
115	LVDS	Low Voltage Differential Signaling	低压差分信号
116	APRD	Auto-increment Physical Read	自动增物理读
117	APWR	Auto-increment Physical Write	自动增物理写
118	APRW	Auto-increment Physical Read and Write	自动增物理读和写
119	ARMW	Auto-increment Read Multiple Write	自动增物理读和写多从站
120	ESM	EtherCAT State Machine	EtherCAT 状态机
121	CoE	CANopen over EtherCAT	基于 EtherCAT 的 CANopen
122	SoE	Servo Driver over EtherCAT	基于 EtherCAT 的伺服驱动
123	EoE	Ethernet over EtherCAT	基于 EtherCAT 以太网

（续）

序　号	缩 略 语	全　称	中 文 术 语
124	FoE	File Access over EtherCAT	基于 EtherCAT 的文件访问
125	PDI	Physical Device Interface	物理设备接口
126	SII	Slave Information Interface	从站信息接口
127	IDN	Identification Number	识别号
128	SSC	SoE Service Channel	SoE 服务通道
129	IoT	Internet of Things	物联网
130	RFID	Radio Frequency Identification	无线射频识别
131	DCF	Distributed Coordination Function	分布式协调功能
132	PCF	Point Coordination Function	集中式协调功能
133	BSS	Basic Service Set	基本服务集
134	ESS	Extended Service Set	扩展服务集
135	WEP	Wired Equivalent Privacy	有线等效保密
136	WPAN	Wireless Personal Area Network	无线个人区域网
137	L2CAP	Logical Link Control and Adaptation Protocol	逻辑链路控制和适配协议
138	AFH	Adaptive Frequency Hopping	自适应跳频
139	DSSS	Direct Sequence Spread Spectrum	直接序列扩频
140	TDMA	Time Division Multiple Access	时分多路访问
141	DE	Data Entity	数据实体
142	ME	Management Entity	管理实体
143	SAP	Service Access Point	服务访问点
144	DMAP	Device Management Application Process	设备管理应用进程
145	EPON	Ethernet Passive Optical Network	以太网无源光网络
146	SCADA	Supervisory Control And Data Acquisition	监控与数据采集
147	MES	Manufacturing Execution System	制造执行系统
148	WMS	Warehouse Management System	仓储管理系统
149	QMS	Quality Management System	质量管理系统
150	EMS	Energy Management System	能源管理系统
151	OLT	Optical Line Terminal	光线路终端
152	ONU	Optical Network Unit	光网络单元
153	ODN	Optical Distribution Network	光分配网络
154	OLE	Object Linking and Embedding	对象链接与嵌入
155	OPC	OLE for Process Control	用于过程控制的 OLE
156	DDE	Dynamic Data Exchange	动态数据交换
157	HDA	Historical Data Access	历史数据访问

（续）

序　号	缩 略 语	全　称	中文术语
158	OPC UA	OPC Unified Architecture	OPC 统一架构
159	SOA	Service-Oriented Architecture	面向服务的架构
160	SDN	Software Defined Network	软件定义网络
161	TSN	Time Sensitive Network	时间敏感网络
162	NB-IoT	Narrow Band Internet of Things	窄带物联网
163	TAS	Time Aware Shaper	时间感知整形器
164	AVB	Audio Video Bridging	音视频桥接
165	TLS	Transport Layer Security	传输层安全
166	RRC	Radio Resource Control	无线资源控制
167	PDCP	Packet Data Convergence Protocol	分组数据汇聚协议
168	RLC	Radio Link Control	无线链路控制
169	PSM	Power Saving Mode	低功耗模式
170	IIC	Industrial Internet Consortium	工业互联网联盟
171	NIST	National Institute of Standards and Technology	美国国家标准与技术研究院
172	IACS	Industrial Automation and Control System	工业自动化和控制系统
173	VPN	Virtual Private Network	虚拟专用网络
174	NIDS	Network Intrusion Detection System	基于网络的入侵检测系统
175	HIDS	Host-based Intrusion Detection System	基于主机的入侵检测系统
176	TPCM	Trusted Platform Control Module	可信平台控制模块

参 考 文 献

[1] IEC. Industrial communication networks-Fieldbus specifications-Part 1：Overview and guidance for the IEC 61158 and IEC 61784 series：IEC 61158-1 [S]. Geneva：IEC，2007.

[2] IEC. Industrial communication networks-Fieldbus specifications-Part 2：Physical layer specification and service definition-International Standard：IEC 61158-2 [S]. Geneva：IEC，2007.

[3] 冯冬芹，王酉，谢磊. 工业自动化网络 [M]. 北京：中国电力出版社，2011.

[4] 汤旻安. 现场总线及工业控制网络 [M]. 北京：机械工业出版社，2018.

[5] 郭其一. 现场总线与工业以太网应用 [M]. 北京：科学出版社，2016.

[6] 李正军. 现场总线与工业以太网及其应用技术 [M]. 北京：机械工业出版社，2011.

[7] 王永华，VERWER A. 现场总线技术及应用教程 [M]. 北京：机械工业出版社，2012.

[8] 饶运涛，邹继军，王进宏，等. 现场总线 CAN 原理与应用技术 [M]. 北京：北京航空航天大学出版社，2007.

[9] 王振力. 工业控制网络 [M]. 北京：人民邮电出版社，2012.

[10] 郭戈. 网络化控制系统的新进展 [M]. 北京：科学出版社，2015.

[11] 阳宪惠. 网络化控制系统：现场总线技术 [M]. 2 版. 北京：清华大学出版社，2014.

[12] 黄仍杰. Profibus-PA 现场总线技术在工程设计中的应用 [J]. 有色冶金设计与研究，2017，38 (4)：20-23.

[13] 任振寰. Profibus-PA 总线在工程应用中的探究 [J]. 石油化工自动化，2015，51 (6)：14-16，31.

[14] 孙戈. 短距离无线通信及组网技术 [M]. 西安：西安电子科技大学出版社，2008.

[15] 付佐鹏. 基于 Android 的矿井无线视频传输技术研究与实现 [D]. 昆明：昆明理工大学，2013.

[16] 田宏旭. 基于 Zynq 平台的 IEEE 802. 11a 基带传输系统的设计与研究 [D]. 呼和浩特：内蒙古大学，2017.

[17] 杨良丰. 基于 IEEE 802. 11g 的 CBTC 车地通信网络性能的分析与优化 [D]. 上海：上海工程技术大学，2016.

[18] IEEE. IEEE Standard for Information technology-Telecommunications and information exchange between systems Local and metropolitan area networks-Specific requirements Part 15. 1：Wireless Medium Access Control (MAC) and Physical Layer (PHY) Specifications for Wireless Personal Area Networks (WPANS) [S]. New York：IEEE，2011.

[19] GUTIERREZ J A. 低速无线个域网 [M]. 王泉，译. 北京：机械工业出版社，2015.

[20] 詹方. IEEE 802. 15. 4 协议 MAC 层机制研究 [D]. 西安：西安电子科技大学，2017.

[21] 于海斌，梁炜，曾鹏. 智能无线传感器网络系统 [M]. 北京：科学出版社，2013.

[22] 陈维兴，钱杰，孙毅刚. 基于 IEEE 802. 15. 4 民航地面设备监控网络时延优化 [J]. 计算机应用与软件，2014 (10)：107-110.

[23] CHEN D J，NIXON M，MOK A. WirelessHART：面向工业自动化的实时网状网络 [M]. 王泉，王平，韩松，译. 北京：机械工业出版社，2013.

[24] 刘伟，徐胜，张兴华. 基于 WirelessHART 无线传感器网络系统的设计与实现 [J]. 电子器件，2017，40 (4)：868-874.

[25] 李庆勇，周辉，王洪君. 基于 WirelessHART 协议的无线 HART 适配器设计 [J]. 仪表技术与传感器，2018 (1)：56-59.

[26] 支亚军，李孟，王鼎衡. 基于ISA 100.11a标准的工业传感网系统设计 [J]. 自动化与仪表，2015，30 (1)：15-18.

[27] 王恒，杨丽华，王平，等. 基于ISA 100.11a标准的工业物联网开发平台的设计与实现 [J]. 物联网技术，2012，2 (4)：58-61.

[28] 全国工业过程测量控制和自动化标准化技术委员会. 工业无线网络WIA规范　第1部分：用于过程自动化的WIA系统结构与通信规范：GB/T 26790.1—2011 [S]. 北京：中国标准出版社，2011.

[29] 徐凯，凌志浩. 基于WIA-PA的HSE系统节点设计 [J]. 单片机与嵌入式系统应用，2012，12 (10)：44-47.

[30] 徐凯. 基于WIA-PA的HSE系统设计 [D]. 上海：华东理工大学，2013.

[31] 全国工业过程测量控制和自动化标准化技术委员会. 工业无线网络WIA规范　第2部分：用于工厂自动化的WIA系统结构与通信规范：GB/T 26790.2—2015 [S]. 北京：中国标准出版社，2016.

[32] 张晓玲，梁炜. 第四十七讲：WIA-FA工厂自动化无线网络 [J]. 仪器仪表标准化与计量，2014 (5)：17-21.

[33] 刘帅，杨雨沱，梁炜. 第四十九讲：WIA-FA在工业机器人中的应用 [J]. 仪器仪表标准化与计量，2015 (1)：21-22.

[34] 许勇. 工业通信网络技术和应用 [M]. 西安：西安电子科技大学出版社，2012.

[35] 刘丹，赵艳领，谢素芬. 基于OPC UA的数字化车间互联网络架构及OPC UA开发实现 [J]. 中国仪器仪表，2017 (10)：39-44.

[36] 徐艺，李武杭，侯雅林. 无源光网络技术在配网自动化中的应用 [J]. 电网技术，2008，32 (8)：95-96.

[37] 王瑾. 基于EPON技术的配电自动化系统 [D]. 北京：华北电力大学，2013.

[38] 李大林. 工控多协议通讯转换器的研究与开发 [D]. 重庆：重庆理工大学，2016.

[39] 方毅. 工控系统异构通信协议研究 [D]. 大连：大连工业大学，2016.

[40] 樊剑峰，王新彦. 基于DDE机理的组态王与MATLAB通信技术及应用 [J]. 山西电子技术，2010 (4)：52-53.

[41] 田晓英，张文焱，刘庆滨. 利用DDE技术实现King View与VC程序的监控数据通讯 [J]. 自动化技术与应用，2004，23 (12)：45-48.

[42] 赵栓峰，张传伟. DDE下PLC与PC通信的实现 [J]. 组合机床与自动化加工技术，2006 (7)：58-59.

[43] MAHNKE M，LEITNER S H，DAMM M. OPC统一架构 [M]. 马国华，译. 北京：机械工业出版社，2012.

[44] 全国工业过程测量控制和自动化标准化技术委员会. OPC统一架构　第1部分：概述和概念：GB/T 33863.1—2017 [S]. 北京：中国标准出版社，2017.

[45] 赵宴辉，聂亚杰，王永丽，等. OPC UA技术综述 [J]. 舰船防化，2010 (2)：33-37.

[46] 向晓汉. 西门子WinCC V7.3组态软件完全精通教程 [M]. 北京：化学工业出版社，2018.

[47] 加舒娟. 基于全国产化PLC的OPC UA Server系统的设计与实现 [D]. 西安：西安电子科技大学，2017.

[48] 司晓，孟昭莉，闫德利. 互联网+制造　迈向中国制造2025 [M]. 北京：电子工业出版社，2017.

[49] 崔鸣石，杜娜，李国强，等. 浅析软件定义网络（SDN）在电力信息通信网的研究与应用 [J]. 网络安全技术与应用，2018 (3)：104-105.

[50] 全国信息安全标准化技术委员会. 信息安全技术　工业控制系统安全控制应用指南：GB/T 32919—2016 [S]. 北京：中国标准出版社，2016.

[51] 欧阳劲松，丁露. IEC 62443工控网络与系统信息安全标准综述 [J]. 信息技术与标准化，2012 (3)：26-29.

[52] STOUFFER K, FALCO J, SCARFONE K. Guide to Industrial Control Systems (ICS) Security: Supervisory Control and Data Acquisition (SCADA) systems, Distributed Control Systems (DCS), and Other Control System Configurations such as Programmable Logic Controllers (PLC) [S]. Gaithersburg: NIST, 2008.

[53] 全国工业过程测量控制和自动化标准化技术委员会. 工业自动化和控制系统网络安全 集散控制系统（DCS）第1部分：防护要求：GB/T 33009.1—2016 [S]. 北京：中国标准出版社，2016.

[54] 刘盈，李宗杰，李根旺. 工业信息安全主动安全防护体系研究与应用 [J]. 自动化博览，2018 (4)：52-55.

[55] 刘灿成. 工业控制系统入侵检测技术研究 [D]. 成都：电子科技大学，2017.

[56] 张腾飞. 基于支持向量机的SCADA系统入侵检测方法 [D]. 上海：上海交通大学，2015.

[57] 沈昌祥. 用可信计算3.0筑牢网络安全防线 [J]. 信息通信技术，2017 (3)：4-6.

[58] 沈昌祥，张大伟，刘吉强. 可信3.0战略：可信计算的革命性演变 [J]. 中国工程科学，2016，18 (6)：53-57.

[59] 安宁钰，王志皓，赵保华. 可信计算技术在电力系统中的研究与应用 [J]. 信息安全研究，2017，3 (4)：353-358.

[60] 高昆仑，王志皓，安宁钰. 基于可信计算技术构建电力监测控制系统网络安全免疫系统 [J]. 四川大学学报（工程科学版），2017，49 (2)：28-35.

[61] 裴志江，邹起辰，谢超. 基于可信计算的工业控制系统 [J]. 计算机工程与设计，2018，(5)：1283-1289.

[62] 马海龙，伊鹏，江逸茗. 基于动态异构冗余机制的路由器拟态防御体系结构 [J]. 信息安全学报，2017，2 (1)：29-42.